U0396112

国家出版基金资助项目
材料研究与应用著作

永磁材料
基本原理与先进技术

FUNDAMENTAL PRINCIPLES
AND ADVANCED
TECHNOLOGIES OF
PERMANENT MAGNETIC
MATERIALS

刘仲武　著

华南理工大学出版社
SOUTH CHINA UNIVERSITY OF TECHNOLOGY PRESS
·广州·

图书在版编目（CIP）数据

永磁材料：基本原理与先进技术/刘仲武著 . —广州：华南理工大学
出版社，2017.6

ISBN 978 - 7 - 5623 - 5297 - 6

Ⅰ. ①永… Ⅱ. ①刘… Ⅲ. ①永磁材料 - 研究 Ⅳ. ①TM273

中国版本图书馆 CIP 数据核字（2017）第 111726 号

永磁材料：基本原理与先进技术

刘仲武 著

出 版 人：卢家明

出版发行：华南理工大学出版社

（广州五山华南理工大学 17 号楼，邮编 510640）

http：//www. scutpress. com. cn E-mail：scutc13@ scut. edu. cn

营销部电话：020 - 87113487 87111048 （传真）

责任编辑：吴翠微

印 刷 者：广州市骏迪印务有限公司

开 本：660mm×980mm 1/16 印张：25 字数：447 千

版 次：2017 年 6 月第 1 版 2017 年 6 月第 1 次印刷

定 价：98. 00 元

前　言

　　永磁材料作为一种重要的基础性磁性功能材料，应用领域非常广阔。我国的永磁材料产业在世界上举足轻重，不仅从事生产、应用的企业众多，研究工作也一直方兴未艾。一直以来，国家重大科技计划，包括"973"计划、"863"计划和自然科学基金重点项目，以及最近的国家重点研发计划等项目指南中，永磁材料都占有一席之地。随着"中国制造2025"行动纲领的推出，永磁材料必将在新一轮科技革命和产业变革中发挥越来越重要的作用。

　　我国曾出版过不少关于磁性材料方面的教材和专著，有的侧重基础，有的侧重某一个较小的领域；关于稀土永磁材料方面的专著也有不少。但针对整个永磁材料方面的专著很少，尤其介绍永磁材料最新技术的图书还很少出现。永磁材料最近十年发展非常迅速，虽然新材料出现不多，但在新的制备工艺方面有了显著进展，包括稀土永磁晶界扩散技术、纳米永磁材料制备技术等。因此，出版一本内容新颖并具有理论意义和工程背景的永磁材料专著，对于从事永磁材料研究、开发和生产的科研技术人员有重要的指导意义。本书试图就此抛砖引玉。

　　本书的内容涉及目前应用和发展具有巨大潜力的几类主要的永磁材料，包括铁氧体永磁、稀土 NdFeB 永磁、稀土 SmCo 永磁和其他金属基永磁材料。除了吸收国内外同行的最近的研究成果和最新技术外，每一章均包括作者团队近年来的一些已发表的研究成果或尚未发表的最新成果。本书内容覆盖面广，特别是对微磁学模拟理论与方法、硬磁铁氧体聚合物黏结成形技术、烧结 NdFeB 永磁工艺优化和晶界扩散技术、纳米晶 NdFeB 永磁的粉末制备和成形技术、$SmCo_7$ 型永磁性能优化技术以及非稀土合金(化合物)永磁材料技术等有关的原理、材料与工艺方面进

1

行了详细的论述。本书内容新颖、实用，反映领域最新进展，可作为研究人员、工程技术人员及高校研究生的参考书。同时，由于作者水平及能力所限，书中不足或疏漏之处，殷切希望读者批评指正。

本书的部分内容来源于作者在英国谢菲尔德大学攻读博士学位和在新加坡南洋理工大学从事研究工作期间的成果，在此对博士生导师英国皇家工程院院士 Hywel A. Davies 教授和我的合作导师 Raju V. Ramanujan 副教授表示衷心的感谢。本书收录了作者研究组余红雅副教授和博士研究生苏昆朋、黄有林、冯德元、周庆、Mozaffar Hussain、赵利忠、陈德扬、曾燕萍、李伟以及硕士研究生黄华勇、胡胜龙、刘静、钱冬燕、邓向星、刘建英、杨旖旎等人的部分研究成果。这些研究成果是在国家自然科学基金、教育部"新世纪优秀人才计划"、广东省科技计划、华南理工大学科技项目等项目的支持下完成的。在本书的成形过程中，博士研究生周庆、赵利忠、吴雅祥、李伟、唐春梅、张家胜、钟伟杰和硕士研究生刘健、杨旖旎、廖僖、张振扬、邹姝颖、方苗、田忆兰、肖俊儒、邓沃湛、曾慧欣等人在收集资料和文献整理方面做了大量的工作，在此向他们表示衷心的感谢！

本书借鉴和引用了大量前人的研究成果或经验，在此对原作者表示由衷的敬意和谢意！

最后，感谢国家出版基金的支持。

作　者

2017 年 1 月

目　　录

第1章 永磁材料与微磁学基础

19 世纪开始，磁学理论飞速发展，新的磁性材料不断被发现。今天，磁性材料已经作为一类重要的功能材料广泛地应用于各个领域。可以说，没有磁性材料就没有现代电力工业、自动化工业、信息工业，以及国防和工业的现代化，也就没有现代文明的进步。

永磁材料、软磁材料、磁记录材料是三大类主要磁性材料，它们与磁制冷材料、磁致伸缩材料、磁性吸波材料等以及新近发展的自旋电子材料构成了磁性材料的庞大家族。其中，永磁材料，也称硬磁材料，是人类应用最早的磁性材料。

为了更好地掌握和理解本书涉及的磁学与磁性材料知识，本章首先简要介绍与永磁材料相关的基本概念、基本原理，同时介绍永磁材料微磁学理论及研究方法。

1.1 磁学与磁性材料概述

1.1.1 磁学理论和技术的发展

与别的学科不同，磁学经历了从技术到科学的发展过程。早在公元前 300 年，我国利用天然磁石(主要成分是 Fe_3O_4)制造了世界上最早的指南针，这是我们祖先对人类文明的突出贡献之一。然而，尽管人们很早就开始利用物质的磁性这一基本属性，但直到 19 世纪，人类对磁性的认识才上升到理论阶段，磁学才开始飞速发展。国际上有一些里程碑式的发现：

1820 年，丹麦物理学家奥斯特通过著名的奥斯特实验，发现了电流的磁效应，首次证明了电和磁密切相关。

1820 年，法国物理学家安培阐明了通电线圈所产生的磁场以及通电线圈间相互作用的磁力。

1824 年，英国工程师斯特金创制了电磁体。

1831 年，英国科学家法拉第发现了电磁感应现象，揭示出电与磁之间的内在联系，为电磁技术的应用奠定了理论基础。

19 世纪 60 年代，苏格兰物理学家麦克斯韦尔创建了统一的电磁场理论，建立了著名的麦克斯韦尔方程。自此，人们对磁现象本质的认识才真正开始。

磁学理论发展的同时，人们对物质的磁学性质也开展了研究：

1845 年，法拉第根据磁化率的不同将物质磁性划分为三类：抗磁性、顺磁性和铁磁性。

1898 年，法国物理学家居里研究了抗磁性和顺磁性物质的磁性与温度的关系，提出了著名的居里定律。

1905 年，法国物理学家朗之万利用经典统计力学理论，解释了第一类顺磁性随温度变化的规律。布里渊在朗之万理论的基础上，考虑了磁场能量的不连续性，提出了半经典顺磁性理论。

1907 年，法国物理学家外斯在朗之万和布里渊磁性理论的启发下，创立了"分子场"理论，提出了"磁畴"的概念。"分子场"和"磁畴"是当代铁磁学理论的基础，开创了铁磁学研究的两大领域，即解释分子场本质的自发磁化理论和研究铁磁体在外磁场中磁畴变化的技术磁化理论。

1928 年，海森堡从交换能出发，建立了交换作用模型，阐明了"分子场"的本质和起源。

1936 年，苏联物理学家郎道完成了现代磁学巨著《理论物理学教程》，全面系统地论述了现代电磁学和铁磁学理论。

此后，物理学家奈耳提出了反铁磁性和亚铁磁性的概念和理论，细化了人类对物质磁性的认识。

二十世纪五六十年代，随着科学技术的发展，各种磁学理论层出不穷，如 RKKY 作用理论和巡游电子铁磁性理论等。

与此同时，铁磁学理论在指导永磁材料研制方面所起的作用也越来越显著：

1960 年，日本金夫秀子发明了铁铬钴硬磁材料。

1967 年，奥地利物理学家斯奈特发现了磁能积极高的第一代稀土永磁($SmCo_5$)，揭开了稀土永磁材料研究与发展的序幕。之后，出现了第二代稀土永磁(Sm_2Co_{17})。

1983 年，第三代稀土永磁(NdFeB)的出现极大地促进了永磁材料及相关领域的发展。

1988 年，荷兰科学家 Coehoorn 等和德国物理学家 Kneller 等提出了双相交换耦合磁体理论，开辟了纳米复合永磁新领域。

1.1.2　磁学基本定义

阐述永磁材料之前，先简要介绍几个磁学基本概念，更详细的定义可以参考有关教材[1,2]。

磁场强度（Magnetic Field）

磁场来源于电荷的运动。这种电荷运动可以是导体中的电流、原子中的电子轨道和自旋运动。磁场强度 H 表示电场在其周围产生磁场的强弱，电流强度越大，磁场强度越大。H 的单位是 A/m（国际单位制或 SI 制）或者 Oe（cgs 制）。

磁化强度（Magnetisation）和磁极化强度（Polarisation）

外磁场下，材料中的电子磁矩会沿磁场方向排列，产生磁化强度 M 或磁极化强度 J。M 定义为单位体积内的磁矩，单位是 A/m（SI 制）或 emu/cm³（cgs 制）。J 的单位是特斯拉（T），定义为：$J = \mu_0 M$，其中 μ_0（$= 1.25664 \times 10^{-6}$H/m）为真空磁导率。当更多的磁矩沿磁场排列时，磁化强度 M 或磁极化强度 J 增加。在足够大的磁场下，所有的磁矩沿同一方向排列，可以获得饱和磁化强度 M_s 或饱和磁极化强度 J_s。

物质的磁化强度 M 与磁场强度 H 的关系可由定义式 $M = \chi H$ 表达，其中，χ 称为磁化率（susceptibility），是物质内部的磁矩对外加磁场的反应。

磁感应强度（Magnetic Induction）

磁感应强度 B，也叫磁通量密度，单位是 T（SI 制）或高斯 Gs（cgs 制），是表征介质中磁场的物理矢量。磁感应强度 B 和磁场强度 H 相关：$B = \mu H$，其中，μ 是介质的磁导率（permeability）。同时，$\mu = \mu_r \mu_0$，μ_r 为相对磁导率。

磁感应强度、磁化强度和磁场强度的关系

磁感应强度 B 由两部分组成：一部分来自磁场强度 H，另一部分来自磁化强度 M。磁感应强度、磁场强度和磁化强度的关系给出了磁学中的一个最重要的关系式：

$$B = \mu_0(H + M) = \mu_0 H + J \qquad (1-1)$$

根据式（1-1）和 B 与 H 的关系以及 M 与 H 的关系，可以得到：$\chi = \mu_r - 1$。

3

1.1.3　物质磁性的起源与分类

1.1.3.1　磁性的起源

材料科学认为，"结构决定性质"。解释物质的宏观磁性，需要从材料的基本结构入手。现代物理学认为，磁性是由物质原子的内部结构决定的。原子结构与磁性的关系可以归纳为：①物质的磁性来源于原子磁矩，而原子磁矩来源于电子的自旋和轨道运动；②原子内具有未被填满的电子轨道是材料具有磁性的必要条件；③电子的"交换作用"是原子具有磁性的根本原因。

1. 原子磁矩

原子磁矩包括原子核磁矩和电子磁矩。作为有自旋运动的带电粒子，原子核也有磁矩，但一般比电子磁矩小得多（相差三个数量级），因此大部分情况下可以忽略不计。电子绕原子核旋转的轨道运动和自身旋转的自旋运动是产生电子磁矩的根源，因此每个电子磁矩是由电子的轨道磁矩和电子的自旋磁矩两部分组成（图 1 – 1）。

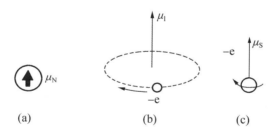

图 1 – 1　原子核磁矩 μ_N（a）、电子轨道运动产生的磁矩 μ_1（b）

和电子自旋运动产生的磁矩 μ_S（c）

电子的轨道磁矩平面可以取不同方向，但是在定向的磁场中，电子轨道只能沿着几个一定的方向，因此轨道的方向是量子化的。同样，在外磁场作用下，电子的自旋磁矩只能与轨道磁矩平行或反平行。在很多磁性材料中，电子自旋磁矩比轨道磁矩大，因为晶体中电子的轨道磁矩受晶格场的影响，不能形成一个联合磁矩，这就是所谓的轨道磁矩的"猝灭"或"冻结"。

物质的磁性来源于所有原子磁矩的总和，而原子磁矩是构成原子的所有电子磁矩的总和。要注意的是，这里的总和是矢量的叠加。此外，根据泡利不相容原理，原子中不可能有两个电子处于同一状态，并且一个轨道中最多容纳两个电子，当一个轨道被电子填满，轨道中的电子对必然自旋相反，它们的电子磁矩会互相抵消。所以要想让原子对外形成磁矩，必须有未被填满的电子轨道。这也是材料具有磁性的必要条件。

2. 交换作用

原子具有净磁矩只是材料具有磁性的必要条件，而不是充分条件。例如，Cu、Cr、V 和大量镧系金属都有未被填满的电子轨道，具有原子净磁矩，但它们都不会显示出磁性。这是因为原子磁矩间的交换作用对原子磁矩和物质的宏观磁性具有重要影响。

原子间的交换作用（exchange interaction），是指由邻近原子的电子相互交换位置所引起的静电作用。具体来说，当两个原子 1 和 2 邻近时，除考虑电子 1 在核 1 周围运动，以及电子 2 在核 2 周围运动外，由于电子是不可区分的，还必须考虑两个电子交换位置的可能性，以至于电子 1 出现在核 2 周围运动，电子 2 出现在核 1 周围运动。由这种交换作用所产生的能量变化叫作交换能。磁性材料即使在没有外磁场的作用下，交换作用也会通过电子自旋排列减少交换能，从而导致净磁矩。

交换作用的物理起源于量子力学，但有时可以用经典场理论模型[3]解释。1928 年，Heisenberg[4] 提出，交换能可以表示为：

$$E_{ex} = -2J_{ex}\vec{s_1} \cdot \vec{s_2} = -2J_{ex}s_1 s_2 \cos\theta \quad\quad (1-2)$$

式中，θ 为自旋 $\vec{s_1}, \vec{s_2}$ 之间的夹角；J_{ex} 为交换积分，与材料本身有关，不同磁性金属交换积分的经验值可以计算得到[5]。根据能量最小原理，当 $J_{ex} > 0$、$\theta = 0°$ 时 E_{ex} 最小，此时相邻两个电子的自旋方向相同，电子自旋磁矩平行排列，导致铁磁性耦合；当 $J_{ex} < 0$ 时，$\theta = 180°$ 时 E_{ex} 最小，电子自旋磁矩反平行排列，导致反铁磁耦合；当 $|J_{ex}|$ 很小时，两个相邻原子的交换作用很弱，交换能很小，因此磁矩的方向是混乱的，所以物质呈现顺磁性。当考虑由多原子组成的固体时，可以将所有电子对交换作用的贡献进行加和，因此：$E_{ex} = -2\sum_i \sum_j J_{ij}\vec{s_1} \cdot \vec{s_2}$。

交换积分实质上取决于近邻原子未填满的电子壳层相互靠近的程度，它决定了原子磁矩的排列方式和物质的基本磁性。当原子间距离较远时，每个原子表现出孤立原子特性，相邻原子核外电子因库仑相互作用而相互排斥，在原子中间电子密度减小，材料表现为顺磁性；当原子间距离适当时，两个原子核将互相吸引对方的外围电子，电子间产生交换作用，两个原子的电子进行交换是等同的，自旋平行时能量最小，材料表现为铁磁耦合；当原子间距离进一步减小时，两个原子的电子共用一个电子轨道，交换作用使自旋反平行排列，材料表现为反铁磁耦合。

1.1.3.2 磁性的分类

根据材料宏观磁化率 χ 和原子磁矩大小与排列，材料磁性可以分为以下几种：

（1）抗磁性（diamagnetism）：指材料的电子壳层被充满，原子中总的电子轨道磁矩和电子自旋磁矩等于零，没有原子（或分子）磁矩。在磁场作用下，电子的轨道运动将在洛伦兹力作用下产生一个附加运动，产生一个与外磁场方向相反但数值很小的感应磁矩。因此 $\chi < 0$，且一般在 10^{-5} 数量级。

（2）顺磁性（paramagnetism）：指原子具有磁矩，但由于原子磁矩方向是混乱的，对外作用互相抵消，也不表现为宏观磁性。在外磁场作用下，每个原子磁矩倾向于沿外磁场方向排列，宏观上能显示出极弱的磁性，物质被磁化。其 $\chi > 0$，且一般在 $10^{-3} \sim 10^{-6}$ 数量级。

（3）磁有序（ordered magnetism）：磁有序物质表现出大的内禀磁矩，内部磁矩有规则排列，就像被磁化一样。其 $\chi \gg 1$，且达到 $10 \sim 10^6$ 数量级。根据原子磁矩的排列方式，磁有序可分为三类：

①铁磁性，是指在没有外磁场的情况下，交换作用使材料内部邻近原子的磁矩平行排列，产生所谓的"自发磁化"。由于铁磁性物质内部分为很多磁畴，各个磁畴的自发磁化取向各不相同，因此在没有外磁场时，整个物质对外仍不呈现磁性。铁磁性物质包括 Fe、Co、Ni 和稀土元素（如 Gd）及其合金。

②反铁磁性，是指由于自发磁化导致原子磁矩反向平行排列，磁矩相互抵消，在宏观上类似于顺磁性而并不显示磁性。一些反铁磁材料（如稀土金属 Tb、Dy、Ho）的磁矩呈圆锥形螺旋排列，磁矩有序而净磁矩为零，称为螺旋形反铁磁性或非共线型反铁磁性。Cr 和 Mn 为反铁磁性金属。

③亚铁磁性，实质上是两种次晶格上的反向磁矩未完全抵消的反铁磁性。它与铁磁性相同之处在于具有强磁性，不同之处在于其磁性来自于两种方向相反、大小不等的磁矩之差。目前研究较多的铁氧体都属于亚铁磁性材料。

1.1.4 磁性材料基本概念

1.1.4.1 居里温度和奈尔温度

磁性材料内部的交换作用试图使磁矩平行或反平行排列，但当温度升高时，这种排列可能被热扰动破坏。温度升高到一定程度，热能克服了交换能，材料就会经历从有序的铁磁相向无序的顺磁相转变。铁磁材料中有序 – 无序转变温度称为居里温度 T_C（Curie temperature），而亚铁磁和反铁磁材料中的转变温度称为奈尔温度 T_N（Neel temperature）。

顺磁材料的磁化率随温度变化的关系遵循著名的居里定律，即磁化率 χ 与温度 T 成反比：

$$\chi = \frac{C}{T} \tag{1-3}$$

式中，C 为常数。

为了包括那些在居里温度或奈尔温度经历了从铁磁或亚（反）铁磁的有序 – 无序转变的磁有序材料，居里定律可以推广为：

$$\chi = \frac{C}{T - \theta} \tag{1-4}$$

式中，θ 为居里温度或奈尔温度。式（1-4）称为居里 – 外斯定律。

1.1.4.2 磁性各向异性

磁性材料中材料的内能随自发磁化方向变化的现象称为磁性各向异性（magnetic anisotropy）。将磁矩从能量最小的方向（易磁化方向）旋转开所需要的能量称为各向异性能（E_A）。磁性材料各向异性能来源于以下几种机制：

（1）形状各向异性（shape anisotropy）。它来自于静磁磁极交互作用，使得易磁化轴沿颗粒维度最长的轴向排列。对于某一方向尺寸比较大的颗粒，沿长轴方向的静磁能最低。对于一个均匀磁化的椭球体，对称轴平行于易磁化轴。形状各向异性能（E_{SA}）可表示为：

$$E_{SA} = \frac{\mu_0}{4}(1 - 3N)M_s^2 \sin^2\theta \tag{1-5}$$

式中，N 为退磁因子；θ 为磁化方向和易磁化轴之间的夹角。形状各向异性常数（K_{SA}）可表示为：

$$K_{SA} = \left(\frac{\mu_0}{4}\right)(1 - 3N)M_s^2 \tag{1-6}$$

（2）应力各向异性（stress anisotropy）。受到单轴机械应力的磁体展现出的磁致伸缩效应会导致磁各向异性。磁致伸缩指的是磁性材料在磁化过程中形状或尺寸发生变化的现象。这类各向异性对于立方晶体磁体特别重要。若 σ 为单轴应力，λ_s 为饱和磁致伸缩系数，应力各向异性能（E_{ST}）可表示为：

$$E_{ST} = -\frac{3}{2}\lambda_s\sigma\sin^2\theta \qquad (1-7)$$

应力各向异性常数(K_{ST})可以定义为:

$$K_{ST} = \frac{3\lambda_s\sigma}{2} \qquad (1-8)$$

（3）磁晶各向异性（magnetocrystalline anisotropy），指的是沿晶体结构的不同方向磁性发生变化的现象。它是由电子轨道和晶体点阵耦合引起，通过自旋－轨道耦合使磁矩与晶体位向相关。因此，磁晶各向异性通常与晶体结构的对称性吻合。在单轴各向异性材料（六方和四方晶体）中，磁晶各向异性能（E_A）可以唯象地表示为:

$$E_A = K_1\sin^2\theta + K_2\sin^4\theta + K_3\sin^4\theta\cos^4\varphi + \cdots \qquad (1-9)$$

式中，K_1、K_2 和 K_3 为各向异性常数；θ 为磁化方向和 c 轴的夹角；φ 为方向角。

将 E_A 最小化，可发现，易磁化方向与 K_1 和 K_2 的数值及符号密切相关。例如，在六方或四方结构中，如果 K_1 占主导地位且 $K_1 > 0$，易磁化轴将平行于 c 轴（$\theta = 0$）；而如果 $K_1 < 0$，则易磁化轴垂直于 c 轴（$\theta = 90°$）；如果 $K_1 < 0$ 且 $K_2 > |K_1|/2$，自发磁化方向将处于一个锥面的某一方向。

各向异性场（H_a）是指使磁化强度沿垂直于易磁化方向达到饱和所需要施加的磁场，一般可表示为:

$$H_a = \frac{2K_1 + 4K_2}{\mu_0 M_s} \qquad (1-10)$$

1.1.4.3 退磁场和静磁能

当一个有限尺寸的材料在外磁场下磁化时，材料两端会出现磁极，产生一个与磁化方向相反的磁场，称为退磁场（demagnetising field，H_d）。H_d 的强度正比于自由磁极的密度，因此正比于磁化强度:

$$H_d = NM \qquad (1-11)$$

式中，N 为退磁因子，最大值为1，它仅仅与材料的形状有关。例如，对于长条形样品，沿长轴方向的 N 接近于零；而对于薄片状样品，沿垂直于平面方向的 N 接近于1。

外磁场与磁化强度相互作用产生的能量称为静磁能（magnetostatic energy）。由于试样的磁化强度和退磁场作用产生的静磁能称为退磁能（demagnetising energy），可以表示为:

$$E_m = \frac{1}{2}\mu_0 NM^2 \qquad (1-12)$$

1.1.4.4 磁畴和畴壁

1906 年 Weiss 提出磁畴理论[6]，假设磁性材料内部分成很多小的区域，叫磁畴（magnetic domain）。每个磁畴都已经自发磁化到饱和。在没有外磁场时，每个磁畴沿不同的易磁化方向取向，材料的总磁化强度为零。在外磁场作用下，一部分磁畴长大，另一部分磁畴减小，导致材料中出现净磁化强度，材料被磁化。

从能量的角度考虑，当磁性材料处于磁化饱和状态，也就是所有的磁矩沿着易磁化方向平行排列时，交换能 E_{ex} 和各向异性能 E_A 处于最小状态，但静磁能 E_m 较大。如果材料分成多个磁畴，E_m 就会减小，虽然 E_{ex} 和 E_A 可能稍有增加，但仍有可能使系统的总的能量降低。这就是磁畴形成的原因。

两个磁畴之间的界面称为畴壁（domain wall）。在畴壁处，磁化强度从一个磁畴的易磁化方向旋转到邻近的另一个磁畴的易磁化方向，这一旋转是通过磁矩方向的逐渐改变来实现的。在畴壁内，部分磁矩不处于易磁化方向，同时磁矩之间也不是平行排列的，从而导致系统的 E_A 和 E_{ex} 增加。这增加的两部分能量称为畴壁能。畴壁中若自旋没有完全沿着易磁化方向则会导致 E_A 增加，若自旋没有完全平行排列则会导致 E_{ex} 增加。畴壁变薄会减小 E_A 但增加 E_{ex}，而畴壁变厚会减小 E_{ex} 而增加 E_A。畴壁的厚度由 E_A 和 E_{ex} 的平衡来决定。单位面积的畴壁能 γ_w 和畴壁厚度 δ_w 可以通过最小化总的 E_A 和 E_{ex} 获得。对于 180° 畴壁，有

$$\gamma_w = 2\pi\sqrt{AK} \qquad\qquad (1-13)$$

$$\delta_w = \pi\sqrt{\frac{A}{K}} \qquad\qquad (1-14)$$

式中，$K=(K_1+K_2)$，为"有效"各向异性常数；A 为交换作用常数。

如果材料的尺寸足够小，分解成多个磁畴对整个系统的能量不再有利，这时材料就会形成一个磁畴，称为单畴颗粒。材料形成单畴颗粒的临界尺寸（D_c）也可以通过能量最小化计算获得。

1.1.4.5 磁滞回线与磁性参数

获得材料磁性能的常用方法是测量外磁场作用下磁化强度 M、磁极化强度 J 或磁感应强度 B 的变化。图 1-2 给出了 J 和 B 随外磁场强度 H 的变化。当对一个未磁化的材料施加外磁场，B 和 J 从零开始增加。当 H 足够大时，材料中所有的磁矩沿外磁场方向排列，J 达到饱和磁极化强度 J_s，对应的 M 为饱和磁化强度 M_s。当 H 从最大值减小到零，一部分磁

极化强度仍然残留在材料中，称为剩余磁极化强度 J_r 或剩余磁感应强度 B_r。为了使材料回到未磁化状态，需要施加一个反向磁场。使 J 或 M 回到零所需要施加的反向磁场强度称为内禀矫顽力 $_iH_c$（或 $_jH_c$），而使 B 减小到零所需要的磁场强度称为磁感矫顽力 $_bH_c$。有时也用 H_c 笼统地表示矫顽力，一般指内禀矫顽力。如果材料经过一个正向磁场和反向磁场，就可以获得一个磁滞回线。

对于永磁材料，磁性参数除了 J_r 和 $_jH_c$ 外，另一个重要的参数是最大磁能积 $(BH)_{max}$，单位是 kJ/m^3（SI 制）和 MGOe（cgs 制）。$(BH)_{max}$ 通过计算 B-H 回线第二象限 $|B\cdot H|$ 的最大值获得，如图 1-2 所示。$(BH)_{max}$ 的物理意义是：一个永磁材料单位体积储存的最大磁能或者永磁材料对外能做的最大有用功。它是用于比较不同永磁体性能的关键指标。$(BH)_{max}$ 不仅由 J_r 和 $_bH_c$ 决定，而且与第二象限磁滞回线的方形度密切相关。对于永磁材料，通常希望得到高的 J_r、$_jH_c$、$(BH)_{max}$ 以及好的磁滞回线方形度。

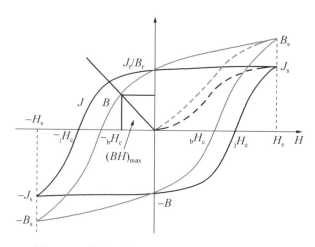

图 1-2　磁滞回线（J-H 和 B-H）及相关磁性参数

剩磁、矫顽力和磁能积都是磁性材料的外禀性能，它不仅与内禀性能有关，而且受显微组织的影响。而显微组织通常与制备工艺密切相关。磁性材料的内禀磁性能，包括前面提到的居里温度 T_C、饱和磁化强度 M_s 以及磁晶各向异性场 H_a。T_C 决定了一种磁性材料的最高使用温度和温度稳定性。M_s 取决于材料内原子磁矩的大小和它们排列的紧密程度以及原子的热振动（温度），它决定了材料可获得的最大剩磁。而 H_a 一定程度上决定了材料的矫顽力。

1.1.4.6 矫顽力的起源和控制

磁性材料中形成磁畴结构可以减小静磁能，但是畴壁的存在会增加交换能和各向异性能。施加一个外磁场可以使磁畴内的自旋挣脱各向异性场的束缚沿磁场方向排列，或者可以增加那些易磁化轴沿磁场方向排列的磁畴体积。这些过程可以由畴壁运动导致，也可以通过具有与外磁场方向相同的磁化强度的磁畴的形核和长大发生。

对于畴壁运动，如果畴壁通过一些不均匀磁化区域（如成分或应力起伏、非磁性夹杂或表面和界面），总的磁自由能将会降低。需要额外做功才能使畴壁从这些钉扎中心离开。钉扎强度取决于局部各向异性场、饱和磁化强度、钉扎中心的尺寸和形状。只有当施加在畴壁上的力超过了一个临界钉扎场 H_p，从一个钉扎中心到另一个钉扎中心的不可逆畴壁位移才能发生。这个临界钉扎场决定了材料表现出来的矫顽力。

磁畴形核（即形成新的磁畴）也主要发生在材料结构或成分不均匀处。这些地方的局部交换场和各向异性场变化较大，使磁化强度的反向在能量上变得可能。新的畴壁形核因为能降低静磁能而自发发生，也可以在一个足够大的外磁场作用下发生，后者称为形核场 H_n。如果畴壁在材料中能够完全自由移动（没有畴壁钉扎），只要退磁场达到 H_n，磁化强度的反转就会迅速发生。H_n 与缺陷的尺寸、形状和磁性有关，它也决定了材料的矫顽力。

因此，磁性材料矫顽力的大小主要由各种因素（如磁各向异性、掺杂、晶界等）对畴壁不可逆位移和磁畴不可逆转动的阻滞作用的大小来决定，阻滞越大，矫顽力就越大。

对于没有畴壁的单畴颗粒，其矫顽力由磁矩的不可逆转动引起。由于存在磁晶各向异性、形状各向异性、应力各向异性[7]，矫顽力可表示为：

$$H_c \approx a\frac{K_1}{\mu_0 M_s} + b(N_\perp - N_V)M_s + c\frac{\lambda_s}{\mu_0 M_s} \qquad (1-15)$$

式中，$N_\perp$ 和 N_V 分别为沿短轴和长轴所对应的退磁因子；a，b，c 是和晶体结构、颗粒取向分布有关的系数。若材料 M_s 较高，主要考虑公式中的第二项，可通过增加磁性颗粒细长比来增加 $(N_\perp - N_V)$，从而提高 H_c。若 K_1、λ_s 高，应主要考虑公式中第一、三项，当颗粒取向完全一致时，$a=2$，$c=1$；当颗粒取向完全混乱时，$a=0.64$（立方晶体），$a=0.96$（单轴晶体），$c=0.48$。所以颗粒易磁化方向完全平行排列时，矫顽力高，永磁性好。

11

对于多畴材料，反磁化过程由畴壁的不可逆位移或反相畴的形核控制。为了提高材料矫顽力，需要考虑两种情况[8]：第一，反磁化开始时材料内部存在反方向磁化的磁畴。晶体缺陷、杂质、晶界等区域的磁化矢量由于内应力或内退磁场的作用很难改变方向。当晶体磁化到饱和时，这些区域的磁化仍沿着相反的方向。在反磁化时，它们构成反磁化核，在反磁场作用下长大成反磁化畴。反向磁场必须大于大多数畴壁出现不可逆位移的临界磁场。因此可通过增加阻碍畴壁产生不可逆位移的因素来提高临界磁场，增加矫顽力。第二，反磁化开始时材料内不存在反磁化核，需要通过阻止反磁化核的出现来提高矫顽力。对于传统磁性材料，可以采取以下方式：适当增大非磁性掺杂含量并控制其形状（最好是片状掺杂）和弥散度（使掺杂尺寸和畴壁宽度相近）；选择高磁晶各向异性的材料；增加材料中内应力的起伏；选择 λ_s 大的材料等。

1.2　永磁材料概述

永磁材料又称硬磁材料，其特点是各向异性场高，矫顽力高，磁滞回线面积大，磁化到饱和需要的磁化场大，去掉外磁场后它仍能长期保持很强的磁性。但实际上，硬磁材料和软磁材料并不能简单地以矫顽力的大小来区分，一种材料是硬磁还是软磁，取决于其具体的应用。

1.2.1　永磁材料的发展

磁铅石是人类发现和使用最早的一类永磁材料，近代永磁材料的发展先后经历了碳钢、铝镍钴系合金、铁氧体、稀土永磁、纳米晶复合磁体五个阶段。

最初的永磁材料以淬火马氏体钢为主。1880 年左右，人们发现了碳钢。1900 年出现了钨钢，1917 年铬钢问世，但它们的磁性能均较低。1917 年前后出现的含 W、Cr 和 C 的钴钢使材料的矫顽力有所提高。

1930 年代初期，在铸造磁合金的基础上添加 Co、Cu、Ti、Nb 和 Si 等元素，发展了 AlNiCo 系列永磁合金。之后，Fe-Cr-Co 永磁合金问世，改善了 AlNiCo 系列永磁合金机械性能差的缺点。

1950 年荷兰 Philips 公司开发了性价比较高的磁铅石型钡铁氧体，1963 年又开发出 $(BH)_{max}$ 大于 32 kJ/m^3 的锶铁氧体。到 1970 年代，铁氧体永磁得到迅速发展。

1960 年代，Sm-Co 系稀土永磁问世。1968 年 Philips 公司采用热等静压制造了$(BH)_{max}$达 144 kJ/m³ 的 SmCo₅ 永磁体，标志着第一代稀土永磁材料的诞生。

1977 年，为了替代稀缺的战略物资 Co，利用粉末冶金法研制出$(BH)_{max}$接近 240 kJ/m³ 的 Sm₂(Co,Cu,Fe,Zr)₁₇ 永磁体，称为第二代稀土永磁材料。

1980 年代出现的 NdFeB 系稀土永磁材料，是目前室温性能最好的永磁材料。目前报道的$(BH)_{max}$已达 474 kJ/m³(59.5 MGOe)[9]。

1990 年前后还出现了 SmFeN 和 SmFeC 系稀土永磁合金。

1988 年 Philips 公司在 $Nd_2Fe_{14}B/(Fe_3B, \alpha\text{-Fe})$ 中发现剩磁增强效应，首次提出了纳米复合磁体的概念。$Nd_2Fe_{14}B/(Fe_3B, \alpha\text{-Fe})$ 合金被认为最有可能成为第四代稀土永磁材料。

图 1-3 给出了永磁材料发展历程、最大磁能积的变化趋势以及今后的发展趋势。

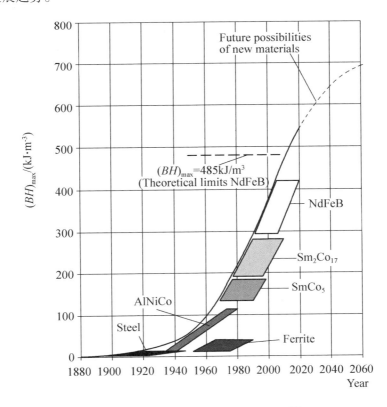

图 1-3　永磁材料及其磁能积的发展[10]

1.2.2 永磁材料特点及磁特性参数

永磁材料的主要作用是提供磁场或磁力。衡量永磁材料的重要指标除了由磁滞回线获得的基本磁性能参数外，还包括材料的磁稳定性以及其他性能。

1.2.2.1 基本磁性能

剩磁、矫顽力和最大磁能积等是永磁材料最基本的磁性能，$(BH)_{max}$ 是评价永磁体强度的最重要指标。永磁体的 $(BH)_{max}$ 越高，产生同样的磁场所需的体积越小。为提高永磁材料的 $(BH)_{max}$，要求矫顽力 H_c 和剩余磁极化强度 J_r 尽可能高。H_c 的大小与材料的内禀性能以及显微组织密切相关，需要考虑材料的反磁化过程。而提高 J_r 的途径除了从成分上选择具有高 M_s 的材料外，还要求材料的磁矩具有高的取向。目前工业上提供的不同永磁材料的矫顽力和最大磁能积大致如表 1-1 所示。

表 1-1 不同永磁材料的矫顽力、剩磁和最大磁能积

材料	$_jH_c$		J_r		$(BH)_{max}$	
	kA/m	Oe	T	Gs	kJ/m^3	MGOe
铝镍钴	40～160	500～2000	0.70～1.32	7000～13 200	8～88	1～11
钡锶铁氧体	159～358	2000～4500	0.30～0.44	3000～4400	8～36	1～4.5
钐钴 1：5 型	1194～2388	15 000～30 000	0.90～1.00	9000～10 000	127～207	16～26
钐钴 2：17 型	1194～2388	15 000～30 000	1.00～1.30	10 000～13 000	175～255	22～32
烧结钕铁硼	955～2388	12 000～30 000	1.10～1.40	11 000～14 000	239～446	30～56

1.2.2.2 居里温度 T_C

居里温度是永磁材料保持铁磁性的最高温度。T_C 越高，材料的磁性能随温度升高变化越缓慢，因此材料的热稳定性越高。表 1-2 为常用永磁材料的 T_C。经过磁化的永磁体，要想回到磁中性状态，只有将材料加热到 T_C 以上，这一过程称为热退磁。

表 1-2 常用永磁材料的居里温度

材料	铝镍钴	钡锶铁氧体	钐钴 1：5 型	钐钴 2：17 型	钕铁硼
$T_C/℃$	800～860	465	750	800～850	312～420

1.2.2.3 永磁材料的稳定性

永磁材料的稳定性是指其磁性能在长时间使用过程中受到温度、外磁场、冲击、振动等外界因素影响时保持不变的能力，用变化率 η 来表示：

$$\eta = \frac{\Delta Z}{Z} \times 100\% \qquad (1-16)$$

式中，Z 为永磁材料性能，如矫顽力、剩磁；ΔZ 为性能变化量。

永磁材料的热稳定性也常用温度系数来表示，包括剩磁温度系数和矫顽力温度系数，单位为%/℃。单位温度变化引起的剩磁相对变化称为剩磁温度系数 α，单位温度变化引起的矫顽力相对变化称为矫顽力温度系数 β。材料 $T_0 \sim T$ 温度范围内的温度系数 α 和 β 的计算公式如下：

$$\alpha = \frac{J_r(T) - J_r(T_0)}{J_r(T_0)(T - T_0)} \times 100\% \qquad (1-17)$$

$$\beta = \frac{{}_jH_c(T) - {}_jH_c(T_0)}{{}_jH_c(T_0)(T - T_0)} \times 100\% \qquad (1-18)$$

随温度升高，大部分永磁的磁性能下降，因此 α 与 β 一般表现为负值，其绝对值越小说明磁体的热稳定性越好。不同永磁材料的剩磁温度系数如表 1-3 所示。

表 1-3　不同永磁材料的温度系数

材料	铝镍钴	钡锶铁氧体	钐钴 1:5 型	钐钴 2:17 型	钕铁硼
$\alpha/(\% \cdot \text{℃}^{-1})$	-0.03 $\sim$ -0.02	-0.18 $\sim$ -0.09	-0.05 $\sim$ -0.04	-0.03	0.01

1.2.2.4 永磁材料的物理特性

永磁材料经常作为电磁器件的关键部件，不同的应用对其物理性能有不同的要求。表 1-4 给出了几种永磁材料的电阻率、密度、热膨胀系数、导热系数和比热等数据。

表 1-4　不同永磁材料的常用物理性能

材料	铝镍钴	钡锶铁氧体	钐钴 1:5 型	钐钴 2:17 型	钕铁硼
电阻率/($\Omega \cdot cm$)	45×10^{-6}	$> 10^4$	8.6×10^{-5}	$\sim 8.6 \times 10^{-5}$	14.4×10^{-5}
密度/($g \cdot cm^{-3}$)	$7.0 \sim 7.3$	$4.8 \sim 5.0$	$8.1 \sim 8.3$	$8.3 \sim 8.5$	$7.5 \sim 7.6$
热膨胀系数 ($\times 10^{-6}$)/℃$^{-1}$	11	$13(//)$, $8(\perp)$	$6(//)$, $12(\perp)$	$-8(//)$, $11(\perp)$	$6.5 \sim 7.4(//)$, $-0.5(\perp)$

材料	铝镍钴	钡锶铁氧体	钐钴 1:5 型	钐钴 2:17 型	钕铁硼
导热系数 /(W·m^{-2}·K^{-1})				～12	
比热 /(kcal·kg^{-1}·℃$^{-1}$)		0.2	0.13		0.12

1.2.2.5　永磁材料的力学性能

很多应用场合对永磁材料的力学性能有一定的要求。表 1 - 5 给出了不同永磁材料的硬度和强度。

表 1 - 5　永磁材料的硬度和强度

材料	铝镍钴	钡锶铁氧体	钐钴 1:5 型	钐钴 2:17 型	钕铁硼
韦氏硬度	650	530	500～600	500～600	600
弯曲强度 /(N·m^{-2})		1.27×10^8	1.2×10^8	1.5×10^8	2.457×10^8
抗压强度 /(N·m^{-2})			$>2 \times 10^8$	8×10^8	
抗张强度 /(N·m^{-2})		3.97×10^7		3.5×10^7	7.87×10^8

1.2.3　永磁材料的应用

永磁材料的基本功能是提供稳定持久的磁通量，应用永磁材料是节约能源的重要手段之一。它的应用几乎遍及所有工业部门、生活领域、科技和军事领域。

大部分永磁材料用于制造各种类型的电机，大的如励磁机、副励磁机、飞机发电机、汽车电机，小的如电脑软驱和硬驱电机、光盘电机、打印机电机、自行车电机和数以亿计的玩具电机等。最早发明的电机就是用永磁体来提供磁通量给转子与定子之间的气隙的。

目前，永磁电机正在取代 500kW 以下普通电机，以加强环境保护和节约能源。永磁电机指定子是永磁体，只有转子是线圈的直流电机。而普通电机的定子是线圈（电磁铁）。永磁电机具有效率高、功率因素高、温升低、节能效果好等优点。图 1 - 4 为永磁同步电机的结构。在电机运行过程中，永磁体周期性地不断受到退磁场的作用，同时电机各部分的能量损耗最终都变成热量，使电机温度升高。因此用于电机的永磁材料必须具有较高的内禀矫顽力和温度稳定性。同时，电机运行过程中，永磁体受到很大的离心力，需要较高的抗拉强度。

图 1 - 4　永磁同步电机的结构

在汽车电机和其他部件上，永磁材料的应用范围正在迅速扩大，除了在电机、电池、电控等三大部分以及空调、转向和制动部分，永磁材料还广泛应用于车灯、座椅、传感等部件。图 1 - 5 给出了永磁材料在汽车上的应用。

图 1 - 5　永磁材料在汽车中的应用

永磁材料也用于磁力机械。综合运用永磁材料、软磁材料和非磁性材料，可以制造出各式各样的磁力机械。例如，图1-6a为普通的磁选机示意图，它利用磁力将物料中磁性强弱不同的物质分离，如磁铁矿的矿石经粉碎后流入磁选机，具有强磁性的精矿粉从远端出来，非强磁性的尾矿粉从近端出来。磁选机常用的永磁材料是钡锶铁氧体和钕铁硼。图1-6b所示为一般的轴向磁力传动器，作为一种无接触的传动方式，磁力传动借助磁力使被动部分跟随主动部分一起运动。这种传动器广泛应用于化学、食品、医药和原子能工业以及科学实验装置等。

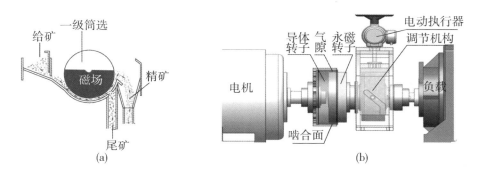

图1-6　永磁磁选机(a)及磁力传动装置(b)

永磁材料也广泛用于电声器件。扬声器、耳机(耳塞)等电声器件的基本结构如图1-7所示。永磁体提供恒定的气隙磁场，细导线绕的音圈悬在气隙中，导线与磁场垂直，音圈与纸盆或音膜牢固连接。当音圈中通以交变的音频电流时，音圈将以同样的频率上下振动，纸盆或音膜则跟随音圈一起振动，发出声音。早期的电声器件主要采用铝镍钴永磁，但由于该永磁矫顽力不够高，因此电声器件的音色和低频响应不够好。铁氧体永磁采用外磁式磁回路使气隙磁密度仍能达到1 T以上，在一般电声器件中得到广泛应用。钐钴永磁的磁特性优于铁氧体，但由于价格贵，主要用于高档电声器件中。钕铁硼永磁的剩磁和磁能积都比钐钴永磁高很多，价格适中，但化学稳定性较差，易受腐蚀。目前在电声器件领域，廉价的用铁氧体永磁，中档的用钕铁硼永磁，高档的用钐钴永磁。

微波器件也大量使用永磁材料。磁控管、速调管、返波管、行波管及回旋管等微波电子管中，需要用磁场去约束和引导电子束的运动路径，电子在磁场作用下会运动聚集到收集极上。通常，铝镍钴永磁广泛应用于微波电子管，铁氧体永磁主要用于现代家用微波炉的核心部件磁控管，

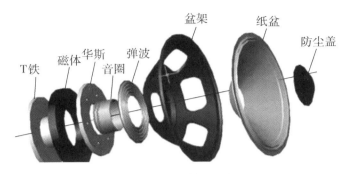

图 1 - 7   扬声器结构示意图

钐钴和钕铁硼永磁体应用于军用雷达和民用导航雷达、气象雷达等的微波电子管。

核磁共振成像仪作为大型医疗仪器设备，里面用到的大磁铁主要有三种类型：超导磁铁、电磁铁和永磁体。超导磁铁的核磁共振成像仪扫描图像最清晰，分辨率最高，有利于病症病灶确认，但它价格最高，运行和维护成本高。电磁铁价格适中，但运行和维护成本最高。而永磁体价格较低，运行和维护成本很低，因此目前大部分医院的核磁共振成像仪都采用永磁体，如锶铁氧体和钕铁硼磁体。

仪表和钟表是永磁材料的另一应用领域。目前有指针的磁电式仪表的硬磁基本上都是磁通量容易调整的铝镍钴材料，而指针式钟表主要采用锶铁氧体、钕铁硼和钐钴磁体。

1.3   永磁材料基本原理

永磁材料的性能与自发磁化和磁畴结构密切相关，其技术磁化过程决定了剩磁、矫顽力和最大磁能积等关键磁性能。本节简单介绍永磁材料基本原理。

1.3.1   自发磁化理论

1907 年，为解释铁磁材料中的自发磁化现象，外斯提出"分子场"假说。他假设在铁磁材料中存在"分子场"，这种分子场使原子的磁偶极矩抵抗热扰动而取向排列。"分子场"理论能够很好地解释铁磁性物体内的自发磁化及其随温度变化的规律，同时还能求得自发磁化消失时的温度

和解释居里 – 外斯定律 (Curie-Weiss)。这些理论结果都与实验相符合，这也是"分子场"理论的成功所在。"分子场"理论的缺陷主要是没有说明"分子场"的本质及其为什么与自发磁化强度成正比等问题。

后来人们根据量子力学理论研究了自发磁化的原因，认为分子场的本质是原子中电子及相邻原子之间电子的静电交换作用，但这种静电作用与经典的库仑静电作用是完全不同的，它纯属量子效应。理论研究说明 Weiss 假说中的"分子场"实际上就是近邻原子中电子自旋相互作用的平均效应。"分子场"来源于相邻原子间的交换作用，它导致了磁有序。

对于自发磁化，除 Weiss 分子场模型外，还有 Heisenberg 交换作用模型等局域电子模型以及其他各种理论模型和处理方法[4,11]。但是，这些模型都认为自发磁化的出现归根到底取决于电子之间的交换作用。局域电子模型在处理自发磁化强度与温度的关系以及对居里温度 (实际上是顺磁居里温度) 的估计等方面是比较成功的。但是，在与实验比较时，这些模型仍然遇到许多困难。例如，大多数铁磁性物质在实验上表现出两个磁转变温度，即顺磁居里温度和铁磁居里温度。现有理论模型只能给出一个取决于交换作用能的铁磁居里温度。此外，顺磁磁化率倒数与温度的关系 $(1/\chi) - T$ 曲线在居里温度附近向上弯曲，现有模型均认为是短程有序的结果。但实际上考虑短程有序后，$(1/\chi) - T$ 曲线应该是向下弯曲。

为了解决自发磁化理论遇到的困难，Mattis 提出球模型[12]，Vonsovskii 采用准化学方法[13]，考虑电子自旋取向的短程有序对自发磁化的影响，但给出的结果与实验结果相距甚远。Oguchi 等[14] 的工作给出的结果也无助于问题的解决。由于电子之间的交换作用，自旋取向的短程有序是客观存在的。对于处在顺磁态的铁磁体，当温度降低到一定程度时，首先出现自旋取向的短程有序，即一部分相互为最近邻的电子自旋平行排列，然后才出现长程有序而转变到铁磁状态。短程有序的出现导致物质的顺磁磁化率大于居里 – 外斯定律给出的数值，其结果是磁化率倒数与温度的关系 $(1/\chi) - T$ 曲线在居里温度附近向下弯曲，铁磁居里温度高于顺磁居里温度，与预期的结果正好相反。因此，现有的自发磁化理论模型遇到的困难并不是考虑自旋取向的短程有序所能解决的。相关的理论还有待进一步发展。

1.3.2 磁畴理论

1.3.2.1 磁畴结构

外斯提出的分子场假说解释了铁磁物质的自发磁化。同时，为了说明铁磁性物质宏观上总磁矩为零这个问题，他又提出了磁畴的概念。毕特和阿库洛夫分别在 1931 年用实验观察到磁畴，从而证明了磁畴结构假说的正确性。

由于铁磁性物体在无外磁场时不同磁畴的自发磁矩相互抵消，宏观上不显磁性。在外磁场作用下，畴内自发磁化方向发生改变或畴壁发生移动。磁性材料的宏观磁性能主要由磁畴结构（磁畴的大小、形状以及其在铁磁体内的排列方式）及其运动变化方式所决定。磁畴根据其结构的不同分为很多种，如片形畴、封闭畴、棋盘畴、波纹畴、磁泡畴以及多种衍生畴等。一个磁畴内有百万亿个原子，交换作用可以使这些原子的磁矩整齐地排列起来。

由于泡利不相容原理，铁磁体中相邻电子的自旋有同向排列的倾向，形成了自发磁化现象。但为什么又出现了多磁畴结构呢？这是因为整个铁磁体系统除了要考虑电子间的静电排斥能最小外，还要考虑外部空间磁场能最小。假如整个磁体就是一个磁畴，如图 1 - 8a 所示。由于在磁畴的两端出现自由磁极，在系统能量中要出现一项磁畴和 H 结合的能量，即外磁场能为 $W_{\mathrm{m}} = \dfrac{1}{2}\mu_0 \int H^2 \mathrm{d}V$。如果出现如图 1 - 8b 所示分解为磁化方向相反的多个磁畴，则可以使外部空间磁能减小，也就是说，多畴结构可以降低系统能量。如果在铁磁体中形成闭合磁畴，如图 1 - 8c 所示，则可以进一步减小外磁场能量。因此，多磁畴结构是系统能量最低的结果。

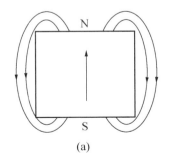 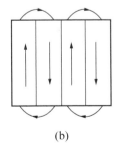 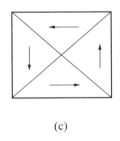

(a)　　　　　　　　　(b)　　　　　　　　　(c)

图 1 - 8　磁畴结构变化

铁磁物质的铁磁性是以磁畴的存在为基础的，故当铁磁物质的温度达到或超过其居里温度 T_C 时，剧烈的热运动使其原子或离子间的相互交换耦合作用不足以保持其磁矩的平行取向，磁畴瓦解，铁磁质也就转化为顺磁质。

磁性材料的应用，本质上就是材料的固有磁性在外磁场中的磁化和退磁过程。不论固有磁性还是磁化和退磁过程都可以通过磁畴进行描述。二者的不同点在于固有磁性决定材料固有的磁畴的状态，磁化和退磁则决定材料的磁畴状态随外场改变时的变化过程。若磁畴状态的变化过程可逆，则对应的磁化和退磁是可逆的；若磁畴状态的变化过程不可逆，则对应的磁化或退磁是不可逆的。因此，开展磁畴动力学研究获得磁畴的形成、变化(畴内磁矩的转动，畴壁的运动，磁畴的长大或合并、消失等)规律的有关信息，是研究磁性材料磁化和退磁过程机理的基础。

1.3.2.2 材料磁化时磁畴的变化

材料自发磁化方向与晶格结构有关。晶体具有易磁化方向，沿该方向自发磁化时能量最低。多晶体内的晶粒排列是随机的，在无外磁场作用时，各磁畴的自发磁化方向也随机分布，在宏观上不显示磁性。铁磁物质很容易磁化，当外磁场较弱时，磁畴中磁矩与外磁场相同或相近的那些小区域的边界向外扩展，从而增大其体积，出现"壁移"现象，而产生较大的附加磁场。当外磁场较强时，磁畴的磁矩方向将发生沿外磁场方向的转动，产生很大的附加磁场。当所有磁畴的磁矩均转到与外磁场相同方向时，铁磁质的磁化就达到饱和状态。

各磁畴之间具有阻碍其磁矩转向的"摩擦"作用，故当外磁场减弱时，磁畴不会按原来变化规律退回原状态，因此铁磁物质的磁化强度与外磁场强度不成线性关系，出现磁滞现象。当外磁场消失后，磁畴仍偏离随机分布，保留部分被磁化时的排列形式，而使其留下部分宏观磁性，表现为剩磁现象。

由于外磁场与磁畴内磁化强度的相互作用，磁畴的体积在外磁场作用下发生变化，同时畴壁发生位移。如果畴壁移动没有阻力，畴壁将无限移动下去，材料的磁导率将会是无穷大的。但事实上，畴壁移动是有阻力的。从能量的观点分析，若畴壁的移动伴随某种能量增加，则这种移动是不利的，将阻碍畴壁的移动。目前认为，应力、缺陷、弥散场和材料的非均匀区就是导致某种能量增加的原因。在实际材料中，缺陷的存在使畴壁势能随位置变化而很不规则，并有效地钉扎畴壁的运动或在畴壁前设置一个势垒而抑制畴壁通过缺陷进一步移动，从而导致畴壁的不规则移动。例如，非磁性夹杂或与畴壁方向相一致的平面缺陷能降低总畴壁能。另外，具有强各向异性(晶体或磁致弹性)的磁性缺陷使畴壁能升高，能有效地给畴壁设置一个势垒。这种情况下，自旋在局部各向异性方向被钉扎，阻碍畴壁通过缺陷，将畴壁钉扎在缺陷边缘处，因而不能靠畴壁移动维持系统能量的平衡态。为了使系统能量最小化，必然在缺陷附近产生新的磁学特性。

1.3.3　技术磁化

1.3.3.1　磁化机制

磁性材料由退磁状态变到磁饱和状态的过程，称为磁化过程。反之，从磁饱和状态回到退磁状态的过程，称为反磁化过程。铁磁体在外磁场作用下通过磁畴转动和畴壁位移来实现宏观磁化的过程称为技术磁化。

磁性材料的磁化，实质上是材料受外磁场的作用，其内部的磁畴结构发生变化。沿外磁场 H 方向上的磁化强度 M_H 可以表示为：

$$M_H = \frac{\sum_i M_s V_i \cos\varphi_i}{V_0} \qquad (1-19)$$

式中，V_i 为材料内第 i 个磁畴的体积；φ_i 为第 i 个磁畴的自发磁化强度 M_s 与外磁场 H 方向的夹角；V_0 为材料的体积。当外磁场强度 H 改变 ΔH 时，磁化强度的改变 ΔM_H 为：

$$\Delta M_H = \sum_i \left(\frac{M_s \cos\varphi_i \Delta V_i}{V_0} + \frac{M_s V_i \Delta(\cos\varphi_i)}{V_0} + \frac{V_i \cos\varphi_i \Delta M_s}{V_0} \right) \qquad (1-20)$$

式中，右边第一项表示各个磁畴内的 M_s 的大小和取向 φ_i 不改变，仅仅是磁畴体积改变导致的磁化。在这个过程中，与外磁场 H 方向相近的磁畴体积长大，与 H 方向相反的磁畴体积缩小。磁畴体积变化相当于畴壁发生位移，所以称为畴壁位移磁化过程。第二项表示各个磁畴内 M_s 的大小和磁畴体积 V_i 不变，仅仅是磁畴中 M_s 与 H 的夹角 φ_i 发生改变导致的磁化。由于磁畴的 M_s 相对 H 发生了转动，称为磁畴的转动磁化过程。第三项表示 V_i 和 φ_i 不变，只有磁畴内自发磁化强度 M_s 的大小发生改变导致的磁化，称为顺磁磁化过程。顺磁磁化过程对磁化的贡献很小，只在 H 很大时才会显现出来。它实际上是强外磁场克服原子磁矩的热扰动而导致磁化强度的增加。

因此，磁化过程的机制有三种：①磁畴壁的位移磁化过程；②磁畴转动磁化过程；③顺磁磁化过程。上述三种磁化机制对铁磁体的磁化贡献分别为 ΔM_M、ΔM_R 和 ΔM_P，则：

$$\Delta M_H = \Delta M_M + \Delta M_R + \Delta M_P \qquad (1-21)$$

如果不考虑顺磁磁化过程，上式可表示为：

$$\Delta M_H = \Delta M_M + \Delta M_R \qquad\qquad (1-22)$$

对于大多数铁磁体，技术磁化过程通常可以分为四个阶段：①弱磁场范围内的可逆畴壁位移；②中等磁场范围内的不可逆畴壁位移；③较强磁场范围内的可逆磁畴转动；④强磁场下的不可逆磁畴转动。对于特定的磁性材料，其磁化过程不一定包括全部四种磁化机制，而以其中一种或几种磁化机制为主。对于单畴颗粒材料，仅存在单纯磁畴转动磁化过程[15]。

1.3.3.2　可逆畴壁位移磁化过程

假设两个由畴壁分开的磁畴（图1-9），沿其中一个磁化强度方向施加磁场 H，磁化强度方向与 H 平行的磁畴体积增加，与 H 方向相反的磁畴体积减小，从而使外磁场方向上的磁化强度增加，这就是畴壁位移磁化过程。考虑其磁化机制，图1-9中 i 畴内自发磁化强度 M_s 与磁场强度 H 的方向一致，k 畴内 M_s 与 H 方向相反，在外磁场作用下，i 畴的能量最低，k 畴的能量最高。根据能量最小原理，k 畴内的磁矩将转变为 i 畴一样的取向，这种转变是通过畴壁移动来进行的。假设畴壁厚度不变，那么 k 畴内靠近畴壁的一层磁矩由原来向下的方向开始转变，并进入畴壁过渡层中；在畴壁内靠近 i 畴的一层磁矩则向上转动而逐渐地脱离畴壁过渡层加入 i 畴中。这样 i 畴的体积增大，k 畴的体积缩小。这就相当于在外磁场作用下，i 畴和 k 畴间的畴壁向 k 畴移动了一段距离。

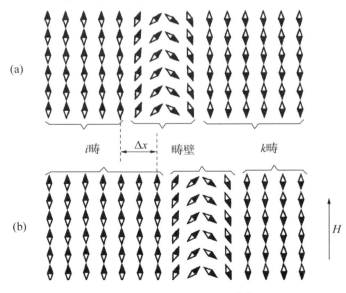

图1-9　畴壁位移示意图[16]

图 1-9 为 180°畴壁位移的一维模型，i 畴和 k 畴的外磁场作用能可分别表示为：

$$E_{Hi} = -\mu_0 M_s H \cos 0° = -\mu_0 M_s H \qquad (1-23)$$

$$E_{Hk} = -\mu_0 M_s H \cos 180° = \mu_0 M_s H \qquad (1-24)$$

显然，i 畴的磁位能低，而 k 畴磁位能高。因此，在外磁场的作用下，k 畴必然逐步向 i 畴过渡。设畴壁位移了一段距离 Δx，畴壁面积为 S，则伴随这一过程磁位能的变化为：

$$\Delta E_H = (E_{Hi} - E_{Hk}) \cdot \Delta x \cdot S = -2\mu_0 M_s H S \Delta x \qquad (1-25)$$

因此，当 180°畴壁位移 Δx 后，其磁位能降低，有利于磁矩沿外磁场方向取向。这意味着，180°畴壁受到水平方向力的作用。若压强 P 表示单位面积畴壁所受的力，则该力所做的功应为 $PS\Delta x$，于是：

$$\Delta E_H = -PS\Delta x \qquad (1-26)$$

由式(1-25)和式(1-26)得

$$P = 2\mu_0 M_s H \qquad (1-27)$$

由此可见，外磁场作用是引起畴壁位移磁化的原因及动力。根据上式，任何小的外磁场都可以提供畴壁位移磁化的动力，使磁畴取向一致，达到饱和磁化。但实际上，在一定的外磁场下，畴壁位移的距离是有限的。这是因为材料内部存在阻碍畴壁运动的阻力。阻力主要来源于铁磁体内部的不均匀性，这些不均匀性包括内应力的起伏分布、组分的不均匀分布和各种缺陷(如杂质、气孔和非磁性相等)。畴壁位移时，这些不均匀性引起铁磁体内部能量大小起伏变化从而导致阻力。

铁磁体内部的能量主要包括磁弹性能和畴壁能。磁弹性能可简单表示为：

$$E_\sigma = -\frac{3}{2}\lambda_s \sigma \cos^2 \theta \qquad (1-28)$$

式中，θ 为内应力与磁畴 M_s 之间的夹角；λ_s 为饱和磁致伸缩系数。

畴壁能可表示为：

$$E_w = \gamma_w S \qquad (1-29)$$

式中，γ_w 为畴壁能密度；S 为畴壁面积。随着畴壁的移动，畴壁能的变化为：

$$\frac{\partial E_w}{\partial x} = S\frac{\partial \gamma_w}{\partial x} + \gamma_w \frac{\partial S}{\partial x} \qquad (1-30)$$

式中，$\dfrac{\partial \gamma_w}{\partial x}$ 和 $\dfrac{\partial S}{\partial x}$ 分别表示畴壁能密度和畴壁面积随畴壁位移变化而引起

畴壁能的变化。

因此，单位体积铁磁体内的总能量 E 为：

$$E = E_H + E_\sigma + E_w \tag{1 - 31}$$

在畴壁位移磁化过程中，必须满足自由能最小原理，即

$$dE = dE_H + dE_\sigma + dE_w = 0 \tag{1 - 32}$$

该式为畴壁位移磁化过程中的一般磁化方程式。它的物理意义为，畴壁位移磁化过程中降低的磁位能与铁磁体增加的内能相等。

根据铁磁体内畴壁位移阻力的来源，可以将畴壁位移磁化过程分为两种理论模型：内应力模型和含杂模型。

1. 内应力模型

内应力模型主要考虑内应力的起伏分布对铁磁体内部能量变化的影响，而忽略杂质的影响。一般的金属软磁材料和高磁导率软磁铁氧体适合采用这种模型。

这一模型中，畴壁能密度随着内应力起伏分布而变化，其变化关系可近似表示为：

$$\gamma_w \approx 2\delta \left(K_1 + \frac{3}{2}\lambda_s\sigma \right) \tag{1 - 33}$$

式中，δ 为畴壁厚度。由于内应力 σ 随着位移 x 的变化而变化，所以畴壁能密度 γ_w 是位移 x 的函数。

不考虑杂质的作用，在畴壁位移磁化过程中，畴壁始终保持一平面而不变形。因此可以认为畴壁面积保持不变。根据式(1 - 30)可得：

$$dE_w = \frac{\partial \gamma_w}{\partial x} \tag{1 - 34}$$

铁磁体内存在 $180°$ 畴壁和 $90°$ 畴壁两种畴壁，根据内应力模型，可以获得磁体的起始磁化率 χ_i：

$180°$ 畴壁位移：

$$\chi_i(180°) = \frac{2\mu_0 M_s^2 l\alpha}{3\pi^2\delta\lambda_s\Delta\sigma} \tag{1 - 35}$$

$90°$ 畴壁位移：

$$\chi_i(90°) = \frac{2\mu_0 M_s^2}{3\pi\lambda_s\sigma_0} \tag{1 - 36}$$

式中，l 为磁畴宽度；α 为充实系数，即材料中实际存在的 $180°$ 畴壁占据自由能极小位置的份数。

2. 含杂模型

含杂模型忽略内应力的影响，主要考虑杂质引起的铁磁体内能量的变化对畴壁移动形成的阻力。如果铁磁体内包含许多非磁性或弱磁性杂质、气孔等，而内应力的变化不大，可以采用含杂模型进行分析。

含杂模型中，畴壁位移时，畴壁能密度变化不大，主要是畴壁面积改变引起的畴壁能的变化，即

$$dE_w = \gamma_w \frac{\partial S}{\partial x} \qquad (1-37)$$

根据自由能最小的原理：

$$dE = dE_H + dE_w = 0 \qquad (1-38)$$

于是得出含杂模型畴壁位移过程的一般磁化方程：

$$-dE_H = \gamma_w \frac{\partial S}{\partial x} \qquad (1-39)$$

利用含杂模型，同样可以得出由畴壁位移导致的起始磁化率。例如，180°畴壁位移得到的起始磁化率为：

$$\chi_i(180°) = \frac{d}{6^{1/3}\pi^{2/3}\delta} \frac{\mu_0 M_s^2 \alpha}{K_1 \beta^{1/3}} \qquad (1-40)$$

式中，d 为杂质直径；β 为杂质的体积分数。

上述两种模型是对实际磁化过程的近似和假设。实际中材料内部往往同时存在杂质、气泡或内应力分布，这些因素都会对畴壁位移构成阻力。

1.3.3.3 不可逆畴壁位移磁化过程

在外磁场强度较低时，材料发生可逆畴壁位移磁化，撤销外磁场后，材料能够按照原来的磁化路径回到起始磁化状态。当外磁场继续增大，如果撤销外磁场后，材料不能按照原来的磁化路径回到起始磁化状态，即为不可逆磁化过程。

同可逆畴壁位移磁化过程一样，铁磁体内存在应力和杂质以及晶界等结构起伏变化是产生不可逆畴壁位移的根本原因。例如，对于存在应力起伏分布的180°畴壁(图1-10a)，畴壁位移磁化方程为：

$$2\mu_0 M_s H = \frac{\partial \gamma_w}{\partial x} \qquad (1-41)$$

图1-10b 表示畴壁能密度 $\gamma_w(x)$ 的分布规律，$\partial \gamma_w(x)/\partial x$ 则是180°畴壁位移时引起的畴壁能密度变化的规律。

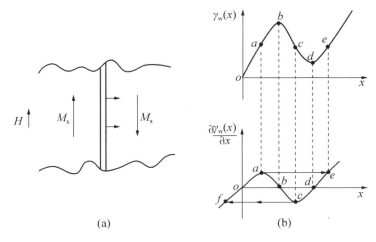

图 1 - 10　不可逆畴壁位移模型[16]

当外加磁场 $H = 0$ 时，180°畴壁停留在 $\gamma_w(x)$ 为最小值的 o 点。在 o 点，$\partial\gamma_w(x) / \partial x = 0$，所以畴壁在 o 点处于稳定平衡状态。当 $H > 0$ 时，畴壁开始移动。设单位面积的畴壁位移了一段距离 Δx，磁场能下降，畴壁能增加，两者平衡，即

$$2\mu_0 M_s H = \frac{\partial^2 \gamma_w}{\partial x^2}\Delta x \qquad (1 - 42)$$

畴壁从 o 点沿 oa 移动的过程中，$\partial^2 \gamma_w(x) / \partial x^2 > 0$，畴壁位移到任一位置均处于平衡稳定磁化状态。此时若将外磁场 H 减小到零，畴壁可以按照原来的 oa 路径回到起始位置 o 点，所以 oa 段的磁化为可逆畴壁位移磁化阶段。畴壁位移到 a 点位置时，具有极大值。稍微加大外磁场，畴壁位移通过 a 点后处于不平衡状态，将继续移动。若此时将外磁场 H 减小到零，畴壁不再按照原来的路径回到 o 点，而是停留在 $\partial\gamma_w(x) / \partial x = 0$ 的 c 点。畴壁由 a 点位移到 c 点的过程称为不可逆畴壁移动过程。

图 1 - 10b 中 a 点对应的磁场称为不可逆磁化过程的临界磁场，用 H_0 表示。超过 H_0 时，材料将发生不可逆磁化。由上式得：

$$2\mu_0 M_s H_0 = \left(\frac{\partial\gamma_w}{\partial x}\right)_{\max} \qquad (1 - 43)$$

对于存在应力的 180°畴壁，可以得出：

$$H_0 = \frac{3\pi\delta\lambda_s\Delta\sigma}{2\mu_0 M_s l} \qquad (1 - 44)$$

H_0 为磁化曲线上最大磁化率所对应的磁场。在此基础上，可以估算出不

可逆畴壁位移的磁化率：

$$\chi_{\mathrm{ir}}(180°) = \frac{4\mu_0 M_{\mathrm{s}}^2 l\alpha}{3\pi\delta\lambda_{\mathrm{s}}\Delta\sigma} \qquad (1-45)$$

如果杂质对不可逆位移磁化起主要阻碍作用，也可以采用类似的方法，讨论其不可逆畴壁位移决定的临界磁场强度 H_0。

1.3.3.4 可逆磁畴转动磁化过程

磁畴转动磁化过程是铁磁体在外磁场作用下，磁畴内所有磁矩一致向着外磁场方向转动的过程。铁磁体内，无外磁场作用时，各个磁畴都自发取向在它们的各个易磁化方向上。这些易磁化方向取决于铁磁体内各向异性能分布的最小值方向。当有外磁场作用时，铁磁体内总的自由能将会因外磁场能存在而发生变化，总自由能的最小值方向也将重新分布，因此磁畴的取向也会由原来的方向转向到新的能量最小方向上。这个过程就相当于在外磁场作用下，磁畴向着外磁场方向发生转动。

在外磁场作用下，铁磁体内存在磁晶各向异性能 E_{A}、磁应力能 E_σ、外磁场能 E_H 和退磁场能 E_{d}，总的自由能可以表示为：

$$E = E_{\mathrm{A}} + E_H + E_\sigma + E_{\mathrm{d}} \qquad (1-46)$$

磁畴转动平衡时，满足能量极小值原理，即

$$\frac{\partial E}{\partial\theta} = \frac{\partial E_{\mathrm{A}}}{\partial\theta} + \frac{\partial E_H}{\partial\theta} + \frac{\partial E_\sigma}{\partial\theta} + \frac{\partial E_{\mathrm{d}}}{\partial\theta} = 0 \qquad (1-47)$$

式中，θ 为转动角。

在外磁场作用下，磁畴发生偏转，如果撤销外磁场，磁畴又回到起始的磁化状态，这个过程则称为可逆磁畴转动磁化过程。该过程分为磁晶各向异性控制和内应力控制两种情况。

对于由磁晶各向异性控制的可逆磁畴转动磁化，起始磁化率为：

$$\chi_i = \frac{\mu_0 M_{\mathrm{s}}^2}{2K_1} \qquad (1-48)$$

对于由内应力控制的可逆磁畴转动磁化，起始磁化率为：

$$\chi_i = \frac{\mu_0 M_{\mathrm{s}}^2}{3\lambda_{\mathrm{s}}\sigma} \qquad (1-49)$$

实际中材料内部往往同时存在磁晶各向异性能和磁弹性能，这些因素都会对磁畴转动构成阻力。

1.3.3.5 不可逆磁畴转动磁化过程

磁畴转动磁化过程与畴壁位移磁化过程一样，也有可逆和不可逆之分。实现不可逆磁畴转动磁化一般需要较强的磁场，因此通常铁磁体内的不可逆磁化主要是由畴壁位移引起的。但对于不存在畴壁的单畴颗粒来说，磁畴转动磁化是唯一的磁化机制，包括可逆磁畴转动磁化和不可逆磁畴转动磁化。导致可逆磁畴转动磁化和不可逆磁畴转动磁化的原因是铁磁体内存在着各向异性能的起伏变化。

对于具有单轴各向异性的晶体，有如图 1 – 11 所示的单畴颗粒的不可逆磁场运动，外磁场强度 H 与易磁化轴夹角为 θ_0。当外磁场强度 $H = 0$ 时，自发磁化强度 M_s 停留在易磁化轴方向上。当 $H > 0$ 时，M_s 在外磁场作用下，偏离原来的易磁化方向而转向外磁场方向，M_s 与 H 间的夹角为 θ。

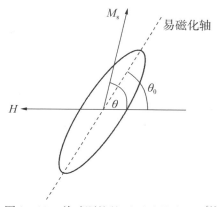

图 1 – 11 单畴颗粒的不可逆磁畴运动[16]

单轴各向异性的磁晶各向异性能可表示为：

$$E_A = K_1 \sin^2(\theta - \theta_0) \tag{1 – 50}$$

外磁场能可表示为：

$$E_H = \mu_0 M_s H \cos\theta \tag{1 – 51}$$

总的自由能为：

$$E = E_A + E_H = K_1 \sin^2(\theta - \theta_0) + \mu_0 M_s H \cos\theta \tag{1 – 52}$$

根据自由能最小的原理可得：

$$\frac{\partial E}{\partial \theta} = K_1 \sin 2(\theta - \theta_0) - \mu_0 M_s H \sin\theta = 0 \tag{1 – 53}$$

上式就是发生磁畴转动磁化的磁化方程。

如果磁畴转动磁化过程处于稳定平衡状态，则必须满足条件 $\frac{\partial^2 E}{\partial \theta^2} > 0$；如果处于非稳定平衡状态，则 $\frac{\partial^2 E}{\partial \theta^2} < 0$。$H$ 由零逐渐增大时，自发磁化强度 M_s 转动，θ 角增大，然后突然转向 H 轴方向。所以，磁畴转动过程中磁化强度 M_s 的取向由稳定平衡状态转为不稳定状态的分界点是 $\frac{\partial^2 E}{\partial \theta^2} = 0$，对应的磁场强度就是发生不可逆磁畴转动的临界磁场强度 H_0。

$$H_0 = \frac{K_1}{\mu_0 M_s} \tag{1 – 54}$$

不可逆磁畴转动过程决定的起始磁化率为：

$$\chi_{ir} = \frac{\mu_0 M_s^2}{K_1} \qquad (1-55)$$

1.4 微磁学理论与微磁学模拟

永磁材料的理论研究中，计算和模拟是非常重要的工具。对于一个磁学问题，按照尺度的大小，可以从四种不同的层次进行研究：①宏观磁场层次。以磁化曲线为基础，以磁路计算为主要内容。②磁畴层次。以磁畴理论为基础，研究磁畴与畴壁在磁化过程中的变化。③微磁学层次。以自发磁化强度为出发点，将磁化强度定义为位置的连续函数，通过求解能量方程，研究磁性材料的磁化行为。④原子理论层次。从原子理论的基础出发，由晶格上各原子的自旋组态引出自旋波等概念，然后应用量子力学方法和统计理论进行计算。

铁磁材料的宏观磁性能由磁矩的微观分布决定，材料的微观结构和粒子间的交互作用会显著影响磁化强度的分布。微磁学模拟通过研究磁性材料在纳米/微米尺度范围内的磁化及磁矩分布特性，定量地处理微结构和磁性能的关系，揭示磁性材料内部的磁矩分布，磁畴的大小，以及磁畴的形成、传播、收缩和移动等，反映材料成核和磁化反转机理。它不仅可以从理论上解释铁磁、亚铁磁材料磁化及磁滞现象，也可以得到材料的宏观磁性质和相关物理量。

本节主要介绍微磁学基本原理、研究方法、常用软件及其在纳米晶和纳米复合永磁材料领域的应用。

1.4.1 微磁学理论简介

微磁学基本理论在 1963 年就已经诞生，但直到 1980 年后，随着计算机技术的迅速发展才得到重视。

微磁学主要是通过能量最小化原理以及物理学中经典场论的方法来解决磁学问题。由于磁学的基本性质在本质上属于量子力学效应，经典物理理论实际上只是量子力学的一种近似，但是纯量子力学理论还未发展到足以解决实际问题的程度，所以微磁学理论的发展更多采用经典理论来解释。另一方面，纯经典物理理论目前还无法解释外加磁场与材料中的电子之间的相互作用，无法解释顺磁性、抗磁性和铁磁性等问题。所以，现在的磁学理论研究常引入量子力学的概念，再以准经典物理理论来处理，本质上就是采用经典物理理论形式表达量子力学的结果。

微磁学从一个巧妙而实用的角度来考察磁体内的磁性质和磁行为，它所研究的单元的尺度介于原子与磁畴之间。一方面，这个尺度要足够小，能反映出磁畴间的磁矩过渡的状态，相对于以畴壁为对象进行的研究要细致精确；另一方面，这个尺度要足够大，能以连续的磁化强度矢量为研究对象，而不是分立的原子磁矩。概括来说，微磁学理论的基本假设是在给定温度下，磁体的磁化强度矢量是位置的连续函数，并且其大小在整个材料中保持不变。在此基础上，通过求解磁体内能量的最小值，得到磁体的磁化状态和磁滞回线。通过求解磁矩的运动方程，得到磁体内磁矩的反转机制。对于计算中所必需的参数，如饱和磁化强度和各向异性常数等，根据实验数据给定。计算所得到的结果也要通过与实验数据对比来验证。此法巧妙地绕过了磁学中磁体自发磁化机制尚不清楚的难题。

与任何理论模拟一样，微磁学中有一些基本假设：

（1）微磁学认为磁化矢量在磁体中是连续变化的。这就要求涉及的基元足够大，即远远大于材料的晶格常数；但这个基元又要足够小，小于"交换长度"。这个假设合理的前提是磁体中的交换作用是极短程的作用，总能使电子自旋在晶胞尺寸范围内保持平行取向。

（2）微磁学中通常假设讨论的磁体为刚体，"忽略"磁弹性效应。当然，磁弹性作用一部分归入磁晶各向异性能中的计算，另外也可附加一个能量项处理。

（3）假设晶体无限大，没有表面，计算中可忽略表面各向异性。

（4）微磁学中很多模型没有考虑晶体缺陷带来的影响，即假设磁体为完美晶体。

1.4.2 微磁学中的能量项

微磁学理论处理磁化过程是从与磁化强度有关的总吉布斯自由能开始的，磁吉布斯自由能包括外磁场能（Zeeman energy）E_H、磁晶各向异性能 E_A、磁交换作用能 E_{ex} 和静磁能（退磁能）E_d。如果考虑材料内的应力，则还需增加磁弹性能 E_σ，总自由能 G 为：

$$G = E_H + E_A + E_{ex} + E_d + E_\sigma \qquad (1-56)$$

在没有外磁场和外应力的作用下，铁磁体内的磁状态，由磁交换能、磁晶各向异性能和退磁能共同构成的总自由能的最小值来确定。磁畴的数目和磁畴结构是由退磁能和畴壁能(交换作用能和磁晶各向异性能)总能量最低达成平衡条件来决定。

1.4.2.1 交换作用能

交换作用能使相邻(或近邻)原子磁矩趋于平行或者反平行排列。交换作用力是极短程的作用,源于相邻原子之间的电子波函数的重叠,作用范围仅限于相邻原子和次近邻原子之间。相邻原子之间的交换作用可用海森堡交换作用模型来解释,又称直接交换作用。而次近邻的原子间的交换作用的解释主要有安德森交换作用模型(间接交换作用)和RKKY交换作用模型。如前所述,交换作用能(采用海森堡交换作用模型)通常写为:

$$E_{ex} = -\sum_{i,j=1}^{M} J_{ij} \vec{S}_i , \vec{S}_j \qquad (1-57)$$

式中,J_{ij}为交换积分,可由量子力学方法计算得出;$\vec{S}_i$,$\vec{S}_j$为自旋算符。对于直接交换作用,交换积分J_{ij}随原子间距离的增加而急剧减小,因此式(1-57)中的积分仅可对近邻原子进行。将J_{ij}写为J,以经典矢量形式改写式(1-57)自旋算符后可得:

$$E_{ex} = -JS^2 \sum_{i \neq j} \cos\phi_{i,j} \qquad (1-58)$$

式中,$\phi_{i,j}$为两相邻磁矩间的夹角;S为$\vec{S}$的平均值。当$\phi_{i,j}$很小时,可将式(1-58)按余弦形式进行泰勒展开,同时仅对最近邻格点进行一次求和,通过移除展开式中的恒定项并重新定义交换作用能的零点,可以得到:

$$E_{ex} = JS^2 \sum_{NN} \phi_{i,j}^2 \qquad (1-59)$$

式中,NN为所有最近邻单元。

式(1-58)和式(1-59)是量子力学的范畴,目前很难从量子力学的观点解决实际问题。所以,微磁学中用经典矢量代替自旋算符并计算出原子磁矩以此表示磁化矢量(连续介质理论),用一经典的能量项(交换作用能)代替量子力学中的交换作用能。假设使用连续变量$\vec{m} = \dfrac{\vec{M}}{M_s}$来代表磁矩($\vec{m}$为磁化强度矢量$\vec{M}$的单位矢量),当$\phi_{i,j}$很小时,$|\phi_{i,j}| \approx |\vec{m}_i - \vec{m}_j| \approx |(\vec{r}_i \cdot \nabla)\vec{m}|$(其中$\vec{r}_i$是从点$i$到点$j$的位置矢量)。从而,交换作用能可写为:

$$E_{ex} = JS^2 \sum_i \sum_{r_i} \left[(\vec{r} \cdot \nabla) \vec{m} \right]^2 \qquad (1-60)$$

将对 i 的求和改为对整个铁磁体的积分，则交换作用能表达式为：

$$E_{ex} = \int A \left[(\nabla m_x)^2 + (\nabla m_y)^2 + (\nabla m_z)^2 \right] d^3r \qquad (1-61)$$

式中，m_x、m_y、m_z 分别为 $\vec{M}$ 对于 x、y、z 轴的方向余弦；A 为交换常数。A 的表达式为

$$A = \frac{JS^2 c}{a} \qquad (1-62)$$

式中，a 为相邻格点之间的距离；c 为晶胞原子数，简单立方晶体结构材料的 $c=1$，体心立方结构材料的 $c=2$，面心立方结构材料的 $c=4$。

1.4.2.2　磁各向异性能

磁化矢量的大小由交换作用的强度决定，但磁化矢量的方向与交换作用无关，而取决于磁各向异性。磁各向异性力图使自旋沿某个晶轴方向择优取向。磁各向异性有多种类型，最常见的是磁晶各向异性，它是由于电子轨道与晶体结构有关联，通过自旋－轨道耦合作用使自旋沿某些特定晶轴方向择优取向。择优的取向上磁晶各向异性能最小，称为易磁化方向。

在六方形晶体中，磁晶各向异性能仅仅是磁化方向与易磁化轴（c 轴）之间夹角 θ 的函数。各向异性能相对于基平面（ab 平面）是对称的，故在各向异性能密度 ω_k 的幂级数展开式中，$\cos\theta$ 的奇次项由于对称性而抵消，当只取前两项时可以得到：

$$\omega_k = -K_1\cos^2\theta + K_2\cos^4\theta = -K_1 m_z^2 + K_2 m_z^4 \qquad (1-63)$$

式中，K_1、K_2 为磁晶各向异性常数；z 表示平行于 c 轴，在大多数情况下 K_2 可以忽略。若 $K_1 > 0$，则 c 轴是易磁化方向，c 轴所对应的各向异性能最小；若 $K_1 < 0$，则 c 轴是难磁化方向，易磁化平面垂直于 c 轴。

在立方晶体中，如果定义 x、y、z 沿晶轴方向，各向异性能的展开式对于 y 替换 x 等形式的坐标变换应保持不变；同时，奇次项也不会出现。满足立方晶系对称性最低的幂级数项应为 $m_x^2 + m_y^2 + m_z^2$，而 $m_x^2 + m_y^2 + m_z^2 = 1$，所以展开式应从四次项开始：

$$\omega_k = K_1(m_x^2 m_y^2 + m_y^2 m_z^2 + m_z^2 m_x^2) + K_2 m_x^2 m_y^2 m_z^2 \qquad (1-64)$$

在磁体空间内对体积进行积分，可得各向异性能为：

$$E_A = \int \omega_k \mathrm{d}\vec{r} \qquad\qquad (1-65)$$

对于多晶体材料，假设 $\vec{p}(r)$ 是描述所有晶粒易磁化轴分布的单位矢量场，单轴各向异性晶体材料的各向异性能可以描述为：

$$E_A = \int \{K_1\{1 - [\vec{p}(r) \cdot \vec{m}(r)]^2\} + K_2\{1 - [\vec{p}(r) \cdot \vec{m}(r)]^2\}^2\}\mathrm{d}^3\vec{r} \qquad (1-66)$$

除了磁晶各向异性，还有其他种类的各向异性，比如应力引起的各向异性，此部分对应的能量称之为磁弹性能，但是由于考虑变形磁体的磁化问题较为复杂，大多数情况下均假设所有物体都是刚体，忽略磁致伸缩效应。另外，实验测得的磁晶各向异性常数已经考虑了大部分磁致伸缩效应的贡献，所以忽略磁致伸缩效应在绝大多数情况下是合理的。此外，如形状各向异性源于静磁性质，在退磁能计算中已考虑，此处不需再次计算。

1.4.2.3 静磁能（退磁能）

静磁能（退磁能）起源于经典磁偶极子间的相互作用，这种静磁相互作用属于长程作用，控制着大范围内的磁化行为。对连续的材料体系来说，退磁能可由 Maxwell 方程组描述，但在静磁问题中，没有电场 $\vec{E}$ 或传导电流 $\vec{j}$。因此，Maxwell 方程组可简化为两个方程：

$$\nabla \cdot \vec{B} = 0 \qquad\qquad (1-67)$$

$$\nabla \times \vec{H} = 0 \qquad\qquad (1-68)$$

磁感应强度 $\vec{B}$ 可写为 $\vec{B} = \mu_0(\vec{H} + \vec{M})$。式（1-68）的一个通解可写为：

$$\vec{H} = -\nabla U \qquad\qquad (1-69)$$

式中，U 是标量磁势。将 $\vec{B}$ 和 $\vec{H}$ 的表达式代入式（1-69）可得：

$$\Delta U_{in} = \nabla \cdot \vec{M}（磁体内） \qquad\qquad (1-70)$$

$$\Delta U_{out} = 0（磁体外） \qquad\qquad (1-71)$$

式中，$\Delta = \nabla^2$。上述方程组求解时必须在磁体表面上满足边界条件：

$$U_{in} = U_{out}, \quad \frac{\partial U_{in}}{\partial n} - \frac{\partial U_{out}}{\partial n} = \vec{M} \cdot \vec{n} \qquad (1-72)$$

式中，$\vec{n}$ 为垂直于磁体表面的单位向量，其方向以垂直于磁体表面，向外为正。

在微磁学实际计算中，磁矩的分布 $\vec{M}(r)$ 是预先假设或由计算给定的。由式(1-71)可得标量磁势，再由式(1-70)可得退磁场 $\vec{H}_d$ 的表达式，最后可得退磁能 E_d 表达式为：

$$E_d = -\frac{1}{2}\mu_0 \int \vec{M} \cdot \vec{H}_d \mathrm{d}^3 r \qquad (1-73)$$

由于很大的范围内存在退磁能作用，因此，在微磁学模拟中，退磁能的计算是最为耗时的。

当然，退磁能也可以采用磁偶极子相互作用能量的求和得到：

$$E_d = \frac{1}{2}\iint_{r \neq r'}\left[\vec{M}(r)\left(\frac{\delta_{ij}}{|\vec{r}-\vec{r'}|^3} - \frac{3(\vec{r}-\vec{r'})(\vec{r}-\vec{r'})}{|\vec{r}-\vec{r'}|^5}\right)\vec{M}(r')\right]\mathrm{d}^3\vec{r}\mathrm{d}^3\vec{r'} \qquad (1-74)$$

式中的积分对整个晶体进行。

若用连续的磁化强度矢量来代替式(1-74)中的磁偶极子，就可以得到磁化强度矢量的退磁能计算函数。

1.4.2.4　外磁场能(塞曼能)

外磁场能指磁偶极子在外磁场中的能量，也是静磁能的一种。磁化强度为 $\vec{M}(\vec{r})$ 的区域与外磁场 $\vec{H}(\vec{r})$ 的相互作用能为：

$$E_H = -\mu_0 \int_v \vec{H}(\vec{r}) \cdot \vec{M}(\vec{r})\mathrm{d}^3 r \qquad (1-75)$$

1.4.2.5　磁弹性能(磁应力能)

当铁磁体受到外应力作用时，晶体将发生相应的形变，这时晶体的能量除由于自发形变而引起的弹性能外，还存在着由外应力作用而产生的形变与磁矩的耦合所产生的能量，即磁弹性应力能，简称磁弹性能(磁应力能)。

由于应力的形式比较复杂，应力能的计算是一项较繁琐的工作。最简单的情况，假设晶体为立方晶体，应力是沿一定方向的均匀简单张力(或压力)。应力的方向(以三个晶轴为坐标系)为 $(\gamma_1, \gamma_2, \gamma_3)$，大小为 σ。从弹性力学可知，应力张量为：

$$\sigma_{ij} = \sigma\gamma_i\gamma_j \qquad (1-76)$$

设由应力所产生的应变张量为 e_{ij}^σ，则总的应变张量为 $e_{ij} = e_{ij}^0 + e_{ij}^\sigma$（$e_{ij}^0$ 为磁致伸缩引起的应变张量）。磁弹性能密度 ω_σ 为：

$$\omega_\sigma = -\sum_{i \geqslant j}\sigma_{ij}e_{ij} \qquad (1-77)$$

经过推导式(1-77)，可以得到磁弹性能密度 ω_σ 为：

$$\omega_\sigma = -\frac{3}{2}\sigma\lambda_{[100]}\left(\alpha_1^2\gamma_1^2 + \alpha_2^2\gamma_2^2 + \alpha_3^2\gamma_3^2\right) - $$

$$3\sigma\lambda_{[111]}\left(\alpha_1\alpha_2\gamma_1\gamma_2 + \alpha_2\alpha_3\gamma_2\gamma_3 + \alpha_3\alpha_1\gamma_3\gamma_1\right) \quad (1-78)$$

式中，$\lambda_{[100]}$ 和 $\lambda_{[111]}$ 分别为沿[100]和[111]晶向的磁致伸缩系数；α_1、α_2、α_3 分别为磁化强度矢量与三个坐标轴之间夹角的余弦；γ_1、γ_2、γ_3 分别为应力方向相对晶轴方向的余弦。

设 θ 为应力 $\vec{\sigma}(\gamma_1,\gamma_2,\gamma_3)$ 与磁化强度矢量 $\vec{M}(\alpha_1,\alpha_2,\alpha_3)$ 间的夹角，当 $\lambda_{[100]} = \lambda_{[111]} = \lambda_s$ 时，ω_σ 为：

$$\omega_\sigma = -\frac{3}{2}\sigma\lambda_s\cos^2\theta \quad (1-79)$$

则对整个磁体积分可得磁弹性能 E_σ 为：

$$E_\sigma = \int\omega_\sigma d\tau \quad (1-80)$$

由于应力和变形的磁学问题较为复杂，目前理论尚不完善，所以一般磁学问题中假设所研究的磁体为刚体，同时通过磁晶各向异性常数的修正来近似考虑这一部分能量的影响。

1.4.3 微磁学方程

1.4.3.1 布朗静态方程

假设磁化强度矢量以如下形式表示：

$$\vec{M}(r) = M_s(r)\vec{m}(r) = M_s(r)\begin{pmatrix} m_x(r) \\ m_y(r) \\ m_z(r) \end{pmatrix} \quad (1-81)$$

式中，饱和磁化强度 M_s 设为恒定。可得磁体空间 V 内的 Landau 形式的总自由能：

$$G_L = E_H + E_A + E_{ex} + E_d + E_\sigma$$

$$= \int\left\{ A\left[(\nabla m_x)^2 + (\nabla m_y)^2 + (\nabla m_z)^2\right] + \right.$$

$$\left. \omega_k - \frac{1}{2}\mu_0\vec{M}\cdot\vec{H}_d - \mu_0\vec{M}\cdot\vec{H} + \omega_\sigma\right\}d^3r \quad (1-82)$$

微磁学的基本任务就是求解自由能 G_L 最小时磁体内磁矩的分布。为此，Brown 提出了变分的方法，他假设静磁化矢量的方向在空间是连续的且随位置仅有一微小变化。在能量的局部最小点，变分所得线性项的系数应该为零。合理运用变分原理，可得到 Brown 方程组（矢量形式）：

$$\vec{m} \times \left(2A\,\nabla^2\,\vec{m} + \mu_0 M_s\,\vec{H} + \mu_0 M_s\,\vec{H}_d - \frac{\mathrm{d}\omega_k}{\mathrm{d}\,\vec{m}} - \frac{\mathrm{d}\omega_\sigma}{\mathrm{d}\,\vec{m}} \right) = 0 \qquad (1-83)$$

定义有效磁场 $\vec{H}_{\mathrm{eff}}$ 为：

$$\vec{H}_{\mathrm{eff}} = \frac{2A}{\mu_0 M_s}\nabla^2\,\vec{m} + \vec{H}_d + \vec{H} - \frac{1}{\mu_0 M_s}\frac{\mathrm{d}\omega_k}{\mathrm{d}\,\vec{m}} - \frac{1}{\mu_0 M_s}\frac{\mathrm{d}\omega_\sigma}{\mathrm{d}\,\vec{m}} \qquad (1-84)$$

式(1-84)表明，在平衡状态，磁矩与有效场平行，作用在磁矩上的力矩为零，即

$$\vec{m} \times \vec{H}_{\mathrm{eff}} = 0 \qquad (1-85)$$

假设无表面各向异性，在铁磁体表面，Brown 方程组须满足的边界条件为：

$$\vec{m} \times \frac{\partial \vec{m}}{\partial n} = 0 \qquad (1-86)$$

Brown 方程组所描述的就是一个磁化强度矢量与有效场平行的状态，它必须与求解退磁场的 Maxwell 方程组及合适的边界条件共同联立求解。同时，需验证方程组的解所对应的能量是极小值还是极大值。此外，Brown 方程组只能给出系统平衡时的磁矩的分布情况（静态）。

1.4.3.2　磁化矢量运动方程

如果需要研究磁矩分布的动态特性及磁矩随时间的变化特性，则还需考虑磁矩在磁场中的进动情况。有效磁场中电子自旋进动的量子力学表达式为 $\mathrm{i}h\dfrac{\mathrm{d}}{\mathrm{d}t}\langle\vec{S}\rangle(t) = \langle[\vec{S},H(t)]\rangle$，且 $H = \dfrac{-g\mu_B\mu_0\,\vec{S}\cdot\vec{H}_{\mathrm{eff}}}{h}$，$\vec{M} = \gamma_0\langle\vec{S}\rangle$。这样便可直接得到磁化强度 $\vec{M}$ 随时间变化的动态方程：

$$\frac{\mathrm{d}\,\vec{M}}{\mathrm{d}t} = -\gamma_0\,\vec{M} \times \vec{H}_{\mathrm{eff}} \qquad (1-87)$$

式中，$\gamma_0 = \dfrac{\mu_0 g|e|}{2m_e}$，为磁旋比；$g$ 为 Lande 因子；m_e 是电子的质量。

Brown 方程组可看作式(1-87)的一个特殊情况，即磁化强度不随时间变化，达到静态平衡的状态。动态情况下的边界条件与静态相同。式(1-87)表征磁化强度的无阻尼进动，如图 1-12 所示，即进动能永久地进行下去。

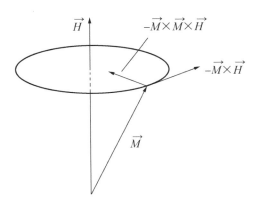

图 1 - 12　无阻尼拉莫进动

但是实验表明，在有限的时间内磁化强度的变化会衰减。目前只能唯象地加一阻尼项，Gilbert 将式(1 - 87)修正为下列形式，称为 G 方程：

$$\frac{\mathrm{d}\vec{M}}{\mathrm{d}t} = -\gamma_0 \vec{M} \times \vec{H}_{\mathrm{eff}} + \frac{\alpha}{M_{\mathrm{s}}} \vec{M} \times \frac{\mathrm{d}\vec{M}}{\mathrm{d}t} \qquad (1 - 88)$$

式中，α 为无量纲的阻尼因子。

用 $\dot{\vec{M}}$ 点乘上式两端，再计算 $\vec{M}$ 与上式的矢量积，将矢量积代回上式，整理可得 Landau-Lifshitz 形式的阻尼进动方程[16]：

$$\frac{\mathrm{d}\vec{M}}{\mathrm{d}t} = -\gamma \vec{M} \times \vec{H}_{\mathrm{eff}} + \frac{\alpha\gamma}{M_{\mathrm{s}}} \vec{M} \times (\vec{M} \times \vec{H}_{\mathrm{eff}}) \qquad (1 - 89)$$

式中，$\gamma = \dfrac{\gamma_0}{1 + \alpha^2}$。

式(1 - 88)和式(1 - 89)两种表达式在数学上是等效的。如果阻尼系数比较小，物理解释也没有大的差别。不过在大阻尼场合，由于实际计算处理的原因，倾向于使用式(1 - 89)，该式也被称为 LLG 方程。

通过数值求解式(1 - 88)或式(1 - 89)便可得到磁化强度矢量随时间变化的动态分布情况。

1.4.4　能量最小化的基本处理方法

微磁学求解磁性材料中磁化过程的着眼点是能量最小化原理，输入的参数仅是材料的内禀参数(交换常数、磁晶各向异性常数等)和材料的几何尺寸。能量最小化方法有很多种，如何选择最高效的方法对于计算求解非常重要。为了处理实际物理尺寸的磁结构，通常需要将模拟区域

划分成 $10^4 \sim 10^6$ 个单元，这样的计算量很大。另外，微磁学中静态问题的本质使得对于不同的系统(不考虑动态及热扰动系统)的解决方法也不相同。因此，寻求一种通用的最小化方法来处理所有的微磁学问题似乎是不可能的，必须针对具体的问题寻找最好的解决办法。下面是微磁学常用的一些基本处理方法。

1. 迭代终止判断标准

所有的最小化方法存在一个共同点：几乎所有的微磁学模拟软件包中，都采用了基于约化的力矩迭代终止判断标准。也就是说，当每个磁矩所产生的力矩满足条件 $|\vec{m} \times \vec{H}_{\text{eff}}| < \varepsilon$ 时，求解能量最小化的过程就会停止。ε 的取值一般在 $10^{-3} \sim 10^{-4}$ 之间，这个取值范围在一定意义上已经足够。在最小化过程中，单次迭代的自由能变化都非常小，而这个终止标准由于提供了所有单元的信息，比其他终止标准更为敏感并且有效。

2. 寻找局部极小值点

对于大多数磁系统而言，其能量所对应的函数表达式具有很多极小值点(亚稳态)。在所有的极小值点中，肯定有一个全局最小点，但它绝不是我们唯一感兴趣的状态。因此，必须区分两种最小化算法，一是从初始点出发寻找最邻近局部极小值的局域极小值方法；另一是与初始点无关，寻找全局唯一最小值的全局最小方法。由经典磁学可知，微磁学关心的是寻找从初始点出发的最邻近的亚稳态，即第一种算法。为了寻找局部极小值点(亚稳态)，可以采用下面几种方法：

(1)应用标准的多元函数求极值的最小化方法。

(2)求解磁化强度的运动方程(LLG方程)，方程中的阻尼项使系统朝平衡态发展，经过足够长的迭代时间后，就可以得到任意精度要求下的平衡态。

(3)重复一些迭代过程，使得每个单元的磁化强度的方向平行于相对应格点处的有效场方向，迭代直至满足收敛条件。

考虑微磁学问题的基本特点，通常采用多元函数求极小值和求解LLG方程两种方法。其中，多元函数求极值最常用的方法有：最速下降法、拟牛顿法和共轭梯度法。共轭梯度法在最速下降法和共轭方向法之间建立了一种联系，是既有效又具有较好的收敛性的方法，且在计算过程中减少了存储单元和计算量，已经被用来研究经典的微磁学问题和磁性颗粒，并且被一些商业微磁学模拟软件包采用。而基于求解LLG方程的方法，由于物理概念清晰、收敛可保证，并且相关的研究比较深入，常用来解决经典的微磁学问题，并用于模拟磁颗粒系统，目前常用的微磁学软件如 OOMMF，LLG Micromagnetic Simulator 等都采用了该方法。

1.4.5 微磁学模拟

1.4.5.1 微磁学模拟计算方法

微磁学理论研究永磁材料主要有两种方法：一种是基于有限元数值计算的微磁学方法；另一种是微磁学解析法。后者相对于前者而言，计算量较小，而且能呈现清晰的物理图像，所以适用于研究不同情况下材料的结构和磁化过程。计算方法和数值分析是微磁学模拟的两项重要内容，成熟的数值计算方法都可以用来研究微磁学问题，关键是如何根据具体问题选择最合适的数值方法。

1. 微磁学解析法计算模拟

在某些特殊的简单情况下（如一维畴壁的情况），可通过合理的简化，求得退磁场及 Brown 方程组的解析解，此时可以将整个求解思路称为解析微磁学。

1993 年，Skomski 等[17]用微磁学解析方法对各向异性的纳米复合永磁材料模型的磁化与反磁化过程以及磁性能参量进行了计算研究。结果表明：若将 $Sm_2Fe_{17}N_3$ 和 α-Fe 制成纳米晶复合永磁体，其$(BH)_{max}$可达 880 kJ/m^3。后来，微磁学解析方法在纳米晶双相交换耦合永磁体的计算研究领域被进一步改进并推广。根据能量变分原理得出了磁化强度矢量的 Brown 方程，又利用中心场问题的求解方法推导出了取向双相交换耦合永磁体的成核场随硬磁相晶粒尺寸的变化关系。计算得出结论：当硬、软两磁相的晶粒尺寸小于某一临界尺寸时，可获得磁性能优异的纳米晶双相交换耦合永磁体。这一结论为实验研究提供了方向。

微磁学解析法能较快较准确地解决一些磁学问题，但是它的使用也有很大的限制，主要是对 Brown 方程的求解涉及复杂的数学运算，一些磁学问题不一定可以得到方程的解析解。所以，微磁学解析法一般用于理想的一维结构，如规则形状的球体及椭球体、无限大晶体等。

2. 微磁学数值方法计算模拟

物理学中许多问题可以归结为连续变量的常微分或偏微分方程的求解。用数值方法描述连续变量，首先遇到的问题就是物理量的离散化，只有经过离散的物理量才可以交由计算机处理。常用的微磁学数值方法有两种，即有限元法和有限差分法。这两种方法都可以在适当的初值和边界条件下求解出微分方程，但两者划分网格的方式不同。前者一般将网格划分成一个个小四面体，它们的大小可以相同也可以不同，所以可以用来模拟形状不规则的磁体；后者是将网格划分成一个个大小相同的立方体，因此一般用来模拟形状规则的磁体。

（1）有限元法（Finite Element Method，FEM）。

对于非规则的铁磁材料和复杂结构，采用有限差分法时，规则的矩形离散化方法不可避免地带来一定的误差，因此一般采用有限元法。有限元法对研究磁体的几何形状没有限制，可以研究各种不规则的微结构对磁性能的影响。Fredkin 等[18]首先提出采用有限元法进行微磁学计算，后来有很多人如 Schrefl[19]，Kronmuller[20]以及 Tako[21]等都研究了此方法在微磁学计算中的应用。

为了进一步加快微磁学计算速度，人们研究了微磁学的并行计算方法。Scholz 等[22]采用有限元法开发出了并行微磁学计算软件包 Magpar。该软件包中既有能量最小化的求解方法，也有动态求解 LLG 方程的时间积分方法，可实现高效率的并行计算，大幅提高计算速度。

Fischer 等[23]采用传统的微磁学理论，建立了二维和三维模型，利用小于晶粒尺寸的细小网格来表示集合的磁化分布，使用有限元法和有限差分方法求解关于交换能、磁晶各向异性能以及外磁场能的微磁学方程。研究的三维模型通常是由 35 个或 64 个规则或不规则的晶粒组成的立方体，晶粒的易磁化轴随机取向。Fischer 将模拟计算结果与 Manaf 的试验数据进行了比较，发现剩磁结果非常接近，但矫顽力结果不是很符合。这种模型存在的主要问题是计算量太大，因而限制了模型包含的晶粒数。包含晶粒数量少的模型会导致模拟结果中磁性能波动较大，进而导致矫顽力的计算值与实际值存在较大差异。

（2）有限差分法（Finite Difference Method，FDM）。

有限差分法舍弃了物理量可以取连续值的特征，转而关注独立变量离散取值后对应的函数值。从原理上说，这种方法可以达到较高的计算精度，因为方程的连续数值解可以通过减小独立变量离散取值的间隔逐步逼近。实际操作中，往往以网格的形式将函数定义域分成大量相邻而不重合的子域，然后以离散后的变量取值近似微分方程中的连续取值，以泰勒级数展开等方法把方程中的微分用节点值的差分取代，从而建立起以网格节点值为未知量的代数方程组。接下来就是以适当的方法求得特定问题在所有节点上的离散近似值。有限差分的网格通常是规则形状的，这样便于计算机自动实现计算和减少计算的复杂性。

在微磁学模拟中，最消耗时间的计算就是退磁能的计算，这也是微磁学计算机模拟的关键技术和难点。有限差分方法采用规则的矩形单元，可以仿真形状规则的铁磁材料，在计算退磁场时可以采用快速傅立叶变换方法，极大地提高了计算速度。但是，Miles 等[24]认为采用这种人为的规则微结构会产生非物理的各向异性。为了解决这个问题，他提出采用随机晶粒结构代替规则结构的设想。Porter 等[25]用随机计算法基于 Voronoi 图成功地实现了这种设想，模拟了磁记录介质的磁性质、介质噪声与微观结构和磁化分布的关系。

1.4.5.2 微磁学模拟存在的问题

微磁学模拟计算中往往采用一些未经证实的假设以及一些不能保证准确和理性的抽象手段，因此计算的准确性需要谨慎验证。目前发表的结果究竟是较好地反映了物理事实，还是编程中的逻辑错误或不当近似导致的结果，还有待进一步检验。总的来说，在微磁学模拟计算的一些领域，存在以下一些问题亟待解决或者优化。

1. 剖分单元大小问题

微磁学模拟计算中剖分单元大小的选择并不是任意的，但很多研究中并未重视这一点。在微磁学的框架下，虽然没有针对剖分单元大小选择的明确准则，但指出了上下限的两种极端情况：一方面网格不能太细，至少要保证材料的连续性近似仍然成立。材料的连续性假设是微磁学的最基本的假设之一，是微磁学模拟计算的前提。另一方面，网格又必须足够细，这样能保证磁化矢量的充分表达和静磁能的准确性。如果剖分过于粗糙，单元过大，会导致静磁能过高，引入不连续性、收敛错误等结果。但这种单元大小的选择仍然没有一个标准。

2. 无穷远假定

数值计算中对于区域无穷远这个概念没有明确的说明，只是笼统地形容为离计算主体足够远。在数值求解微磁学方程中，无穷远的定义是重要的边界条件，那么定义多远的距离作为无限远？一个简单的验证办法就是定义多个距离为无穷远，得到多组结果进行比较。

3. 自洽性检验

自洽性检验对确认计算结果的合理性有重要意义。仅仅提高计算精度并不能保证计算结果的可靠性，还要保证计算过程的正确性和合理性。目前这种自洽性检验也并未受到重视和普遍采用。

4. 计算结果的表达手段

微磁学中模拟计算的一个重要结果是磁化矢量的分布和变化过程。这样，结果的表达就成了一个问题。在二维问题中，可以用箭头分布图来表达磁化矢量的分布，虽然忽略了一些细节，但可以把主要的结构清晰地呈现出来。但对于三维结构，即使辅以颜色也并不能很好地表达出一些主要结构。这个问题到现在仍有待解决。

5. 终止迭代的收敛准则

终止迭代的收敛准则是微磁学计算中变数最大的因素，但很多研究中收敛指数的选择具有随意性，少有研究者对迭代条件进行重复对比验证。但不同的迭代收敛条件对磁化分布结构、磁体性能可能产生不可忽视的影响。因此，计算速度和精确度仍然是一组很难调和的矛盾。

1.4.5.3 微磁学模拟常用软件的原理与特点

近年来，随着计算能力的不断提高，微磁学理论与数值计算相结合的方法在磁性材料的研究领域得到广泛应用。使用有限差分法进行运算的软件有 OOMMF，以及商业软件 LLG Micromagnetic Simulator 等，使用有限元法进行运算的软件有 Nmag 与 Magpar 等。

1. OOMMF

OOMMF（Object Oriented Micromagnetic Framework）是由美国标准计量院开发的基于有限差分法的微磁学模拟软件，是研究者们最常用的软件之一。其算法基于两个微分方程：第一个是 Landau-Lifshitz 微分方程，即方程式（1-89）；第二个是等价的 Gilbert 方程（G 方程），即方程式（1-88）。

上述两个方程统称为 LLG 方程，该方程对应每一外场，都有一平衡态，此平衡态就对应一局域最小能态，所以求解 LLG 方程实质上就是求解总磁吉布斯自由能的最小值。

2. Nmag

Nmag 是一款由英国南安普敦大学研发而成的基于有限元法的微磁学模拟软件，适用于非立方结构的晶体，内部运算过程同样是求解 LLG 方程。

OOMMF 和 Nmag 都是当前比较流行的两个免费的微磁学软件包，两者存在如下不同：

（1）OOMMF 基于有限差分法，而 Nmag 基于有限元法。如图 1-13 所示为有限差分法和有限元法网格划分示意图。

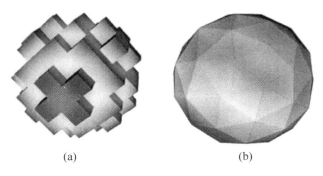

(a)　　　　　　　　　　　(b)

图 1 - 13　有限差分法(a)与有限元法(b)网格划分示意图[26]

（2）有限差分法的一个好处是退磁场的计算高效，但缺点是对于非立方形状的样品来说，相对光滑的边界会被一个个不连续的立方边界代替，从而引起较大误差；有限元法是把样品划分成一个个小四面体，弯曲的集合形状便于更好地计算，但这种方法需要计算密度边界矩阵，需要的内存很大。

（3）OOMMF 假设每个划分单元的磁化强度都是常数，但 Nmag 则假设磁化强度是连续的并且随着划分单元线性变化。

（4）在 OOMMF 中，磁化矢量的信息是通过相应的划分单元中心位置的信息反映的，但是在 Nmag 中这些信息却是反映在划分单元的顶点上。

3. Magpar

Magpar 也是基于有限元法开发的软件。与 OOMMF 以及 Nmag 不同，Magpar 本身只是一个求解程序，模拟样品的建模(前处理)以及输出结果的后处理需要其他工具软件或自行撰写程序。由于 Magpar 本质上是设计在 Linux 电脑机群上平行计算的软件，安装与执行时牵涉一些作业系统与网络设定的基础知识，门槛较高，因此使用者较少。但是 Magpar 是一个具备开发弹性与高计算效率的微磁学模拟软件，并且是开放授权的软件，可以无偿取得并且根据自己的需要进行修改，方便研究者进行探索与改进。

1.4.6　微磁学模拟在永磁材料研究中的应用

由于网格单元的划分以及计算能力的限制，微磁学模拟在永磁材料研究中的应用主要集中在低维尺度材料。1990 年代，由于剩磁强化的纳米晶和纳米复合永磁材料（$Nd_2Fe_{14}B/\alpha$-Fe、$Nd_2Fe_{14}B/Fe_3B$、$SmCo_x/\alpha$-Fe

等)的出现，微磁学模拟在这类材料的理论计算方面发挥了重要的作用。最重要的贡献是理论预测了纳米复合稀土永磁的 $(BH)_{max}$ 超过 $1\,MJ/m^3$。Skomski 等[17]用微磁学解析方法对各向异性的 $Sm_2Fe_{17}N_3$ 和 $Fe_{65}Co_{35}$ 制成的复合多层膜的磁化与反磁化过程以及磁性能参量进行了计算研究。结果表明，当硬磁相的体积分数为 9%，$Fe_{65}Co_{35}$ 厚度等于硬磁相的畴壁宽度时，其 $(BH)_{max}$ 可达 $1090\,kJ/m^3$。虽然这一理论值至今仍无法获得，但给永磁材料工作者指明了下一代稀土永磁的发展方向。最近，由于高密度磁记录材料和微纳电机的需求，永磁薄膜的研究获得了广泛的关注，微磁学模拟在这一领域也开始发挥重要作用。

1.4.6.1 纳米晶单相永磁合金

张宏伟等[27]采用实验和微磁模拟方法研究了纳米晶 $Pr_2Fe_{14}B$ 永磁组织和性能的关系。采用熔体快淬制备的各向同性的 $Pr_{12}Fe_{82}B_6$ 合金薄带，进行高分辨率透射电子显微分析，结果显示其晶粒尺寸约为 20 nm，晶粒边界处的缺陷层厚度约为 3 nm。模拟计算的样品是由 64 个多面体晶粒构成的立方体(图 1-14a)，在其相邻晶粒间构造了 3 nm 晶间层。设计了两种晶粒大小分布，即较宽分布(W 型)和较窄分布(N 型)。采用有限元法，用 40 000 个有限元对样品进行了剖分，计算退磁曲线。设定材料饱和磁极化强度 J_s 为 1.6 T、各向异性常数 K 为 5.567 MJ/m³、交换积分常数 A 为 7.7×10^{-12} J/m。图 1-14b 比较了实验样品的退磁曲线与由

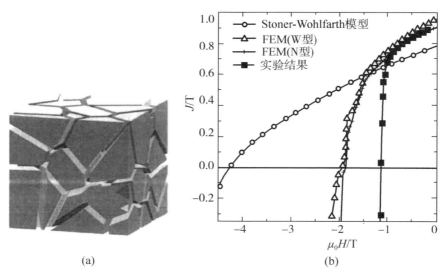

图 1-14 64 个多面体晶粒构成的模拟样品(a)和退磁曲线的比较(b)[27]

Stoner-Wohlfarth 模型和 FEM 计算得到的退磁曲线。尽管计算的退磁曲线与实验相差较大,但 FEM 得到的结果要优于 Stoner-Wohlfarth 模型的结果。说明晶间交换耦合作用在纳米晶体中起到了非常重要的作用。结果还表明,晶粒尺寸的较宽分布使矫顽力附近的反磁化分步进行,这可能是源于大尺寸晶粒与小尺寸晶粒之间的磁化反转场的不同。

金汉民等[28,29]运用微磁学有限元法研究了纳米晶 NdFeB 永磁材料的跨晶界交换作用与晶粒大小的关系以及晶粒形状对退磁曲线计算的影响。结果表明,跨晶界单位面积交换作用随晶粒尺寸的增大而减小,晶粒形状对退磁曲线的计算影响较小。

1.4.6.2 纳米复合永磁合金

Skomski 等[17]很早就利用微磁学方法研究了纳米结构硬磁 – 软磁双相合金的结构和性能关系。在简单的硬磁 + 软磁颗粒(图 1 – 15a)的基础上,计算了三种不同的双相结构纳米复合材料(图 1 – 15b,c,d)的有效各向异性常数、形核场和磁能积。结果表明,三种结构的软磁相 + 取向硬磁相的纳米复合都能有效提高磁能积。在此基础上,他们指出由 2.4 nm 厚的 $Sm_2Fe_{17}N_3$ 硬磁相和 9 nm 厚的 $Fe_{65}Co_{35}$ 软磁层组成的多层结构纳米复合材料(图 1 – 15d)可以获得高达 1 MJ/m^3(120 MGOe)的磁能积,其中稀土的质量分数仅为 5%。

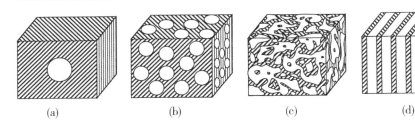

(a)   (b)   (c)   (d)

图 1 – 15 四种硬/软磁相结构(图中白色为软磁相)[17]

荣传兵和张宏伟等[30]采用微磁学的有限差分法构造了在软磁相基体中析出规则形状硬磁相的各向同性和各向异性纳米复合永磁材料 $Pr_2(Fe,Co)_{14}$ $B/\alpha-(Fe,Co)$ 模型,并预计各向同性磁体的 $(BH)_{max}$ 可达 248 kJ/m^3,而各向异性磁体的 $(BH)_{max}$ 可达 784 kJ/m^3。他们用同样的方法模拟计算得出了单相和复相各向同性纳米晶磁体的起始磁化曲线、退磁曲线和回复曲线。

Fukunaga 等[31]研究了计算机模拟壳核结构的纳米复合 Sm-Co/α-Fe 磁体的性能。他们建立了颗粒尺寸为 L(6.4 ~ 64nm)的正方体模型,如

图 1－16 所示，由各向异性的 $SmCo_5$ 与各向同性的 α-Fe 两部分组成，并且为壳核结构，每个颗粒被分为 32 768 个小立方体。

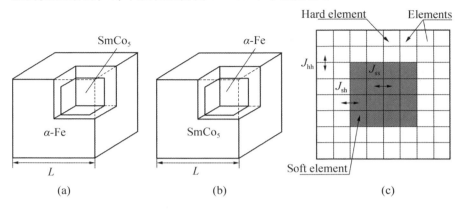

图 1－16　壳核结构的颗粒模型 A(a)、模型 B(b)
以及硬磁相间与软磁相间的交换作用常数(c)[31]

　　他们设定了合适的三维边界条件，模拟出一个大磁体块。使用下列公式计算在外加磁场 $\boldsymbol{H}$ 作用下，磁体内总的磁自由能。

$$W = K_{\mathrm{u}}^{(H)} V \sum_{i=1}^{N^3} \left\{ \frac{K_{ui}}{K_{\mathrm{u}}^{(H)}} (\boldsymbol{u}_i \cdot \boldsymbol{m}_i)^2 - \sum_{j=1}^{6} \left[\frac{J_{eij}S}{6K_{\mathrm{u}}^{(H)}V} (\boldsymbol{m}_i \cdot \boldsymbol{m}_j) \right] - \frac{M_{si}}{K_{\mathrm{u}}^{(H)}} (\boldsymbol{m}_i \cdot \boldsymbol{H}) \right\} + W_{\mathrm{m}}$$

$$(1-90)$$

式中，K_{ui} 为磁晶各向异性常数；M_{si} 为每个小方格的饱和磁化强度，这两个值取决于小方格的种类；W_{m} 为静磁能(退磁能)；N 为小方格总数；S 和 V 分别是小方格的表面积与体积；$\boldsymbol{u}_i$ 是易磁化轴的单位矢量；$\boldsymbol{m}_i$ 和 $\boldsymbol{m}_j$ 分别是 i，j 方向的极化矢量。J_{eij} 是每个方格与其相邻的方格的交换积分，如图 1－16c 所示，其计算公式如下：

$$J^{(i)} = \frac{A}{\delta D} \qquad (1-91)$$

其软磁相间的交换积分 J_{ss} 与硬磁相间的交换积分 J_{hh} 可由交换作用常数 A 计算得出。而

$$A = cM_{\mathrm{s}}(T)^2 \qquad (1-92)$$

式中，交换作用常数 A 为温度的函数，故该模拟可用于计算不同温度下材料的性能。软磁相 α-Fe 与硬磁相 $SmCo_5$ 间的交换积分 J_{sh} 根据文献假设为 1.0×10^{-3} J/m^2。具体参数如表 1－6 所示。

表1－6 模拟计算参数

	SmCo$_5$		α-Fe	
温度/K	300	473	300	473
各向异性常数/（MJ·m^{-3}）	10.0	6.80	0.00	0.00
J_r/T	1.00	0.95	2.15	2.09
交换作用常数（×10^{-11}）/（J·m^{-1}）	1.20	1.09	2.50	2.36
模型尺寸 L/nm	6.40 ～ 64.0			

计算结果表明，当外层的壳是 α-Fe、内层的核为 SmCo$_5$ 时（图 1－16a），磁性能较好，如图 1－17 所示。其中 α-Fe 体积分数为 50%。由于模型 A 的性能明显好于模型 B，所以他们对模型 A 做进一步模拟评估。如图 1－18 所示，随着 α-Fe 含量的增加，矫顽力下降；随着晶粒尺寸的减小，矫顽力增大，并且在晶粒尺寸为 6.4 nm 时矫顽力最大。当 α-Fe 体积分数为 87.5%，晶粒尺寸为 6.4 nm 时，磁能积达到最大值 800 kJ/m^3。

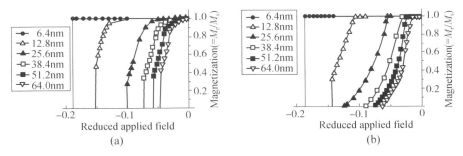

图 1－17 常温下不同大小晶粒的退磁曲线[29]

（a）模型 A；（b）模型 B

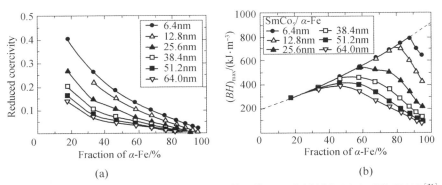

图 1－18 常温下不同尺寸不同 α-Fe 体积分数的模型 A 的矫顽力（a）与磁能积（b）[31]

随即他们对晶粒为 6.4 nm 的 Sm-Co/α-Fe 合金进行了温度依赖性模拟，结果如图 1 – 19 所示。在温度从室温增加到 473 K 时，矫顽力仅降低了 20%，并且磁能积还能够达到 700 kJ/m³，比已报道的接近 500 kJ/m³ 的 $Nd_2Fe_{14}B$/α-Fe 高出许多，展示了 Sm-Co/α-Fe 合金在高温应用领域的潜力。

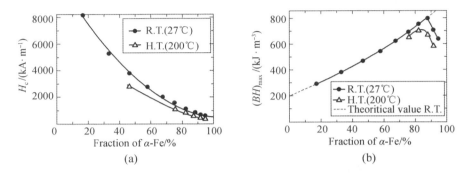

图 1 – 19　晶粒为 6.4 nm 的 Sm-Co/α-Fe 合金在室温与 473 K 下的
矫顽力(a)与磁能积(b)[31]

1.4.6.3　软磁相形状对纳米复合永磁的影响

微磁学计算表明，纳米复合永磁理论上具有高磁能积。在此基础上，Fukunaga 等[32]提出通过引入软磁相的形状各向异性，可以进一步增加矫顽力。他们采用如图 1 – 20a 所示的模型，将针状的 α-Fe 纳米线作为软磁相，可以将单畴磁体的矫顽力从 800 kA/m 提高到 1400 kA/m。在各向异性纳米复合磁体中，含针状 α-Fe 颗粒的纳米复合材料的$(BH)_{max}$高于含等轴 α-Fe 颗粒的纳米复合材料。如图 1 – 20b 所示，含体积分数为 80%、直径为 1.5 nm 的针状 α-Fe 纳米复合磁体，$(BH)_{max}$ 达 800 kJ/m³，随着软磁相长径比增加，纳米复合磁体磁能积增加。这一结果为纳米复合永磁体的性能强化提供了新的思路。

1.4.6.4　烧结 NdFeB 磁体中反向磁畴的形核

除了纳米晶磁体，微磁学理论在烧结磁体反磁化过程模拟方面也得到了初步的应用。最近，作者研究组[33]在研究热处理工艺优化对烧结 NdFeB 组织和性能的影响时，利用 OOMMF 软件，用材料实际的显微组织 SEM 照片(图 1 – 21a)进行二维建模，采用 500 nm × 500 nm × 100 nm 网格。如图 1 – 21b 所示，黑色部分表示磁体的主相(硬磁相)，白色部分

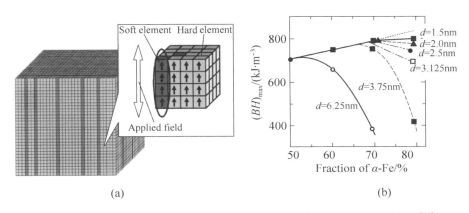

图 1-20 Fukunaga 理论模型(a)以及 α-Fe 体积分数对$(BH)_{max}$的影响(b)[32]

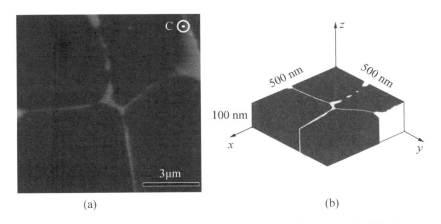

图 1-21 基于有限差分法微磁学模拟的原始 SEM 照片(a)及其模拟图(b)

代表磁体的晶界非磁性相。虽然模型的大小远远小于磁体的实际晶粒尺寸,但是该模拟有助于了解晶界相对于磁体反磁化过程的影响机理,对于了解磁体矫顽力机制有一定的指导意义。

模拟结果表明,在外磁场下,反相畴形核发生在富 Nd 相和主相的界面处(图 1-22b),然后畴壁扩展至邻近晶粒(图 1-22c)。图 1-22d 中离散场的分布表明最大的离散场存在于晶间相。研究结果表明,烧结 NdFeB 磁体中反相畴的形核主要发生在靠近非磁性相的、离散场大的 NdFeB 晶粒边界处。

图 1-22a 是微磁学模拟的退磁曲线图,模拟磁体的矫顽力高达

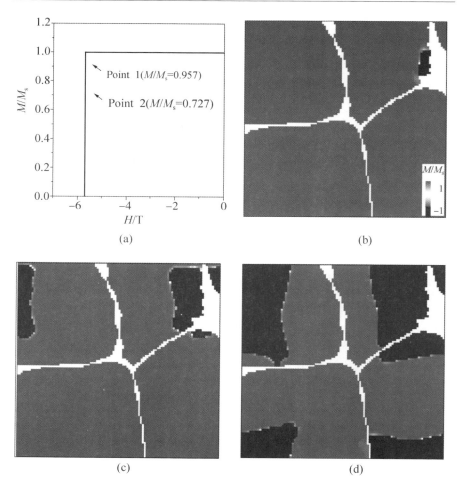

图1-22 模拟的退磁曲线图(a)以及退磁过程中不同退磁程度的磁矩分布图(b~d)

5.7 T，这是因为较为粗糙的模拟尺寸以及计算单元格造成计算过程中磁体的形核场偏高，导致计算得到的矫顽力远远大于磁体实际的矫顽力。图1-22b和图1-22c分别是磁体的剩磁比为0.957和0.727时的磁矩分布情况，图中灰色和黑色分别代表$M/M_s = +1$、-1。如图1-22c所示，磁体在反磁化过程中，反磁化磁畴首先在主相颗粒和大块聚集的晶界相界面处出现形核，随后反磁化磁畴的畴壁向主相颗粒内迁移，磁矩出现较大范围的偏转，最终实现磁体大范围的反磁化(图1-22d)。

1.4.6.5 烧结 NdFeB 磁体中晶界的影响

在烧结 NdFeB 实验研究中，人们发现晶界厚度和晶界磁性对矫顽力有重要影响[34]。作者研究组[33]利用微磁学模拟研究了晶界相分布和晶界相磁性对各向异性 NdFeB 退磁过程和磁性能的影响。模拟基于周期性的各向异性模型，如图 1-23a 所示。设置不同厚度的平行于易磁化轴(z 轴）的晶界相（XYGB）和垂直于易磁化轴的晶界相（ZGB），并且在磁体中设置了非磁性颗粒（第二相）。图 1-23b 为不同晶界相厚度对第二象限退磁曲线的影响。图 1-23c、d 为不同晶界相磁性参数对退磁曲线的影响。模拟过程中，详细地研究了在磁化和退磁过程中磁化强度和退磁场的分布。

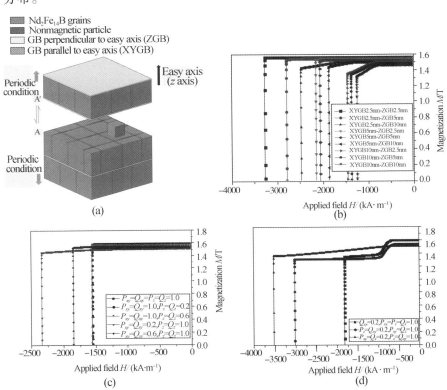

图 1-23 模拟模型(a)、不同晶界相厚度磁体的退磁曲线(b)
以及不同晶界相磁性参数对退磁曲线的影响(c)(d)

（下标 xy 和 z 分别指磁矩平行于易磁化轴的晶界相和垂直于易磁化轴的晶界相；P、Q 为晶界相磁化强度 M_s 和交换作用常数 A 相对于 $Nd_2Fe_{14}B$ 相的比例，所有晶界相的 K_1 设置为 0）

　　结果表明，晶界相的厚度、分布及内禀性能确实对材料磁性能有非常重要的影响。当晶界垂直于易磁化轴，退磁场沿 z 轴正向分布时，由于静磁耦合作用，硬磁相磁矩旋转更困难。当晶界平行于易磁化轴，退磁场沿 z 轴负向分布时，磁矩旋转更容易。减小平行于易磁化轴方向的晶界相厚度和饱和磁化强度，同时减小垂直于易磁化轴方向的晶界交换作用常数有利于增加矫顽力，获得好的硬磁性能。这些模拟结果不仅可以解释在实验中发现的磁性现象，同时也为材料显微组织优化提供了依据。

参考文献

[1] 戴道生，钱昆明. 铁磁学：上册[M]. 北京：科学出版社，1992.

[2] 胡钋，黄秋元，胡耀祖. 电磁场与电磁波理论基础[M]. 武汉：武汉理工大学出版社，2006.

[3] Weiss P. L' hypotese de champs moléculaire et la propritée ferromagnetique[J]. Journal de Physique Théorique et Appliquée，1907：661 − 690.

[4] Heisenberg W. Zur theorie des ferromagnetismus[J]. Zeitschrift Für Physik，1928，49(9)：619 − 636.

[5] Hofmann J A，Paskin A，Tauer K J，et al. Analysis of ferromagnetic and antiferromagnetic second-order transitions[J]. Journal of Physics and Chemistry of Solids，1956，1(2)：45 − 60.

[6] Weiss P. La variation du ferromagnetism du temperature[J]. Comptes Rendus，1906，1(43)：1136 − 1149.

[7] 高汝伟，李卫，喻晓军，等. 钕铁硼永磁合金的晶粒相互作用和矫顽力[J]. 材料研究学报，2000，14(3)：283 − 288.

[8] 高汝伟，李华，姜寿亭，等. 烧结 Nd-Fe-B 永磁合金矫顽力机制的理论与实验研究[J]. 物理学报，1994，1(43)：145 − 153. .

[9] NdFeB sintered magnet created the world record with 1. 555T and 474 kJ/m³ [EB/OL]. [2016 − 07 − 15]. http：//www. neomax. co. jp/pdf/20050715.

[10] Weickhmann M. Nd-Fe-B Magnets，Properties and Applications[EB/OL]. [2016 − 12 − 14]. http：//docplayer. net/20862546-Nd-fe-b-magnets-properties-and-applications. html.

[11] Stoner E C. Collective electron specific heat and spin paramagnetism in metals[J]. Proceedings of Royal Society A，1936，154(883)：656 − 678.

[12] Mattis D C. The theory of magnetism H[J]. Berlin：Springer Verlag，1985，41：

366 – 367.

［13］ Vonsovskii S V. Magnetism［M］. New York：Halstead Press，1974.

［14］ Oguchi T. A theory of antiferromagnetism，II［J］. Progress of Theoretical Physics，1955，13(2)：148 – 159.

［15］ 严密，彭晓领. 磁学基础与磁性材料［M］. 杭州：浙江大学出版社，2006.

［16］ Aharoni A. Introduction to the Theory of Ferromagnetism［M］. Oxford，UK：Oxford University Press，2001.

［17］ Skomski R，Coey J M D. Giant energy product in nanostructured two-phase magnets［J］. Physics Review B，1993，48 (21)：15812 – 15816.

［18］ Fredkin D R，Koehler T R. Numerical micromagnetics by the finite element method［J］. IEEE Transactions on Magnetics，1987，23(5)：3385 – 3387.

［19］ Schrefl T，Fidler J，Kronmuller H. Nucleation fields of hard magnetic particles in 2D and 3D micromagnetic calculations［J］. Journal of Magnetism and Magnetic Materials，1994，138(1)：15 – 30.

［20］ Kronmuller H，Fischer R，Hertel R. Micromagnetism and the microstructure in nanocrystalline materials［J］. Journal of Magnetism and Magnetic Materials，1997，175(1 – 2)：177 – 192.

［21］ Tako K M，Schrefl T，Wongsam M A. Finite element micromagnetic simulations with adaptive mesh refinement［J］. Journal of Applied Physics，1997，81：4082 – 4084.

［22］ Scholz W，Fidler J，Schrefl T. Scalable parallel micromagnetic solvers for magnetic nanostructures［J］. Computational Materials Science，2003，28(2)：366 – 383.

［23］ Fischer R，Schrefl T，Kronmuller H. Phase distribution and computed magnetic properties of high remanent composite magnets［J］. Journal of Magnetism and Magnetic Materials，1995，150(3)：329 – 344.

［24］ Miles J J，Middleton B K. The role of microstructure in micromagnetic models of longitudinal thin film magnetic media［J］. IEEE Transactions on Magnetism and Magnetic Materials，1990，26(5)：2137 – 2140.

［25］ Porter G，Glavinas E，Dhagat P. Irregular grain structure in micromagnetic simulation［J］. Journal of Applied Physics，1996，79(8)：4695 – 4697.

［26］ Fidler J，Schrefl T. Micromagnetic modeling—the current state of the art［J］. Journal of Physics D：Applied Physics，2010，33(15)：135 – 136.

［27］ 张宏伟，荣传兵，张健，等. 纳米晶永磁 $Pr_2Fe_{14}B$ 微磁学有限元法的模拟计算研究［J］. 物理学报，2003，52(3)：718 – 721.

［28］ 金汉民，王学风，闫羽. 快淬纳米晶 NdFeB 永磁材料的跨晶界交换作用与晶粒大小的关系［J］. 金属功能材料，2003，10(3)：5 – 7.

［29］ 闫羽，金汉民，王学风. 晶粒形状对计算纳米晶 NdFeB 永磁材料退磁曲线的影

响[J]. 金属功能材料，2003，10（3）：8 – 9.

［30］荣传兵，张宏伟，陈仁杰，等. 纳米晶永磁材料晶间交换耦合作用的模拟计算研究[J]. 物理学报，2004，53（12）：4353 – 4358.

［31］Fukunaga H，Horikawa R，Nakano M，et al. Computer simulations of the magnetic properties of Sm-Co/α-Fe nanocomposite magnets with a core-shell structure [J]. IEEE Transactions on Magnetism and Magnetic Materials，2013，49（7）：3240 – 3243.

［32］Fukunaga H，Ikeda M，Inuzuka A. A new type of nanocomposite magnets including elongated soft magnetic grains—computer simulation [J]. Journal of Magnetism and Magnetic Materials，2007，310（2）：2581 – 2583.

［33］周庆. 烧结 NdFeB 永磁晶界结构和晶界相调控及其对性能影响[D]. 广州：华南理工大学，2016.

［34］Sasaki T T，Ohkubo T，Une Y. Effect of carbon on the coercivity and microstructure in fine-grained Nd-Fe-B sintered magnet[J]. Acta Materialia，2015，84：506 – 514.

第2章　铁氧体永磁及其制备技术

自 20 世纪 50 年代以来，铁氧体永磁发展非常迅速。尽管其性能相对较低，但目前仍是应用最广、产量最大的永磁材料。近年来，通过采用离子取代、纳米改性、热压铸成形、注射成形等新技术和新工艺，铁氧体永磁制备技术含量不断提升，性能不断提高。另一方面，高性能产品对铁氧体永磁的成分控制和微观组织特征等的要求也越来越苛刻，需要不断进行成分和工艺改进。本章主要介绍铁氧体永磁基本原理及最新技术。

2.1　铁氧体永磁概述

2.1.1　铁氧体永磁的发展

磁铁矿，主要成分为 Fe_3O_4，是自然界中天然存在的铁氧体。由于它的饱和磁化强度较低，长期以来一直未受到重视。1933 年，日本的加藤和武井合成了立方晶系钴铁氧体，揭开了磁性氧化物作为永磁材料的序幕。

1938 年，Adeksold 确定了磁铅石矿的晶体结构，为六方晶系铁氧体永磁的发展奠定了晶体学基石。

1952 年，荷兰 Philips 公司制备的各向同性钡铁氧体，产品的 $(BH)_{max}$ 达 7.96 kJ/m^3。

1954 年，各向异性钡铁氧体的 $(BH)_{max}$ 达到 23.6 kJ/m^3；1956 年，$(BH)_{max}$ 提高到了 29.5 kJ/m^3。自此以后，通过改进工艺、合理配方、微量添加，铁氧体永磁的性能得到不断提高。

1962 年，湿压磁场成形工艺的出现使工业生产的各向异性铁氧体的磁性能显著提高，钡铁氧体的 $(BH)_{max}$ 已高达 35.4 kJ/m^3，但矫顽力较低（$_jH_c = 167$ kA/m）。

1963 年，高矫顽力锶铁氧体研制成功，生产水平为：$B_r = 410$ mT，$_jH_c = 238$ kA/m，$(BH)_{max} = 32$ kJ/m^3，而实验室水平达到：$(BH)_{max} = 39.8$ kJ/m^3。

1970 年代，锶铁氧体大量投产，迅速扩大了铁氧体永磁的使用范围。尤其是 70 年代后期，AlNiCo 类磁钢的主要原料 Co 的价格上涨，更加促进了铁氧体永磁的发展。

1980 年代，钕铁硼永磁的出现使铁氧体永磁的地位有所下降，但是对高档铁氧体永磁产品及产业化的研究并没有停止。

1989 年起，为适应扬声器、电机和汽车电子部件小型化、多功能化的发展，日本东京电气化学（TDK）公司通过添加稀土氧化物等，进行各种离子替换，优化配方设计，并进行了一系列工艺技术改进，先后推出了 FB6N、FB6B 和 FB6H 等高性能铁氧体永磁牌号，其矫顽力和剩磁均高于以往的产品。1990 年代中期，TDK 公司推出 FB9 系列产品，性能达到：$B_r = 450$ mT，$_jH_c = 358$ kA/m，$(BH)_{max} = 38.2$ kJ/m³。1999 年，TDK 采用 La、Co 组合离子替换技术，开发出了新一代 La-Co 置换型高档铁氧体永磁，并将这类新材料命名为 FB9B 和 FB9H 等牌号；2000 年又推出了 FB9N 牌号产品。2001 年，针对电动汽车和混合电动汽车等市场需求，TDK 公司推出了 FB5D 干压各向异性铁氧体，该产品成为世界上性能最高的铁氧体永磁干压产品。2008 年 12 月，通过添加新元素，同时调整 La、Co 的含量，进一步控制晶粒尺寸在 1 μm 以下，并改善晶粒的均匀性，TDK 公司再次开发出了目前世界上最高性能的 FB12 系列（FB12B 和 FB12H）。与 FB9 系列相比，磁能积提高了约 20%，温度系数是 FB9 系列的 1/3。

进入 21 世纪，随着电子信息产业和汽车工业的迅速发展，国际市场对三高性能（高剩磁、高矫顽力、高磁能积）的铁氧体永磁需求越来越大，新的应用将会极大地促进高性能铁氧体永磁材料的发展。

2.1.2　铁氧体永磁基本原理

2.1.2.1　化学成分及物理特性

磁铅石型铁氧体永磁的化学式为 $MFe_{12}O_{19}$，M 可以是 Sr、Ba 或 Pb，分别称为锶铁氧体、钡铁氧体和铅铁氧体。由于 Pb 的毒性，Sr 和 Ba 用得较多。

三种铁氧体的物理化学性质相似。以锶铁氧体为例，单晶理论密度为 5.13 g/cm³；湿压磁场成形产品的实际密度为 4.9～5.0 g/cm³；干压成形产品实际密度为 4.7～4.9 g/cm³。大批量生产各向异性锶铁氧体的一般力学性能为：抗压强度大于 686 MPa，弯曲强度 86.3MPa ± 7.8MPa

（垂直择优轴），抗拉强度 16.9～49.0 MPa，硬度 8.6 kN/mm²（平行择优轴）和 5.6 kN/mm²（垂直择优轴），电阻率 $10^6 \sim 10^8\,\Omega\cdot cm$。

铁氧体永磁具有良好的化学稳定性和耐腐蚀性，在居里温度以下有很好的热稳定性，因此，可以在很宽的范围内应用。

2.1.2.2 晶体结构

锶铁氧体和钡铁氧体具有相似的晶体结构。图 2-1 为锶铁氧体晶胞结构示意图，称为 M 型结构。每个晶胞包含 2 个 $SrFe_{12}O_{19}$ 分子，里面共有 10 个氧离子密集层，其中有两个密集层里各含 1 个占据氧离子位的 Sr 离子。铁离子处于 5 种不同的亚晶格位置，分别用符号 $2a$、$4f_2$、$12k$、$4f_1$ 以及 $2b$ 来表示，每一个 Fe^{3+} 有 $5\mu_B$（μ_B 为玻尔磁子）的磁矩。这 5 种亚晶格中前 3 种为八面体结构，$4f_1$ 亚晶格为四面体结构，$2b$ 亚晶格则为六面体结构。与此对应，M 型铁氧体分为五个磁亚点阵，$2a$、$2b$、$12k$ 三个亚点阵的离子磁矩平行排列，而 $4f_1$、$4f_2$ 两个亚点阵的离子磁矩与上面三个亚点阵反平行排列。这就导致锶铁氧体永磁单晶胞只有 $40\mu_B$ 的总磁矩。图 2-1 也给出了锶铁氧体永磁单胞中的交换耦合示意图，图中每一个箭头表示一个 Fe^{3+} 磁矩。

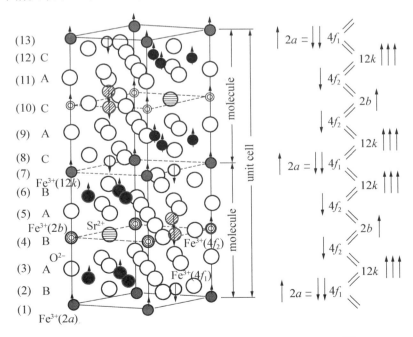

图 2-1 M 型锶铁氧体（$SrFe_{12}O_{19}$）的晶格结构示意图[1]

2.1.2.3　超交换作用与铁氧体永磁的磁特性

铁氧体永磁为亚铁磁性，金属离子之间的距离较大，其自发磁化不能用直接交换作用模型来解释。有研究者认为，其磁矩离子之间的交换作用是以隔在中间的非磁性离子为媒介来实现的，称为超交换作用。铁氧体永磁的 M_s 取决于超交换作用，增大交换作用将增加 M_s。

作为亚铁磁性材料，铁氧体永磁的 M_s 由各个次晶格的磁化强度代数和决定，对于一个 $SrFe_{12}O_{19}$ 分子，温度为 T 时的 M_s 可表示为：

$$M_s(T) = 6M_k(T) + M_b(T) + M_a(T) - 2M_{4f_1}(T) - 2M_{4f_2}(T) \qquad (2-1)$$

Fe^{3+} 的磁矩在 $T = 0\ K$ 时为 $5\mu_B$，所以 $0\ K$ 时单位分子的 M_s 为：

$$M_s(0) = 5 \times (6 + 1 + 1 - 2 - 1) = 20\mu_B \qquad (2-2)$$

在室温下，锶铁氧体的 M_s 约为 $72.5\ emu/g$。

铁氧体永磁具有六方对称晶体结构，具有很强的磁晶各向异性能。其单轴各向异性能可用式(2-3)表示：

$$E_A = K_1\sin^2\theta + K_2\sin^4\theta + K_3\sin^6\theta + K_4\sin^6\theta\cos\varphi + \cdots \qquad (2-3)$$

在很多情况下 K_2、K_3、K_4 与 K_1 相比可以忽略不计，所以 E_A 通常表示为：

$$E_A = K_1\sin^2\theta \qquad (2-4)$$

根据 Stoner-Wohlfarth 的单畴粒子模型理论，由相互独立的具有单轴各向异性的单畴粒子组成的磁粉，遵循一致转动模型，其矫顽力 H_c 可以表示为：

$$H_c = 0.48\left[\frac{2K_1}{\mu_0 M_s} - (N_\perp - N_{/\!/})M_s\right] \qquad (2-5)$$

式中，$N_\perp$、$N_{/\!/}$ 分别为垂直于粒子平面和平行于粒子平面的退磁因子。由磁晶各向异性决定的磁晶各向异性场：

$$H_a = \frac{2K_1}{\mu_0 M_s} \qquad (2-6)$$

且

$$H_d = (N_\perp - N_{/\!/})M_s \qquad (2-7)$$

则

$$H_c = 0.48(H_a - H_d) \qquad (2-8)$$

可见在铁氧体粒子内部，存在着两种各向异性场：一种是以粒子组成为基础的，由 K_1 和 M_s 决定的垂直于粒子平面的磁晶各向异性场 H_a，这是一个很大的正向磁场，是构成铁氧体粒子矫顽力 H_c 的主要部分；另一种是以粒子形状为基础的，由 M_s 和 $(N_\perp - N_{/\!/})$ 决定的形状各向异性场

H_d，这是一个数值较小的反向磁场。作用于锶铁氧体粒子内部的有效磁场，就是由 H_a 和 H_d 之差决定的。因此锶铁氧体的矫顽力是与其组成、结构和形状密切相关的。表 2-1 为 M 型铁氧体永磁在室温下的一些基本磁特性。

表 2-1　M 型铁氧体永磁在室温下的基本特性[2]

参　　数		钡铁氧体	锶铁氧体	铅铁氧体
晶格常数	$a/\text{Å}$	5.876	5.864	5.877
	$c/\text{Å}$	23.17	23.03	23.02
	c/a	3.943	3.927	3.917
$M_s/(\text{kA} \cdot \text{m}^{-1})$		380	370	320
$K(\times 10^5)/(\text{J} \cdot \text{m}^{-3})$		3.3	3.6	3.2
$d/(\text{g} \cdot \text{cm}^{-3})$		5.33	5.15	5.70
$T_c/℃$		450	462	452
$(BH)_{max}/(\text{kJ} \cdot \text{m}^{-3})$（理论值）		43	41.6	35.8
$_jH_c\left(\times \dfrac{10^3}{4\pi}\right)/(\text{kA} \cdot \text{m}^{-1})$（理论值）		6.9	8.1	5.4
$\sigma_s/(\text{A} \cdot \text{m}^2 \cdot \text{kg}^{-1})$		71.7	72.5	58.2

2.1.2.4　铁氧体永磁的单畴颗粒尺寸

单畴颗粒不存在畴壁，磁化过程只有磁畴转动。若各向异性场较高，则用这种颗粒做成永磁材料会具有高的矫顽力。所以，获得单畴颗粒粉末是制备高矫顽力铁氧体永磁材料的一个重要途径。

对于单轴各向异性六方晶系晶体，其临界尺寸 R_0 的计算公式为：

$$R_0 = \frac{9\gamma_w}{\mu_0 M_s^2} \qquad (2-9)$$

式中，γ_w 为畴壁能量密度；M_s 为饱和磁化强度。对于钡铁氧体，其 R_0 为 0.45 ~ 0.5 μm。一般铁氧体永磁颗粒尺寸分布最好介于 0.1 ~ 1 μm 之间。当颗粒直径大于 1 μm 时，颗粒由单畴状态转变为多畴状态，矫顽力 H_c 随直径的增加而急剧下降；但当颗粒尺寸远小于单畴颗粒，即进入超顺磁性状态时，亦会导致 H_c 急剧下降。实验结果表明，钡铁氧体超顺磁性的临界尺寸约为 10 nm。

2.1.3　铁氧体永磁的成分优化

高性能的铁氧体永磁必须满足以下 2 个关键指标：①高的饱和磁化强度；②高的磁晶各向异性（H_a 或 K_1）。利用不同的添加剂有效地控制晶体的微结构和单畴粒子的磁晶各向异性以及提高烧结体的表观密度，是提高铁氧体永磁性能的可行方法。Xu 等[3]用单离子模型计算 $BaFe_{12}O_{19}$ 中各种晶位上 Fe^{3+} 0 K 时磁晶各向异性常数的大小，结果表明，5 种 Fe^{3+} 晶位的 K_2 都可以忽略，每种晶位上的 Fe^{3+} 都对宏观各向异性有贡献，其中 $2b$、$4f_2$ 晶位的贡献最大，而 $12k$ 晶位上的 Fe^{3+} 对宏观 K_1 值的贡献为负。一个 $SrFe_{12}O_{19}$ 分子的所有晶位对 K_1 的贡献为 $K_1 = 6K_{12k} + K_{2a} + K_{2b} - 2K_{4f_2} - 2K_{4f_1}$。其他的研究也发现，在 $2b$ 晶位和 $4f$ 晶位的 Fe^{3+} 的磁晶各向异性对 $BaFe_{12}O_{19}$ 的单轴宏观磁晶各向异性起主要作用。因此，对 Sr^{2+} 和不同晶位的 Fe^{3+} 进行离子替代可以影响 M 型铁氧体的晶体结构和磁结构，使不同晶位上的各向异性发生变化，从而控制材料的宏观各向异性和磁化强度。

2.1.3.1　金属离子配比

锶铁氧体（SrM）的化学式是 $SrO \cdot nFe_2O_3$。理论上 $n = 6$，但是在实际生产中一般控制 $n = 5.5 \sim 5.8$。n 不能过大的主要原因在于：①当 Fe_2O_3 比例偏低时会使晶格点阵产生一些空位，这些空位有利于烧结时原料离子的迁移，从而促进烧结时固相反应的进行，提高产品致密度，进而提高磁性能；②$n < 6$ 使晶格点阵产生一些空位，有利于在晶界上生成第二相，而晶界上的第二相会细化晶粒，阻碍畴壁位移，提高矫顽力；③铁氧体实际生产过程中，经过一次、二次球磨后或多或少会掺入一些磨损的铁，在预烧及烧结中，SrO 也会有少量烧损、挥发。

2.1.3.2　对 Ba^{2+}、Sr^{2+} 进行替换

对 Sr^{2+} 进行替换，获得更稳定的六方铁氧体晶体，可提高磁晶各向异性。由于 Ba^{2+}、Sr^{2+} 和 Pb^{2+} 半径 r 在 $0.127 \sim 0.143 \, nm$ 之间，因此半径较大的 Ca^{2+} 与 Na^+、K^+、Rb^+ 等碱金属元素离子以及稀土族元素离子能够部分或全部对其进行替换。稀土元素具有原子磁矩高、磁晶各向异性高、磁致伸缩系数高、磁光效应强、磁有序转变温度（居里温度和奈尔温度）低以及磁有序结构复杂等特点。因此，相对于碱金属替换，人们对稀土元素替换 Ba^{2+}、Sr^{2+} 和 Pb^{2+} 更感兴趣。目前研究得最广泛的就是镧系靠前的 La、Nd、Sm 等几种元素。实际生产中，稀土元素替代都是以添

加氧化物的方式进行。

1. La 替换

用 La_2O_3 添加剂进行 La 替代有利于稳定磁铅石型晶体结构和改善 M型铁氧体的内禀磁性能[4,5]。以锶铁氧体为例：首先，La^{3+} ($r = 0.122$ nm)取代 Sr^{2+} ($r = 0.127$ nm)后，样品中产生富 Sr 区，反应生成的 $SrSiO_3$ 包覆在 SrM 表面，抑制晶粒长大，使材料剩磁增加，该作用过程被称为反应诱导抑制晶粒长大机制（RIGGI）；其次，La^{3+} 取代 Sr^{2+} 后，其相应八面体 $2a$位的 Fe^{3+} ($r = 0.067$ nm) 转变为 Fe^{2+} ($r = 0.080$ nm)，由于 Fe^{2+} 的玻尔磁子数比 Fe^{3+} 少一个，自旋向上磁矩减小，体系饱和磁化强度减小，导致剩磁也减小。研究发现，当添加量较小时，La_2O_3 添加剂对剩磁的影响主要以第一项作用为主，样品剩磁随 La_2O_3 添加量的增加而增大。但是，随着添加量的继续增大，上述第二项作用加强，而且样品中可能出现 $LaFeO_3$ 物相，该物相的饱和磁化强度很低，因而样品剩磁下降。

La_2O_3 添加剂对样品矫顽力的影响主要来自以下几个方面：①抑制晶粒生长，矫顽力随 La_2O_3 添加量的增大而上升；②样品剩磁的提高引起合金矫顽力的下降；③La^{3+} 取代 Sr^{2+} 后，Fe^{3+} 的减少将导致八面体 $4f_1$位与 $2a$ 位的相互作用减弱，从而引起矫顽力下降。研究表明，在磁性原料中加入 La_2O_3 添加剂，当 La_2O_3 添加量在 $0.2\% \sim 0.7\%$（质量分数）之间时，由于上述几个方面的共同作用，样品矫顽力的变化不是很明显；而当 La_2O_3 添加量大于 0.7% 时，矫顽力明显下降，这可能与上述②和③方面的作用加强有关。

2. Pr 替换

Pr^{3+} 的半径 ($r = 0.113$ nm) 与 Sr^{2+} 相近，而与 Fe^{3+} 相差很大，因而Pr^{3+} 将取代 Sr^{2+} 位置。Pr_6O_{11} 添加剂对样品剩磁的影响与如下几个因素有关[6,7]：

（1）Pr_6O_{11} 具有供氧功能。根据价态平衡，当 Pr^{3+} 取代 Sr^{2+} 时将释放氧气。由于原料和球磨工艺中均会产生一定量未完全氧化的铁离子，它们在烧结时与 Pr_6O_{11} 释放出来的氧原子结合而被完全氧化，有利于反应充分进行，提高样品的剩磁。

（2）Pr^{3+} 具有 $4f_2$ 电子组态，有大的固有磁矩（$3.5\mu_B$）。处于八面体位的 Pr^{3+} 提供自旋向上磁矩，使样品饱和磁化强度增大，剩磁上升。这可能是 Pr^{3+} 取代时的剩磁高于 La^{3+} 取代时的主要原因。

（3）根据 RIGGI 机制，Pr^{3+} 的添加有助于抑制晶粒生长，导致剩磁上升。

（4）Pr^{3+} 取代 Sr^{2+} 后，处于八面体 $2a$ 位处的 Fe^{3+} 转变为 Fe^{2+}。由于 Fe^{2+} 磁矩比 Fe^{3+} 磁矩小，体系饱和磁化强度减小，因而剩磁减小。

（5）随着 Pr_6O_{11} 添加量的增加，样品中可能会生成 $PrFeO_3$ 物相。该物相的饱和磁化强度很低，导致样品剩磁减小。

在磁性原料中加入 Pr_6O_{11} 添加剂，当 Pr_6O_{11} 添加量较小时，主要是上述（1）、（2）和（3）项起作用，样品的剩磁随 Pr_6O_{11} 添加量的增加而增大；而当 Pr_6O_{11} 添加量较大时，样品剩磁下降，这可能与上述（4）和（5）方面的作用加强有关。Pr_6O_{11} 添加剂对样品矫顽力的影响与 La_2O_3 添加剂的作用类似。

3. 其他稀土元素

由于稀土元素离子与铁离子之间的离子半径存在很大差异，故稀土元素进入 M 型铁氧体中只是对金属离子（Sr^{2+}、Ba^{2+}）进行取代，而不可能取代 Fe 离子。另外，稀土元素中，除了 La 外，其他元素因镧系收缩，离子半径减小，因此其取代量也随元素原子序数的增大而逐步减少。

在见诸报道的实验研究中，除了 La 离子取代，其他应用最多的是 Nd 离子及 Sm 离子。Wang 等[8,9] 采用水热合成法制备出 Sm、Nd 取代的 $Sr_{1-x}Sm_xFe_{12}O_{19}$ 和 $Sr_{1-x}Nd_xFe_{12}O_{19}$ M 型锶铁氧体，对两种稀土元素在不同取代量 $[n(Sm^{3+}):n(Sr^{2+})=1/16 \sim 1/2,\ n(Nd^{3+}):n(Sr^{2+})=1/16 \sim 1/4]$、不同烧结温度（$1000 \sim 1250℃$）等条件下得到的锶铁氧体的相组成、磁性能等进行了系统的研究。结果表明，采用 Sm 取代，不同的取代量都可以制备出粒径在 $1.5 \sim 1.6\mu m$ 的锶铁氧体；与过渡族金属取代不同的是，Sm 取代不会使铁氧体的粒径明显缩小；材料的矫顽力明显要高于原有的纯锶铁氧体，内禀矫顽力提高近 18%；饱和磁化强度等其他磁性能并没有降低。Nd 取代对锶铁氧体的磁性能影响与 Sm 取代的情况大体一致，Nd 取代可以提高材料的矫顽力，而不会损害材料的其他磁性能，如饱和磁化强度等。不过 Nd 取代对材料内禀矫顽力的提高不及 Sm，它相对于纯锶铁氧体最大只能提高 11% 左右，而且这种改善还与添加量有关。

2.1.3.3　对 Fe 离子进行替换

由 $SrFe_{12}O_{19}$ 晶体结构可以发现，位于 $4f_1$ 和 $4f_2$ 两个亚点阵上的 Fe^{3+} 磁矩与 $2a$、$2b$、$12k$ 的 Fe^{3+} 反向排列，因而可以考虑：

（1）替换 $4f_1$ 和 $4f_2$ 上的 Fe^{3+}，增大超交换作用，从而增大 M_s。采用

Ti^{4+}替换Fe^{3+}可达到这种效果。

（2）替换$2a$和$12k$上的Fe^{3+}，替换离子的不同可以导致两种不同的效果：某些离子取代使得$12k$和$2b$晶位与邻格点的交换作用加强，增大M_s，提高永磁体磁性能；而另一类离子取代使得$12k$和$2b$晶位与邻近格点的交换作用减弱，降低M_s，但增大了单畴临界尺寸，导致在相同的颗粒尺寸条件下，矫顽力增加。

研究表明，Al^{3+}、Cr^{3+}等可以替换$2a$和$12k$上的Fe^{3+}。Al^{3+}优先进入八面体位的$2a$晶位，然后进入$12k$晶位，使得$12k$和$2b$晶位与邻格点的交换作用减弱，导致剩磁和磁能积下降。随着Al^{3+}替换Fe^{3+}量的增加，分子磁矩显著下降，而居里温度也近似线性下降。同时，Al^{3+}替换除了增大单畴临界尺寸，提高内禀矫顽力外，也可以增大磁晶各向异性场，抑制晶粒长大。随着Al_2O_3添加量的增加，铁氧体永磁的磁能积、剩磁将逐渐减少，而矫顽力将逐渐增大。实验表明，Al_2O_3的最佳添加量范围为$0.4\% \sim 1.0\%$。

2.1.3.4 离子联合取代

为了取得理想的取代效果，人们往往还通过多种离子联合取代来改善材料的磁性能以及研究交换作用、磁晶各向异性等本征磁特性。考虑到价态的平衡问题，进行替换时必须有相应价态离子组合，使其平均价态刚好满足价态平衡时才能进行离子替换。

1. 稀土离子

Sharma[10]对Nd、Sm离子联合取代$[SrO \cdot 5Fe_2O_3]_{100-(x+y)}(Nd_2O_3)_x$-$(Sm_2O_3)_y(x,y=0 \sim 5.0)$锶铁氧体进行了研究，发现随着Nd、Sm离子的取代，材料的内禀矫顽力都要比未取代样品的高，但是，材料的剩磁、磁能积由于取代后出现了非铁磁性的$SrFeO_{2.83}$相而下降；当取代量$x=y=5.0$时，最大矫顽力提高，比未取代时提高了约35%。因此，适当比例的Nd、Sm添加量，可以在不显著恶化剩磁、磁能积的前提下，提高材料的矫顽力。

2. La和Co

Kools等[11]对La、Co等量联合取代进行了研究，发现$Sr_{0.8}La_{0.2}Fe_{11.8}$-$Co_{0.2}O_{19}$与$SrFe_{12}O_{19}$相比，其室温矫顽力增大了$25\%$，剩磁增大了$3\%$。这主要是由于离子取代改变了磁晶各向异性场、饱和磁化强度等内禀磁性能。Choi等[12]、Liu等[13]和Morel等[14]亦对La、Co等量联合取代锶铁氧体进行了系统的研究。用溶胶－凝胶法制备了$(La,Co)_xSr_{1-x}Fe_{12-x}$-

O_{19}（$x = 0 \sim 0.4$）铁氧体。离子取代后仍为单相的 M 型六方磁铅石结构。随着取代离子的增加，在开始阶段材料的剩磁降低，在取代量 $x = 0.2$ 之后有少许上升，在外加磁场为 1200 kA/m 的情况下，$x = 0$ 时测得的磁化强度最大，为 63.9 A·m^2/kg；而矫顽力在 $x = 0.2$ 处达到最高（500 kA/m），同时各向异性常数 K_1 也在 $x = 0.2$ 处取得最大值（4.85×10^5 J/m^3）。此外，La、Co 联合取代导致铁氧体的居里温度降低。穆斯堡尔谱分析发现，La、Co 离子占据的是 $4f_2$、$12k$ 以及 $2b$ 晶位。取代量 $x < 0.2$ 时，各向异性常数及矫顽力的增加主要是缘于 La、Co 对 $4f_2$ 和 $12k$ 位的取代；而取代量 $x > 0.2$ 之后，居里温度的降低则是由于 $2b$ 位的取代所造成。此外，样品的电阻率随取代量 x 的增加而减小。

Lechevallier 等[15]则对 La、Co 不等量取代锶铁氧体的情况进行了研究。采用传统的陶瓷法制备了 $Sr_{1-x}La_xFe_{12-x}Co_yO_{19}$（$y/x = 0.75$，$x = 0.1 \sim 0.4$）锶铁氧体穆斯堡尔谱分析证实 Co^{2+} 在 $4f_2$ 及 $2a$ 晶位成功取代 Fe^{3+}、La^{3+} 成功取代 Sr^{2+}。La^{3+} 的取代导致 $2b$ 位的 O 双锥结构更加均衡，对称性提高，能稳定磁铅石结构。磁性离子 Co^{2+} 在 $4f_2$ 的取代，通过 $4f_2 - 4f_2$ 的交换作用以及 $4f_2 - O^{2-} - 4f_2$ 的超交换作用，使得 $4f_2$ 位置的反向磁矩降低；另外，通过 $12k - O^{2-} - 4f_2$ 之间的超交换作用还可以使 $12k$ 晶位的磁矩增大。由于离子取代后的超交换作用导致材料的磁晶各向异性增强，材料矫顽力等磁性能增加。

3. La 和 Zn

Lechevallier 等[16]、Bai 等[17]、Liu 等[18] 和 Lee 等[19] 曾分别对 $Sr_{1-x}La_xFe_{12-x}Zn_xO_{19}$（$x = 0 \sim 0.4$）铁氧体的离子取代占位、晶体结构、相组成、表面形貌及磁性能进行了系统研究。结果显示，离子取代没有改变其晶体结构。La 离子进入后对 Sr 离子进行取代，Zn 离子则在 $4f_1$ 亚晶格位置对 Fe 离子进行取代。另外，Lee[19] 的试验发现，Zn 离子除了会在 $4f_1$ 晶位取代之外，还会在 $2b$ 晶位进行取代。由于非磁性的 Zn 离子对磁矩反向排列的 $4f_1$ 晶位的 Fe 离子进行了取代，降低了反向磁矩，故经少量（$x \leqslant 0.2$）取代后，材料的 M_s 随取代量 x 的增加而提高，于 $x = 0.2$ 处取得峰值 66.20 A·m^2/kg，较普通 $SrFe_{12}O_{19}$ 增加了 4% 左右；在取代量 x 超过 0.2 后，由于受 Zn 离子在 $2b$ 磁矩正向位取代的影响，整体磁性能下降。另外，由于非磁性 Zn 离子的取代减弱了材料中原来的交换作用，加之 La、Zn 离子加入后对晶粒长大起到一定的抑制作用，导致晶粒细小而均匀，这些因素的共同作用使得材料的居里温度随 La、Zn 离子取代量的增大而下降。

迄今，采用 La-Co 和 La-Zn 替代作为磁性能优化的有效手段，已经成为制备高性能铁氧体永磁的关键技术。

2.1.4 改善铁氧体永磁性能的工艺措施

铁氧体永磁的制备工艺包括三大部分：制粉工艺、成形工艺和烧结工艺。具体流程是：铁的氧化物和钡（或锶、铅）的化合物按一定比例混合，经过预烧结（1300 ℃），然后破碎、制粉、压制成形，最后二次烧结，磨制加工。目前对高性能各向异性烧结铁氧体永磁的工艺优化则是通过对铁氧体制备工艺中的各部分进行优化设计，从而提高铁氧体的性能。

铁氧体永磁的剩磁 B_r 和内禀矫顽力 $_jH_c$ 由如下公式来决定：

$$B_r \propto M_s \cdot \rho \cdot f \qquad (2-10)$$
$$_jH_c \propto (K_1 / M_s) \cdot f_c \qquad (2-11)$$

式中，ρ 为密度；f 为取向度；K_1 为磁晶各向异性常数；f_c 为单畴颗粒的存在率。根据这两个公式，人们除了可以通过成分优化提高铁氧体的饱和磁化强度外，还可以通过改造传统工艺，从以下几方面提高铁氧体永磁综合性能。

2.1.4.1 改善取向度

各向同性铁氧体由于 B_r 较小，H_c 不可能很大，$(BH)_{max}$ 也不大。如果在烧结过程中，使各晶粒易磁化方向排列一致，然后再进行磁化，使各晶粒的磁矩保留在同一方向，可以得到各向异性铁氧体永磁。各向异性铁氧体永磁充分利用了铁氧体磁粉的磁晶各向异性，磁化后去掉磁场，每个晶粒的易磁化轴平行于磁场方向，因此可以获得高的剩磁。

制备各向异性铁氧体永磁时，必须在压制成形的过程中外加足够强的磁场，使颗粒取向一致。研究表明，磁粉粒度越小，达到饱和取向所需的取向磁场强度越大。高性能烧结铁氧体永磁磁粉粒度要求在 0.7 μm 以下，因此取向场要求 800 kA/m 以上。一般垂直磁场成形法（磁场垂直于压制方向）比平行磁场成形法更有利于铁氧体颗粒的取向。前者的取向度比后者高 20% 以上，可达到 93% 以上。此外，采用快速压制，即缩短压制时间，使压制初期已定向的磁性颗粒来不及随变化的磁场转动就被压制成形，可以获得更好的取向。

取向过程中要注意的是，亚微米级粒子具有很强的团聚趋势，不规则形状的颗粒之间也存在较大的摩擦力，这些因素会减弱取向度，恶化磁体性能。可以采取多种措施来减小铁氧体颗粒的团聚：①机械球磨，将团聚粒子破碎到单畴尺寸；②添加适量的表面活性剂以提高分散性。以含有多个亲水基的羧基糖类如羧甲基纤维素、葡萄糖酸、葡萄糖酸钙、山梨糖、抗坏血酸等以及聚羧酸和聚羧酸盐等作为分散剂，能有效减少磁粉的团聚，可获得取向度高达98%的磁体。

2.1.4.2 提高磁体致密度

在铁氧体永磁材料中适当加入一定的添加剂，在烧结的过程中增加烧结体的致密度，可以显著地提高磁体的性能。例如，加入适量的磷酸盐或碱金属磷酸盐，如质量分数为 $0.01\% \sim 3.0\%$ 的磷酸锶化合物或 $0.2\% \sim 3.0\%$ 的磷酸钡、磷酸钙，能提高铁氧体永磁烧结体的致密度，而不使晶粒过大，从而提高 B_r 和 $_bH_c$，进而提高 $(BH)_{max}$。

此外，CaO 是制备铁氧体永磁的一种重要添加剂，它在较低的温度下即呈熔融状态，降低了烧结温度，有利于固相反应，增加烧结体的致密度，增加剩磁。同时，CaO 取代 $SrO \cdot 6Fe_2O_3$ 中的 SrO 时，能加速 C 平面的生长，促使片状晶体的形成，从而在磁场作用下，易于取向，尤其当 $w(CaO) \geqslant 0.9\%$ 时，取向度急剧上升。

$CaO-SiO_2$ 添加剂通过在烧结过程中的作用，对铁氧体的致密度和晶粒的生长速度有非常重要的影响。CaO 有促进烧结的作用，而 SiO_2 则有抑制晶粒长大的作用，两者均存在于晶界，可使矫顽力增大。通过两者在晶粒边界形成低熔点的 $CaO-SiO_2-SrO \cdot 6Fe_2O_3$ 固溶物，可实现液相烧结，有利于固相反应的生成，使烧结更充分。同时，固溶物对晶界起钉扎作用，可控制晶粒长大，提高铁氧体的致密度。

目前，一种最先应用于稀土永磁体的成形方式——橡胶等静压法（RIP）已推广到铁氧体磁体成形。等静压对已经具有取向排列的磁粉不会起到破坏作用，可以获得高密度、高取向度的磁体。采用 RIP 制备的干法铁氧体永磁，其性能可以达到平行磁场湿法成形产品的性能，磁体密度可以达到理论值的98%。

2.1.4.3 增加单畴颗粒的存在率

为了提高单畴颗粒的存在率，要求在细磨时将磁粉磨得尽可能细。但实际中发现，粒度过细磁性能反而下降，其原因是粒度小于 $0.1\mu m$，部分 M 相铁氧体分解成 Fe_3O_4 及 $SrCO_3$ 等。另外，长时间的研磨造成钢球的 Fe 进入铁氧体粉料中，从而影响磁性能。因此，考虑烧结时晶粒长大 $2 \sim 3$ 倍和磁场定向性，成形阶段的最佳粒度范围是 $0.1 \sim 0.5\mu m$ 的亚微米级。通常用粉碎法或水热合成法难以得到这种粒度的粉料。田口仁等[20]在 Ruthner 法制取的 Fe_2O_3（约 0.3 μm）和 Na_2CO_3 水溶液的混合液中，加入 $SrCl_2$ 水溶液后，用球磨机湿磨，使 Fe_2O_3 和生成的 $SrCO_3$ 充分混合，洗去 NaCl 后进行共喷雾干燥，再在 1200 ℃ 下预烧，得到了亚微米级的预烧料。也有人将 Fe_2O_3 和 $SrCO_3$ 干式混合、球磨，在 800 ℃ 退火一次，再干磨、预烧，得到所需粒度的预烧料。

2.1.4.4 合理运用添加剂

从显微组织角度考虑，锶铁氧体永磁烧结后密度高，晶粒尺寸细小均匀、气孔少，就可以获得高的磁性能。为改善锶铁氧体永磁的显微组织，可考虑加入 HBO_3、SiO_2、$CaCO_3$ 等添加剂。

当在锶铁氧体永磁中加入适当的低熔点物质后，烧结体液相烧结，可以促进烧结的进行。例如，当加入一定量的 HBO_3，随着温度的升高 HBO_3 分解为 B_2O_3，在烧结的过程中形成玻璃体，推动固相反应，使烧结体致密化，最终改善磁性能。同时，HBO_3 在助烧结中，弥散于铁氧体中，在晶界处囤积，对晶界的移动产生影响：可以细化晶粒，提高矫顽力。此外，HBO_3 是一种很好的分散剂，有助于磁粉在水中的分散，因而能有效地降低料浆团聚度，提高粉末在磁场中的取向度。

单独添加 HBO_3 能够在铁氧体永磁剩磁变化很小的情况下，使矫顽力发生明显变化，而且使添加量范围变宽。在与 $CaCO_3$ 复合添加中，HBO_3 既延缓了 $CaCO_3$ 单独添加时磁体矫顽力的下降，又没有影响 $CaCO_3$ 对铁氧体永磁剩磁的提高，从而可以实现剩磁和矫顽力的提高。

在烧结时加入一定量的高岭土，能有效控制烧结体晶粒的大小。在固相反应时，高岭土可在晶粒表面生成一层易熔共晶体，温度增加可阻止晶粒长大，从而阻碍因提高烧结温度而使矫顽力急剧下降的趋势，但是它同时会损害剩磁。现在高岭土逐渐被 Al_2O_3-SiO_2 的复合添加物取代，通过调整 Al_2O_3/SiO_2 的比例，从而得到需要的磁性能。

Cr_2O_3 可以控制烧结铁氧体的晶粒生长，虽然它会略微降低居里温度，但对内禀矫顽力有一定的帮助。少量的 Cr_2O_3 能在剩磁和磁能积损害最小的情况下实现矫顽力的大幅度改善。

当加入的添加剂能两两发生反应生成低熔点的物质，或者能与锶铁氧体永磁预烧料中的残余杂质等生成低熔点的物质，都可以达到促进烧结、提高致密度的作用。比如 $CaCO_3$ 与 SiO_2，SiO_2 与 $SrFe_{12}O_{19}$ 等。复合添加 $CaCO_3$ 和 SiO_2 存在以下反应：

$$CaCO_3 + SiO_2 \Longrightarrow CaSiO_3 + CO_2 \uparrow \qquad (2-12)$$
$$SrFe_{12}O_{19} + CaSiO_3 \Longrightarrow SrSiO_3 + CaFe_{12}O_{19} \qquad (2-13)$$

反应式(2-12)在温度低于 800 ℃时就开始进行,生成产物 $CaSiO_3$ 的熔点为 1050 ℃。在烧结过程中,$CaSiO_3$ 的出现使烧结体在不太高的温度下处于液相环境,从而增加锶铁氧体的致密度。另一方面,在烧结时 Ca^{2+} 对 Sr^{2+} 的替换,起助熔作用,即反应式(2-13)同时进行,这也有助于提高剩磁。但是,Ca^{2+} 含量过高将导致样品结构不稳定,因而其添加的质量分数一般小于 1% 。而过量的 SiO_2 会产生非磁性 $FeSiO_3$,并且容易使晶粒长得过大,磁场取向度也降低。其最佳添加范围为0.4%~0.6% 。

此外,纳米材料的比表面积很大,有很高的表面能和固相反应活性,所以在现有的大生产工艺条件下,用纳米氧化物或复合纳米氧化物作为添加剂,能得到更好的效果。由于纳米颗粒与磁性粉末的接触面大,烧结时,容易发生界面固相反应形成新相,对铁氧体颗粒产生界面保护作用,使样品保持单畴结构,从而降低烧结温度,提高样品的剩磁和矫顽力。

2.2 铁氧体永磁的陶瓷法制备技术改进

制备铁氧体永磁的方法有很多,包括固相烧结法、化学合成法等。目前在工业大批量生产中,主要以固相烧结法(陶瓷法)为主。本节主要介绍铁氧体永磁的固相烧结法及针对固相烧结法的技术改进和应用,着重介绍一种新的聚合物成形黏结和烧结技术。

2.2.1 烧结铁氧体永磁常规制备方法

传统的固相烧结法制备铁氧体永磁的工艺流程如图 2-2 所示。各向异性铁氧体是在外磁场中压制并经高温烧结而成的,其中压制成形方法有湿法和干法两种。

2.2.1.1 湿法成形

湿法是制造高性能各向异性铁氧体永磁的常用成形方法。简单地说,湿法成形就是以水为润滑剂和黏结剂,把已经制备好的铁氧体永磁料浆,通过压力注入模具型腔中(同时施加取向磁场),再施加压力,压制成具有一定几何形状、尺寸、密度和机械强度的坯件。

湿法成形过程中,由于外加磁场的作用,模腔内单畴颗粒的易磁化

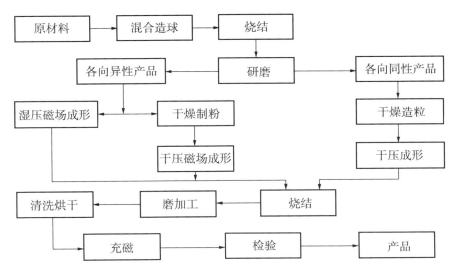

图 2 - 2　传统固相烧结法制备铁氧体永磁工艺流程图

轴在水的良好润滑作用下逐渐转向磁场方向。由于晶粒的取向排列一致性高，所以产品的各向异性好，磁性能较高。影响成形工艺的因素有：①料浆的含水率及一致性；②注料方式及压力；③成形压实方法；④加压压力及速度。

生坯密度对最终性能有重要的影响。在一定范围内，成形生坯的密度 d_p 可以表示为[21]：

$$d_p \propto d_0 P^{t/\mu} \qquad (2 - 14)$$

式中，d_0 为装料密度；P 为成形压力；t 为成形时间；μ 为粒料的内摩擦系数。对式(2 - 14)进行分析可知，提高生坯密度的方法是：①提高装料密度 d_0；②加大成形压力 P；③控制压制速度(成形时间 t)；④降低粒料的内摩擦系数 μ。

湿法生产由于原料的化学活性较高，有利于颗粒转动，铁氧体的磁性能较好，产品性能高且稳定。同时，生产过程中环境的粉尘污染少，还能充分利用各种工业副产品，便于提高质量，降低成本。但是，湿法工艺生产率和成品率低，并且湿法成形压坯是自然干燥，待大部分水分自然蒸发后才能入炉烧结，因此易受环境因素影响。湿法生产的另一个缺点是由于成形时需在模具中垫滤纸和滤布以抽滤水分，导致设备和工艺复杂，难以实现自动化大规模生产。

2.2.1.2　干法成形

干法成形是将不含水而混有少量黏结剂的粉料放入模具内，加以足够的压力，在外磁场作用下把粉料压制成形。由于干粉之间摩擦力大，选用的黏结剂数量和润滑效果有限，铁氧体颗粒在磁场中转动困难，导致磁性能比湿法产品的低。此外，干法成形对模具的强度和硬度要求高，模具使用寿命比湿法短。

但是，干法成形与湿法成形相比，也具有较多的优点：

（1）工序简单，生产效率高。湿法生产的原料是含水 37% 左右的料浆，因此不仅在粉料制造阶段要严格控制料浆的含水量，而且在压制过程中需利用真空泵将水分抽出，工序较为复杂。相比之下，干法可以从预烧料厂家购买细粉直接用来压制，易于实现大批量连续自动化生产。

（2）适宜做体积小、精度高、形状复杂的产品。湿法生产的复杂工序造成所用的模具加工难度大，产品只限于中、大尺寸且规则的环形、方形、饼形和瓦形磁体等。

（3）压坯密度和机械强度高。干法成形压坯中的水分较少，孔隙少，压制后的压坯密度相对较高。压坯的密度高，其机械强度相应也高，降低了压坯搬运过程中的破损率，因此成品率高。

（4）制造成本低。湿法成形制造出来的压坯含水量为 8% ～ 10%（质量分数），不能直接进窑烧结。需经长时间自然干燥后，待压坯中水的质量分数达 2% ～ 3% 时，才能装车进窑烧结。而干法成形的压坯无需干燥，产品的开裂倾向小，成品率较高；并且节省了抽水系统，模具易于制造；成形出来的压坯光滑平整，大大减少磨削加工量。

目前国际上铁氧体永磁的产品一般不标明干、湿法工艺，只有日本 TDK 公司分干法、湿法两种，其干法制备的锶铁氧体产品质量处于国际领先地位。早在 1980 年，日本的 Komeno 等[22] 提出在混有聚酰胺树脂的铁氧体磁粉中，添加质量分数为 0.1% ～ 1.5% 的甲苯硫胺和 0.1% ～ 1.5% 的金属皂（硬脂酸钙、硬脂酸镁、硬脂酸钡等），提高干法成形铁氧体永磁的性能。1991 年 Higashizaki 等[23] 将铁氧体磁粉与转氨酶、尼龙 - 6 混合，采用注射成形方法制造了高性能铁氧体永磁。Yamamoto 等[24] 在铁氧体预烧料中，添加质量分数为 0.51% ～ 0.65% 的 SiO_2，0.35% ～ 0.49% 的 CaO，0.6% ～ 0.8% 的 $CaO\text{-}SiO_2$ 和大于 0.2% 的 Al_2O_3，使干法锶铁氧体永磁的剩磁 B_r 超过 400 mT。2002 年 TDK 公司佐佐木光昭[25] 采用平均粒径大于 1.0 μm 的铁氧体磁粉，利用干法磁场成形方法制造了锶铁氧体 $Sr_{1-x}La_x(Fe_{12-y}M_y)_zO_{19}$（M = Co，Zn），其中

$0.04 \leqslant x \leqslant 0.45$，$0.04 \leqslant y \leqslant 0.3$，$0.9 \leqslant x/y \leqslant 1.5$，$0.95 \leqslant z \leqslant 1.05$；得到的性能为：$B_r = 422.7$ mT，$_jH_c = 211.6$ kA/m，$d = 5.058$ g/cm^3。1990 年代，国内普遍采用的干法成形工艺，一般是将添加剂溶于酒精后加入粉体中混合，再过 100～120 目筛，生产的各向异性锶铁氧体水平一般在 Y25 左右。此后，我国多家铁氧体生产和研究单位相继研究和开发了一些铁氧体干法产品，现行广泛使用的干法工艺通常以樟脑等为黏结剂。

2.2.2　铁氧体永磁传统制备工艺发展趋势

技术的发展对铁氧体永磁的内在性能和外观尺寸提出了严格的要求，也对其制备工艺提出了更高的挑战。同样的永磁料粉，在一些厂家只能做到 FB6 系列磁体，而在另一些厂家能生产出 FB9 系列的磁体，这说明优化的生产工艺是充分利用永磁料粉性能的有力保证。而进入 21 世纪，传统铁氧体技术与其他行业技术相结合，有力地推动了铁氧体行业技术与工艺的发展。

2.2.2.1　预烧料工艺

预烧料传统工艺是"备料造粒 + 预烧"，不论是干法工艺还是湿法工艺，很难制备出晶粒尺寸约 1μm 的料粉，性能档次难以突破。日本率先将"亚微米共晶技术 + 硫化床工艺"引入预烧料工艺中，取得成功。其实硫化床工艺是很传统的工艺，但与化学结晶工艺结合进入料粉生产，是一种技术的进步。今后应进一步加强对"亚微米共晶技术"的晶核尺寸、结晶的化学热力学条件、后处理工序(洗涤 + 烘干 + 造粒)、硫化温度与时间、加热方式与介质、运行方式等的研究，同时加强设备与工艺的联合研制。如利用 $Fe(NO_3)_3$ 溶液热分解制备纳米级的 Fe_2O_3 和 $MFe_{12}O_{19}$(M = Ba、Sr)细小晶粒(1 μm 级)的制备技术，具有一定的意义。此外，($nFeCl_2 + SrCl_2$)混合溶液热分解成 $nFe_2O_3 \cdot SrO$ 共沉淀料—造粒—预烧(硫化工艺)—铁氧体永磁料粉的路线也值得探索。

2.2.2.2　球磨工艺

造成粉料粒度分布差异的根本原因是球磨工艺：料/球/水比例、球径、球磨介质（分散剂）的选择以及球磨时间与温度。不论是砂磨还是球磨，随着平均粒度的下降，以下现象会不可避免地发生：粒度分布变宽以及顺磁性粒子的产生与增多；料浆中引入 Fe 粒子或 Fe 合金粒子；产生或加重"跑锶"现象。这些都会导致磁性能降低，并且生产中磨削时间越长，磁性能衰减越严重。

改善粒度的传统措施包括：料/球/水比例优化，料径与球径的匹配与选择，球磨机加筋，砂磨机加循环泵，分段球磨等。在传统工艺上加入分散剂是一种新型工艺，其实质是将表面化学引入球磨工艺，控制磁性粒子的凝聚、粒径分布、粒子形状及晶粒缺陷。添加的分散剂主要有：硬脂酸、亚油酸、甲苯等。研究表明，分散剂的选择不应只局限于有机物，可以是单一组分，也可以是多组分，但要满足以下条件：具有分散效果，有利于改善粒径及分布、粒子形状；提高球磨效率，抑制或减少有害粒子的进入和有效成分的损失；沸点在 250℃ 以下，有利于后续挥发。

2.2.2.3　成形工艺

成形工艺控制着磁性能和产品合格率，是磁体生产的关键工序。成形工艺探索集中在两个方面：一是提高生坯密度及生坯密度的一致性；二是提高取向度。前者的主要措施有：合理制订压制曲线；采用大吨位压机进行单向或双向压制；优化注料方式与抽水方向（模具设计）等。后者的措施有：降低粒度，控制粒度分布；加大充磁磁场。

采用普通平行磁场成形，取向度一般只有 75%，材料性能损失很大。先进的工艺是采用垂直磁场成形，在水平方向产生磁力线，磁性粒子沿加压方向和垂直方向成链状层层排列。加压时，取向粒子是沿垂直方向被压缩，以最初的取向状态成形，几乎不会出现无规则取向，从而提高取向度（最高可达 98% 以上）。垂直磁场成形工艺的关键在于磁场设计与模具的改进，因此，需要进行工艺、设备、模具和操作联合工艺攻关。

2.2.2.4　烧结工艺

烧结是铁氧体永磁性能最终形成的重要工序，大致分成升温、保温、降温三个阶段。烧结工艺探索需注重优化烧结曲线、装坯方式、气氛等。随着设备的改进，烧结工艺增设了预烘干工序，使生坯件入窑时含水量 ≤1%，温度为 200 ~ 300℃，缩短了升温段时间。最近，快速烧结方式的兴起也对工艺过程产生了重要影响。例如微波加热方式的引入，比传统的对流与传导方式在升温方面更快捷有效，有利于水分的挥发，更能缩短升降温时间。快捷烧结的工艺探索应重点放在研究工艺流程的增减、加热方式的改变、烧结曲线的优化以及快速降温对材料性能的影响上。

2.2.2.5　磨加工工艺与检测工艺

磨加工是控制永磁体表观质量的工序，传统的工艺优化注重磨削工艺的编制与工装夹具的设计与改进。随着磁体应用的深入，产品向微型化、超薄、高表面光洁度方向发展。磨加工高新技术可以带来产品高附加值。将先进的机械加工技术与光学加工技术引入磨加工，可以拓宽磁体的应用领域。

料粉磁性能的检测，传统做法是模拟磁体生产工艺制成标准样块来进行检测，结果明显滞后。因工序长，因素多，不能真实反映材料的性能，不便及时控制工艺。而检测工艺的目标是实现同步检测。

总之，铁氧体永磁制备工艺是一个涉及理化分析、磁性测量、固体材料分析、设备、原材料、操作可行性的系统工程。引入其他门类的技术与传统技术进行嫁接与联姻，实现铁氧体永磁工艺的升级换代，是一个新的发展趋势。本章后面的内容主要涉及不同的工艺革新。

2.2.3 聚合物黏结干法成形烧结铁氧体永磁制备新技术

2.2.3.1 传统干法成形铁氧体永磁存在的问题

铁氧体永磁的干法成形与湿法成形的最大区别就是磁粉中的黏结剂不同。湿法成形主要靠水作黏结剂来改进其成形性。水的黏性比较差，颗粒间的凝聚力不是直接依靠水的黏着力，而是通过水分浸润压坯的毛细管，使毛细管产生高的负压来获得。干法成形中，失去了水的作用，主要靠加入黏结剂来达到黏结的目的。因此黏结剂是干法铁氧体永磁成形的核心技术之一，它直接影响着铁氧体颗粒在磁场下的取向度，影响混料、压制成形、脱模等整个工艺过程。通常要求加入的黏结剂既具有一定的分散性和润滑性，又具有一定的黏结性。前者可减少摩擦力，提高单畴颗粒取向度，利于脱模；后者可提高致密度和机械强度。遗憾的是，目前干法成形铁氧体永磁使用的黏结剂如硬脂酸、硬脂酸钙、硬脂酸钡、樟脑、萘、聚乙烯醇、羧甲基纤维素钠等，均不能完全满足上述的要求，特别是它们的润滑性和分散性的效果远不如湿法成形所用的水的效果，导致成形过程中颗粒之间摩擦力较大，磁粉颗粒转动困难，无法充分取向。因此，干法制备的铁氧体永磁产品的磁性能较低，性能水平只能达到湿法成形的 $80\% \sim 90\%$。此外，最常用的干法成形黏结剂是樟脑和硬脂酸钙。樟脑易挥发，刺激性特强，对人体十分有害，不符合环保的要求；而硬脂酸钙在烧结后残留的物质对磁性能也有损害。

但另一方面，铁氧体永磁的干法成形具有效率高、收缩率小、一致性好等优点，在制造小型产品上具有很大的优势。因此，开发新型的黏结剂，提高干法成形铁氧体永磁的综合性能，改善生产条件已成为国内外铁氧体永磁研究者和生产者需要解决的关键问题。

2.2.3.2 聚合物黏结干法成形基本原理

聚合物黏结干法成形（简称"聚合物黏结成形"）是新发展的一种铁氧

体永磁成形工艺，它采用聚合物作为黏结剂。

传统干法成形是在常温下进行的，所采用的黏结剂在整个成形过程中的物理形态并不发生根本的改变，只是依靠其良好的固体润滑效果来改善摩擦润滑。它们只在铁氧体粉末成形期间起到减少内外摩擦的作用，虽然有助于提高压坯的密度，但是却因填充了铁氧体粉末颗粒表面上的凹陷而不利于颗粒间的啮合，以致降低了压坯的机械强度。

聚合物黏结成形所用的黏结剂，既要求其对铁氧体粉末颗粒表面有足够的附着能力，又要有较好的润滑性和黏结性。成形的温度一般选在聚合物黏结剂软化点附近，此时黏结剂在压制成形过程中呈黏流态。因此，聚合物黏结成形与现行干法成形在工艺上的最大区别是，聚合物黏结成形必须对铁氧体粉末和模具进行加热，以保证所选用的黏结剂在压制成形温度下具有最佳的润滑和黏结效果。为了保证黏结剂在磁粉表面铺展和流动，一般将成形温度控制在聚合物黏结剂的玻璃化温度之上 $25 \sim 85\ ℃$ 或比熔点低 $5 \sim 50\ ℃$ [26]。

聚合物黏结成形的关键技术是黏结剂、成形温度和成形系统。研制适合于铁氧体的成形系统，是开发磁性材料聚合物黏结成形工艺的关键。图 2 - 3 是作者研究团队设计的聚合物黏结成形系统示意图[27,28]。以下介绍研究团队在黏结剂选择、成形工艺与材料性能方面的工作。

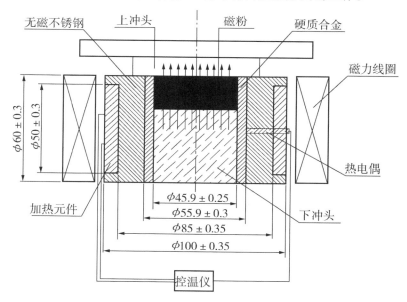

图 2 - 3　聚合物黏结干法成形系统示意图[27]

2.2.3.3　聚合物黏结剂的选择及其作用机理

选择聚合物作为铁氧体永磁干法成形的黏结剂，应综合考虑如下几点：①黏结性好，以保证压坯具有一定的机械强度；②具有一定的可分散性，以防磁粉颗粒在成形之前黏结成团块；③具有良好的润滑性；④具有较低的玻璃化温度或熔点；⑤压坯进入窑炉烧结时，裂解速度应比较缓和、平稳，避免瞬间产生大量气体；⑥化学性质稳定，不容易吸湿、潮解和挥发、升华等；⑦挥发后的残留物质简单，对磁性能无损害或损害很小；⑧对人体无害，对环境无污染。

我们选择了铁基结构零件粉末冶金生产中常用的 PEG80 作为铁氧体聚合物黏结剂。PEG80 是由德国 HOECHST 公司制造的一种聚乙醇类蜡粉，分子式为 HO—$(CH_2—CH_2)_n$—OH，属于聚乙二醇体系，是一种非离子型聚合物，在常温下具有物理吸附的特性，可吸附在粉体表面，并能在粉体表面形成一层薄膜，减弱粉体颗粒之间的接触。当 PEG80 处于黏流态时，表面能显著降低，可以在粉体颗粒表面浸润和铺展。

表 2-2 为 PEG80 的主要性能指标。从表中可知，PEG80 的熔点为60 ℃，在 200 ℃左右开始分解，500 ℃左右基本分解完毕，这一温度低于铁氧体固相反应开始的温度。在准备成形粉料时，PEG80 的微细粉末颗粒可以分布于铁氧体颗粒之间或附着于铁氧体颗粒表面。这种分布状态可避免铁氧体颗粒之间的直接接触，减少颗粒间的摩擦力，有助于成形时铁氧体颗粒在外加磁场作用下的取向。在压制成形过程中，熔融态的聚合物在成形压力的作用下将铁氧体颗粒包覆在一起，使聚集在一起的相邻颗粒表面相互产生一定的黏结力，从而能得到强度较高的压坯。由于 PEG80 改变了成形磁粉的表面性能，熔融聚合物层具有良好的流动性，剪切强度很低，降低了压制过程中粉末与模具壁面之间的摩擦力。此外，PEG80 分解后的产物是 H_2O 和 C(碳)，在烧结的过程中 H_2O 随着烧结温度的升高溢出压坯而挥发，而一部分碳也会随着烧结的进行而燃烧挥发。因此，PEG80 非常适合作为铁氧体永磁黏结剂。

表 2-2　聚合物黏结剂 PEG80 的特性

黏结剂代号	主要成分	粒度/μm	黏度(室温)/(Pa·s)	熔点/℃	分解温度/℃
PEG80	聚乙醇类蜡粉	<10	290~450	60	200

2.2.3.4　不同黏结剂对 $SrFe_{12}O_{19}$ 烧结体性能的影响

我们用湿法磁场成形工艺、普通干法磁场成形工艺和聚合物黏结干

法成形工艺制备了 $SrFe_{12}O_{19}$ 烧结体，分别以水、樟脑和硬脂酸钙、PEG80 作为黏结剂，对三种黏结剂对应的烧结体的性能和组织结构进行了对比分析。实验采用商品牌号 Y30BH 的锶铁氧体预烧料，经粉碎和加水球磨，得到平均粒度达 1.0 μm 左右的浆料。一部分浆料在磁场下直接压制成形，得到湿法成形样品的压坯。另一部分浆料经烘干、破碎后再分为两份：一份与质量分数为 0.5% 的樟脑和 1.0% 的硬脂酸钙混合，过 100～200 目筛，再用机械装置进行分散处理后，在磁场下压制成形，得到干法磁场成形的压坯；另一份则与质量分数为 0.6%～1.0% 的 PEG80 充分混合，过 100～200 目筛，再用机械装置进行分散处理，得到的成形粉料与模具加热到 100～130℃，在磁场下压制成形，得到聚合物黏结成形样品的压坯。最后，将三种不同成形工艺的压坯放入隧道窑内在 1270℃温度下烧结 2h。

分析表明，湿法成形的铁氧体的孔隙数量虽多，但尺寸小；普通干法（樟脑＋硬脂酸钙）成形的铁氧体孔隙数量虽少，但大尺寸的孔隙数量较多；聚合物黏结干法成形的铁氧体孔隙的数量和尺寸介于两者之间。黏结剂的种类和加入量以及铁氧体的烧结过程与孔隙率存在密切的关系。图 2-4 是三种成形工艺制备的 $SrFe_{12}O_{19}$ 烧结体经热的浓硫酸腐蚀后垂直（⊥）和平行（∥）磁场取向方向的金相磨面 SEM 照片。可以看出，在垂直（⊥）磁场取向方向上，铁氧体颗粒呈无规则排列（见图 2-4a，c，e）；在平行（∥）磁场取向方向上，铁氧体颗粒则按照一定方向排列（见图 2-4b，d，f，如箭头所指）。三种样品排列有序程度为：湿法成形 > 聚合物黏结干法成形 > 樟脑＋硬脂酸钙黏结的干法成形，这同表 2-3 中不同成形工艺制备的铁氧体永磁的磁性能一致。成形工艺对烧结体的取向也有一定的影响。湿法成形烧结体的取向度最高，PEG80 黏结干法成形烧结体的取向度次之，樟脑＋硬脂酸钙黏结干法成形烧结体的取向度最差。

三种工艺制备的 $SrFe_{12}O_{19}$ 磁性能如表 2-3。结果表明：聚合物黏结干法成形制备的永磁铁氧体的综合性能已经接近湿法成形水平，明显高于现行广泛使用的樟脑黏结干法成形的水平。因此，在干法成形工艺的基础上，用聚合物黏结剂替代现广泛使用的樟脑等黏结剂，制备高性能的干法成形铁氧体永磁是完全可行的。特别是，采用聚合物黏结干法成形能有效提高干法生产铁氧体永磁的性能，实现低品位磁粉压制高性能铁氧体永磁的生产，解决干法铁氧体永磁生产过程中原材料成本与产品性能之间的矛盾。

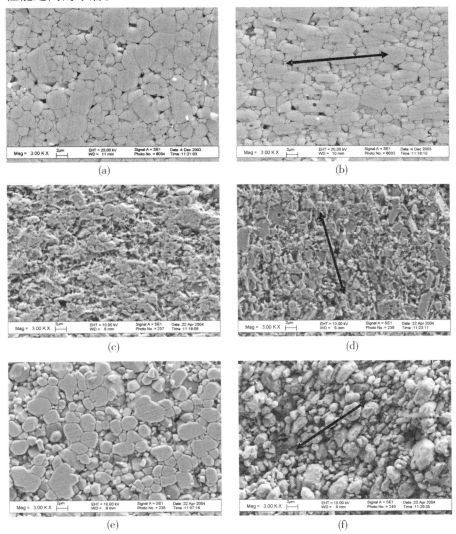

图 2-4 不同成形工艺制备的 $SrFe_{12}O_{19}$ 烧结体垂直($\perp$)和平行($/\!/$)磁场取向方向的金相磨面 SEM 照片[27]

（a）湿法成形($\perp$)；（b）湿法成形($/\!/$)；（c）传统干法成形(樟脑 + 硬脂酸钙)($\perp$)；（d）传统干法成形(樟脑 + 硬脂酸钙)($/\!/$)；（e）聚合物黏结干法成形($\perp$)；（f）聚合物黏结干法成形($/\!/$)

表 2-3　不同成形工艺制备的 $SrFe_{12}O_{19}$ 磁性能

性能指标	湿法成形 （水）	聚合物黏结成形 （PEG80）	传统干法成形 （樟脑 + 硬脂酸钙）
B_r/mT	390.0	383.8	362.1
$_bH_c/(kA \cdot m^{-1})$	191.1	213.8	176.8
$(BH)_{max}/(kJ \cdot m^{-3})$	27.8	26.1	23.7

注：三种工艺成形的样品，其性能都取 B_r 和 $(BH)_{max}$ 最高值。

2.2.3.5　聚合物黏结成形烧结 $SrFe_{12}O_{19}$ 磁体工艺研究与工业化制备

研究表明，以聚合物为黏结剂的铁氧体最终产品性能取决于黏结剂的加入量、取向磁场的强度、成形压力的大小和成形温度等。从图 2-5a 可以看出，黏结剂加入量在 1.2%（质量分数）以下时，剩磁和最大磁能积随加入量的增加有明显提高。当加入量为 1.2% 时，两性能指标达到最大；继续增加 PEG80 的加入量，两性能指标又下降。图 2-5b 表示 PEG80 加入量与矫顽力的关系，磁感矫顽力和内禀矫顽力呈现基本相同的变化规律。在加入量为 0.9%～1.1% 时，磁感矫顽力和内禀矫顽力达最大。因此，PEG80 的最佳加入量在 1.0%～1.2% 之间。

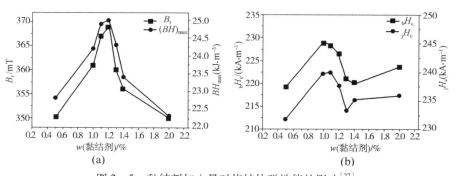

图 2-5　黏结剂加入量对烧结体磁性能的影响[27]
（a）剩磁 B_r 和最大磁能积 $(BH)_{max}$；（b）磁感矫顽力 $_bH_c$ 和内禀矫顽力 $_jH_c$

图 2-6a 表示取向磁场强度对烧结体磁性能的影响。随着磁场强度的增加，剩磁和最大磁能积显著增大。当取向磁场强度超过 238.8 kA/m 后，剩磁和最大磁能积增加幅度减缓。图 2-6b 表示取向磁场强度对矫顽力的影响，磁感矫顽力随取向磁场强度的增加，从较小的值开始呈明显的上升趋势，当取向磁场强度超过 398 kA/m 时，磁感矫顽力达到极大

值，随后又呈下降趋势。另外，内禀矫顽力则随取向磁场强度增加而下降，并且随取向磁场强度的增强，其下降速度减慢。

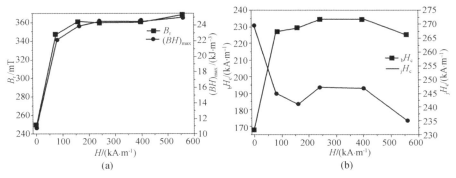

图 2 – 6　取向磁场强度对烧结体磁性能的影响[27]
（a）剩磁 B_r 和最大磁能积 $(BH)_{max}$；（b）磁感矫顽力 $_bH_c$ 和内禀矫顽力 $_jH_c$

图 2 –7a 表示成形温度（模具加热温度）对烧结体磁性能的影响。随着成形温度的提高，烧结体的剩磁、最大磁能积逐渐增加。当成形温度达到 130℃时，剩磁和最大磁能积达到最大值，分别为 375 mT，26.0 kJ/m³。与用同种磁粉进行湿法成形、隧道窑同时烧结的磁体性能比较（B_r = 395 mT、$(BH)_{max} = 28.3$ kJ/m³），剩磁为湿法的 95.0%，最大磁能积为湿法的 91.8%。当成形温度为 140℃时，烧结体的剩磁和最大磁能积开始下降。图 2 –7b 表示成形温度与矫顽力的关系。随成形温度的升高，矫顽力有下降的趋势。由于内禀矫顽力随着晶粒的取向度增加而下降，剩磁的大小和退磁曲线的矩形度使磁感矫顽力升高，而内禀矫顽力使磁感矫顽力下降，当两个因素作用达到平衡作用点时，磁感矫顽力达到了最

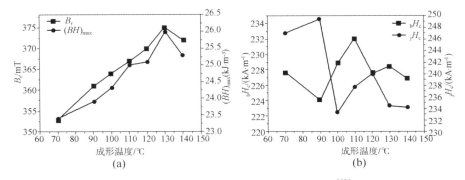

图 2 – 7　成形温度对烧结体磁性能的影响[27]
（a）剩磁 B_r 和最大磁能积 $(BH)_{max}$；（b）磁感矫顽力 $_bH_c$ 和内禀矫顽力 $_jH_c$

大值。超过平衡点以后最大磁能积随着上升，但上升的幅度不会太大。

通过系统研究，作者研究团队获得了 PEG80 聚合物黏结成形烧结铁氧体永磁最佳工艺。根据试验优化的工艺参数等条件，在某公司进行工业化小批量小尺寸锶铁氧体永磁产品生产，收到较好的效果。用商品牌号 Y30BH、平均粒度 1.0 μm 左右的锶铁氧体粉体，与 1.2%（质量分数）聚合物黏结剂 PEG80 充分混合 1 h。在压强 60 MPa、取向磁场强度 557.2 kA/m、成形温度（模具加热温度）130 ℃ 条件下制备压坯，在公司生产车间的隧道窑高温段（1270 ℃）烧结 2 h。制备的小尺寸的铁氧体磁体经过烧结的产品如图 2－8 所示。

图 2－8　聚合物黏结成形的 Danfoss 铁氧体产品[27]

图 2－9 是聚合物黏结成形最佳样品的扫描电镜照片，可以看出，锶铁氧体颗粒呈六方形，比较典型的颗粒如图 2－9d 白色箭头所指，它是一个针状六方形晶粒的截面。图 2－9b 中六方形晶粒的数量多于图 2－9a，这是因为图 2－9b 是与取向磁场相平行磨面的组织形貌，此观察面上的铁氧体颗粒沿一定的方向排列，即颗粒在压制成形过程中沿磁场方向取向，说明锶铁氧体的显微结构具有各向异性，而结构上的各向异性直接决定了宏观性能上的各向异性。图 2－9d 是聚合物黏结成形 $SrFe_{12}O_{19}$ 烧结体最佳样品的断口形貌，呈解理断裂。分析图 2－9d 断口的形貌可以知道，此断口是沿取向方向断裂，铁氧体颗粒是沿一定的方向规则排列的。

试验测得最佳样品的性能为 $B_r = 388$ mT，$_bH_c = 215.7$ kA/m，$(BH)_{max} = 27.2$ kJ/m^3，这已接近于同等级锶铁氧体磁粉（Y30BH）的湿法产品水平（$B_r = 390 \sim 415$ mT，$_bH_c = 191 \sim 223$ kA/m，$(BH)_{max} = 27.9 \sim 31.9$ kJ/m^3）。表 2－4 所列是三家公司的干法成形铁氧体永磁产品（样品）比较。聚合物黏结干法成形制备的铁氧体永磁样品性能，已超过国内传统的干法成形（加樟脑）铁氧体永磁产品水平，并达到日本 TDK 公司 FB3X 产品的上限水平。

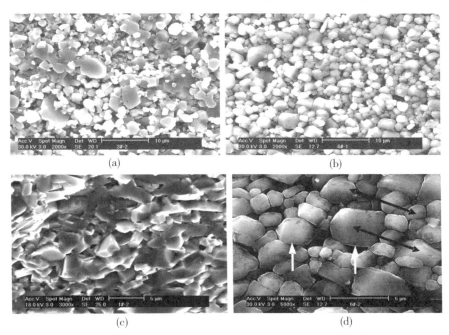

图 2 – 9　聚合物黏结成形最佳样品的扫描电镜照片[27]

(a)垂直磁场方向；(b)平行磁场方向；(c)图 b 的局部放大；(d)断口形貌

表 2 – 4　几种干法成形铁氧体永磁产品(样品)磁性能的对比[27]

产品名称(样品)		B_r/mT	$_bH_c$ /(kA · m^{-1})	$(BH)_{max}$ /(kJ · m^{-3})	产地
TDK 公司	FB3X	360 ～ 390	223 ～ 247	25. 7 ～ 26. 1	日本
	FB3G	360 ～ 390	239 ～ 270	25. 7 ～ 26. 1	
	FB3N	380 ～ 410	223 ～ 247	26. 3 ～ 31. 1	
公司 1	樟脑黏结成形产品	379	236.6	26. 7	中国
公司 2	聚合物黏结成形样品	388	251. 7	27. 2	

2.3　铁氧体永磁材料制备新技术

铁氧体永磁的发展一方面体现在作为传统永磁材料的技术革新和工艺优化，另一方面体现在铁氧体纳米颗粒的制备与新兴应用领域开发。针对铁氧体永磁粉末制备、烧结新技术以及纳米颗粒的制备的研究方兴未艾。

2.3.1　铁氧体永磁单畴颗粒粉末的制备

很多工艺可以用于制备铁氧体永磁，例如化学共沉淀、溶胶－凝胶、熔盐、自蔓延和玻璃晶化法。但是，高能球磨由于具有环境友好、适合批量生产的特点仍然是目前铁氧体永磁工业中最常用的方法。提高性能、降低成本是国际上铁氧体永磁的主要发展方向。而决定性能和成本的主要因素包括铁氧体粉末性能、粉末在磁场中的晶粒取向、烧结磁体的密度和显微组织。在这些因素中，铁氧体粉末的制备非常重要。一方面需要获得晶化程度高、饱和磁化强度及矫顽力大的铁氧体粉末；另一方面也需要考虑球磨过程中的能量消耗以及形成单相的铁氧体粉末。在铁氧体工业中，延长球磨时间可以得到混合良好、反应活性强的起始材料，但增加了能耗。如果能在短的球磨时间和一个比较宽的原材料配比下获得高性能单相铁氧体粉末，不仅可以改善粉末性能，而且可以降低能耗，对于工业应用具有重要意义。

最近，作者研究组的 Chen 等[29]采用常规陶瓷法，利用相对较短的球磨时间(小于 6 h)，在一个相对较宽的原材料摩尔比($n(\mathrm{Fe})/n(\mathrm{Sr}) = 9 \sim 11$)情况下，获得了高性能的锶铁氧体单畴颗粒粉末。其实验过程如下：将分析纯 α-$\mathrm{Fe_2O_3}$ 和 $\mathrm{SrCO_3}$ 用行星球磨机湿法混合，球料比 40∶1，转速 350 r/min，蒸馏水和酒精分别作为溶剂和表面活性剂，占粉末总质量的 300% 和 15%。获得的粉末经过滤和 80 ℃ 干燥 10 h，然后在空气中 1130 ℃ 热处理 2 h。图 2 – 10 为不同 Fe/Sr 摩尔比($n(\mathrm{Fe})/n(\mathrm{Sr}) = 9 \sim 12$)粉末球磨 6h 热处理后的 XRD 图谱。$n(\mathrm{Fe})/n(\mathrm{Sr}) = 9 \sim 11$ 时，可以得到单相 $\mathrm{SrFe_{12}O_{19}}$ 颗粒；当达到 12 时，出现了第二相 α-$\mathrm{Fe_2O_3}$。

图 2 –11 是不同比例($n(\mathrm{Fe})/n(\mathrm{Sr}) = 9 \sim 12$)获得的 $\mathrm{SrFe_{12}O_{19}}$ 粉末照片。当 $n(\mathrm{Fe})/n(\mathrm{Sr})$ 比较低(=9) 时，样品呈现近似六方形结构。随比例增大，六方形结构变得不明显，颗粒尺寸变小。图2 –12给出了颗粒形貌和尺寸变化可能的机制。六方相不能通过原材料 α-$\mathrm{Fe_2O_3}$ 和 $\mathrm{SrCO_3}$ 反应一步形

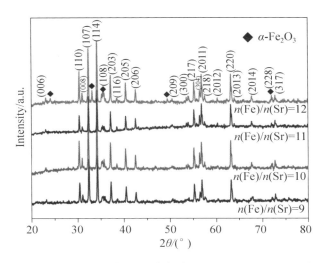

图 2 - 10　不同 Fe/Sr 摩尔比($n(Fe)/n(Sr)$ =9 ～ 12)
制备的 $SrFe_{12}O_{19}$ XRD 图谱[29]

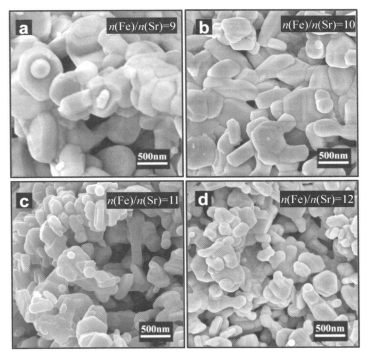

图 2 - 11　不同 Fe/Sr 摩尔比制备的 $SrFe_{12}O_{19}$ 粉末形貌[29]

成，需要首先形成结构更简单的前驱体钙钛矿结构 $SrFeO_{3-x}$ 相。而后六方相在 α-Fe_2O_3 表面形核，$SrFeO_{3-x}$ 和 α-Fe_2O_3 反应形成磁铅石结构。可以假设，随着 $n(Fe)/n(Sr)$ 比增大，由于 α-Fe_2O_3 量增加，六方铁氧体形核增加，导致晶粒细化。另一方面，$n(Fe)/n(Sr)=9$ 时，相对较低的形核数可能导致大的颗粒尺寸，由于结晶更好，形成六方结构形貌。

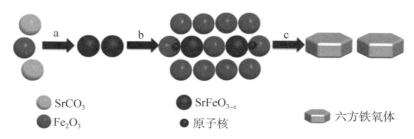

图 2-12　六方铁氧体相形成机制示意图[29]

图 2-13 是不同样品的磁滞回线。图 2-14 是样品磁性能随 $n(Fe)/n(Sr)$ 值的变化规律。结果表明，实验获得了单相和高性能 $SrFe_{12}O_{19}$，两者对成分相对不敏感，在 $n(Fe)/n(Sr)=9\sim11$ 的范围内，$M_s>66$ emu/g，$H_c>5000$ Oe。这对于工业生产具有重要意义。此外，$n(Fe)/n(Sr)=11$ 时，M_s 和 H_c 分别达到 68.2 emu/g 和 5540 Oe。

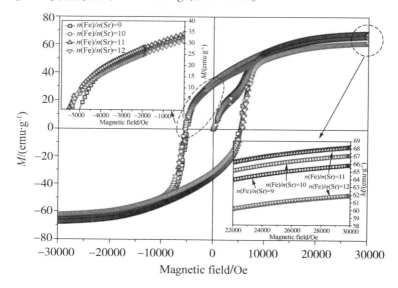

图 2-13　不同 Fe/Sr 摩尔比制备的 $SrFe_{12}O_{19}$ 粉末室温磁滞回线[29]

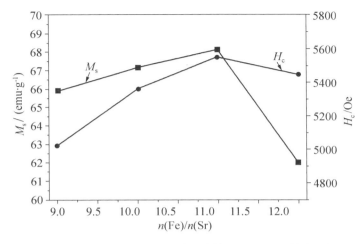

图 2 – 14　不同 Fe/Sr 摩尔比制备的 $SrFe_{12}O_{19}$ 粉末
的饱和磁化强度(M_s)和内禀矫顽力(H_c)[29]

　　Chen 等[29]还研究了球磨时间对显微组织和磁性能的影响，用 $n(Fe)/$
$n(Sr) = 11$ 的材料球磨不同时间，得到的样品的 XRD 图谱如图 2 – 15 所示。
图 2 – 15 表明，球磨 2～6 h 样品得到单相$SrFe_{12}O_{19}$颗粒，延长球磨时间导
致出现少量 α-Fe_2O_3 第二相。图 2 – 16 是不同球磨时间样品的显微组织，
所有样品表现为近六方结构、尺寸约 300 nm。从图可知，2～10 h 球磨时
间对显微组织没有明显影响。

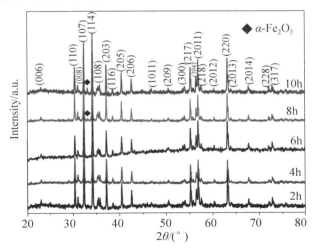

图 2 – 15　不同球磨时间制备的样品 XRD 图谱[29]

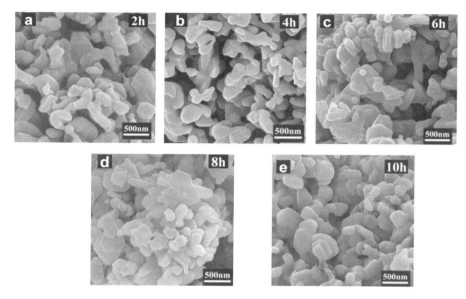

图 2 - 16　不同球磨时间制备的样品形貌[29]

　　不同球磨时间样品的磁性能如图 2 - 17 所示。球磨 6 h 样品获得了最高的 M_s 和 H_c，分别达到 68.2 emu/g 和 5 540 Oe。磁性能的变化可以用材料活性改善与第二相的影响来解释。

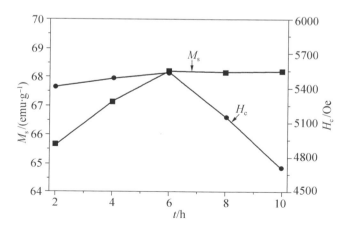

图 2 - 17　饱和磁化强度(M_s)和内禀矫顽力(H_c)随球磨时间的变化[29]

2.3.2 铁氧体永磁新型烧结工艺

2.3.2.1 低温烧结技术

实现铁氧体永磁低温烧结对节能降耗具有重要意义,其关键是细化粉末和添加低温烧结助剂。铁氧体粉末颗粒的细化可以增大材料的比表面能,促进固相化学反应,显著地降低烧结温度。低温烧结助剂的添加一般具有矿化、助溶和阻晶的作用,从而实现液相传质烧结,有效地降低烧结温度。常见的低温烧结助剂有 Bi_2O_3、MoO_3、PbO 和 V_2O_5 等低熔氧化物或低熔玻璃物。低温烧结助剂在降低烧结温度的同时对烧结磁体的磁性能影响较大,因而在降低烧结温度和保证优良的磁性能中如何取得平衡,是低温烧结要面临的现实问题。

刘东[30]研究了低温烧结制备钡铁氧体,实验采用的助烧剂为 BBSZ。结果表明,相同的烧结温度下钡铁氧体样品的烧结密度随着助烧剂添加量的增大而增大(添加量为 $1\% \sim 5\%$)。随着助烧剂添加量的增大,钡铁氧体的 M_s 先逐渐增大,然后逐渐减小,其最大值出现在添加量为 1% 时。李娅波等[31]采用机械球磨法和 Bi_2O_3 助烧剂通过低温烧结法制备出了 M 型钡铁氧体。分析表明,在 $900 \sim 1100$ ℃烧结时,试样均为纯相 M 型钡铁氧体,晶粒尺寸随着烧结温度的升高而增大。铁氧体的密度随着 Bi_2O_3 添加量的增大而先减小再增大;当 Bi_2O_3 添加量为 4% 时,达到最大值 3.96 g/cm^3。随着 Bi_2O_3 添加量的增大,低温烧结的钡铁氧体的 M_s 逐渐增大,其值由 205.1 kA/m 增大至 230.9 kA/m。

Chen 等[32]使用 $BaCu(B_2O_5)$(BCB)添加剂低温烧结制备出了钡铁氧体,研究了不同 BCB 添加量对钡铁氧体试样微观结构和磁性能的影响。从图 2-18 可知,随着 BCB 添加量的增大,铁氧体试样密度逐渐增大。这是由于形成了 $BaCu(B_2O_5)$ 液相,促进了钡铁氧体间的物质转移和扩散,有助于试样的致密化。分析表明:①当 BCB 添加量小于 3% 时,会同时存在 $\alpha\text{-}Fe_2O_3$ 和 $BaFe_{12}O_{19}$ 相;而添加量增大到 3% 时,可形成单相 M 型钡铁氧体。②微观分析显示,当 BCB 添加量为 1% 时试样中出现多孔的微观结构,这说明液相量不足以形成致密的钡铁氧体;随着 BCB 添加量的增大,试样的微观结构越来越致密;当添加量为 3% 时,钡铁氧体颗粒呈现相同的微观结构,其颗粒尺寸为 $0.2 \sim 0.5$ μm。③试样的磁导率实部随着 BCB 添加量的增大而先增大再减小;当 BCB 添加量为 3% 和烧结温度为 900 ℃时,钡铁氧体展现出异异的性能,其烧结密度为

4.88 g/cm^3，饱和磁化强度为 61.4 emu/g，磁导率实部为 3.15，并且钡铁氧体能很好地与 Ag 电极共烧，因此所制备的钡铁氧体能作为基材应用于 LTCC 工业。

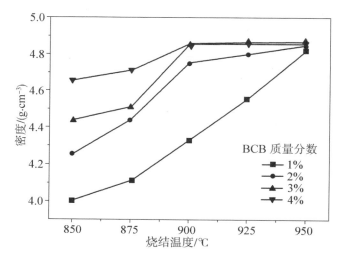

图 2 - 18　在 850 ～ 950℃的烧结温度下不同 BCB 添加量
（1% ～ 4%）的钡铁氧体块体密度[32]

An 等[33]通过 NaCl 辅助的超声喷射高温分解 SA-USP 和 SPS 结合的新方法，低温烧结制备出了钡铁氧体。在 700 ℃烧结时试样的密度只有 3.57 g/cm^3，相对密度只有 69.3%。但当烧结温度升高至 800 ℃时试样展现了较好的相对密度（92.5%），密度值最大为 4.76 g/cm^3。所制得的钡铁氧体试样的 M_s 和 H_c 分别为 56.8 emu/g 和 4558 Oe，优于传统陶瓷法烧结的试样。

2.3.2.2　微波烧结技术

传统的烧结是通过传导、辐射或对流的方式将热量传递给试样，试样表面温度较高，而心部温度较低，形成了由试样心部指向表面的温度梯度。而微波烧结是通过试样的基本细微结构与微波的特殊波段发生耦合作用产生热量，试样在电磁场中的介质损耗使其被整体地加热到烧结温度，从而实现致密化。微波烧结具有加热速度快、选择性烧结、整体加热、可获得均匀的细晶结构、节能、烧结温度低和环境污染小等优点。

蒋涵涵等[34]研究烧结温度对微波烧结锶铁氧体永磁材料的影响，其实验的基本流程为：预烧料→加入铁红和添加剂→湿法球磨→磁场压制成形

→微波烧结。研究发现，在 950 ℃微波烧结时就可制备出单一相的锶铁氧体，相对传统的烧结，其烧结温度明显下降。但是，磁性能分析表明，烧结温度为 1050 ～ 1100 ℃时的锶铁氧体磁性能最好：1050 ℃烧结的锶铁氧体的 B_r、H_c、$_jH_c$ 和 $(BH)_{max}$ 分别为 425.7 mT、288.9 kA/m、319.0 kA/m 和 34.20 kJ/m^3。结果还表明，随着微波烧结温度升高，试样的密度逐渐增大，其值从 950 ℃的 4.843 g/cm^3 增大到 1150 ℃的 5.143 g/cm^3。

曹二斌等[35]利用自制的高温微波窑工程样机，研究了锶铁氧体永磁的工业化微波烧结技术。结果发现，微波烧结的锶铁氧体永磁能满足永磁电机等应用对磁性能和磁性一致性的要求，相对于电热窑炉，微波烧结的烧结合格率和磨洗加工合格率分别提高了 1%～ 2%和 5%左右。孙延杰等[36]以工业锶铁氧体磁瓦生坯为研究对象，分别对工业隧道窑烧结、间歇微波烧结和连续微波烧结制备的锶铁氧体进行了研究。结果表明，间歇微波烧结在 1 000 ℃即可制备出锶铁氧体磁瓦，随着烧结温度的升高，磁瓦的综合磁性能和强度呈现先增大再减小的变化趋势，在 1100 ℃时其性能比推板式隧道窑烧结的试样好。当采用连续微波烧结时，950 ℃就可获得 M 型锶铁氧体磁瓦，相对于工业隧道窑烧结，大大地降低了烧结温度。

Peng 等[37]在添加 Bi_2O_3 烧结辅助剂和 870 ℃的烧结温度下通过微波烧结制备了 $Sr_{1-x}La_xFe_{12-x}Co_xO_{19}$ ($x=0 \sim 0.5$) 铁氧体。实验还表明，对于应用于微波 LTCC 铁氧体，$Sr_{0.8}La_{0.2}Fe_{11.8}Co_{0.2}O_{19}$ 和 $Sr_{0.7}La_{0.3}Fe_{11.7}Co_{0.3}O_{19}$ 铁氧体展现了较好的磁性能，其 M_s 分别为 65.1 emu/g 和 64.6 emu/g，$_jH_c$ 分别为 337.8 kA/m 和 384.6 kA/m。

2.3.2.3 放电等离子烧结技术

放电等离子烧结(SPS)是一种材料致密化新技术，由于其实现了低温、快速、高效烧结，引起了研究者的极大兴趣。在 SPS 烧结过程中，将直流脉冲电流通入电极，电极会瞬间产生放电等离子，使烧结体内部的颗粒表面活化，并且使各个颗粒自身均匀地产生热量，从而利用粉末内部的自身发热而实现烧结。传统烧结时，粉末颗粒间无主动作用力，颗粒表面具有惰性膜，烧结的时间一般较长，而 SPS 烧结能使粉末颗粒的表面活化，因此可以克服烧结时间长的缺点。此外，SPS 烧结还具有烧结温度低、可获得高致密度的材料、能烧结梯度材料和复杂材料，以及可得到均匀、细小的组织等优点[38]。详细的 SPS 技术与工艺将在第 4 章介绍。

SPS 技术特别适合于纳米颗粒的烧结和致密化。魏平等[39]通过化学共沉淀工艺制备了名义组成为 $BaFe_{11.8}^{3+}Fe_{0.3}^{2+}O_{19}$ 的 Fe^{2+} 过量 M 型钡铁氧体前驱体，研究了不同的 SPS 烧结条件对 Fe^{2+} 过量 M 型钡铁氧体的影响。结果显示，烧结温度为 700 ～ 750 ℃时烧结体由 BaM 和少量 α-Fe_2O_3 组成，而烧结温度为 800 ～ 850 ℃时烧结体均由单相 BaM 组成。随着烧结温度的升高(600 ～ 850 ℃)，烧结体的密度逐渐增大。750 ℃烧结时，烧结体的晶粒由均匀分布的单畴粒子组成，其尺寸约为 500 nm，而当烧结温度为 850 ℃时晶粒明显长大，并形成了相互黏结的致密块体。在 850 ℃、保温 30 min 和 10 MPa 的条件下所得的烧结体的 M_s 和 $_jH_c$ 分别为 58.2 A·m^2/kg 和 55 kA/m。

Mazaleyrat 等[40]利用溶胶－凝胶法合成了钡铁氧体粉末，接着采用 SPS 进行烧结。所得到的粉末晶粒尺寸大约为 60 nm，即使经过 20 min 的 SPS 烧结后晶粒尺寸也没有明显地增大。当烧结时间为 20 min 时，钡铁氧体试样的颗粒大小约为 1 μm，颗粒由 70 ～ 80 nm 的晶粒组成。随着烧结时间的延长，试样的晶粒尺寸先增大后减小，其最大值为 84 nm，而试样的相对密度随烧结温度的变化呈现相同的规律，其最大值为 88%。当烧结时间为 0 ～ 13 min 时，试样展现出比商业用钡铁氧体更大的饱和磁化强度(62 A·m^2/kg)。

Bolarín-Miró 等[41]通过高能球磨的方法获得锶铁氧体粉末，然后分别利用传统的烧结和 SPS 技术制备锶铁氧体试样。结果表明，当 SPS 烧结温度为 700 ℃时，试样的晶粒尺寸为 70 nm，M_s 为 67 emu/g，$_jH_c$ 为 3.7 kOe。而相同温度下传统烧结的试样晶粒尺寸为 95.1 nm，M_s 比 SPS 烧结时小一点，但 $_jH_c$ 达到了 5.4 kOe。

2.3.3　铁氧体永磁纳米颗粒的制备

铁氧体永磁纳米材料包括纳米晶块材、纳米薄膜、纳米线和纳米颗粒。这里主要介绍铁氧体纳米颗粒的化学共沉淀和溶胶－凝胶制备新工艺。

2.3.3.1　共沉淀法制备纳米颗粒

目前，化学共沉淀法被广泛应用于制备具有磁各向异性的铁氧体永磁超细粉末。化学共沉淀法是利用可溶于水的金属盐，按照所制备材料的化学计量比配制溶液，使金属盐溶解，并以离子状态混合均匀，然后选择一种合适的沉淀剂(如 NaOH、$(NH_4)_2C_2O_4$ 和 Na_2CO_3 等溶液)，使金属离子均匀沉淀或结晶，接着将沉淀物脱水或在高温下热分解，制备出纳米粉末。化学共沉积法制备铁氧体永磁粉末的一般工艺流程为：配置溶液→化学共沉积→清洗→干燥→二次清洗→预烧→煅烧→铁氧体粉末。该方法具有如下的优点：溶液的混合比机械混合均匀，可以精确地控制产物的组分；固相反应可以在较低的温度下进行；可以通过优化反应条件控制所制得的粉末颗粒的粒度；所得的粉末颗粒粒径可以达到纳米量级；易于元素的掺杂，并且易于获得化学成分均匀的材料；设备和工艺流程简单，成本相对较低，易于实现工业化。

Hessien 等[42] 使用埃及天青石矿作为锶的原料，通过化学共沉积法合成了六方锶铁氧体粉末，研究了不同 Fe^{3+}/Sr^{2+} 摩尔比对所制备粉末的晶体结构、晶粒尺寸、微观结构和磁性能的影响。实验的流程如下：将天青石矿溶解于盐酸，去除约 10% 的氧化钙和可溶解的杂质，接着清洗处理过的天青石，并干燥，然后用碳还原天青石，以获得硫化锶，将硫化锶溶解在稀释的盐酸和纯氯化铁溶液中，并通过加入 5 mol/L 的氢氧化钠将溶液 pH 值调至 10，沉积得到前驱体，最后在空气中把前驱体加热到 1000 ℃ 退火 2 h。分析表明：当 Fe^{3+}/Sr^{2+} 摩尔比为 9.23 时，粉末呈现不规则的微观结构，并且具有拉长的六方形状；当 Fe^{3+}/Sr^{2+} 摩尔比为 8.57 时，粉末颗粒具有相同的六方形状；当 Fe^{3+}/Sr^{2+} 摩尔比为 8 时，锶铁氧体粉末具有片状的六方结构，同时粒度的分布范围更大。矫顽力随着 Fe^{3+}/Sr^{2+} 摩尔比的增大而减小，最高为 3504 Oe。而 M_s 和 M_r 的最大值均出现在 Fe^{3+}/Sr^{2+} 摩尔比为 8.57 时，其值分别为 74.12 emu/g 和 38.95 emu/g，这是由于形成了同一的六方形结构。当 Fe^{3+}/Sr^{2+} 摩尔比为 8 和 8.57 时，锶铁氧体粉末只有单相 BrM；而当 Fe^{3+}/Sr^{2+} 摩尔比为 9.23 时，样品形成了双相结构（$SrFe_{12}O_{19}$ 和 Fe_2O_3）。粉末的晶粒大小随着 Fe^{3+}/Sr^{2+} 摩尔比的增大而减小，其值由 8 时的 118.4 nm 减小至 9.23 时的 97.3 nm。

Lu 等[43] 采用化学共沉淀法制备了锶铁氧体粉末，研究了三种不同的表面活性剂对合成粉末的性能的影响。结果表明，表面活性剂的使用可以降低煅烧温度，并且能够减小粉末颗粒的粒径，提高颗粒的分散性。使用十六烷基三甲基溴化铵（CTAB）表面活性剂制备的粉末颗粒尺寸最小，其值为 30 ～ 35 nm。表面活性剂的加入使矫顽力和饱和磁化强度均降低。相对于其他两种表面活性剂，CTAB 表面活性剂制备的粉末具有最大的矫顽力（H_c = 4099 Oe）。

Liu 等[44]使用超声波辅助的化学共沉淀法制备了单畴球状的六方钡铁氧体粉末。研究结果表明，随着输入超声波功率的增大，所制得的粉末颗粒平均尺寸从 210 nm 显著地减小到约 100 nm，而颗粒尺寸的分散性逐渐地降低。当输入的超声波功率从 0 W 增大至 9.5 W 时，粉末在 1.4 T 外加磁场下的 M_s 从 52.8 emu/g 增大到 57.9 emu/g。在不同的超声波功率下，钡铁氧体粉末的 H_c 变化范围为 5945 ～ 6395Oe。

最近，作者研究组的 Chen 等[45]也利用 CTAB 作为表面活性剂，采用化学共沉淀法和后续热处理工艺制备了锶铁氧体永磁（$SrFe_{12}O_{19}$）单畴颗粒（50 ～ 150 nm）粉末；采用 $Fe(NO_3)_3 \cdot 9H_2O$ 和 $Sr(NO_3)_2$ 溶液（Fe^{3+}/Sr^{2+} 摩尔比为 11）及 KOH 溶液，添加不同质量分数（0，1%，3%，6%，9%）的 CTAB 作为表面活性剂进行化学共沉淀，反应产物过滤后，在 70 ℃清洗 10 h，然后在 900 ℃空气中热处理 2 h，得到锶铁氧体；研究了不同 CTAB 含量对结构和性能的影响。图 2-19 为样品的 XRD 图谱，没有添加表面活性剂制备的样品含有第二相 $\alpha\text{-}Fe_2O_3$，添加 CTAB 制备的样品可以获得单相 $SrFe_{12}O_{19}$ 粉末。图 2-20 表明，增加 CTAB，颗粒形貌从棒状变为六方结构。因此，CTAB 表面活性剂有助于 $SrFe_{12}O_{19}$ 相结晶。

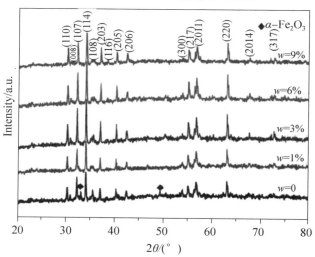

图 2-19　添加不同量的表面活性剂 CTAB（$w=0 ～ 9\%$）在 900 ℃烧结 2 h 制备的 $SrFe_{12}O_{19}$ 样品的 XRD 图谱[45]

从图 2-20 还可以看出，添加 CTAB 制备的样品显示薄的六方片状结构（厚度为 10 ～ 20 nm），尺寸为 50 ～ 150 nm，而没有添加 CTAB 的样

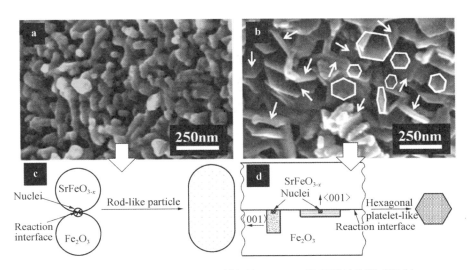

图 2 – 20　添加和不添加 CTAB 制备的 $SrFe_{12}O_{19}$ 样品形貌和形成机制
（a）（c）w（CTAB）$= 0$；（b）（d）w（CTAB）$= 6\%$ [45]

品为棒状，尺寸为 40 ～100 nm。所有样品颗粒小于锶铁氧体的临界单畴颗粒尺寸（约 1 μm）。采用不同的方法，不使用 CTAB 获得了六方片状结构 $SrFe_{12}O_{19}$ 颗粒，但大都需要高的热处理温度或者长的保温时间，导致颗粒尺寸较大（> 1 μm）。在作者研究组的工作中，利用 CTAB 表面活性剂，可以在相对较低的温度下获得单畴六方片状晶粒。两种不同形貌的颗粒形成机制如图 2 – 20c，d 所示。根据已有研究[46]，片状六方铁氧体晶粒选择在光滑的 Fe_2O_3 表面形核生长。因此，具有粗糙表面的球形或立方形状前躯体很难反应形成六方结构。在没有 CTAB 情况下，根据能量最低原理，前躯体 $SrFeO_{3-x}$ 和 Fe_2O_3 倾向呈球形，因此，最后的产品呈棒状，如图 2 – 20c 所示。相反，添加 CTAB 活性剂时，由于 CTAB 在晶面的选择性吸收，前躯体倾向呈片状，最后导致形成六方结构片状铁氧体颗粒，如图 2 – 20d 所示。由于沿 {001} 方向的生长速度相对较慢，而沿 {$hk0$} 方向生长速度较快，最后形成六方片状结构。另一方面，六方相在 Fe_2O_3 接触面随机生长，导致颗粒取向随机分布。

　　$SrFe_{12}O_{19}$ 粉末室温磁滞回线如图 2 – 21a 所示，磁性能变化如图 2 – 21b 所示。添加质量分数为 6% 的 CTAB 获得了优化的磁性能，M_s 和 H_c 分别为 68.7 emu/g 和 6620 Oe，与不添加表面活性剂样品相比，M_s 和 H_c 分别提高 22% 和 5%。CTAB 影响磁性能的原因与相结构和显微组织密切相关。不使用 CTAB 时，α-Fe_2O_3 杂质相的存在降低了 M_s，而过多的 CTAB（$w > 6\%$）可能会阻碍前驱体相的形成，减小 M_s。矫顽力的变化与两个因素有关：$SrFe_{12}O_{19}$ 相的单轴磁晶各向异性和第二相杂质。

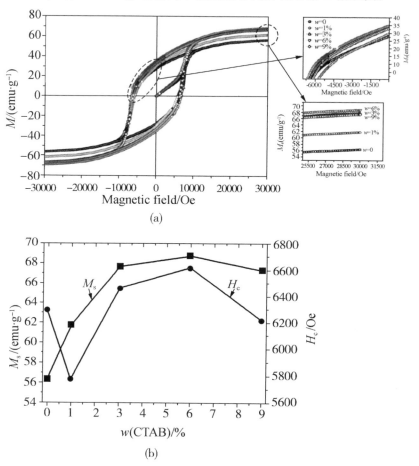

图 2-21　添加不同量的表面活性剂 CTAB（$w = 0 \sim 9\%$）制备的
$SrFe_{12}O_{19}$ 样品的室温磁滞回线和磁性能变化[45]

2.3.3.2　溶胶-凝胶法（Sol-Gel）制备纳米颗粒

溶胶-凝胶法也是目前合成铁氧体永磁使用较多的工艺，按照目前对醇盐水解过程的理解，溶胶的形成过程被概念性地描述如下：以醇盐为原料，在温和条件下进行水解和缩聚反应，随着缩聚反应的进行以及溶剂的蒸发，具有流动性的溶胶逐渐变黏成为略显弹性的固体凝胶，然后再在比较低的温度下烧结成为所合成的材料。凝胶的结构和性质在很大程度上决定了其后的干燥、致密过程，并最终决定材料的性能。除了通过对反应过程工艺条件的控制来对材料进行裁减外，各种化学添加剂往往被引入到溶胶－凝胶反应过程中。这些添加剂可以改变水解、缩聚反应速度，改变凝胶结构均匀性，同时也能够控制其干燥行为。这种方法的优点是反应温度低，合成的颗粒粒径小，分布均匀，易实现高纯化。但是该方法本身还不太成熟，凝胶干燥时容易开裂，而且成本比较高。

溶胶－凝胶自蔓延法是一种制备铁氧体粉末的新型方法，它结合了溶胶－凝胶法和自蔓延燃烧法的优点。溶胶－凝胶法几乎可以制备任一组分的铁氧体粉末，产物粒径小，分散性好；但存在烧结温度较高、成本高和难以实现工业化等缺点。而自蔓延燃烧法是利用燃烧反应自身放出的热量进行的，可以节约大量的能源。因此将两者相结合的溶胶－凝胶自蔓延法具有煅烧温度较低、容易操作和节能等优势，在铁氧体粉末的制备中具有广泛的应用前景。

作者研究组 Meng 等[47] 采用溶胶－凝胶自蔓延法制备了超细钡铁氧体粉末，研究了 Fe/Ba 摩尔比、甘氨酸/硝酸盐摩尔比和煅烧温度对所制备的粉末的物相组成、微观结构和磁性能的影响。XRD 图谱（图 2－22）分析结果表明，当 Fe/Ba 摩尔比为 9 时，粉末具有单一的钡铁氧体相（$BaFe_{12}O_{19}$）；而 Fe/Ba 摩尔比为 8 时，出现了第二相 $BaFe_2O_4$。当 Fe/Ba

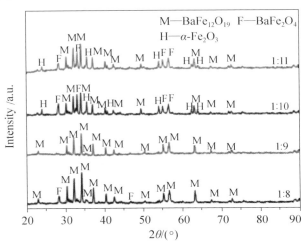

图 2－22 当甘氨酸/硝酸盐摩尔比为 10/9 和在 900℃煅烧 2 h 时，Fe/Ba 摩尔比分别为 8，9，10 和 11 时的 XRD 图谱[47]

摩尔比增加至 10 和 11 时，除了 $BaFe_{12}O_{19}$，粉末试样还含有 $BaFe_2O_4$ 相和 $\alpha\text{-}Fe_2O_3$ 相。从磁性能来看，在甘氨酸/硝酸盐的摩尔比为 10/9 和 900 ℃煅烧 2h 时，Fe/Ba 摩尔比为 9 的粉末试样具有最大矫顽力和最大饱和磁化强度，其值分别为 5650 Oe 和 66.7 emu/g。其他粉末试样具有较差的磁性能，这是由于其存在非铁磁相 $\alpha\text{-}Fe_2O_3$ 和反铁磁相 $BaFe_2O_4$。如图 2–23 所示，当煅烧温度为 900 ℃时粉末颗粒大小的分布比较均匀，而且颗粒非常细。然而 1000 ℃时粉末呈现出大小各异的片状颗粒，并且发生了颗粒聚集，降低了试样的矫顽力，使矫顽力从 900 ℃时的 5650 Oe 降低至 1000 ℃时的 4500 Oe。而饱和磁化强度却随着煅烧温度的升高而显著地增大。试样结果还表明，当煅烧温度为 900 ℃、Fe/Ba 摩尔比为 9 和甘氨酸/硝酸盐摩尔比为 12 或 9 时，钡铁氧体粉末具有相对均匀分布的粒径，大部分的颗粒大小为 55～110nm，而且具有较高的矫顽力（5750 Oe）与饱和磁化强度（67.7 emu/g）。

图 2–23　不同温度煅烧 2h 制备的粉末 SEM 照片[47]

(a) 900 ℃；(b) 1000 ℃

Xie 等[48]通过溶胶－凝胶自蔓延法合成了 $BaFe_{11.92}La_{(0.08-x)}Nd_xO_{19}$（$x$ = 0，0.02，0.04，0.06，0.08）铁氧体粉末。在不同的煅烧温度下 $BaFe_{11.92}\text{-}(LaNd)_{0.04}O_{19}$（$x$ = 0.04）铁氧体粉末颗粒具有 50～60 nm 的粒径，而且 900 ℃煅烧时粉末颗粒呈现圆柱形，但随着煅烧温度的升高，钡铁氧体颗粒开始熔化，颗粒尺寸逐渐增大。改变煅烧温度和稀土离子含量能调整 $BaFe_{11.92}La_{(0.08-x)}Nd_xO_{19}$ 铁氧体的磁性能，当煅烧温度为 1000 ℃和稀土离子含量 x = 0.04 时，钡铁氧体粉末具有最好的磁性能，其相应的 H_c、M_s 和 M_r 分别为 5133.2 Oe、32.879 emu/g 和 53.732 emu/g。

张正强等[49]研究了传统烧结和微波烧结退火处理对溶胶－凝胶自蔓延法制备的钡铁氧体粉末的影响。结果表明，对于传统烧结，随着烧结温度的升高，钡铁氧体粉末的 M_s 从 51.3 emu/g（750 ℃）增大到 63.56 emu/g（1100℃），而 H_c 先从 4852 Oe（750 ℃）增大至 5483 Oe（1000 ℃），而后迅速减小至 3615 Oe（1100 ℃）。对于微波烧结，随着煅烧温度和保温时间的增大，M_s 从 57.5 emu/g 增大到69.2 emu/g；而 H_c 先增大后减小，其最大值为 5406 Oe（900 ℃，保温 0.5 h），最小值为 2410 Oe（1100 ℃，保温 0.5 h）。通过两种烧结方法的比较可知，微波烧结可大幅度地缩短保温时间，降低烧结温度，保持一定的矫顽力。而且微波烧结可以获得结晶度较好、成分均匀的材料，这有利于增大钡铁氧体粉末的 M_s。一般磁记录材料要求较小的矫顽力，因此微波烧结适合于制备钡铁氧体磁记录材料。

参考文献

[1] Fang C M, Kools F, Metselaar R, et al. Magnetic and electronic properties of strontium hexaferrite $SrFe_{12}O_{19}$ from first-principles calculations [J]. Journal of Physics：Condensed Matter, 2003, 15 (36)：6229 – 6239.

[2] 周文运. 永磁铁氧体和磁性液体设计工艺[M]. 成都：电子科技大学出版社, 1991.

[3] Xu Y, Yang G L, Chu D P, et al. Theory of the single ion magnetocrystalline anisotropy of 3d ions[J]. Physica Status Solidi B, 1990, 157 (2)：685 – 693.

[4] Dung N K, Minh D L, Cong B T, et al. The influence of La_2O_3 substitution on the structure and properties of Sr hexaferrite[J]. Journal de Physique, 1997, 7 (C1)：313 – 314.

[5] Yamamoto H, Obara G. Magnetic properties of Sr-La M-type sintered magnets used ferrite fine particles prepared by mechanical compounding method[J]. Transactions of Institution of Electrical Engineers of Japan, Part A, 1999, 119 (11) : 1362 – 1367.

[6] Kirpichok P P, Voronina N B, Sitnikov A F, et al. Effect of rare-earth oxides on the magnetic properties of anisotropic barium ferrites[J]. Soviet Physics Journal, 989, 32 (1) : 26 – 30.

[7] Li Z J, Li J, Feng Q. Effect of additive Pr_6O_{11} on magnetic performance of $SrFe_{12}O_{19}$ and corresponding mechanism [J]. Journal of Shenyang University of Technology, 2007, 29 (6) : 659 – 662.

[8] Wang J F, Ponton C B, Harris I R. A study of the magnetic properties of hydrothermally synthesised Sr hexaferrite with Sm substitution[J]. Journal of Magnetism and Magnetic Materials, 2001, 234 (2)：233 – 240.

[9] Wang J F, Harris I R, Ponton C B. A study of Nd doped SrM by hydrothermal synthesis [C]// Intermag Europe 2002 Digest of Technical Papers. IEEE International Magnetics

Conference, 2002. Amsterdam: Netherlands, 2002: AR11.

[10] Sharma P, Verma A, Sidhu R K, et al. Influence of Nd^{3+} and Sm^{3+} substitution on the magnetic properties of strontium ferrite sintered magnets[J]. Journal of Alloys and Compounds, 2003, 361(1-2): 257-264.

[11] Kools F, Morel A, Grossinger R, et al. LaCo-substituted ferrite magnets, a new class of high-grade ceramic magnets; intrinsic and microstructural aspects[J]. Journal of Magnetism and Magnetic Materials, 2002, 242(52): 1270-1276.

[12] Choi W, Sands T. Growth of epitaxial $LaVO_3/(Pb, La)(Zr, Ti)O_3/(La, Sr)CoO_3$ heterostructures[C]//Materials Research Society Symposium Proceedings, 2001. San Francisco, 2001.

[13] Liu X, Hernández-Gómez P, Deng Y, et al. Analysis of magnetic disaccommodation in La^{3+}-Co^{2+}-substituted strontium ferrites[J]. Journal of Magnetism and Magnetic Materials, 2009, 321(16): 2421-2424.

[14] Morel A, Le Breton J M, Kreisel J, et al. Sublattice occupation in $Sr_{1-x}La_xFe_{12-x}$-Co_xO_{19} hexagonal ferrite analyzed by Mossbauer spectrometry and Raman spectroscopy [J]. Journal of Magnetism and Magnetic Materials, 2002, 242(1): 1405-1407.

[15] Lechevallier L, Le Breton J M, Wang J F, et al. Structural analysis of hydrothermally synthesized $Sr_{1-x}Sm_xFe_{12}O_{19}$ hexagonal ferrites[J]. Journal of Magnetism and Magnetic Materials, 2004, 269(2): 192-196.

[16] Lechevallier L, Le Breton J M, Wang J F, et al. Structural and Mossbauer analyses of ultrafine $Sr_{1-x}La_xFe_{12-x}Zn_xO_{19}$ and $Sr_{1-x}La_xFe_{12-x}Co_xO_{19}$ hexagonal ferrites synthesized by chemical Co-precipitation[J]. Journal of Physics: Condensed Matter, 2004, 16 (29): 5359-5376.

[17] Bai J M, Liu X X, Xie T, et al. The effects of La-Zn substitution on the magnetic properties of Sr-magnetoplumbite ferrite nano-particles[J]. Materials Science and Engineering B: Solid State Materials for Advanced Technology, 2000, 68 (3): 182-185.

[18] Liu X X, Bai J M, Wei F L, et al. Magnetic and crystallographic properties of La-Zn substituted Sr-ferrite thin films[J]. Journal of Applied Physics, 2000, 87 (9): 6875-6877.

[19] Lee S W, An S Y, Shim I B, et al. Mossbauer studies of La-Zn substitution effect in strontium ferrite nanoparticles[J]. Journal of Magnetism and Magnetic Materials, 2005, 290: 231-233.

[20] 田口仁等. Sr-铁氧体烧结磁体[J]. 粉体和粉末冶金, 1997, 44(1): 3-10.

[21] 孙亦栋. 铁氧体工艺[M]. 北京: 电子工业出版社, 1984.

[22] Komeno H, Hayashi M. Permanent Magnet: JP, 55-091803[P]. 1980.

[23] Higashizaki S, Kawashima G. Manufacture of anisotropic magnet: JP, 03-091215

[P]. 1991.

[24] Yamamoto H, Sagawa M, Fujimura S, et al. Process for producing permanent magnets and products thereof: US, 4826546[P]. 1989.

[25] 佐佐木光昭. 干式成形烧结磁体的制造方法: CN, 1367509A[P]. 2002.

[26] Engstroem H, Johansson B. Metal powder composition for warm compaction and method for products: US, 5744433[P]. 1995.

[27] 余红雅. 新型聚合物干法成形烧结 $SrFe_{12}O_{19}$ 的结构与性能研究[D]. 广州: 华南理工大学, 2007.

[28] 余红雅, 傅如闻, 曾德长, 等. 黏结剂对锶铁氧体磁性能的影响[J]. 兵器材料科学与工程, 2005, 28(4): 41 - 45.

[29] Chen D Y, Zeng D C, Liu Z W. Synthesis, structure, morphology evolution and magnetic properties of single domain strontium hexaferrite particles[J]. Materials Research Express, 2016, 3(4): 045002.

[30] 刘东. 低温烧结 M 型钡铁氧体高频软磁特性及应用研究[D]. 成都: 电子科技大学, 2010.

[31] 李娅波, 杨青慧, 刘颖力, 等. 用于 LTCF 工艺的低温烧结 M 型钡铁氧体的显微结构与电磁特性[J]. 磁性材料及器件, 2009, 1: 35 - 37.

[32] Chen D M, Liu Y L, Li Y X, et al. Low temperature sintering of M-type barium ferrite with BaCu(B_2O_5) additive[J]. Journal of Magnetism and Magnetic Materials, 2012, 324(4): 449 - 452.

[33] An G H, Hwang T Y, Kim J, et al. Novel method for low temperature sintering of barium hexaferrite with magnetic easy-axis alignment[J]. Journal of the European Ceramic Society, 2014, 34(5): 1227 - 1233.

[34] 蒋涵涵, 王占勇, 金鸣林, 等. 利用微波烧结方法制备锶铁氧体永磁材料的研究[J]. 电子器件, 2011, 34(2): 129 - 131.

[35] 曹二斌, 张刚, 周飞. 微波烧结窑炉在锶铁氧体永磁工业生产中的应用研究[J]. 真空电子技术, 2013, 6: 18 - 22.

[36] 孙延杰, 金鸣林, 王占勇, 等. 微波烧结制备高性能锶铁氧体永磁材料的研究[J]. 人工晶体学报, 2013, 42(4): 751 - 755.

[37] Peng L, Li L, Wang R, et al. Microwave sintered $Sr_{1-x}La_xFe_{12-x}Co_xO_{19}$ ($x = 0 \sim 0.5$) ferrites for use in low temperature co-fired ceramics technology[J]. Journal of Alloys and Compounds, 2016, 656: 290 - 294.

[38] 张久兴, 刘科高, 周美玲. 放电等离子烧结技术的发展和应用[J]. 粉末冶金技术, 2002, 3: 128 - 133.

[39] 魏平, 赵文俞, 吴晓艳, 等. 二价铁过量 M 型钡铁氧体的放电等离子体烧结合成[J]. 无机材料学报, 2009, 3: 586 - 590.

[40] Mazaleyrat F, Pasko A, Bartok A, et al. Giant coercivity of dense nanostructured

101

spark plasma sintered barium hexaferrite[J]. Journal of Applied Physics, 2011, 109 (7): 331 −332.

[41] Bolarín-Miró A M, Sánchez-De Jesús F, Cortés-Escobedo C A, et al. Synthesis of M-type $SrFe_{12}O_{19}$ by mechanosynthesis assisted by spark plasma sintering[J]. Journal of Alloys and Compounds, 2015, 643: S226 −S230.

[42] Hessien M M, Rashad M M, Hassan M S, et al. Synthesis and magnetic properties of strontium hexaferrite from celestite ore[J]. Journal of Alloys and Compounds, 2009, 476: 373 −378.

[43] Lu H F, Hong R Y, Li H Z. Influence of surfactants on co-precipitation synthesis of strontium ferrite[J]. Journal of Alloys and Compounds, 2011, 509(41): 10127 −10131.

[44] Liu J L, Liu P, Zhang X K, et al. Synthesis and properties of single domain sphere-shaped barium hexa-ferrite nano powders via an ultrasonic-assisted co-precipitation route[J]. Ultrasonics Sonochemistry, 2015, 23: 46 −52.

[45] Chen D Y, Meng Y Y, Zeng D C, et al. CTAB-assisted low-temperature synthesis of $SrFe_{12}O_{19}$, ultrathin hexagonal platelets and its formation mechanism[J]. Materials Letters, 2012, 76(6): 84 −86.

[46] Stablein H. Hard ferrites and plastoferrites [M] // Wohlfarth E P. Ferromagnetic Materials: Vol. 3. Amsterdam: North Holland Publishing Company, 1982: 586.

[47] Meng Y Y, He M H, Zeng Q, et al. Synthesis of barium ferrite ultrafine powders by a Sol-Gel combustion method using glycine gels[J]. Journal of Alloys and Compounds, 2014, 583: 220 −225.

[48] Xie Y, Liu J M, Hong X W, et al. Synthesis and magnetic properties of $BaFe_{11.92}$-$La_{(0.08 − x)}Nd_xO_{19}$ ($x = 0, 0.02, 0.04, 0.06, 0.08$) via gel-precursor self-propagating combustion process[J]. Journal of Magnetism and Magnetic Materials, 2015, 377: 172 −175.

[49] 张正强. 纳米钡铁氧体基材料的制备与磁性能研究[D]. 长沙: 中南大学, 2014.

第3章 烧结钕铁硼永磁及其技术发展

1984 年，钕铁硼化合物（$Nd_2Fe_{14}B$）的发现是永磁材料领域最重要的进展。3d 和 4f 亚点阵的性能结合是这类稀土永磁材料高性能的根源，前者提供了高的磁各向异性场，后者提供了高的居里温度和大的磁化强度。随着工业和信息技术的发展，钕铁硼（NdFeB）永磁已经成为当代新技术的重要物质基础。

本章在简要介绍 NdFeB 永磁的基础上，着重介绍烧结 NdFeB 基本原理与最新技术。

3.1 钕铁硼永磁材料概述

3.1.1 钕铁硼永磁的性能

钕铁硼永磁优异的硬磁性能来源于 $Nd_2Fe_{14}B$ 三元化合物，该化合物不仅具有高的磁晶各向异性，同时具有大的分子磁矩。由于 Nd 可以由其他稀土元素（RE）替代，Fe 可以由 Co 替代，我们经常提到的钕铁硼磁体实际上是包括了基于一系列具有相同结构的 $RE_2(FeCo)_{14}B$ 化合物的永磁材料。

3.1.1.1 $Nd_2Fe_{14}B$ 化合物结构与内禀性能

在 Nd-Fe-B 三元相图中，硬磁 $Nd_2Fe_{14}B$ 相（2∶14∶1 相）通过包晶反应生成：$L + \gamma\text{-Fe} \rightarrow \phi (Nd_2Fe_{14}B)$（1180℃）。相图中其他的重要反应包括：$L + \gamma\text{-Fe} \rightarrow \phi + \psi(Nd_2Fe_{17})$（1130℃）；$L \rightarrow \eta + \phi$（1115℃）；$L \rightarrow \phi + \gamma\text{-Fe} + Fe_2B$（1105℃）；$L \rightarrow \eta + \phi + Fe_2B$（1095℃）。$Nd_2Fe_{14}B$ 化合物的结构最初是通过中子粉末衍射获得的。图 3 – 1a 为 $Nd_2Fe_{14}B$ 单胞，属于四方晶系，$P4_2/mnm$ 空间群，晶格常数 $a = 0.882$ nm，$c = 1.224$ nm。单胞内有 6 个 Fe 离子，分别占据 $16k_1$、$16k_2$、$8j_1$、$8j_2$、$4e$ 和 $4c$ 这 6 个晶位，2 个稀土离子占据 $4f$ 和 $4g$ 晶位，1 个 B 离子占据 $4g$ 晶位（图 3 – 1b）。所有 Nd 和 B 原子加 4 个 Fe 原子位于 $z = 0$ 和 $z = 1/2$ 镜面。

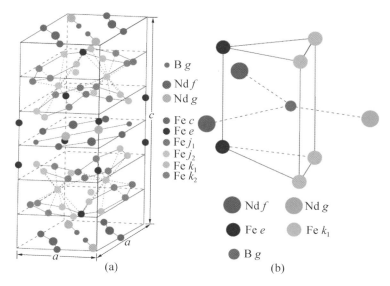

图 3 - 1　$Nd_2Fe_{14}B$ 的四方单胞(a)和 B 原子位置(b)

$Nd_2Fe_{14}B$ 化合物的晶体结构决定了其内禀性能。其居里温度(T_C)由不同晶位上的 Fe - Fe 原子对、Fe - Nd 原子对和 Nd - Nd 间的交换作用决定。Nd 原子的磁矩起源于 4f 态电子。4f 态电子壳层的半径约为 0.03 nm，Nd - Nd 或 Nd - Fe 的原子间距(0.3 nm)比 4f 态电子壳层的半径大了一个数量级，因此 Nd - Nd 间的相互作用较弱，可以忽略。所以在 $Nd_2Fe_{14}B$ 相中，Fe - Fe 原子对之间的相互作用是最主要的。Fe 原子的磁矩起源于 3d 电子。3d 电子半径约 0.125 nm，当 Fe 原子间距大于 0.25 nm 时，存在正的交换作用；当 Fe 原子间距小于 0.25 nm 时，存在负的交换作用。由于不同晶位上的 Fe - Fe 原子对的间距不一样，其交换作用有些为正，有些为负，正负相互作用部分抵消导致 $Nd_2Fe_{14}B$ 相的居里温度较低。

$Nd_2Fe_{14}B$ 相在室温下具有单轴磁各向异性，c 轴为易磁化轴。磁晶各向异性是由 Nd 亚点阵和 Fe 亚点阵贡献的，两者分别由 4f 和 3d 电子轨道磁矩与晶格场相互作用引起，其中 4f 电子轨道与晶格场的不对称性使 4f 电子云的形状发生不对称性变化，从而产生各向异性。由于 3d 和 4f 电子存在很强的交换作用，在较宽的温度区间内，3d 和 4f 电子轨道的各向异性具有相同的方向。因此，晶体结构的不对称性分布使 $Nd_2Fe_{14}B$ 具有很强的单轴磁晶各向异性。

$Nd_2Fe_{14}B$ 相的 M_s 主要是由 Fe 原子磁矩决定的。Nd 原子是轻稀土原子，其磁矩与 Fe 原子磁矩平行取向，属于铁磁性耦合，对 M_s 也有一定的贡献。$Nd_2Fe_{14}B$ 结构中，不同晶位的 Fe 原子，其磁矩不同，这与 Fe 原子所处的局域环境有关。从总体上看，$8j_2$ 晶位上的 Fe 原子磁矩最高，为 $2.80\mu_B$，$4c$ 晶位上的 Fe 原子磁矩较低，为 $1.95\mu_B$；平均为 $2.10\mu_B$。

基于原子特性和晶体结构，$Nd_2Fe_{14}B$ 硬磁性相的内禀性能参数是：居里温度 $T_C = 585 K$；室温各向异性常数 $K_1 = 4.2 MJ/m^3$，$K_2 = 0.7 MJ/m^3$；各向异性场 $\mu_0 H_a = 6.7 T$；室温饱和磁极化强度 $J_s = 1.61 T$。其基本磁畴结构参数为：畴壁能量密度 $\gamma = 3.5 \times 10^{-2} J/m^2$，畴壁厚度 $\delta_B = 5 nm$，单畴粒子临界尺寸 $d = 0.3 \mu m$。

3.1.1.2 NdFeB 永磁组织与性能

$Nd_2Fe_{14}B$ 相是 NdFeB 永磁的主相。除硬磁相之外，烧结 NdFeB 磁体中往往还含有富 Nd 相和富 B 相，室温条件下呈非磁性，还有一些 Nd 氧化物和 α-Fe、Fe_2B、$Fe_{17}Nd_2$ 等软磁性相。快淬 NdFeB 磁体中存在软磁 α-Fe 相或 Fe_3B 相。因此，NdFeB 磁体的 M_s、M_r 与各相含量及内禀性能有关，通常与主相体积分数、磁体密度和取向度成正比；而磁体的矫顽力不仅取决于 $Nd_2Fe_{14}B$ 主相的各向异性场，还与微结构有很大的关系。

目前 NdFeB 磁体的矫顽力远低于 $Nd_2Fe_{14}B$ 硬磁性相各向异性场的理论值，通常认为，这是由于磁体的微结构及其缺陷造成的。而磁体的微结构，包括晶粒尺寸、取向及其分布、晶粒界面缺陷及耦合状况等均与材料成分及制备工艺有关。除主相之外的弱磁性相及非磁性相的存在具有隔离或减弱主相磁性耦合的作用，可以提高磁体矫顽力，但会降低 M_s 和 M_r。磁体中晶粒边界层和表面结构缺陷既是晶粒内部反磁化的成核区域，又是阻碍磁畴运动的钉扎部位，对磁体的矫顽力有着决定性的影响。

晶粒之间的耦合程度以及晶粒形状、大小和取向分布也会影响晶粒之间的相互作用，从而影响宏观磁性。理想的 NdFeB 磁体应当由具有单畴粒子尺寸（约 $0.3 \mu m$）且大小均匀的椭球状晶粒构成，硬磁性晶粒结构完整，没有缺陷，磁矩完全平行取向，晶粒之间被非磁性相隔离，彼此之间无相互作用。但实际上，采用各种工艺制备的不同成分的磁体，其晶粒大小、形状及取向各不相同。晶粒形状随工艺变化，并且均非椭球状，可能有突出的棱角。对于各向异性的烧结磁体，晶粒的取向程度随磁粉压制成形时的取向磁场强度而变化，晶粒尺寸一般为 $5 \sim 10 \mu m$，在热处理状态一般呈多畴结构。对于利用快淬粉末制成的黏结磁体，晶粒一般为各向同性，磁矩混乱分布，晶粒尺寸一般为 $10 \sim 500 nm$，小晶粒为单畴粒子，大晶粒可能为多畴结构。因此，NdFeB 永磁材料的组织和性能变化非常复杂。

3.1.1.3 不同成分对 $Nd_2Fe_{14}B$ 硬磁相内禀性能的影响

NdFeB 永磁的磁性能由两方面决定，即 $Nd_2Fe_{14}B$ 化合物的内禀性能和磁体的显微组织。决定内禀性能的主要因素是化学成分和晶体结构。一般情况下，添加元素和替代元素既可能影响硬磁相的内禀特性，也可能影响磁体的微结构，因此会改变磁体的性能。通常，添加元素可分为两类：一类是置换元素，主要作用是改善主相的内禀特性，包括过渡族元素 Co 置换主相中的 Fe 和稀土元素置换主相中的 Nd。另一类是掺杂元素，主要作用是调整磁体内部的微观结构，包括晶界改进元素（如 Cu、Al、Ga、Sn、Ge、Zn 等）和难熔元素（如 Nb、Mo、V、W、Cr、Zr、Ti 等）。

1. 稀土元素替代的影响

除 Eu 和 Pm 外，所有稀土元素都可以和 Fe、B 形成 $RE_2Fe_{14}B$ 结构，稀土元素在 $Nd_2Fe_{14}B$ 相中通常占据 Nd 原子位。表 3-1 为所有 $RE_2Fe_{14}B$ 相的结构和内禀磁性能。这些稀土元素中，Nd、Pr、Sm、Dy、Tb、Gd、La、Ce 和 Y 被普遍应用，它们对 NdFeB 磁性能的影响已经得到了广泛的研究。一般情况下，含混合稀土的 $RE_2Fe_{14}B$ 相的内禀磁性能可通过将单稀土化合物的性能进行简单的数学求和获得，RE = Pr、Nd、Sm 的 $RE_2Fe_{14}B$ 相具有高的 J_s，有利于提高 $Nd_2Fe_{14}B$ 的剩磁；RE = Pr、Nd、Sm、Tb 和 Dy 的 $RE_2Fe_{14}B$ 相具有高的各向异性场 H_a，能够提高材料的矫顽力。

表3-1 $RE_2Fe_{14}B$ 化合物的室温晶格常数 a，c，密度 ρ 和内禀磁性能[1,2]

化合物	$a/\text{Å}$	$c/\text{Å}$	$\rho/(\text{g}\cdot\text{cm}^{-3})$	J_s/T	$K_1(\times10^6)/$ $/(\text{J}\cdot\text{m}^{-3})$	$K_2(\times10^6)/$ $(\text{J}\cdot\text{m}^{-3})$	H_a/T	$T_C/\text{℃}$
$La_2Fe_{14}B$	8.82	12.34	7.40	1.27			2.0	243
$Ce_2Fe_{14}B$	8.76	12.11	7.67	1.17	1.44		3.0	149
$Pr_2Fe_{14}B$	8.80	12.23	7.54	1.56	5.5		8.7	292
$Nd_2Fe_{14}B$	8.80	12.20	7.60	1.61	4.3	0.65	6.7	312
$Sm_2Fe_{14}B$	8.80	12.15	7.72	1.52	−12	0.29	15（面内）	339
$Gd_2Fe_{14}B$	8.79	12.09	7.87	0.89	0.9		2.5	386
$Tb_2Fe_{14}B$	8.77	12.05	7.96	0.66	5.9		22	347
$Dy_2Fe_{14}B$	8.76	12.01	8.05	0.71	4.0		15	319

化合物	a/Å	c/Å	ρ/(g·cm^{-3})	J_s/T	K_1(×10^6)/(J·m^{-3})	K_2(×10^6)/(J·m^{-3})	H_a/T	T_C/℃
Ho$_2$Fe$_{14}$B	8.75	11.99	8.12	0.80	4.8		7.5	300
Er$_2$Fe$_{14}$B	8.73	11.95	8.22	0.89	−0.03		0.8(面内)	278
Tm$_2$Fe$_{14}$B	8.73	11.93	8.26	0.92	−0.03		0.8(面内)	267
Yb$_2$Fe$_{14}$B	8.71	11.92	8.36	1.20			−	250
Lu$_2$Fe$_{14}$B	8.70	11.85	8.47	1.18			2.6	262
Y$_2$Fe$_{14}$B	8.76	12.00	7.00	1.41	1.1		2.0	298
Th$_2$Fe$_{14}$B	8.80	12.17	8.86	1.41			2.6	208

2. Co 和 C 替代的影响

除了 RE$_2$Fe$_{14}$B，还有两个另外的 2 : 14 : 1 型化合物，即 RE$_2$Co$_{14}$B 和 RE$_2$Fe$_{14}$C。因此，RE$_2$Fe$_{14}$B 化合物中的 Fe 和 B 可以分别用 Co 和 C 部分或者全部替代，但两者都会改变化合物的内禀磁性能。

Nd-Fe-C 三元相图与 Nd-Fe-B 类似，但两者的临界温度有所差别。Nd$_2$Fe$_{14}$C 与 Nd$_2$Fe$_{14}$B 拥有相同的晶体结构。表 3 – 2 是 RE$_2$Fe$_{14}$B 和 RE$_2$Fe$_{14}$C 化合物的 M_s 和 H_a。对于 C 部分替代 B 的化合物，一般可以按照线性插值的方法获得其内禀磁性能的基本数据。由于 Nd$_2$Fe$_{14}$C 相的 H_a 较高，适量的 C 置换 B 可形成 Nd$_2$Fe$_{14}$(B,C) 相，提高矫顽力，但由于 Nd$_2$Fe$_{14}$C 相的 M_s 较低，合金的 M_r 相应降低。

表 3 – 2　RE$_2$Fe$_{14}$B 和 RE$_2$Fe$_{14}$C 化合物的 M_s 和 H_a[2]

化合物	$\mu_0 M_s$/T		$\mu_0 H_a$/T	
	A = B	A = C	A = B	A = C
La$_2$Fe$_{14}$A	1.27			
Ce$_2$Fe$_{14}$A	1.17		3.0	
Pr$_2$Fe$_{14}$A	1.56	1.27	8.7	14.8
Nd$_2$Fe$_{14}$A	1.60	1.41	6.7	10.1
Sm$_2$Fe$_{14}$A	1.52	1.41	面内各向异性	8.5
Gd$_2$Fe$_{14}$A	0.893	0.73	2.5	3.38
Tb$_2$Fe$_{14}$A	0.664	0.58	22.0	19.4
Dy$_2$Fe$_{14}$A	0.712	0.62	15.0	15.4
Ho$_2$Fe$_{14}$A	0.807	0.73	7.5	8.2
Er$_2$Fe$_{14}$A	0.899	0.95	面内各向异性	

续表 3 - 2

化合物	$\mu_0 M_s/T$		$\mu_0 H_a/T$	
	A = B	A = C	A = B	A = C
$Tm_2Fe_{14}A$	0.925		面内各向异性	
$Lu_2Fe_{14}A$	1.183	1.16		3.25
$Y_2Fe_{14}A$	1.41		2.0	

Co 替代 Fe 同样不改变 2∶14∶1 型化合物的晶体结构。中子衍射分析表明，Co 在 $Nd_2Fe_{14-x}Co_xB$ 晶格中随机占有 k_1、k_2、j_1 和 c 位置，但不占 $8j_2$ 位置。e 位置也优先被 Co 占有，但不像 Fe 原子占有 j_2 位置那么强烈。在内禀磁性能方面，Co 替代 Fe 可以明显提高化合物的居里温度[3]。图 3 - 2 为 Co 含量对 $Nd_2Fe_{14-x}Co_xB$ 磁化强度的影响；图 3 - 3 为 Co 含量对 $Pr_2Fe_{14-x}Co_xB$ 磁化强度和各向异性场的影响。可以看出，少量 Co 替代 Fe 能轻微增加化合物的 M_s，而继续增加 Co 含量则会降低 M_s。对于 Nd 和 Pr 基化合物，70% 以下的 Co 替代铁也会降低 H_a。

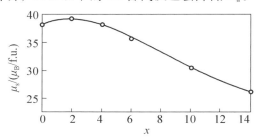

图 3 - 2　Co 含量对 $Nd_2Fe_{14-x}Co_xB$ 磁化强度的影响[4]

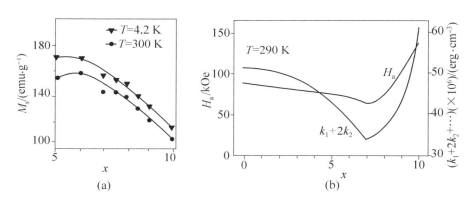

图 3 - 3　Co 含量对 $Pr_2Fe_{14-x}Co_xB$ 磁化强度和各向异性场的影响[5]

3. 其他元素的影响

除了稀土元素和 C、Co，很多元素都可以部分地替代 $RE_2Fe_{14}B$ 化合物中的 RE、Fe 或 B 而不改变其晶体结构。因此，利用元素替代法，可以调整合金的内禀性能。图 3 - 4 为部分掺杂元素对 $RE_2Fe_{14}B$ 化合物居里温度、饱和磁化强度和各向异性场的影响。

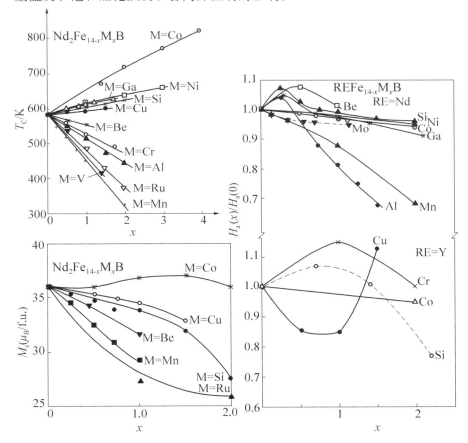

图 3 - 4 部分元素替代对 $RE_2Fe_{14-x}M_xB$ 化合物居里温度、
饱和磁化强度和各向异性场的影响[6]

3.1.2 钕铁硼永磁分类及制备工艺概述

3.1.2.1 钕铁硼永磁分类
钕铁硼永磁的分类有如下几种方法。

（1）按照制备工艺分类，可以分为三类：黏结磁体、烧结磁体和热压热变形磁体。这三类磁体的结构二维示意图如图3-5所示。黏结磁体主要由磁性粉末和黏结剂组成，非磁性黏结剂的存在使材料的 M_s 和 M_r 降低，同时磁体大多为各向同性。烧结磁体和热变形磁体中没有黏结剂，致密度接近100%，均为各向异性。显微组织方面，黏结磁体由磁场取向的硬磁晶粒和富稀土相组成，烧结磁体和热变形磁体由具有变形织构的硬磁晶粒和富稀土相组成，但富稀土相含量可以更低。

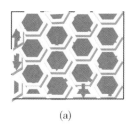 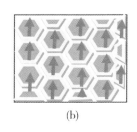 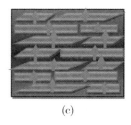

(a) (b) (c)

图3-5 黏结磁体(a)、烧结磁体(b)、热压热变形磁体(c)结构二维示意图

（2）按照合金成分，可以分为富稀土成分、单相成分和纳米复合成分（包括富硼和富铁）。

富稀土成分合金在 RE：Fe：B 的原子比 2：14：1 的基础上含有更多的稀土元素，它的应用最广，可用于烧结磁体、黏结磁体和热变形磁体。合金中除硬磁相 $Nd_2Fe_{14}B$ 外，还至少含有一种存在于硬磁相晶界处的富稀土相。富稀土相的存在有两个作用：一方面它起着隔离硬磁相的作用，可减小硬磁相之间的相互作用，增加矫顽力；另一方面由于它熔点较低，在烧结或热变形时为液相，起着液相烧结的作用，促进磁体致密度的提高。

单相成分合金中的 RE：Fe：B 的原子比接近于名义成分比 2：14：1，合金中只含有硬磁相，主要在黏结磁体中使用，可通过快淬或 HDDR 制备磁粉，材料的矫顽力适中。

纳米复合合金主要是富 Fe 或富 B 成分，含有硬磁相和软磁相，软磁相可以是 α-Fe，也可以是 Fe_3B 相。加入软磁相的目的是提高材料的磁化强度，因为相比 $Nd_2Fe_{14}B$，α-Fe 和 Fe_3B 相具有更高的 M_s，α-Fe 相达 2.1 T，Fe_3B 相达 1.7～1.8 T。但是，要使合金具有较好的综合磁性能，硬磁相和软磁相必须控制在纳米尺度，典型的软磁相尺寸必须在 20 nm 以下。因此含有此类硬磁相和软磁相的合金称为纳米复合合金，与富稀土成分和单相成分合金相比，其矫顽力相对较低，尽管多为各向同性，但仍具有较高的剩磁，目前主要用于黏结磁体。

3.1.2.2 烧结工艺

Sagawa 等[7]首先证明粉末冶金烧结工艺可用于制备 NdFeB 磁体。他们用感应熔炼制备含有富 Nd、富 B 成分的铸锭，最典型的成分为 $Nd_{15}Fe_{77}B_8$，通过机械球磨破碎铸锭，再利用氮气气流磨获得颗粒尺寸约 3 μm 的粉末。粉末在磁场下（10 kOe）排列并进行垂直于磁场方向的压制（压力 200 MPa）成形。压制坯在 1370 K 烧结 1h，然后快速冷却。烧结后在 900 K 保护气氛下时效处理。为了提高压坯致密度，很多情况下在烧结前增加冷等静压。获得的烧结磁体经切削和磨削加工，进行表面防护涂层后获得最终产品。

传统的熔炼工艺由于冷却速度慢，导致铸锭偏析严重，同时合金中容易析出软磁相 α-Fe，对硬磁性能不利。21 世纪开始，普通熔铸被快速凝固片铸（strip casting，SC）技术所取代，片铸技术通过快速冷却抑制 α-Fe 相的形成，同时减小晶粒尺寸。另外，机械破碎 + 气流磨的工艺逐渐被氢爆（hydrogen decrepitation，HD） + 气流磨新工艺取代。HD 工艺与其他机械粉碎法不同，它利用氢与 Nd-Fe-B 系合金的化学反应来实现原料粗粉碎。当合金吸收氢时伴随内部体积膨胀，在晶界和晶粒内部由于应力的传递而形成裂纹，致使合金破碎。HD 法分两个阶段完成合金的粉碎过程，首先是一个放热过程，在室温下氢被晶界相（富 Nd 相）吸收并发生反应：$Nd + H_2 \longrightarrow NdH_x$；随后 $Nd_2Fe_{14}B$ 相吸氢，氢固溶于主相四面体或八面体间隙，形成间隙型氢化物：$Nd_2Fe_{14}B + H_2 \longrightarrow Nd_2Fe_{14}BH_x$。晶界相与主相膨胀率不同而引起合金体积膨胀而发生爆裂和粉碎。氢爆可将 Nd-Fe-B 合金破碎至粒度 100 μm 左右。氢爆 + 气流磨工艺可以得到尺度分布比较均匀的约 3 μm 尺寸的粉末。

因此，目前最新的烧结 NdFeB 磁体的制备工艺包括几个主要步骤，如图 3 - 6 所示：铸锭、制粉、压制成形（磁场取向压制）、烧结和热处理。由于使用了磁场取向，烧结工艺主要产生了各向异性磁体。

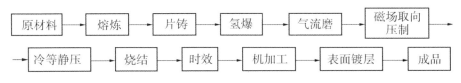

图 3 - 6　NdFeB 烧结磁体工艺基本过程

　　烧结 NdFeB 磁体为多相结构，含有 $Nd_2Fe_{14}B$、$Nd_{1+\varepsilon}Fe_4B_4$、富 Nd 相、$\alpha$-Fe、Nd 氧化物以及孔洞。$Nd_2Fe_{14}B$ 相体积分数占约 85%，平均晶粒尺寸为 3～10 μm。富 B 相 $Nd_{1+\varepsilon}Fe_4B_4$ 与 $Nd_2Fe_{14}B$ 相晶粒大小相近，不规则分布。fcc 结构的富 Nd 相成分接近 $Nd_{95}Fe_5$，主要分布在晶界。

3.1.2.3　黏结工艺

黏结工艺包括制粉和黏结两步，获得的磁体主要是各向同性磁体。

1. 黏结磁体粉末的制备

快淬是制备纳米晶 NdFeB 粉末的主要工艺。图 3 – 7 是熔体快淬（melt spinning）法原理图。一般采用真空感应熔炼母合金，然后在真空快淬设备中，将熔融的合金液在惰性气体的氛围下，从熔炼坩埚底部的小孔喷射到高速旋转的冷却辊轮表面，快速凝固制成合金薄带。这一工艺的冷却速率与铜辊表面速率密切相关，最高可达 10^6 K/s。通过控制冷却速度，可以直接得到纳米晶的组织，但工业上大规模生产快淬磁粉的标准工艺是过淬（over-quenching）＋退火处理。采用高的铜辊速度（＞30 m/s）获得非晶或部分非晶"过淬"带材，然后通过适当的晶化退火处理获得具有优异磁性能的纳米晶。

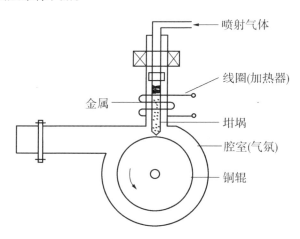

图 3 – 7　熔体快淬法原理图

　　通常认为，辊轮的转速决定了薄带的冷却速度，从而决定了薄带的厚度和微结构。较高的轮速使得薄带的冷却速度增加，薄带的厚度、晶粒尺寸随之减小，非晶化程度好，在晶化处理后可得到均匀、排列细致的微结构，有利于硬磁性能的提高。

1989 年 Coehoorn 等[8] 利用快淬法制得富 Fe 成分的 $Nd_4Fe_{78}B_{18}$ 非晶薄带，通过退火晶化首次获得了由硬磁相 $Nd_2Fe_{14}B$ 和软磁相 Fe_3B 组成的纳米复合永磁材料，因其具有明显的剩磁增强效应而引起世界各国学者的关注。纳米复合永磁材料虽然拥有两个磁性相，但通过纳米晶之间的交换耦合作用，获得单一的铁磁相特征，同时兼有软磁相的高饱和磁化强度和硬磁相的高矫顽力特性，已经成为新一代稀土永磁材料的主要发展方向之一。

另一种制粉工艺是 HDDR（hydrogen desorption disproportionation recombination），即所谓氢化 - 脱氢 - 歧化 - 复合，最初由 Mitsubishi 开发，主要基于大多数 RE - 3d 金属化合物在室温很容易吸收大量的氢气。这个工艺包括四步：$Nd_2Fe_{14}B$ 在低温（约 150 ℃）条件下发生氢化反应形成 $Nd_2Fe_{14}BH_x$；$Nd_2Fe_{14}BH_x$ 在一定温度下（750 ～ 900 ℃）分解成 $NdH_{2\pm x}$ + Fe + Fe_2B；$NdH_{2\pm x}$ 化合物脱氢；最后，Nd、Fe 和 Fe_2B 重新结合形成 $Nd_2Fe_{14}B$。经过这四个步骤后，$Nd_2Fe_{14}B$ 晶粒被细化到小于 1 μm，接近单畴颗粒尺寸，因此，可以获得高的矫顽力。传统 HDDR 工艺与原理如图 3 - 8 所示。首先将 NdFeB 合金在 700 ～ 900 ℃ 温度下与氢气（氢压为 10^5 Pa）反应，合金吸氢并歧化，然后在同样温度下真空脱氢（真空度为 2 ～ 10 Pa）以及再结合，得到晶粒大小约为 300 nm 的细晶组织。其反应式为：$Nd_2Fe_{14}B + (2 \pm x)H_2 \rightleftharpoons 2NdH_{2\pm x} + 12Fe + Fe_2B$。

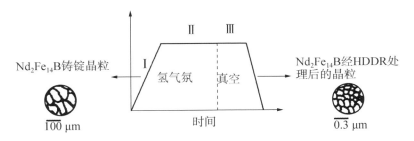

图 3 - 8　HDDR 工艺与原理图[9]

HDDR 粉末可以不经处理用于制备黏结磁体。由于粉末一般是各向同性的，获得的黏结磁体也是各向同性的，性能适中。研究表明，通过掺合金元素，如 Co 或 Zr，可以利用 HDDR 工艺获得各向异性的颗粒，在磁场下排列黏结，得到各向异性黏结磁体。日本爱知制钢研究发现，通过控制氢压可以降低相变速度，使晶粒充分取向而产生各向异性。基于氢反应速度理论的动态 HDDR 法称为 d-HDDR 工艺[10]。d-HDDR 工艺分为四步：第一步是在室温、高氢压下，NdFeB 合金吸氢；第二步继续升温至 820℃±20℃，氢压为 0.03 MPa，处理时间约 3 h。第三步在 1～5 kPa 氢压下脱氢约 15 min；第四步在高真空下完全脱氢。其中各向异性颗粒的产生，关键在于第二步中氢压降到 0.03 MPa 以降低歧化反应速度，第三步中氢压保持在 3 kPa。若氢压过低，则反应过快，结晶方位紊乱；而氢压过高，晶粒发生异常长大，磁性能下降。市场上 HDDR 各向异性 NdFeB 磁粉的 $(BH)_{max}$ 为 260 kJ/m³ 左右，而黏结各向异性 NdFeB 磁体 $(BH)_{max}$ 为 130 kJ/m³ 左右。

2. 黏结成形技术

黏结指将磁粉与黏结剂（例如树脂或尼龙等聚合物）混合进行压制成形，最后在一个合适的温度固化。根据黏结剂的不同加工特性，黏结磁体成形方式分为压缩、注射、挤出和压延四种。表 3-3 给出了黏结磁体的各种成形方法。

表 3-3　黏结磁体的各种成形方法

成形方法	压缩成形	注射成形	挤出成形	压延成形
成形加工性	非常好	非常好	好	好
成形形状	平板状、块体状	各种复杂形状	薄片或薄环状	宽幅带板状
磁粉填充率/%	80	70	75	70
形状自由度	差	好	好	好
可挠性	刚性	刚性/柔性	刚性/柔性	柔性
后续加工	涂层保护	不需要	不需要	切割
特点	已获得高性能磁体	工程简单、制造异性磁体、可径向取向、与其他构件一体化成形	适于批量生产	适于批量生产

NdFeB 快淬带材经粉碎后得到的磁粉可用于制备黏结磁体。这类磁粉现在称为 MQ 粉。目前市场上有各种不同性能的 MQ 粉，主要差别在于合金的成分不同。为了用快淬磁粉获得块体磁性材料，必须将粉末进行固化和致密化。由 General Motors（Delco Remy-Magnequench）公司开发的 MQ 粉制备各向同性和各向异性磁体与粉末的工艺如图 3-9 所示。

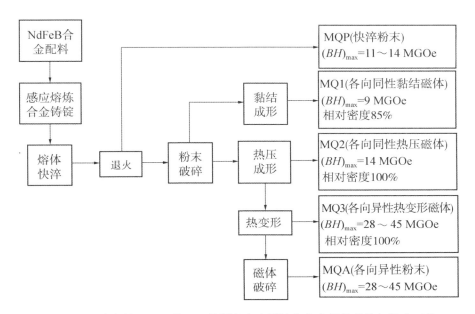

图 3 – 9 纳米晶 NdFeB 的 MQ 粉制备各向同性和各向异性磁体与粉末工艺

制备黏结磁体的关键技术是：磁粉的制备、偶联剂与黏结剂的选择、黏结剂的添加量、成形的压力和取向磁场强度等。黏结剂的作用是增加磁性粉末颗粒的流动性和它们之间的结合强度，主要有环氧树脂、酚醛类树脂、聚乙烯、聚丙烯、软性聚氯乙烯、聚苯二甲酸酯等。添加剂的添加量一般占磁粉质量分数的 2.5%～10%。采用 600～700 MPa 压力模压成形，可获得 $RE_2Fe_{14}B$ 相理论密度的 85% 的各向同性黏结磁体，典型的磁性能 J_r 和 $(BH)_{max}$ 分别小于 0.8 T 和 70 kJ/m³。

黏结 NdFeB 具有精度高、形状复杂、一致性好、原料利用率高等优点，绝大多数以多极充磁圆环的形式应用于各类精密稀土永磁电机，成为烧结稀土永磁的一个重要补充。

3.1.2.4　热压和热变形工艺

热压成形是将金属粉末致密化最经济的一种方式。通常是将磁粉在闭合的模具中热压获得热压 NdFeB 磁体，压力约为 150 MPa，时间 1～2 min，温度 700～750 ℃。颗粒被烧结在一起形成完全致密的磁体，$(BH)_{max}$ 可达 120 kJ/m³。

热压磁体主要是各向同性磁体，性能比烧结磁体低。1985 年 Lee 等[11]首次提出热压＋热变形法制备各向异性磁体。通过闭模热压后的磁体在 700～750℃进行第二次热压，这一次模具的直径大于磁体最初的直径，粉末获得热变形。由于模锻导致的强烈的晶体取向，磁能积可以高达 350 kJ/m³。这一工艺用热变形将 NdFeB 等轴晶转变为片状晶。片状晶的堆垛方式为垂直压缩方向，c 轴(易磁化轴)沿着压力方向排布，形成各向异性磁体，从而大幅度提高磁性能。

目前得到的热变形磁体的磁性能与烧结磁体不相上下。与烧结工艺相比，热压＋热变形法制备 NdFeB 永磁还具有工艺温度低(580～900 ℃)、时间短(3～10 min)、无扩散、晶粒小(50～150 nm)、抗腐蚀特性强等优点，有望获得更大规模的应用。

3.1.2.5　直接铸造工艺

黏结、烧结和热变形是三种主要的 NdFeB 制备工艺。但针对小微磁体生产，这些传统工艺仍存在着工艺复杂、工序繁多和精加工困难等缺陷。随着快速凝固技术的发展，研究者开始尝试采用直接铸造这一简单的工艺来获得 NdFeB 永磁。如图 3-10 所示，在保护气氛之下，将合金熔化之后通过吸铸或者吹铸进入冷却的铜模具，合金在模具内快速凝固得到最终磁体。磁体的尺寸和形状都可以通过改变模具的型腔来进行调整。自 2000 年开始，全球很多科研单位都在进行相关方面的研究。到 2007 年，成功地获得了尺寸从 0.5 mm 到 4.0 mm 的 NdFeB 薄片和圆环[12-15]。通过热处理获得的,$_jH_c$ 达 200～1200 kA/m，$(BH)_{max}$ 为 30～70 kJ/m³的纳米晶和微米晶永磁，一些小直径的棒材$(BH)_{max}$甚至达到了 70～90 kJ/m³。与常规技术相比，采用快速凝固晶化技术制备永磁至少具有以下优势：首先，简化了工序，可以根据产品的形状设计不同模具一步成形，大大降低了成本；其次，解决了材料中的粉末冶金缺陷问题；第三，提高了磁体的致密度，提升了磁体抗腐蚀能力。

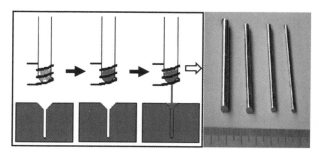

图 3-10　快速凝固法制备小微 NdFeB 磁体示意图

1. 两类直接铸造 NdFeB 磁体

直接铸造大致可以分为两类：①非晶晶化制备纳米复合双相磁体；②直接铸造得到纳米晶或微米晶永磁体。

非晶晶化的工艺过程为：首先利用铜模快速冷却，得到完全非晶合金，然后在一定的温度下进行晶化退火，得到纳米晶 $Nd_2Fe_{14}B/\alpha\text{-}Fe$ 或者 $Nd_2Fe_{14}B/Fe_3B$ 复合磁体。合金的玻璃形成能力直接决定了所得磁体的尺寸大小。为增加合金的玻璃形成能力，一系列元素被添加到 NdFeB 三元合金之中，大块非晶 NdFeB 合金的尺寸从最初的 0.5 mm 增加到了 4 mm，如表 3-4 所示。虽然磁体的玻璃形成能力随着 Zr、W、Nb、Mo、Y 等元素的添加明显改善，但加入这些非磁性元素的同时，也稀释了磁体的磁性能，磁能积从 0.5 mm 的 92.7 kJ/m^3 降低到 2 mm 的 72 kJ/m^3，再到 4 mm 的 33 kJ/m^3[16-19]。如何在保证不降低磁性能的基础上，增加合金的玻璃形成能力是本工艺急需解决的问题。此外，以上合金中 B 的原子分数基本在 20% 以上，高的 B 含量在提高合金玻璃形成能力的同时，也有助于形成软磁 Fe_3B 相，实现纳米复合，达到剩磁增强。

表 3-4 文献报道的大块非晶 NdFeB 合金的尺寸和磁性能

年份	组成	尺寸/mm	$(BH)_{max}/(kJ \cdot m^{-3})$	参考文献
2002	$Fe_{66.5}Co_{10}Pr_{3.5}B_{20}$	0.5	92.7	[12]
2003	$Fe_{61}Co_{10}Zr_5W_4B_{20}$	1	很低	[16]
2005	$Nd_3Dy_1Fe_{66}Co_{10}B_{20}$	0.6	74.0	[20]
2007	$Fe_{65.28}B_{24}Nd_{6.72}Nb_4$	4	33.0	[13]
2011	$Nd_7Y_{2.5}Fe_{64.5}Nb_3B_{23}$	2	56.8	[21]
2012	$Nd_5Fe_{64}B_{23}Mo_4Y_4$	2	57.3	[18]
2013	$Fe_{69}B_{20.2}Nd_{4.2}Nb_{3.3}Y_{2.5}Zr_{0.8}$	2	72.0	[19]

非晶晶化工艺对合金的玻璃形成能力的要求大大地限制了其成分和尺寸的选择。如果跳过得到非晶这一过程，直接用铜模铸造得到纳米晶或者微米晶的 NdFeB 合金，不仅可以缩减制备流程，还可以放宽磁体的成分和尺寸。但是，对直接铸造纳米晶合金，目前研究得到的磁性能较好的磁体的尺寸却仍然不超过 2 mm，如表 3-5 所示。主要原因为铜模

铸造的冷却速度受到一定的限制，而且试样从表面到心部冷却速度不一致，容易导致样品整体组织不均匀，磁性能随着尺寸的增加而降低。而且，由于 B 含量较低，获得的软磁 Fe_3B 相含量较少，晶粒分布不均匀，交换耦合作用相对较弱，这也是矫顽力较高，但剩磁较低的原因。许多研究者通过元素添加来改善磁体结构，将难熔金属元素如 Nb、Ti、Zr、Cr 等添加到合金中，可以起到细化晶粒、提高磁性能的作用；尤其是 Ti 元素的添加可以促进 Fe_3B 相析出，提高合金剩磁，添加原子分数为 4% 的 Ti，合金的剩磁从 5.0 kGs 上升到 6.5 kGs[22]。另外，磁体的晶界相的分布和磁性特征对纳米复合磁体的磁性能也有很大的影响。作者研究组[23]采用微磁学模拟对这一问题展开了研究。如图 3 – 11a，b 所示，根据磁体不同部位的组织结构图进行三维建模，模拟不同 M_s 的晶界相对反磁化过程的影响。研究发现：①在各向同性的晶体结构中，两个取向不同的晶粒直接接触的晶界位置最容易成为磁体首先产生反磁化的形核点；②晶界相的磁性对矫顽力有很大的影响，磁性的晶界相为反磁化磁畴从晶粒到晶粒之间的扩张提供了更多路径，加快反磁化过程，从而降低矫顽力；③在磁体中，获得均匀分布非磁性的晶界相，并且拥有适当的厚度，对整个磁体的性能来说是最有利的。

表 3 –5　文献报道的直接铸造纳米晶 NdFeB 合金的最大尺寸和磁性能

年份	组　成	尺寸/mm	$(BH)_{max}/(kJ \cdot m^{-3})$	参考文献
2008	$Pr_{9.5}Fe_{71.5}Nb_4B_{15}$	0.7	56.8	[14]
2009	$Nd_{9.5}Fe_{72.5}Ti_{3-x}M_xB_{15}$	0.9	65.6	[24]
2010	$Nd_{9.5}Fe_{72.5}Ti_3B_{15}$	0.7	69.6	[25]
2011	$Nd_{9.5}Fe_{71.5}Ti_{2.5}Zr_{0.5}Cr_1B_{14.5}C_{0.5}$	1.1	57.6	[26]
2012	$Nd_9Fe_{71.5}B_{15.5}Nb_4$	2	54.2	[27]
2016	$Nd_{9.5}Fe_{61.5}Co_{10}Ti_{2.5}Nb_{0.5}C_{0.5}B_{15.5}$	1	42	[23]
2017	$Nd_{11}Fe_{60}Co_{10}Ti_{2.5}Nb_{0.5}C_{0.5}B_{15.5}$	1	52	[28]

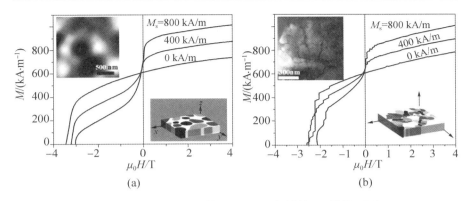

图 3 – 11　根据磁体的磁结构(a)和组织结构(b)模拟不同 M_s 的晶界相对反磁化过程的影响

对于直接铸造微米晶磁体，为避免产生粗大的软磁晶粒，磁体一般采用富稀土成分，由于不需要形成纳米复合的结构，尺寸限制也相对放宽。作者研究组成功制备了直径 2～6 mm、具有较高矫顽力的磁体，其中在成分为 $Nd_{25}Fe_{40}Co_{20}Al_{15-x}B_x$($x = 7 ～ 15$) 的 $\phi2$ mm 磁体中[29]，合金主要的相组成为 $Nd_2(FeCoAl)_{14}B$、富 Nd 相和 $Nd_{1+\varepsilon}(FeCo)_4B_4$ 相，微米晶主相被非磁性相隔离，降低了交换耦合作用对矫顽力的影响，最终在 $x = 10$ 合金中获得了 1427 kA/m 的矫顽力。

2. 直接铸造各向异性的 NdFeB 磁体

铜模铸造法制备的 NdFeB 合金，通过成分调节磁性能在现阶段的研究中已遇到瓶颈，很难将磁能积提高到 100 kJ/m³ 以上。但如果能制备各向异性的磁体，就可以在不降低磁体矫顽力的基础上，将磁体的剩磁比提升到 0.9 甚至以上，这样磁体的磁性能将再一次得到飞跃。作者研究组[30]采用了三种方法来试图获得各向异性磁体，包括铸造时利用温度梯度、加入大磁场和采用热变形法。

温度梯度诱导各向异性，主要是利用合金凝固时晶粒沿热流相反方向生长的原理，控制热流方向，使晶粒沿一定方向结晶。在铜模铸造过程中会产生一个垂直于铸造方向的温度梯度，其首先接触铜模表面的部位冷却速度较快，而内部冷却速度较慢，热流就由内而外流动，而 NdFeB 晶粒的 c 轴方向也有可能会沿着热流的反方向由外向内生长。

作者研究组[30]利用相场理论模拟了 2 mm 样品铸造过程中合金内部

的温度分布。图 3 - 12a 显示了样品和铜模交界处 0.1 mm 区域的温度分布，可以看出在 10^6 计算步骤（ts）之后，直接接触位置合金的温度从 1400 K 降到了低于 500 K，但在合金内部温度仍然保持在 1400 K；随着铜模和样品的温度差减小，样品温度降低的速率也相对缓慢。从图 3 - 12b 样品中心到边界的温度分布图可以看出：在 2×10^8 ts 之后，样品的中心部位仍保持较高温度，边界部位温度较低，这样在中间的过渡地带就产生了一个 300 K 左右的并保持较长时间的温度梯度。最终在铸造磁体的微观组织中也观察到沿着温度梯度方向存在细长的晶粒，直径为 300 nm 左右，如图 3 - 12c 所示。磁体的磁性能（图 3 - 12d）也显示在平行温度梯度的方向，合金的剩磁较高。因此，合理利用铸造过程中的温度梯度，可以成功获得具有一定各向异性的磁体。

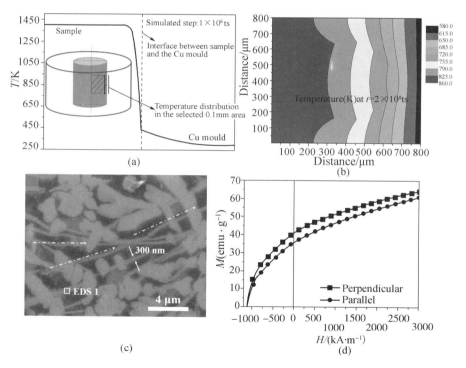

图 3 - 12　相场法模拟磁体凝固过程中的温度分布图（(a)1×10^6ts；(b)1×10^8ts）；磁体过渡区域的扫描电镜背散射电子图像(c)以及沿磁体不同方向测试的退磁曲线(d)

磁场诱导各向异性的主要原理是在铸造过程中加入磁场，使 NdFeB 晶粒的 c 轴沿外磁场方向生长，获得各向异性的磁体。Wang 等[31] 在铸造的时候加入了大小为 3700 Oe 的磁场，方向垂直于铸造方向。与非磁场铸造的样品相比，剩磁从 5.8 kGs 增加到 6.1 kGs，矫顽力从 6.5 kOe 增加到 10.3 kOe，矫顽力的增加主要来源于晶粒的细化和改善。作者研究组[30] 在铸造过程加了平行于铸造方向、接近于 1 T 的磁场，发现磁场对剩磁的改善作用不大，但可以细化晶粒，均匀化组织，合金矫顽力从 987 kA/m 增加到了 1113 kA/m。从目前的研究来看，在铸造过程中，由于合金的结晶温度远远高于 NdFeB 的居里温度，在顺磁状态下 NdFeB 晶粒的各向异性非常小，需要强度较大的磁场或者长时间的凝固才能使其发生偏转。

热变形法是将磁体热变形，使 NdFeB 晶粒的 c 轴方向沿着平行于压力的方向生长或偏转，以得到各向异性磁体。作者研究组[30] 采用 4 mm 的 $Nd_{24}Fe_{41}Co_{20}Al_4B_{11}$ 的微米晶磁体进行热变形。直接铸造磁体在经过 80% 的热变形之后，磁性能从 $B_r = 26.2$ emu/g，$H_c = 748$ kA/m，$(BH)_{max} = 9$ kJ/m^3，增加到了 $B_r = 70.1$ emu/g，$H_c = 818$ kA/m，$(BH)_{max} = 61$ kJ/m^3，剩磁的显著增加说明了合金顺利获得各向异性。通常纳米晶磁体在热变形之后，矫顽力由于退磁增加等效应往往会降低[32]，而这里热变形后磁体的矫顽力反而增加。组织分析发现，热变形之后主相 NdFeB 晶粒更加细小均匀，主要原理可能是大的晶粒在高压的作用下产生晶界从而变成更小的晶粒，而那些取向偏离压力方向、具有较大的变形能的晶粒会发生溶解和再结晶，而压力的存在也能阻止晶粒过度长大，最终形成了更加细小均匀的组织。因此，热变形是获得各向异性磁体的一个有效途径。

3.1.3 烧结钕铁硼永磁矫顽力机制

钕铁硼永磁的磁性能与微观组织相关，而微观组织则由制备工艺决定。因此，由烧结、快淬、热变形等不同工艺制备的 NdFeB 磁体表现出不同的矫顽力。这里首先介绍烧结 NdFeB 磁体的矫顽力机制。

3.1.3.1 矫顽力机制相关理论和经验公式

烧结 NdFeB 磁体的矫顽力机制已经有了大量研究，也存在许多各不相同的观点。普遍认为可以采用下面的经验公式描述烧结 NdFeB 磁体的矫顽力：

$$H_c = \alpha \frac{2K_1}{J_s} - N_{eff}M_s \qquad (3-1)$$

式中，$2K_1/J_s$ 为硬磁性 $Nd_2Fe_{14}B$ 晶粒的各向异性场；α 为晶粒表面缺陷对矫顽力的减小系数；N_{eff} 为有效退磁因子，包括晶粒的自退磁效应和晶粒之间的静磁相互作用的退磁效应。

不同的矫顽力理论对式(3-1)中的系数有不同的解释。

Durst 和 Kronmuller 等[33]主张矫顽力由晶粒边界处反磁化畴的形核场决定（称为成核场理论），并认为晶粒表面软磁性区的反磁化核一旦形成，整个晶粒立刻反磁化，成核场决定矫顽力。公式中的 α 可表示为

$$\alpha_n = \frac{\delta_B}{\pi r_0} = \frac{1}{r_0}\sqrt{\frac{A_1}{K_1 + K_2}} \qquad (3-2)$$

式中，r_0、δ_B 和 A_1 分别表示硬磁性晶粒边界软磁性区的等效厚度、畴壁厚度和单位长度的交换能。

成核场理论表明，软磁性缺陷区域反磁化成核场高，则磁体的矫顽力就高，反之，磁体的矫顽力会较低。

Givord 等[34]也认为晶粒边界处反磁化畴的成核场决定 NdFeB 磁体的矫顽力。其与成核场理论的不同之处在于，激活体积处的各向异性常数并不明显地小于硬磁性晶粒内部的相应值，反磁化核的形成是由于热起伏的影响产生的，也就是说，反磁化核是在晶粒边界处一个小体积（激活体积）内热激活产生的。矫顽力可以表示为：

$$H_c = \alpha\frac{\gamma}{Jv^{\frac{1}{3}}} - N_{eff}M_s - 25S_v \qquad (3-3)$$

式中，v 和 S_v 分别为激活体积和磁黏滞系数。

高汝伟和李卫[35]提出了发动场理论解释钕铁硼磁体的矫顽力。他们认为，反磁化核的体积很小，仅为畴壁尺寸的数量级，需要长大成畴并从晶粒表面到内部不可逆畴壁位移才能将整个晶粒反磁化。在反磁化核的长大过程中，需要克服因畴壁能密度的变化造成的阻力，同时还要提供反磁化核的体积和表面积增加所需的能量，对应的临界场 H_0 和扩张场 H_e 分别为：$H_0 = \dfrac{\gamma}{2J_s\gamma_0}$，$H_e = \dfrac{\pi\gamma}{4J_s\gamma_0}$。反磁化核的长大（扩张）所需的发动场 H_s 应等于 H_0 和 H_e 之和，考虑到有效退磁场的作用，发动场为：

$$H_s = \frac{\gamma}{2J_s r_0}\left(1 + \frac{\pi}{2}\right) - N_{eff}M_s \qquad (3-4)$$

使晶粒完全反磁化需要的矫顽力由成核场和发动场中较大的一个决定，由于发动场大于成核场，因而磁体的矫顽力应该由发动场来决定。

但是，Li 等[36]根据对磁畴结构的观察及宏观磁性的测量，提出了控

制 NdFeB 磁体矫顽力的钉扎理论，认为晶粒的边界对畴壁有强烈的钉扎作用。Hadjipanayis 等[37]提出，晶粒边界处的富 Nd 相薄层具有吸引畴壁的作用，从而成为畴壁运动的钉扎部位。Zhou 等[38]经过系统研究，认为晶界、空位、位错等金属的缺陷是畴壁的强钉扎中心，它们的存在将限制畴壁的位移，从而提高磁体的矫顽力。

3.1.3.2 晶粒矫顽力的角度关系

烧结 NdFeB 磁体各向异性磁体，如果沿磁体的织构轴方向施加磁场，则晶粒易磁化轴与磁场的夹角等于晶粒易磁化轴与磁体织构轴的夹角 θ。以 $\theta = 0°$ 时晶粒的矫顽力 $H_c(0)$ 为标准，θ 为任意值时晶粒的矫顽力 $H_c(\theta)$ 与 $H_c(0)$ 之比称为晶粒的约化矫顽力 $g(\theta)$。按照不同的矫顽力机制，$g(\theta)$ 有不同的表示形式。按照 Kronmuller 等人的成核机制[33]，$g(\theta)$ 可表示为：

$$g_n(\theta) = \frac{1}{(\sin^{\frac{2}{3}}\theta + \cos^{\frac{2}{3}}\theta)^{\frac{3}{2}}} \times \left(1 + \frac{2K_2}{K_1} \times \frac{\tan^{\frac{2}{3}}\theta}{1 + \tan^{\frac{2}{3}}\theta}\right) \quad (3-5)$$

按照 Givord 等人的热激活理论或矫顽力的钉扎机制[34]，晶粒的约化矫顽力 $g(\theta)$ 应满足：

$$g_p(\theta) = \frac{1}{\cos\theta} \quad (3-6)$$

按照矫顽力的发动场理论，考虑到扩张场 H_e 和临界场 H_0 在发动场中所占的比例及其随磁场方向的变化规律，得出晶粒的约化矫顽力 $g(\theta)$

$$g_s(\theta) = c_1 + \frac{c_2}{\cos\theta} \quad (3-7)$$

式中，c_1 和 c_2 为由 H_0 和 H_e 的比例确定的系数，满足关系 $c_1 + c_2 = 1$。

3.1.3.3 磁体的矫顽力及其与晶粒取向程度的关系

烧结 NdFeB 磁体由大量的晶粒构成，磁体的矫顽力与每个晶粒的矫顽力及晶粒之间的相互作用有关。晶粒之间的相互作用取决于磁体具体的微结构，如晶粒大小、形状、取向及耦合程度等。

对于由大量单轴各向异性晶粒构成的磁体，在不同的磁化状态，晶粒磁矩的取向分布是不同的。在饱和磁化状态，所有的晶粒磁矩完全在外磁场方向取向。在去掉外磁场后的剩磁状态，各晶粒磁矩在各向异性场的影响下转回各自的易磁化方向，分布在以外磁场方向为对称轴的半球内。在外磁场 $H = H_c$ 状态，在反方向外磁场的作用下部分晶粒的磁矩翻转方向，另一部分晶粒磁矩仍然保持原来的取向，两部分不同取向的磁矩在外磁场方向的投影互相抵消。假设各晶粒磁矩相等，处于临界翻转状态的磁矩与磁体织构轴（即施加的外场方向）的夹角为 θ_0，则 θ_0 应该由下式确定：

$$\int_0^{\theta_0} P(\theta)\cos\theta d(\tan\theta) = \int_{\theta_0}^{\frac{\pi}{2}} P(\theta)\cos\theta d(\tan\theta) \qquad (3-8)$$

磁体的矫顽力可以用磁体内处于临界翻转状态（具有临界偏离角 θ_0）的晶粒的矫顽力表示。下面考虑在两种不同条件下具有不同晶粒取向磁体的矫顽力：一种情况是忽略晶粒之间的相互作用；另一种情况是考虑晶粒之间的相互作用。

如果忽略晶粒之间的相互作用，磁体可以看作是由彼此孤立的晶粒构成的。晶粒磁矩翻转不受磁体内其他晶粒磁状态的影响。用处于临界偏离角 θ_0 的晶粒的矫顽力表示具有取向系数 σ 的磁体的矫顽力 $H_c(\sigma)$。磁体的约化矫顽力 $h(\sigma)=H_c(\sigma)/H_c(0)$，可以用具有临界偏离角 θ_0 的晶粒的约化矫顽力表示，即

$$h(\sigma) = g(\theta_0) \qquad (3-9)$$

式中，$g(\theta_0)$ 根据不同的矫顽力机制有不同的表示形式，按照以上 Kronmuller 的成核机制、Givord 的热激活理论或钉扎机制及发动场理论，$g(\theta_0)$ 应分别由 $g_n(\theta_0)$、$g_p(\theta_0)$ 及 $g_s(\theta_0)$ 表示。

如果考虑晶粒之间的相互作用，NdFeB 磁体内的晶粒相互作用大体可分两类：一类是长程静磁相互作用或偶极相互作用，另一类是近邻晶粒的交换耦合相互作用。两种相互作用都使磁体的矫顽力下降，但具体的影响程度取决于磁体的微结构。对于由较大的不规则晶粒，特别是理想取向晶粒构成的磁体，静磁相互作用使磁体矫顽力下降比较明显。当晶粒尺寸较小、晶粒之间直接耦合较多且混乱取向时，交换耦合相互作用的影响较大。交换耦合相互作用使晶粒有效各向异性减小、磁矩取向集中、剩磁增强、矫顽力下降。对于烧结 NdFeB 磁体，由于晶粒尺寸较大（微米量级），并且晶粒之间多数被非磁性相间隔，所以晶粒之间的交换耦合相互作用比较弱，对磁体矫顽力的影响较小。而长程静磁相互作用对磁体矫顽力的影响较大。Fidler[39] 指出，静磁相互作用使由理想取向晶粒构成的磁体的矫顽力比孤立晶粒的矫顽力下降 20%，使双晶粒系统的矫顽力比单个晶粒的矫顽力下降 10%。

长程静磁相互作用对矫顽力的影响可以归类于退磁场项 $-N_{eff}M_s$，其中有效退磁因子 N_{eff} 包括晶粒的自退磁作用和晶粒之间的静磁相互作用。当所有晶粒平行取向时（$\sigma=0$），M_s 为磁体的饱和磁化强度。当晶粒非平行取向时，M_s 应为各晶粒磁矩的平均值 $M_s\cos\theta$，这里 θ 是晶粒的平均

偏离角。对晶粒完全混乱取向的磁体，$M_s \cos\theta$ 应等于 $1/2 M_s$。采用 Fidler 的研究结果，即静磁相互作用使由理想取向晶粒构成的磁体的矫顽力比孤立晶粒的矫顽力下降 20%。H_c（理想取向，$\sigma = 0$）$= 0.8 H_c$（孤立）。对晶粒完全混乱取向的磁体，有效磁化强度下降约 $1/2$，静磁相互作用使矫顽力的减小效应也应该下降 $1/2$。因此静磁相互作用使由完全混乱取向晶粒构成的磁体的矫顽力比孤立晶粒的矫顽力下降约 10%，即 H_c（混乱取向，$\sigma = 3.305$）$= 0.9 H_c$（孤立）。计算可得，静磁相互作用使不同晶粒取向磁体的矫顽力随取向系数 σ 线性增加，即

$$\eta(\sigma) = \frac{H_c(\sigma)}{H_c(0)} = 1 + 0.014\sigma \qquad (3-10)$$

综合考虑到每个晶粒的不同取向及晶粒之间静磁相互作用的影响，具有取向系数 σ 磁体的约化矫顽力应该用下式表示：

$$h(\sigma) = \frac{H_c(\sigma)}{H_c(0)} = h'(\sigma)\eta(\sigma) = g(\theta_0)\eta(\sigma) \qquad (3-11)$$

尽管对烧结 NdFeB 磁体的矫顽力和理论模型开展了大量研究，但作者认为，相关的工作还远远没有结束。通常用 $(BH)_{max}$（MGOe）$+ {}_j H_c$（kOe）表示磁体的综合磁性能。在理想状态下，$Nd_2 Fe_{14} B$ 的剩磁 $B_r = 1.60\ T$，其理论最大磁能积 $(BH)_{max} = 512\ kJ/m^3$。目前，在实验中，B_r 实验值已达到 $1.55\ T$，$(BH)_{max}$ 实验值为 $474\ kJ/m^3$，已分别达到理论值的 97% 和 93%。但是，根据 Brown 假设，理论上矫顽力 $\mu_0 {}_j H_c$ 可达到各向异性场值，即 $6.7\ T$，此时，$(BH)_{max} + {}_j H_c = 214$。而 $\mu_0 {}_j H_c$ 的实验值目前为 $0.82\ T$，仅达到理论值的 12%。因此，烧结的 NdFeB 磁体的矫顽力与其理论值尚存在很大差距。这一方面说明矫顽力还有很大提升空间，另一方面说明相关理论还有待进一步完善。

3.1.4 烧结钕铁硼永磁技术发展

烧结钕铁硼永磁技术虽然已经发展了 30 多年，日趋成熟，获得的磁能积已经非常接近理论值，但是相关的技术研发一直没有停止。最近的研究主要瞄准在提高矫顽力的同时降低材料成本。主要采用的方法是通过成分优化和组织优化增加矫顽力，通过采用混合稀土和减少贵重稀土含量降低材料成本。如图 3-13 所示，目前烧结 NdFeB 磁体取得的主要进展包括以下几方面：①混合稀土烧结磁体的成分优化；②烧结磁体热处理工艺优化；③烧结磁体的晶粒细化；④烧结磁体双合金化技术；⑤烧结磁体晶界扩散技术。以下几节对部分最新进展进行详细介绍。

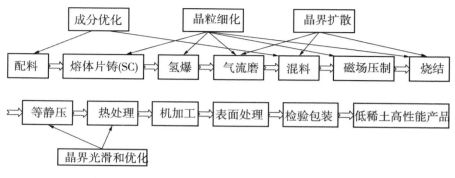

图 3 - 13　烧结 NdFeB 磁体的制备流程及技术发展

3.2　工艺优化改善烧结钕铁硼永磁矫顽力

矫顽力是烧结 NdFeB 磁体重要的性能指标，提高矫顽力对于阻止退磁、改善 NdFeB 磁体的稳定性具有重要意义。成分和工艺优化是改善 NdFeB 矫顽力的主要途径。而针对制备工艺，一方面，对传统烧结工艺过程的优化可以最大限度发挥材料的内禀性能；另一方面，开发新的工艺技术也可以进一步提高磁体的矫顽力。本节主要介绍对烧结磁体传统制备工艺的改进。

3.2.1　晶粒细化

晶粒尺寸对于烧结 NdFeB 磁体矫顽力的影响十分明显。在一定尺寸范围内(大于单畴粒子尺寸)，磁体的矫顽力随着晶粒尺寸的减小而增大，如图 3 - 14 所示。假设晶粒边界单位表面积范围内引起反磁化畴形核的数目一定，晶粒尺寸和矫顽力大小存在一定的关联，其表达式如下：

$$_jH_c = a - b\ln D \qquad (3 - 12)$$

式中，a、b 为常数，D 为主相晶粒尺寸[40]。

对于超细晶粒 NdFeB 磁体，由于有效降低了主相 $Nd_2Fe_{14}B$ 晶粒的尺寸，晶粒周围离散场减小，因此提高了磁体的形核场。与传统的烧结 NdFeB 磁体的初始磁化曲线不同，超细晶粒的烧结 NdFeB 磁体的初始磁化曲线会出现明显的"台阶"现象，如图 3 - 15 所示，与快淬以及热变形磁体的初始磁化曲线类似。这是由于超细晶粒的尺寸接近单畴颗粒尺寸，畴壁在晶粒内部消失之后会受到晶界的钉扎作用，从而出现初始的磁导

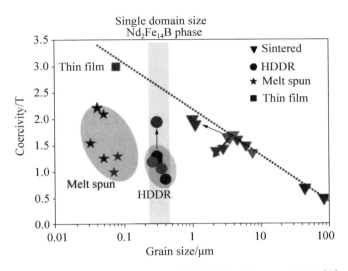

图 3 - 14 不同 NdFeB 系永磁材料矫顽力与晶粒大小的关系[41]

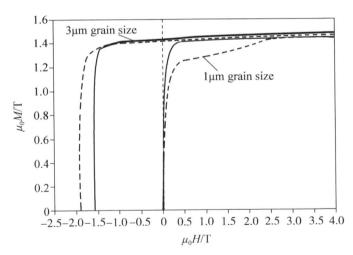

图 3 - 15 晶粒尺寸分别为 1 μm 和 3 μm 的烧结 NdFeB 磁体初始磁化曲线
以及退磁曲线对比[41]

率很高，而后续的磁导率变低的"台阶"现象。因此，超细晶粒烧结
NdFeB 磁体的矫顽力机制不仅仅是形核机制，而是形核机制和钉扎机制
的共同作用。

但是，在烧结 NdFeB 磁体的实际生产中，当晶粒尺寸小于某一临界

值(约 3 μm)时，磁体的矫顽力会明显降低，其主要原因就是超细晶粒的氧化问题。最近，Nakamura 等[42]通过氦气气流磨工艺制备出了颗粒尺寸在 1.1 μm 左右的磁粉，随后，结合无氧或者低氧工艺过程，制备出了不含重稀土 Dy 的高矫顽力烧结 NdFeB 磁体，其矫顽力和剩磁分别达到了 2 T 和 400 kJ/m³。而为了制备出矫顽力高达 2.5 T 的不含重稀土烧结 NdFeB 磁体，日本 Sagawa 课题组正通过无氧或者低氧烧结工艺进一步降低晶粒尺寸，使其达到 0.3 μm，这对于控制氧污染、实施大规模工业化批量生产来说，具有很大的挑战难度[43]。

随着制备超细 NdFeB 磁粉工艺的不断完善，对于磁体矫顽力、热稳定性及其晶粒尺寸的相互关系的研究也逐渐受到研究者的重视。晶粒尺寸的降低导致矫顽力的升高以及初始磁化曲线的异常等现象的机理将是未来研究工作的主要方向之一。

3.2.2 烧结和热处理工艺优化

烧结 NdFeB 磁体的制备工艺对其成分、颗粒大小和分布、取向度、致密度以及显微组织等有着显著的影响，从而直接影响磁体的综合性能。其中，热处理工艺对于磁体的显微组织，特别是晶界相的影响十分显著，因此磁体矫顽力对热处理工艺特别敏感。早期研究表明，烧结态 NdFeB 磁体的晶界富 Nd 相主要集中分布在主相 $Nd_2Fe_{14}B$ 颗粒的角隅处，主相 $Nd_2Fe_{14}B$ 晶粒界面处的富 Nd 相十分模糊且不连续，而热处理过后的磁体主相晶粒边界变得清晰和光滑，晶界富 Nd 相的分布也变得更加连续和笔直，并且厚度也有所增加。这些变化对于矫顽力的影响主要体现在两个方面：第一，光滑、清晰的主相 $Nd_2Fe_{14}B$ 晶粒边界能减少晶界处的缺陷，改善主相颗粒界面处的缺陷密度，提高颗粒边界的各向异性场，从而提高磁体的矫顽力；第二，笔直、连续的晶界富 Nd 相阻碍主相 $Nd_2Fe_{14}B$ 晶粒之间的耦合作用，从而提高磁体的矫顽力。这一热处理改善 NdFeB 永磁矫顽力的作用机理得到研究者们的广泛认可。近年来，随着研究工作的不断深入，人们对晶界富 Nd 相的晶体结构和矫顽力的关系有了更进一步的理解，但也存在一定的争议。

常规的 NdFeB 烧结工艺主要是采用台阶式升温，然后在 1080 ℃左右保温3～4 h风冷。Kim 等[44]采用循环烧结工艺，从 950 ℃到 1050 ℃以

10℃/min 的速率升降温循环两次，制备的 $Nd_{13}Dy_2Fe_{79}B_6$ 烧结 NdFeB 磁体与传统烧结工艺制备的磁体相比，矫顽力从 1955 kA/m 提升至 2253 kA/m，且温度系数 β 达到 $-0.47\%/℃$。分析发现，在循环烧结过程中，NdFeB 磁体在晶界角隅处和晶界处分别形成了 h-Nd_2O_3 相和非晶富稀土相。主相 $Nd_2Fe_{14}B$ 晶粒之间形成了一条宽度约 5 nm 的非晶薄带，这种清晰、连续、光滑的非晶薄带层不仅抑制了反向畴的形核，而且减小了硬磁相之间的交换耦合作用，显著提高了磁体的矫顽力[45]。Sepehri-Amin 等[46]通过洛伦兹透射电镜分析以及通过磁控溅射制备相同配比的 $Nd_{29.9}Fe_{65.8}B_{3.1}Cu_{1.2}$ 非晶薄带，发现该非晶薄带相可能是铁磁性相，因此不能有效隔离主相晶粒；此外，他们还发现晶界相中 Cu 的聚集也有利于矫顽力的提高。Liu 等[47]则认为热处理有效消除了烧结 NdFeB 磁体在烧结过程中的热应力，从而改善了磁体的矫顽力。此外，Mo 等[48]还发现晶界富 Nd 相的晶体结构与其 O 含量有着一定的关联性，他们认为随着晶界相中 O 含量的提高，晶界富 Nd 相会从 hcp 结构向 dhcp 结构转化。

烧结 NdFeB 磁体的热处理一般分为一级回火处理和二级回火处理两步，热处理温度一般根据样品的相变温度来确定。一级回火处理是在合金二元共晶($L' \rightarrow T_1 + T_2$)温度以下附近，为 850～900 ℃；二级回火处理温度要低于合金三元共晶($L' \rightarrow T_1 + T_2 + Nd$-Rich)温度，为 480～650 ℃。由于工业中 NdFeB 磁体的实际成分变化较大，因此其热处理工艺也应该作相应的调整。

Li 等[49]研究了热处理前后烧结 NdFeB 磁体富 Nd 相的分布变化，热处理过程中晶界角隅的富 Nd 相由于毛细管张力会向四周的 $Nd_2Fe_{14}B$ 主相薄带层边界扩散，从而提高磁体的矫顽力。他们还发现，将烧结 $Nd_{11.7}Pr_{2.8}Fe_{76.8}B_{6.0}Al_{0.5}Cu_{0.1}O_{2.1}$ 磁体在 600 ℃热处理 1 h 后，磁体的矫顽力从 0.9 T 提升至 1.18 T，且剩磁没有降低。三维原子探针(3DAP)显微分析清楚地显示在富稀土相和主相 $Nd_2Fe_{14}B$ 之间形成了一富 Cu 薄层。这一工作也为后续通过晶界扩散制备低重稀土或无重稀土、高矫顽力烧结 NdFeB 磁体提供了新的思路。Vial 等[50]研究了回火对磁体矫顽力的作用机制，也发现经过回火的磁体的富 Nd 相与主相之间的边界变得清晰、光滑，富 Nd 相沿着主相边界连续分布，厚度也有所增加，因而提高了磁体的矫顽力。Park 等[51]进一步研究了回火后主相与富 Nd 相之间的界面，发现磁体回火后富 Nd 相的晶体结构由双六方结构（dhcp-Nd）转变成面心立方结构（fcc-NdO$_x$），而 fcc-NdO$_x$ 与主相有着合适的晶体学关系，因而磁体的矫顽力在回火之后得到大幅提高。Fukagawa 等[52]则认为这种面心立方结构的 fcc-NdO$_x$ 相能够抑制主相晶粒表面反磁化畴形核。富 Nd 相在回火过程中的结构转变必须有氧的参与，fcc-NdO$_x$ 的生成与富 Nd 相中 O 的含量有着重要的关系。富 RE 相的成分和分布也是十分复杂的，对于成分不同的磁体，回火处理对富 RE 相的作用也不尽相同，因此对矫顽力的影响也会存在差异。

3.2.3 通过附加热处理优化商业钕铁硼永磁性能的研究

许多企业在生产烧结 NdFeB 永磁时，其热处理工艺都采用统一的标准工艺。但这些工艺对于成分有差异的磁体应该有所不同。作者研究组[53]最近以工业批量生产的烧结 NdFeB 磁体（成分：Nd$_{12.99}$Pr$_{17.37}$Dy$_{2.82}$Fe$_{bal}$Al$_{0.9}$-Cu$_{0.08}$Co$_{0.9}$B$_{0.8}$（质量分数，%））作为研究对象，研究通过附加热处理来进一步提高其磁性能。这一工作不仅有利于实际应用中充分发挥磁体的性能优势，同时也对于理解烧结 NdFeB 磁体的矫顽力机制具有一定的意义。以下简要介绍附加热处理对磁体组织和性能的优化效果。这里要特别强调的是，研究的磁体是经过工业烧结和热处理的产品。

3.2.3.1 附加热处理对烧结磁体性能的影响

图 3-16 为附加热处理前后的 J-H 退磁曲线（300 K），其中，A 为原始烧结 NdFeB 磁体产品状态，B 为附加 900 ℃/1 h 一级回火和 600 ℃/1h 二级回火，C 为附加 900 ℃/1 h 一级回火和 550 ℃/1h 二级回火，D 为附加 850 ℃/1 h 一级回火和 600 ℃/1h 二级回火，E 为附加 850 ℃/1 h 一级回火和 550 ℃/1h 二级回火。通过附加热处理之后，磁体的矫顽力都有一定程度提升，其中最优的热处理将矫顽力从 1399 kA/m 提高至 1560 kA/m，且剩磁没有降低。不同条件热处理磁体的磁性能如表3-6所示。这一结果表明，工业批量生产的烧结 NdFeB 磁体的磁性能，特别是矫顽力还有较大的提升空间。对于成分有一定差别的磁体，使用统一的热处理工艺并不能保证最佳性能，其热处理工艺应该作相应的调整。

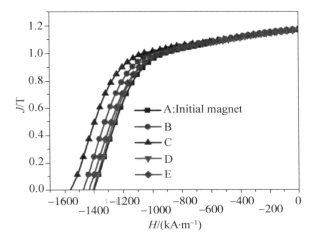

图3-16　不同热处理条件下烧结 NdFeB 磁体的 *J-H* 退磁曲线

表3-6　原始烧结 NdFeB 磁体以及不同条件热处理之后磁体的磁性能

磁体	J_r/ T	$_jH_c$/(kA·m^{-1})	$(BH)_{max}$/(kJ·m^{-3})
A	1.17	1399	248
B	1.17	1475	252
C	1.17	1560	260
D	1.17	1410	244
E	1.17	1433	246

3.2.3.2　附加热处理后磁体的组织优化

图3-17a 和图3-17b 分别是附加热处理前后磁体的低倍背散射电子(BSE)图像。图中灰黑色衬度区域为主相 $Nd_2Fe_{14}B$，而白亮和浅灰衬度区域为晶界富 Nd 相，聚集的晶界富 Nd 相的衬度差异主要是该区域铁和氧含量不同所造成。原始磁体和附加优化热处理后的磁体中大部分主相晶粒之间已经存在薄带层的富 Nd 相。附加处理后样品的晶粒尺寸并没有发生变化，但大块聚集的富 Nd 相所占面积由原始的12.5% 降低到10.6%。此外，热处理后，主相和晶界富 Nd 相的界面变得更清晰。高倍 BSE 图像(图3-17c 和图3-17d)显示原始磁体主相表层的富 Nd 相分布不均匀、不规则、不连续，甚至部分主相颗粒之间处于直接接触状态。优化热处理后，由于毛细管张力及高温热扩散的作用，一部分聚集的富 Nd 相渗透到附近主相颗粒之间的间隙，导致主相颗粒角隅大块富 Nd 相

131

的体积分数降低。同时，薄带层状的富 Nd 相变得连续、清晰及平滑，晶
粒内部相对规整，晶界过渡区域也相对平滑连续，这些应该是矫顽力改
善的原因。

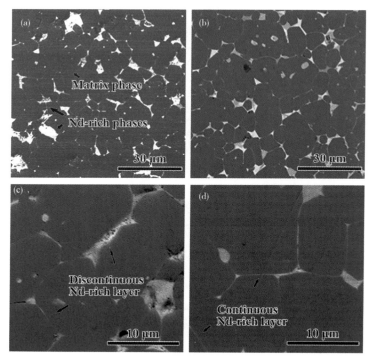

图 3 - 17　烧结 NdFeB 磁体热处理前低倍(a)和高倍(c)BSE 图像，
以及热处理后的低倍(b)和高倍(d)BSE 图像

　　图 3 - 18 是烧结 NdFeB 磁体附加热处理前后的原子力显微镜(AFM)
和磁力显微镜(MFM)图像，样品的测试表面垂直于磁体易磁化轴(c 轴)
方向。原始烧结磁体样品表面比较平整(图 3 - 18a)，局部区域有少量小
颗粒突起。由于 AFM/MFM 的测试范围与磁体的主相晶粒大小(约
10 μm)相当，因此获得的磁畴结构信息来源于单个或者相邻的两个主相
$Nd_2Fe_{14}B$ 颗粒表面的磁畴。原始样品的晶粒具有多畴结构，其磁畴结构
由典型的"方形畴"和"板状畴"组成，说明磁体具有较高的取向度和较强
的各向异性。经过附加热处理后，晶粒同样具有多畴结构，表现出很高
的取向度及各向异性。但是，磁体的磁畴结构有了较为明显的变化，其

结构主要为蜿蜒状的"条纹畴"。磁畴结构的变化说明二次优化热处理之后磁体局部区域的退磁场分布发生了变化。连续的磁畴结构能够有效地抑制反磁化磁畴的形核，这也可能是处理过后磁体矫顽力提高的原因之一。

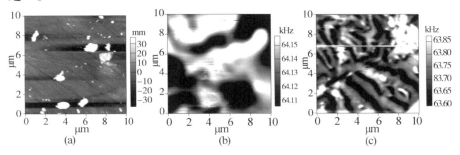

图 3 – 18　烧结 NdFeB 磁体热处理前表层的 AFM 高度图(a)、MFM 磁畴结构图(b)以及热处理后表层 MFM 磁畴结构图(c)

图 3 – 19a 是原始样品晶界区域典型的薄带层状的富 Nd 相的 TEM 明场图像。主相晶粒之间已经存在薄带层状的富 Nd 相，但是局部区域(图中箭头所示)有不连续、不清晰的情况，导致主相之间直接接触。图 3 – 19b 是附加热处理之后磁体中典型的位于两个主相晶粒交界处的块状晶界富 Nd 相及主相颗粒之间的薄带层富 Nd 相。与 SEM 观察一致，热处理后主相 $Nd_2Fe_{14}B$ 与晶界相的界面变得更加连续和清晰。

图 3 – 19c 是图 3 – 19b 中区域 A 块状聚集的富 Nd 相和主相的界面高分辨 TEM 图像，晶界相与主相的界面十分清晰，但是存在一定的晶格畸变。此外，块状聚集的富 Nd 相中存在多个纳米晶粒团簇。这些纳米晶的尺寸十分微小，通过反傅立叶变换得到部分选区的富 Nd 相是 $Ia\bar{3}$ 结构的 Nd_2O_3 相($a = 1.108$ nm)。图 3 – 19d 是图 b 中区域 B 薄带层的富 Nd 相和主相的界面高分辨 TEM 图像。附加热处理之后主相和晶界相的界面比较平直，界面附近的主相晶格清晰可见，并不存在明显的晶格畸变，这有利于抑制外延层各向异性场的降低，提高磁体的矫顽力。此外，界面附近的部分薄带层的富 Nd 相以非晶的形式存在，厚度在 $3 \sim 5$ nm 之间，它和主相之间的润湿性很好，并且没有出现明显的应力层，增强了主相颗粒之间的去磁交换耦合作用。这些都可以改善矫顽力。

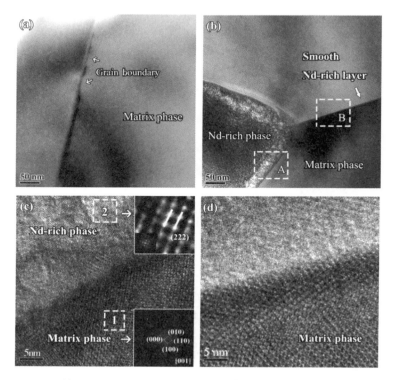

图 3 - 19　烧结 NdFeB 磁体热处理前(a)和热处理后(b)的 TEM 明场图像,
以及图 b 局部区域 A(c)和区域 B(d)的高分辨 TEM 图像

3.2.3.3　微磁学模拟反磁化过程

为了研究晶界富 Nd 相对矫顽力的影响机理,基于实验观察得到的磁体显微组织形貌,采用微磁学手段模拟了磁体的反磁化过程。利用 OOMMF 软件,根据实际样品中的 TEM 图像(图 3 - 19b)进行小尺寸范围建模。图 3 - 20a 是基于 TEM 图像模拟的退磁曲线图,模拟得到的矫顽力远远高于磁体的实际矫顽力,主要原因是单一重复模型的建立忽略了磁体的缺陷。图 3 - 20b 和图 3 - 20c 分别是模型在退磁过程中剩磁比分别为 0.963 和 0.697 时的磁矩分布图。在反磁化过程中,反磁化磁畴优先在大块聚集的晶界相与主相的界面处形核,然后向主相颗粒内部进行畴壁扩张,最终实现大范围的磁矩偏转(图 3 - 20c)。而薄带层的富 Nd 相与主相颗粒的界面处在反磁化初始阶段并没有形成反磁化核,并且在后续的反磁化畴壁扩张的过程中,有效地阻止了畴壁的推移,这有利于提高矫顽力。图 3 - 20d 是模型在反磁化初始阶段磁体表层的离散场分布图，可以发现，大块聚集富 Nd 相与主相颗粒的界面处的离散场最大，较大的离散场有助于磁体反磁化磁畴的形核，从而降低磁体的矫顽力。

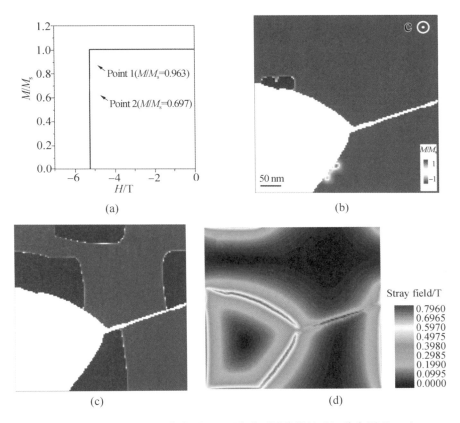

(a)　　　　　　　　　　　　(b)

(c)　　　　　　　　　　　　(d)

图 3 – 20　模拟的退磁曲线图(a)，退磁不同阶段的磁矩分布图(b，c)
以及模型在退磁初始阶段表层的离散场分布(d)

3.2.3.4　显微组织结构参数计算

利用烧结 NdFeB 磁体矫顽力的形核模型对附加热处理前后磁体的矫顽力进行分析。[54] 基于形核模型 Brown 公式：

$$H_c(T) = \alpha H_a(T) - N_{eff} M_s(T) \qquad (3-13)$$

式中，α 和 N_{eff} 是磁体的显微结构敏感参量。其中，α 主要描述磁体主相 $Nd_2Fe_{14}B$ 晶粒界面(如缺陷、脱溶物、空穴等)对晶粒表层的磁晶各向异性常数的影响，界面越光滑、越规则，α 越大；同时 α 还包含磁体中邻近颗粒之间磁性交换耦合作用对矫顽力的影响。N_{eff} 与颗粒边缘离散场的大小有关，主要描述晶粒形状（如不规则的棱角、尖角、缺陷等）、晶粒尺寸的大小以及取向度等对矫顽力的影响。N_{eff} 越大，离散场也越大，磁体内部磁矩在反磁化过程中越容易发生翻转，磁体的矫顽力越低。

　　测试不同温度环境下磁体的矫顽力和饱和磁化强度，根据已有的各向异性场数据，进行线性拟合，结果如图 3 – 21 所示。线性关系说明烧结 NdFeB 磁体的矫顽力机制确实是以形核机制为主。拟合直线的斜率就是显微组织结构参数（α），截距就是有效退磁因子（N_{eff}）。结果表明，经过二次优化热处理之后，其显微组织结构有了明显的改善，α 从 0.67 提高至 0.68，N_{eff} 从 1.74 降低到 1.62。由于原始样品本身已经经过工业热处理，所以显微组织参数 α 变化不大，但附加热处理减少了晶界相在主相 $Nd_2Fe_{14}B$ 交界处的聚集，明显降低了离散场，从而降低了有效退磁因子 N_{eff}，提高了矫顽力。

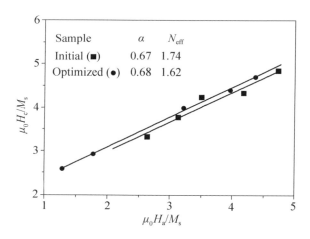

图 3 – 21　热处理前后烧结 NdFeB 磁体 $\mu_0 H_c / M_s$
和 $\mu_0 H_a / M_s$ 关系曲线拟合图

3.3　烧结钕铁硼永磁的双合金工艺

　　传统烧结 NdFeB 磁体的生产方法是单合金法，只需一开始熔炼一种成分的母合金，然后制粉、成形和烧结。为了改善磁体性能，制备时通常将一些有益的元素直接添加到母合金中。这些合金元素一部分进入主相，改变硬磁相内禀磁性能；另一部分进入晶间区域，改变晶界组织与结构，从而提高材料的剩磁或矫顽力。通常情况下，矫顽力的改善都伴随着饱和磁化强度的降低。

1990 年，研究者提出新的双合金工艺[55]，通过熔炼两种母合金制备 NdFeB 磁体。两种合金破碎成粗粉后按一定比例混合，用气流磨或球磨获得所需粒径，再进行磁场取向成形和烧结制成磁体。随着双合金工艺的不断发展，烧结磁体性能得到很大提高。日本采用双合金工艺制备的烧结 NdFeB 永磁的最大磁能积为 416 kJ/m^3[56]。德国真空冶炼公司（VAC）用双相合金制备出 $(BH)_{max} = 451$ kJ/m^3 的 $Nd_{12.5}Dy_{0.03}Fe_{80.7}TM_{0.8}B_{5.8}$ 磁体[57]。北京钢铁研究总院 Li 等[58]通过双合金工艺改变晶界中的富稀土相含量，在提高磁性能的同时大幅提高了磁体的抗弯强度。

3.3.1 双合金工艺类型

从目前的技术发展来看，我们可以把双合金化工艺分为三种类型：

（1）双主相合金。双主相 NdFeB 磁体是通过混合两种不同各向异性常数的永磁粉末，制备出含有两种不同成分主相晶粒的磁体。其基本指导思想是在获得高矫顽力和高磁能积的同时尽可能降低贵重稀土含量，提高性价比。常见的双主相合金有：NdFeB + NdDyFeB 双主相合金，NdFeB + Ce(La)FeB 双主相合金[59]。

（2）单主相和辅相合金。使用的两种合金中一种作为主相，另一种作为辅相。辅相合金作为一种晶界相存在于磁体。将 REFeB 主合金和辅相合金破碎混合制备烧结 NdFeB 磁体，能够有效地控制主相和晶界相的化学成分，抑制晶界合金在 NdFeB 主相中的扩散，最大限度利用晶界相提高磁体的综合性能，同时减少晶界相元素对主相性能的损害。该工艺的优点是：辅相在烧结期间作为液相合金均匀弥散地分布在硬磁主相颗粒的周围，形成均匀的液相隔离层，这样可以增加主相的体积分数，尽可能提高磁体的饱和磁化强度。辅合金液相在硬磁相晶粒周围形成厚度约 2 nm 连续均匀的富稀土相薄层，起到去磁耦合的作用，提高磁体矫顽力。此外，以重稀土合金作为辅相合金，烧结时重稀土从晶界扩散进入主相晶粒边界层可有效提高主相晶粒边界层的局域各向异性场，增大反磁化畴的形核场，进一步提高矫顽力。Liang 等[60]设计了 Dy-Fe 重稀土合金作为低熔点辅合金，对磁体进行晶界重构，成功改善了烧结 NdFeB磁体的综合磁性能。

（3）晶界扩散技术。晶界扩散技术是在烧结磁体成形后，将另外一种合金或化合物以扩散的形式添加到晶界，改善显微组织，提高矫顽力。

最近 10 年，晶界扩散已经成为烧结 NdFeB 磁体的主要发展方向之一，我们在下一节将做专门的介绍。

3.3.2 双主相合金烧结钕铁硼磁体

含有两种硬磁性主相的合金为烧结 NdFeB 磁体的性能调控提供了新的途径。瞄准提高矫顽力和降低成本，现在研究较多的双主相合金主要有两类：①利用 NdFeB 和 NdDyFeB 双合金进行磁体制备，用重稀土合金提高磁体矫顽力；②利用 NdFeB + Ce(La)FeB 双合金进行磁体制备，用轻稀土合金来降低材料成本。除此之外，还有利用含有不同富稀土相的两种合金进行双合金化，以调控晶界富稀土相含量和结构。

3.3.2.1 NdFeB 和 NdDyFeB 双主相磁体

北京钢铁研究总院朱明刚等[61]很早提出了双主相合金的方法，他们通过成分调控，使大部分主相晶粒的成分为 $Nd_2Fe_{14}B$，以保持高的 M_s，而另一部分主相晶粒含有重稀土元素 Dy，这样使得磁体既有高的矫顽力，又避免了剩磁大幅下降，从而获得高的综合性能。其模型图和实际 Dy 元素分布如图 3-22 所示。

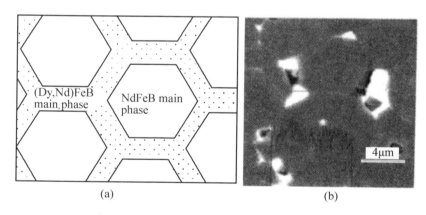

图 3-22 双主相合金法的结构模型(a)和 Dy 元素分布 SEM 照片(b)[61]

对于这一类双主相磁体，通常矫顽力随 Dy 含量的增加而增加，但相比单主相合金，达到相同的矫顽力，所需要的 Dy 加入量更少。此外，使用两种主相还可以进一步调控显微组织。李岩峰[62]采用速凝技术、氢破碎和气流磨，将 $Nd_{30}Fe_{69}B$ 和 $Nd_{24}Dy_6Fe_{69}B$(质量分数,%)两种成分的速凝带按比例混合，经氢破碎以及气流磨，制备了名义成分为 $Nd_{30-x}Dy_xFe_{69}B$

(x = 0,2,4,6)的四种合金粉末;将粉末在 2 T 磁场下取向成形,冷等静压后得到毛坯。毛坯在 1040 ～ 1070 ℃ 真空烧结 2 h,900 ℃ 一级回火处理 2 h 并在 520 ℃ 二级回火处理 2 h,得到双合金烧结 NdFeB 磁体。对不同 Dy 含量磁体的组织和性能进行研究,结果表明,随着 Dy 含量的增加,磁体的剩磁和$(BH)_{max}$降低,$_jH_c$逐渐增加。剩磁从 1.45 T 降低至 1.28 T,$(BH)_{max}$ 从 399.6 kJ/m³ 降低到 323.2 kJ/m³,$_jH_c$ 从 934.7 kA/m 提升至 1965.0 kA/m。磁体的性能随着 Dy 含量的变化并不是线性的,说明同一成分的双主相磁体的磁性能要优于单合金磁体。他们估计,要得到相同的矫顽力,双主相磁体可以节约 10% ～ 20% 的 Dy。此外,在烧结过程中 Dy 元素的存在还可以抑制主相的晶粒长大。

Lin 等[59]也将无 Dy 的 $(Pr,Nd)_{31}Fe_{bal}Co_{0.5}Al_{0.2}Cu_{0.1}B$ 粉末和含 Dy 的 $(Pr,Nd)_{24}Dy_7Fe_{bal}Co_{0.5}Al_{0.2}Cu_{0.1}B$(质量分数,%)粉末混合制备烧结磁体。图 3-23a 为混合后不同名义 Dy 含量磁体的磁性能,相似地,随 Dy 含量增加,矫顽力增加,剩磁下降。结果还发现,由于晶粒合并以及 Dy 元素成分梯度的存在,双合金磁体中出现了 Dy 元素的扩散。Dy 会从含 Dy 的晶粒扩散进不含 Dy 的晶粒。Dy 和 Pr/Nd 元素互扩散使晶界更加均匀。双合金法制备的磁体端口呈穿晶断裂(图 3-23b)。使用双合金化工艺,通过$(Nd/Pr,Dy)_2Fe_{14}B$ 相的形成和显微组织优化,实现了磁体矫顽力和热稳定性的提升(图 3-23c)。

3.3.2.2 NdFeB 和 CeFeB 双主相磁体

近年来,NdFeB 永磁产量的大幅增长,消耗了大量的稀土资源,而在 NdFeB 永磁合金生产过程中,主要利用的是轻稀土中的 Nd、Pr,而对储量相对丰富的 Ce 等稀土的利用率却很低,造成 Ce 等稀土大量积压,严重影响稀土资源的平衡利用。为此,国内外尝试用 La、Ce、混合稀土(MM)等部分取代 NdFeB 中的 Nd,获得成本较低、磁性能较优的烧结磁体。在这些研究中发现,Ce 等少量取代 Nd 有利于改善富 RE 相的流动性及其和主相晶粒的润湿性,促进烧结。但随着 Ce 等取代量的增加,单合金法制备的磁体的性能迅速恶化。

李卫等[63]采用双主相合金的方法,制备出低成本的永磁体。其工艺是将具有(Ce,RE)FeB 和 NdFeB 成分配比的两种金属分别进行片铸、氢破碎和气流磨,而后混合到一起进行取向成形、低温烧结和低温回火,如图 3-24 所示。

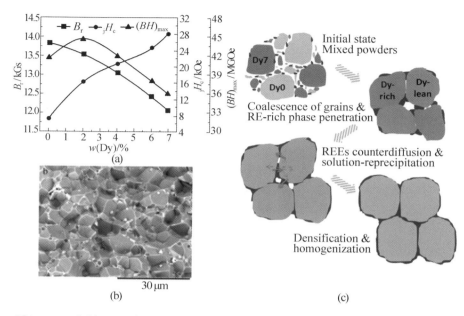

图 3－23　不同名义 Dy 含量磁体的磁性能(a)、断口形貌(b)及成分均匀化示意图(c)[59]

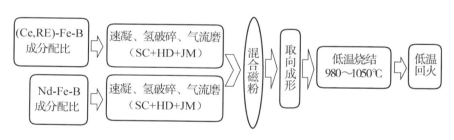

图 3－24　低成本双主相 CeFeB 磁体工艺流程[63]

　　由此最终得到了双主相 CeFeB 基永磁体，其中，（Ce,RE）FeB 作为大部分主相晶粒，NdFeB 作为含量较低的主相晶粒，其相结构模型如图 3－25 所示。

　　Zhu 等[64]的研究表明，采用双主相合金法，磁体由含 Ce 的（Nd,Ce）-FeB 低 H_a 相和不含 Ce 的 NdFeB 高 H_a 相两部分组成，此种方式能够有效降低由于 Ce 等元素取代而造成的磁性能恶化。他们还利用片铸技术制备 NdFeB 和（Nd,Ce）FeB 母合金片，将两种合金按一定比例混合，然后氢爆和气流磨得到平均粒度为 3 μm 的粉末，再用常规的工艺得到烧结磁

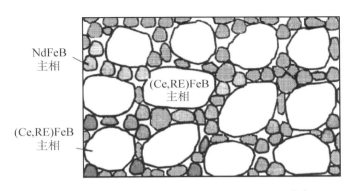

图 3 - 25 低成本双主相 CeFeB 磁体的结构模型[64]

体，结果表明，双合金法获得的含 Ce 磁体比单合金制备的磁体具有更高的磁性能，当 Ce 质量达到稀土质量的 30% 时，$(BH)_{max}$ 仍然达到 43 MGOe。

双主相磁体能达到目前市场上中档以上的性能水平，在保持良好磁性能的同时，降低了磁体的材料成本，因而吸引了很多生产厂家的注意。

3.3.3 辅合金烧结钕铁硼磁体

主相合金 + 辅相合金制备烧结磁体是另外一种双合金法。加入辅合金的目的是提供富稀土相，调控晶界和界面结构。这里简单介绍 NdFeB + DyFe 双合金磁体的制备与性能。

3.3.3.1 DyFe 辅合金烧结 NdFeB 磁体

Liang 等[65]将不同含量的 $Dy_{71.5}Fe_{28.5}$ 粉末作为辅合金添加到烧结 NdFeB 粉末中，制备了双合金烧结 NdFeB 磁体。$Dy_{71.5}Fe_{28.5}$ 共晶合金的熔点约为 874.5 ℃。在磁体烧结升温过程中，当温度升高到 665 ℃ 左右时，主合金中的富 Nd 相熔化为液态；继续升高温度到 874.5 ℃ 以上时，晶界处的 $Dy_{71.5}Fe_{28.5}$ 固态颗粒也熔化成为液态。此时，富 Nd 液相和 $Dy_{71.5}Fe_{28.5}$ 相混合到一起，增大了磁体中的液相体积分数。而主相晶粒由于熔点较高，在烧结过程中一直以固态颗粒的形式存在。进行 $Dy_{71.5}Fe_{28.5}$ 晶界添加后，增多的液相体积使磁体生坯中的固态主相晶粒更好地被液相包裹起来，流动的液相会减少固态主相晶粒边界层的缺陷，如晶粒尖角等，优化晶界相的分布，增加晶界相的连续性。同时，通过液相的毛细管吸力和液态晶界相与固态主相间的物质交换，促进磁体的致密化。

因为主合金磁体中稀土含量较低，仅为 12.3%（原子分数），在液相烧结过程中，磁体中富 Nd 液相的体积分数较低，因此无法使磁体完全致密化，其密度仅为 7.45 g/cm^3。进行辅合金晶界重构后，随着 $Dy_{71.5}Fe_{28.5}$ 添加量的不断增多，磁体在烧结过程中其液相体积分数不断增大，可以更好地促进磁体的致密化，因此磁体密度不断增加，当 $Dy_{71.5}Fe_{28.5}$ 质量分数达到 2% 和 3% 时，磁体密度可以达到 7.56 g/cm^3 以上，实现高度致密化。

图 3 - 26 给出了不同磁体的背散射电子图像。图中灰色衬度区域为主相，白色衬度为富稀土晶界相。在稀土含量较低的主合金磁体中（图 3 - 26a），晶界相的体积分数较小，仅为 4.3% 左右，主要团聚在三叉晶界处，形状多为无棱角的团块状。这种情况下，晶界相与主相的润湿角较大，两相之间润湿性差，在烧结过程中液态晶界相只能对主相晶粒进行小部分包裹，因此，磁体密度低，且相邻主相晶粒之间几乎无薄层晶界相形成，导致磁体相邻主相晶粒耦合，不利于矫顽力的提高。随着 $Dy_{71.5}Fe_{28.5}$ 辅合金的添加，富 Nd 相体积分数及分布发生了显著变化。当添加 2% 的 $Dy_{71.5}Fe_{28.5}$ 时（图 3 - 26b），晶界相的体积分数由 4.3% 提高到 6.8%，团块状的三叉晶界相转变为条带状，说明两相之间具有更好的润湿性。同时，部分晶界相从条带状三叉晶界的各个尖角处进入主相晶粒之间的空隙，形成了连续的薄层晶界相，将相邻的主相晶粒隔离开来。当 $Dy_{71.5}Fe_{28.5}$ 的添加量增大到 3% 时（图 3 - 26c），磁体中晶界相的体积分数进一步增大到 9.5%，三叉晶界的形状和晶界相的分布与添加 2% $Dy_{71.5}Fe_{28.5}$ 时变化不大，说明当 $Dy_{71.5}Fe_{28.5}$ 添加量为 2% 时，磁体致密度和晶界相的分布都已经得到了很好的优化。同时，与未添加的主合金磁体相比，磁体的晶粒尺寸几乎没有变化，说明 $Dy_{71.5}Fe_{28.5}$ 的添加不会导致磁体晶粒长大。图 3 - 26d 给出了与 3% $Dy_{71.5}Fe_{28.5}$ 添加磁体稀土含量（13.2%（原子分数））相当的不含重稀土元素 Dy 的 $(Pr,Nd)_{13.2}Fe_{bal}B_{6.1}$ 磁体的显微组织图像。其晶界相体积分数为 8.7% 左右，与添加 3% $Dy_{71.5}$-$Fe_{28.5}$ 磁体区别不大。但其条带状的三叉晶界相数量较少，团块状、圆形的三叉晶界占了很大比例，相邻主相间薄层晶界相的数量也很少。比较可知，通过晶界添加低熔点的 $Dy_{71.5}Fe_{28.5}$ 合金粉末可以有效改善晶界相对主相晶粒的润湿性及磁体中晶界相的分布。

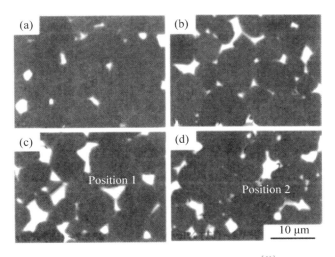

图 3 - 26　不同磁体的背散射电子图像[66]

（a）（Pr,Nd)$_{12.3}$Fe$_{bal}$B$_{6.1}$主合金磁体；（b）添加 2% Dy$_{71.5}$Fe$_{28.5}$的磁体；

（c）添加 3% Dy$_{71.5}$Fe$_{28.5}$的磁体；（d）不含 Dy 的(Pr,Nd)$_{13.2}$Fe$_{bal}$B$_{6.1}$磁体

为了表征 Dy$_{71.5}$Fe$_{28.5}$晶界添加后，磁体晶界相化学成分和不含 Dy 磁体的区别，通过 EDX 测试了磁体三叉晶界处的化学成分。在不含 Dy 的磁体中，三叉晶界相的化学组成为 79.27% 的（Pr + Nd)、9.89% 的 Fe 和 10.84% 的 O。而在添加质量分数为 3% 的 Dy$_{71.5}$Fe$_{28.5}$磁体中，三叉晶界相的化学组成为 56.6% 的（Pr + Nd)、8.05% 的 Dy、15.73% 的 Fe 和 19.62% 的 O。结果表明，通过晶界重构方法在磁体中加入 Dy$_{71.5}$Fe$_{28.5}$粉末，在烧结热处理之后，有一部分 Dy 遗留在晶界相中，使晶界相中（Pr + Nd)的相对含量降低。

研究结果还表明，Nd 元素除了富集在三叉晶界处，在主相中呈均匀分布。Dy 可以从液态晶界相向主相晶粒扩散，但在固态的主相晶粒中是以晶格扩散的形式进行，扩散距离有限。Dy 元素在主相晶粒中的分布是不均匀的，在主相晶粒边界层有一个厚度为 0.7 ~ 1 μm 的富集层，薄层中 Dy 的浓度与晶界相中基本相同，而在主相晶粒心部，Dy 的含量非常少，这种不均匀分布说明在主相中 Dy 对 Nd 的取代仅发生在晶粒的表面区域。

此外，通过添加 Dy$_{71.5}$Fe$_{28.5}$，生坯中富稀土相的体积分数增多，磁体的磁场取向变得更加容易。取向度的提高可以中和一部分由于 Dy 元素取代 Nd 带来的磁稀释作用，更有利于在提高矫顽力的同时保持磁体的

剩磁。

由于一部分 Dy 在烧结处理过程中通过晶界扩散进入 $Nd_2Fe_{14}B$ 主相晶粒边界，富集在主相晶粒边界层的 Dy 元素会形成具有高磁晶各向异性场的 $(Nd, Dy)_2Fe_{14}B$ 壳层，提高磁体的矫顽力[66]。不同 $Dy_{71.5}Fe_{28.5}$ 添加量磁体的磁性能列于表 3-7 中。主合金磁体的稀土含量较低，磁体中主相体积分数较高，因此具有高的剩磁（达 14.3 kGs）和最大磁能积（达 48.8 MGOe）；但由于直接接触的主相晶粒间的耦合作用，磁体矫顽力很低，仅为 9.6 kOe。在进行 $Dy_{71.5}Fe_{28.5}$ 晶界重构之后，磁体矫顽力迅速提高，当其添加的质量分数为 3% 时，矫顽力由原来的 9.6 kOe 提高到 17 kOe，提高了 77%；此时磁体中的 Dy 质量分数为 2.64%，通过计算可知，在此晶界重构方法中，每添加质量分数为 1% 的 Dy，矫顽力的增加量为 2.8 kOe，明显高于直接熔炼磁体中每增加 1% 的 Dy 元素矫顽力的增加值 2.4 kOe。由于 Dy 元素仅分布在主相晶粒边界层，所以由 Dy 与 Fe 原子之间的反铁磁耦合带来的磁稀释作用较小。添加质量分数为 3% 的 $Dy_{71.5}Fe_{28.5}$ 磁体的剩磁为 13.6 kGs，每增加 1% 的 Dy，其降低量为 0.27 kGs，远低于直接熔炼磁体的 0.50 kGs。这说明，$Dy_{71.5}Fe_{28.5}$ 晶界重构可以在保持剩磁的前提下大幅提高矫顽力。

表 3-7　$Dy_{71.5}Fe_{28.5}$ 不同添加量磁体的磁性能[65]

添加量（质量分数）/%	矫顽力/kOe	剩磁/kGs	最大磁能积/MGOe
0	9.6	14.3	48.8
1	12.2	14.1	48.5
2	14.5	14.0	48.0
3	17.0	13.6	45.0

3.3.3.2　其他辅合金烧结 NdFeB 磁体

Yue 等[67]提出了高各向异性粉末包覆法。他们采用物理气相沉积的方法制备重稀土 Dy、Tb 或其氢化物的纳米颗粒，将其掺入主相合金粉中，而后进行取向、压制和烧结。利用该方法，不仅有效提高了磁体的矫顽力，而且降低了重稀土 Dy、Tb 的使用量。日本 TDK 也提出了类似的工艺[68]，TDK 称该工艺形成的磁体结构为 H-HAL（Homogeneous High Anisotropy Field Layer，均匀高各向异性场层）结构。该工艺是在气流磨工序中加入粗粉碎的 Dy 源粉，使其与磁粉一同进行微粉碎。在该过程中，一方面对粒度进行控制，另一方面使粒径不到 1 μm 的 Dy 源粉均匀地分散包覆在粒径数微米的主相合金磁粉周围，在烧结过程中 Dy 渗入主相晶粒边界形成（Nd，Dy）$_2$Fe$_{14}$B 相（图 3 - 27）。采用该方法，用质量分数不到 6.5% 的 Dy 能得到 30 kOe 以上的矫顽力，比传统双合金方法减少 35% 以上的 Dy。采用相同含量的 Dy 时，比通常双合金方法提高矫顽力 2 kOe，并且该方法对磁体厚度没有限制。

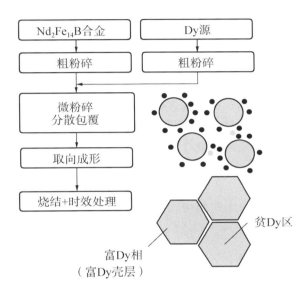

图 3 - 27　TDK 公司提出的"H-HAL 法"[69]

3.3.4　双合金磁体矫顽力机制

　　理解双合金磁体的矫顽力机制非常重要。假设双主相烧结永磁材料的矫顽力仍由反磁化畴的形核场控制，对于体积分数较大的 Nd$_2$Fe$_{14}$B 晶粒，其内部结构完整，基本上无缺陷，难以成核。另一方面，如果 Dy 元素仅分布在晶界角隅处或 Nd$_2$Fe$_{14}$B 晶粒的边沿层，该边沿层由含 Dy 主相晶粒构成，其各向异性场高于所包围的 NdFeB 主相晶粒，也难以形成反磁化畴的形核点，这样，由 NdFeB 和（NdDy）FeB 或 DyFe 富稀土相组成的双合金结构可以提高整个磁体的矫顽力。

　　根据铁磁学的反磁化理论，单一主相的烧结 NdFeB 磁体的矫顽力属形核机制，其矫顽力的计算公式可表示为：

$$_jH_c = \frac{2K_0}{M_s}\alpha_\varphi - N_{eff}(4\pi M_s) \qquad (3-14)$$

145

式中，K_0 为单一 $Nd_2Fe_{14}B$ 主相晶粒内部磁晶各向异性常数；α_φ 为与晶粒取向度有关的结构因子。

对于双主相复合磁体，假定含 Dy 主相晶粒的体积为 V_0，其他磁性常数与晶粒内部相同，只有磁晶各向异性常数不同，定义 $K(z)$ 为双主相晶粒的有效各向异性常数，所以有：

$$K(z) = K_0(z) + \Delta K(z) \cdot f_c \qquad (3-15)$$

式中，$\Delta K(z) = K_1(z) - K_0(z)$，表示磁晶各向异性常数从不含 Dy 的主相晶粒（内部）至含 Dy 的主相晶粒（外部）的总变化；$K_0(z)$ 为不含 Dy 的 $Nd_2Fe_{14}B$ 主相晶粒的磁晶各向异性常数；$K_1(z)$ 为含 Dy 主相晶粒的磁晶各向异性常数；f_c 为 Dy 主相晶粒所占据的临界体积分数。在有效空间范围内两种主相晶粒将发生接触，此时，式（3-14）可表示为：

$$_jH_c = \frac{2[K_0(z) + \Delta K(z)] \cdot f_c}{M_s}\alpha_\varphi - N_{eff}(4\pi M_s) \qquad (3-16)$$

考虑到两种主相颗粒之间的相互作用，有：

$$f_c = \left[1 - e^{-B_c\frac{A_0}{A_{eff}}}\right] \qquad (3-17)$$

式中，B_c 是与颗粒形状有关的常数；A_{eff} 为 V_{eff} 的表面积。当晶粒为球形时，式（3-17）可表示为：

$$f_c = \left[1 - e^{-B_c\frac{z}{R_{eff}}}\right] \qquad (3-18)$$

式中，R_{eff} 为双相复合颗粒的有效半径；z 为包覆在 $Nd_2Fe_{14}B$ 主相晶粒外层的含 Dy 主相晶粒的有效厚度，即 z 为离晶粒表面的距离。

由式（3-15）、式（3-16）可以看出，磁体的反磁化形核场与双主相晶粒的磁晶各向异性常数有极大关系。当含 Dy 的主相层较薄，且磁晶各向异性常数增大时，磁体的矫顽力随之增加。在实际的双相复合磁体中，f_c 是一个微观结构敏感参量，高矫顽力、低 Dy 双相复合永磁材料的优化性能在很大程度上首先取决于其中特征组分的优化体积分数，即取决于它的临界体积分数。

因此，作者认为，不同的微结构和相组成对应着不同的矫顽力机制，对于这种用双合金工艺制备的双相磁体，其矫顽力机制难以完全套用现有的理论去解释，有关这方面的问题还需深入研究。

3.4　烧结钕铁硼永磁晶界扩散技术

烧结钕铁硼永磁的显微组织具有如下特征：①基体相 $Nd_2Fe_{14}B$ 的晶粒呈多边形。②富 B 相数量极少，以孤立或颗粒态存在。③富 Nd 相沿晶界或晶界角隅处分布。沿晶界分布的富 Nd 相呈薄层状，包围住基体相晶粒，此外也可能存在少数分布在晶粒内部的颗粒状富 Nd 相。④可能还存在 Nd 的氧化物 Nd_2O_3、α-Fe 相及外来的掺杂物（如氯化物）以及空洞等。对于烧结钕铁硼永磁，其反磁化机制主要为反向畴的形核和长大。根据形核模型，反磁化过程是通过 $Nd_2Fe_{14}B$ 晶粒表面缺陷处的反磁化畴的形成和长大发生，光滑无缺陷的晶界不利于反磁化畴形核。因此，控制 $Nd_2Fe_{14}B$ 相和富 Nd 相之间的界面结构，通过晶界调控减少晶界缺陷，获得清洁和光滑的晶界可以有效改善矫顽力，如图 3 – 28 所示。

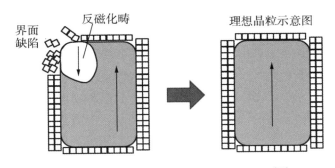

图 3 – 28　晶界调控提高磁体矫顽力示意图[70]

钕铁硼合金居里温度较低，磁晶各向异性场随温度升高下降迅速。因此，随温度升高，钕铁硼磁体矫顽力下降非常快，难以满足在电机等领域要求材料具有高的热稳定性的应用要求。要想获得高的热稳定性，必须提高其矫顽力。因此，目前大部分高温应用钕铁硼磁体都添加有相对较大量的 Dy 或 Tb，以提高 $Nd_2Fe_{14}B$ 硬磁相的磁晶各向异性。但是，在 $RE_2Fe_{14}B$ 化合物中，Dy 或 Tb 的磁矩与 Fe 反平行耦合，添加 Dy 或 Tb 会导致材料的磁化强度和磁能积降低。同时，Dy 和 Tb 元素在自然界较为稀少，储量非常有限，且价格远远高于 Nd。因此，为提高钕铁硼永磁的性价比，开发无 Dy(Tb) 或少 Dy(Tb) 及低稀土含量的高矫顽力、高温度稳定性的钕铁硼磁体成为当务之急。

提高钕铁硼矫顽力和高温稳定性的途径包括成分优化和组织优化。从成分优化的角度，采用低成本稀土替代 Dy(Tb)，或者添加有利于提高矫顽力的元素是目前采用的主要手段；而从组织优化的角度，细化晶粒和优化晶界是目前考虑的主要途径。最近几年，由于市场对技术的需求，针对 NdFeB 材料的晶界调控技术发展非常快，国内外研究者对此进行了大量的研究，从晶界的成分调控到结构调控，获得了一系列研究成果。

3.4.1　晶界扩散技术概述

如图 3-28 所示，烧结 NdFeB 磁体的反磁化过程来源于反磁化畴在 $Nd_2Fe_{14}B$ 晶粒表面缺陷处的形核和长大。因此，只要提高晶粒表面的各向异性场，抑制反向畴在晶界的形核，就可以提高材料矫顽力。基于这一原理，人们提出了晶界扩散技术。它主要是通过元素扩散原理，使有利于提高合金磁晶各向异性的元素（如 Dy 和 Tb）进入晶界，改变晶界相的界面成分，从而提高局部的各向异性场。进入晶界的 Dy 或 Tb 在晶粒表面形成 $(Nd,Dy)_2Fe_{14}B$ 相，其磁晶各向异性要高于 $Nd_2Fe_{14}B$ 相。这一技术本身是一种界面成分控制技术。与传统的熔炼添加不同，晶界扩散的元素无需进入晶内，因此可以大幅度减少重稀土 Dy 和 Tb 含量，同时最大限度减少剩磁降低，有利于提高材料性价比。Dy 或 Tb 之所以能进入晶界而较少进入晶内，一个重要的原因是晶界扩散温度超过了烧结 NdFeB 磁体富稀土相的液相线，晶界富稀土相已经成为液相，而 Dy(Tb) 在液相中的扩散速率远远高于在固相中的扩散速率。

针对晶界扩散基本原理，早期人们提出了两种晶界扩散工艺，主要利用重稀土元素 Dy 或者 Tb 的单质或化合物作为扩散介质。一种方式是在压制前的粉末表面镀一层 Dy，然后进行取向压制和烧结。这一过程可以在气流磨制粉过程中实现。另外一种方式是在烧结的 NdFeB 块材表面以涂敷或镀膜的方式形成 Dy 或含 Dy 化合物层，然后进行高温扩散。这两种方式目前都取得了一定的成功。第二种方法如图 3-29 所示。涂敷或沉积于磁体表面的 Dy 或者含 Dy 化合物，在一定温度下会沿晶界扩散。2000 年，Park 等[71]在烧结 NdFeB 磁体表面溅射一层几微米厚的 Dy 金属薄膜，通过热处理使主相 $Nd_2Fe_{14}B$ 晶粒表面富集 Dy，将磁体矫顽力提高了两倍，同时没有降低剩磁。这可以看作是最早的晶界扩散工艺。后来，Hirota[72]开发出了与此类似，但更为简单、实用的晶界扩散法，将 Dy 和 Tb 的氧化物或氟化物磨成粒径小于 5 μm 的粉末，与酒精 1:1（质量比）

混合涂在磁体表面，然后退火扩散处理。研究者发现 Dy 溶解在基体相中，主要富集在基体相和晶界相之间靠近基体相一侧的界面附近，而 O、F 溶解在富 Nd 相中，能改善晶界相。研究者还发现，除 Dy 置换主相 Nd 提高局部各向异性场外，N、O、Ni 等也对磁体矫顽力、电阻性、抗腐蚀性等综合性能有一定的改善作用[73,74]。Suzuki 等[75]以氟化镝为原料，对烧结 NdFeB 磁体进行 Dy 扩散，研究 Dy 扩散对磁性能和微观结构的影响。通过热扩散 Dy 的氟化物之后的烧结 NdFeB 磁体，其矫顽力从 1.1 T 提升至 1.5 T。显微组织分析表明，晶界处存在 Dy 富集的现象。结果表明，在主相颗粒表面发生置换反应生成（$Nd_{0.8}Dy_{0.2}$）$_2Fe_{14}B$ 相是导致矫顽力提高的主要原因。Komuro 等[76]研究了 Nd、Pr、Dy、Tb 的氟化物涂层处理后对磁体矫顽力的改善效果：当磁体的厚度为 1 mm 时，Dy-F 涂层的磁体的矫顽力提高了 41%，剩磁下降了 0.6%。晶界扩散法适用于厚度为 5 mm 及以下的磁体。5 mm 厚度的磁体已可应用于 HEV 电机中。目前，相关研究取得显著成果，并已逐步开始产业化。

磁体表面涂敷Dy　　　　Dy在热扩散过程中　　　　Dy沿着主相界面处分布

图 3 – 29　晶界扩散示意图

早期的晶界扩散采用 Dy 或者 Tb 的化合物，目的是提高主相晶粒表面的各向异性场，可以称为第一代晶界扩散技术。为了进一步降低重稀土含量，2010 年，Sepehri-Amin 等[77]提出以不含重稀土的 Nd-Cu 等低熔点共晶化合物为扩散介质，通过调控晶界相，提高磁体矫顽力。研究取得了明显效果，并且进一步降低了高矫顽力 NdFeB 磁体对重稀土 Dy 的依赖，降低了原材料的成本。Sepehri-Amin 等[78]还研究 Nd-Cu 合金的晶界扩散工艺对热变形（HD）磁体的磁性能和微观结构的影响。利用 $Nd_{70}Cu_{30}$ 合金在 600 ℃扩散 2 h，热变形 $Nd_{14}Fe_{76}Co_{3.4}B_6Ga_{0.6}$ 磁体的 H_c 从 1.5 T 提升至 2.3 T，M_s 从 1.35 T 降低到 1.11 T，$(BH)_{max}$ 从 340 kJ/m^3 降低到 228 kJ/m^3，矫顽力热稳定系数从 – 0.55 %/℃提高到 – 0.45 %/℃，而传统工艺制备的烧结 NdFeB 磁体的矫顽力热温度系数一般为

$-0.6\ \%/℃$。通过背散射电子分析，通过 Nd-Cu 合金的晶界扩散工艺，热变形磁体的富稀土相成分明显增多，这正是磁体磁性能变化的主要原因。近年来，国内外对扩散介质的研究主要以低熔点稀土 – 金属共晶合金为重点。这可以称为第二代晶界扩散技术。北京大学以 $Pr_{68}Cu_{32}$ 为扩散介质，制备出矫顽力高达 2.1 T 的不含重稀土烧结 NdFeB 磁体，发现晶界相中铁磁性元素 Fe、Co 含量的降低是高矫顽力的主要原因[79]。日本国立材料研究所采用 Nd-M(M = Al、Cu、Zn、Ga、Mn、Ni 等) 合金晶界扩散，显著改善了热变形 NdFeB 的矫顽力和热稳定性，并发现晶界相成分的改善是其性能提高的主要原因[80]。

2015 年，作者研究组提出第三代晶界扩散技术[81]，利用非稀土化合物作为扩散介质，优化晶界结构，改善矫顽力和其他应用特性，目前已取得了一定的成功。

以下对作者研究组最近在 Dy_2O_3 晶界扩散和非稀土化合物晶界扩散技术方面的工作做简单的介绍。

3.4.2　Dy_2O_3 晶界扩散

作者研究组[53]详细研究了 Dy_2O_3 的晶界添加对钕铁硼磁性能的影响。采用固体扩散工艺，以 Dy_2O_3 粉末为扩散介质，成功地改善了 NdFeB 磁粉和烧结磁体的性能。

首先针对快淬 NdFeB 粉末进行了晶界扩散技术研究，详细研究了扩散工艺参数，包括混料方式、扩散时间、扩散温度以及扩散介质等对磁粉性能的影响。结果表明，在较低温度(550 ～ 600 ℃)下，扩散效果不是很明显。随着扩散温度的上升，扩散效果明显增强，扩散后磁粉的矫顽力也有了明显的提升，在扩散温度为 650 ℃时，磁粉的矫顽力达到了最大值，从最初的 2.3 T 提升至 2.6 T。随着扩散温度的进一步升高，磁粉的矫顽力却出现了明显的降低。在获得最佳扩散温度的条件下，研究了不同的 Dy_2O_3 添加量对磁性能的影响。图 3 – 30 是 MQ 粉中添加 Dy_2O_3 的质量分数分别为 0.1% 、0.5% 、1% 、3% 、5% 、7% 、10% 的混合粉体在经过固体扩散处理之后的磁性能变化。一定含量的 Dy_2O_3 扩散处理后，磁粉退磁曲线相对于原始磁粉的退磁曲线方形度有了一定的改善(图 3 – 30a)。图 3 – 30b 表明，快淬磁粉在经过不同含量的 Dy_2O_3 固体扩散工艺处理之后，矫顽力均有一定程度的提高。当 Dy_2O_3 含量较小时，扩散样品的矫顽力较原始磁粉有了明显的提高；当 Dy_2O_3 质量分数为

1%时，扩散样品的矫顽力达到最大值。随着 Dy_2O_3 含量的进一步增加，样品的矫顽力变化幅度不大，并呈现出下降的趋势。而当 Dy_2O_3 含量较少时，扩散样品的剩磁较原始磁粉有少量的增加。但是随着 Dy_2O_3 含量的持续增加，样品的剩磁开始呈现下降的趋势，并且随着含量的增加，下降幅度也明显增大。研究结果表明，当 Dy_2O_3 质量分数为 1%时，扩散样品能获得最佳的综合磁性能。使用微量重稀土氧化物进行晶界扩散工艺就能够有效提高 NdFeB 永磁的矫顽力。

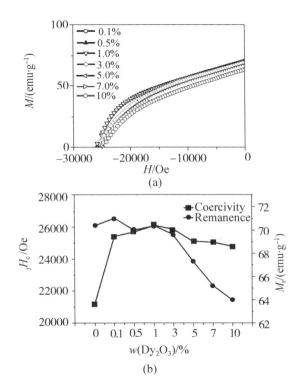

图 3-30 不同 Dy_2O_3 含量的磁粉的退磁曲线(a)及磁性能变化图(b)

在磁粉的晶界扩散实验基础上，开展了烧结 NdFeB 磁体的 Dy_2O_3 固体扩散工艺研究。将商业烧结 NdFeB 磁体表面包覆一层 Dy_2O_3 粉末，然后进行晶界固体扩散处理，扩散处理温度为 $600 \sim 900$ ℃，时间为 1 h。图 3-31 是烧结 NdFeB 磁体晶界固体扩散前后的磁滞回线。经过扩散处理之后，磁体矫顽力从 965 kA/m 提升至1154 kA/m，剩磁也只有微弱的降低，从 1.34 T 降低至 1.33 T。这说明 Dy_2O_3 固体扩散工艺对于小尺寸块体烧结磁体矫顽力的提高以及重稀土使用量的减少也有明显的促进作用。

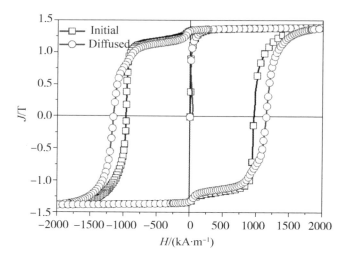

图 3 – 31   烧结 NdFeB 磁体进行固体扩散前后的磁滞回线

图 3 – 32 为烧结 NdFeB 磁体在经过 Dy_2O_3 扩散前后的低倍扫描电镜背散射电子图像。磁体的易磁化方向垂直于面内方向。灰黑色区域是磁体的主相颗粒 $Nd_2Fe_{14}B$，亮白色区域是磁体的晶界富 Nd 相。图 3 – 32a 中，虽然稀土含量较高，但是富稀土相主要在主相颗粒之间的角隅处聚集，薄带层状的富 Nd 相较少，主相颗粒与颗粒之间普遍存在直接接触的情况，只有少量的薄带层状的富 Nd 相分布在主相颗粒与颗粒之间。图

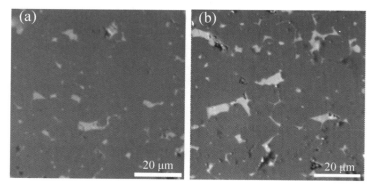

3 – 32   烧结 NdFeB 磁体扩散前后的低倍扫描电镜背散射电子图像
（a）扩散前；（b）扩散后

3-32b 中，磁体经过扩散处理之后，主相的颗粒尺寸基本保持不变，但是晶界的富 Nd 相分布得到了明显优化，主相颗粒与颗粒之间出现了连续、清晰的薄带层状的晶界富 Nd 相，有利于矫顽力的提升。

图 3-33a 是扩散前磁体的扫描电镜背散射电子图像，图 3-33b 和图 3-33c 分别是 Nd 元素、Fe 元素分布（能谱面扫描）图。Nd 元素在晶界处有明显的聚集现象，而在主相颗粒中的含量相对较少，聚集在晶界的富 Nd 相不能有效地阻碍主相颗粒之间的交换耦合作用，因此对磁体的磁性能不利。Fe 元素的分布和 Nd 元素恰恰相反，它在晶界相中的含量较低，而在主相颗粒中的含量较高。

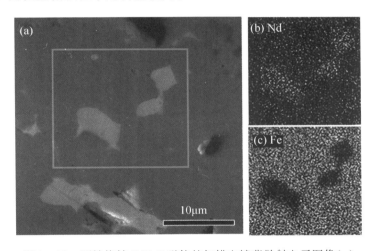

图 3-33 原始烧结 NdFeB 磁体的扫描电镜背散射电子图像（a）
以及 Nd（b）、Fe（c）的能谱面扫描图

图 3-34a 是扩散后磁体的扫描电镜背散射电子图像，在主相颗粒角隅大块晶界相（圆圈区域）的颜色衬度明显有差异，其原因可能是该区域的化学成分有所差异。图 3-34b 是扩散后磁体的 Nd 元素分布，其分布规律和原始磁体一样，在晶界处的含量较高，在主相颗粒中的含量相对较低。图 3-34c，d 中，扩散后样品的 Fe 与 Dy 元素的分布和 Nd 元素相反，它们在晶界相中的含量相对较高，而在主相中的含量较低。值得注意的是，Nd、Fe 元素在晶界处的分布也有明显的不同，这可能就是造成图 3-34a 晶界相衬度差异的主要原因。Dy 在晶界相的分布与 Fe 的分布类似，在晶界处的分布也有所差异，在 Fe 含量较高的区域，Dy 的含量也相应增加，这说明 Dy_2O_3 扩散之后的分布可能受到 Nd 或 Fe 元素的影响。

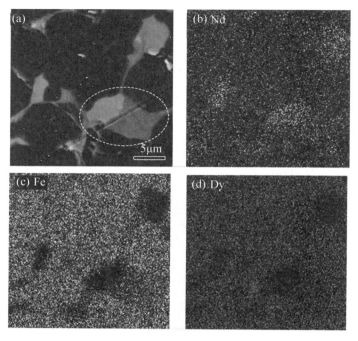

3 - 34　烧结 NdFeB 磁体扩散处理后的扫描电镜背散射电子图像（a）

以及 Nd（b）、Fe（c）和 Dy（d）的能谱面扫描图

图 3 - 35a 是扩散后磁体表层区域的扫描电镜背散射电子图像，图
3 - 35b 是图 3 - 35a 直线区域的 EDS 线扫描。Nd、Fe 和 Dy 元素的线扫描
同样说明 Nd 元素在晶界相中出现聚集，而 Fe 和 Dy 元素在晶界相中的含
量相对较少。图 3 - 36a 是扩散后磁体心部区域的扫描电镜背散射电子图
像，图 3 - 36b 是图 3 - 36a 直线区域的 EDS 线扫描。线扫描结果更加直观
地表明，扩散进入的 Dy 元素在主相颗粒边缘聚集，而在主相颗粒内部的
含量明显降低。这与传统熔炼添加重稀土 Dy 元素的分布有着明显的差
异。传统熔炼添加重稀土的磁体，Dy 和 Nd 元素在晶界处都会产生聚集，
而在主相内部分布相对均匀。而扩散处理后磁体的 Dy 元素在晶界相中的
含量明显较少，说明大部分的 Dy 元素以晶界为通道扩散进入主相颗粒表
层。同时，在主相颗粒内部，Dy 元素的含量又明显下降。这说明 Dy 元
素主要是与主相颗粒表层的 Nd 发生了置换反应，形成了（NdDy）$_2$Fe$_{14}$B
"外壳"，而对主相内部的成分几乎没有影响。正是基于这一"磁硬化外

壳"的特点，Dy_2O_3 固体扩散在提高烧结 NdFeB 磁体矫顽力的同时又可有效降低重稀土元素的使用量。

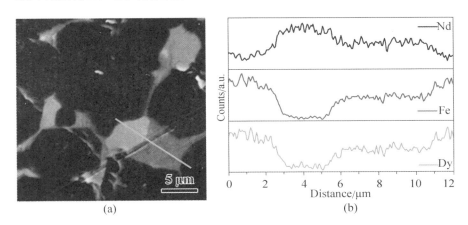

(a)　　　　　　　　　　　(b)

图 3 - 35　扩散后烧结 NdFeB 磁体表层的扫描电镜背散射电子图像(a)
以及 Nd、Fe 和 Dy 的 EDS 线扫描图(b)

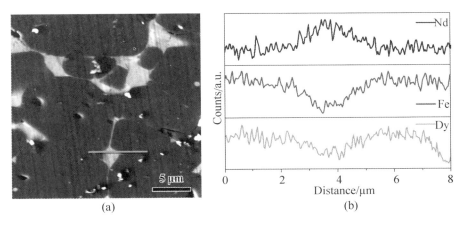

(a)　　　　　　　　　　　(b)

图 3 - 36　扩散后烧结 NdFeB 磁体心部的扫描电镜背散射电子图像(a)
以及 Nd、Fe 和 Dy 的 EDS 线扫描图(b)

3.4.3　非稀土化合物晶界扩散技术

在初期的晶界扩散工艺中，扩散介质通常选择重稀土或者重稀土化合物，通过提高磁体主相颗粒边界的各向异性场来抑制反磁化磁畴的形核，从而提高磁体的矫顽力。后来，不含重稀土的 Nd-Cu 等低熔点共晶化合物被作为扩散介质，其作用机理主要是以晶界为扩散通道，使得这些稀土共晶合金通过扩散进入晶界相中，提高晶界相含量，改善晶界相分布和成分，从而提高矫顽力。经过十余年的研究和发展，虽然晶界扩散技术取得显著进展，但仍然摆脱不了对稀土元素的依赖，目前的工艺无一例外地需使用稀土化合物或者稀土合金作为扩散源。

早前研究表明，低熔点掺杂元素 Al、Cu、Zn、Mg 等能与富 Nd 相反应生成新相或者溶解其中，改善晶界相成分及分布，提高磁体矫顽力[82]。Kim 等[83]发现添加适量的 Cu 能够有效地调控晶界相的晶体结构，形成低错配度富 Cu 的 c-Nd_2O_3 晶界相，提高矫顽力，而过量的 Cu 则会形成 hcp-Nd_2O_3 晶界相，增加晶格错配度，增大晶界相与主相的界面粗糙度，降低矫顽力。早在 1996 年，Chen 等[84]系统研究了 20 种氧化物晶间添加对 $Nd_{22}Fe_{71}B_7$ 磁体的影响，发现 MgO 可以一定程度增加磁体的矫顽力，并减少磁损耗。

上述工作表明，低熔点金属（合金）或者金属氧化物有可能作为扩散介质用于晶界扩散，提高矫顽力。作者研究组[53,81]自 2014 年开始，开展了非稀土化合物的晶界扩散技术研究，拟在重稀土晶界扩散技术和稀土共晶化合物晶界扩散技术的基础上，开发新一代不含稀土化合物的晶界扩散技术。以下以 MgO 作为扩散介质为例，系统介绍非稀土化合物固体扩散对烧结 NdFeB 磁体的组织、磁性能、热稳定性能以及抗腐蚀性能的影响及作用机理。

3.4.3.1　实验过程

实验所用的烧结 NdFeB 磁体为传统工业化批量生产的商用烧结磁体。将磁体进行切割之后磨平、抛光、清洗。随后在室温下，采用磁控溅射的方法在磁体表层进行 MgO 镀膜，将含有 MgO 镀层的样品进行真空固体扩散处理，扩散温度为 600 ~ 900 ℃，扩散时间 120 min。工艺示意图如图 3 - 37 所示。

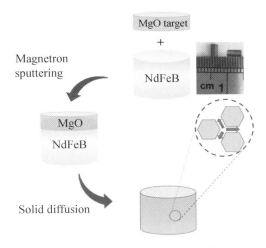

图 3 – 37　烧结 NdFeB 磁体的 MgO 固体扩散工艺示意图

3.4.3.2　MgO 晶界固体扩散处理对烧结 NdFeB 磁性能和热稳定性的影响

图 3 – 38 中包括了原始磁体、原始磁体经热处理，以及磁体经 MgO 扩散处理之后的室温 J-H 退磁曲线。经过扩散处理，磁体磁性能有了较为明显的提升，矫顽力从 1094 kA/m 提升至 1170 kA/m，并且剩磁也有所提高，从 1.19 T 提升至 1.20 T，最大磁能积从 240 kJ/m^3 提升至 261 kJ/m^3。对于不进行溅射镀 MgO 的样品，经过同样热处理工艺后，磁体的磁性能，特别

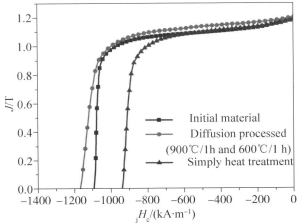

图 3 – 38　烧结 NdFeB 磁体扩散前后以及简单热处理
（900 ℃/1 h + 600 ℃/1 h）的退磁曲线

是矫顽力明显降低，这说明扩散磁体磁性能的增强不是由简单的热处理造成的，而是 MgO 扩散处理显著改善了矫顽力。

为进一步验证样品磁性能的变化主要来源于 MgO 扩散处理，作者研究组对扩散后样品沿深度方向的矫顽力和剩磁进行了测试。测试方法是沿着扩散方向对样品未扩散面进行逐步打磨，然后测试打磨过后样品的室温磁性能。打磨越多，离样品表面 MgO 镀层越近。结果发现，磁体的剩磁在各个厚度层的变化很小，但是矫顽力随着扩散深度的增大而明显增加，并且越靠近表层，矫顽力越大，如图 3 – 39 所示。这就证实 MgO 成功扩散进入了磁体的心部，而且扩散后磁性能的变化主要来源于扩散处理对于磁体晶界结构和成分的优化。

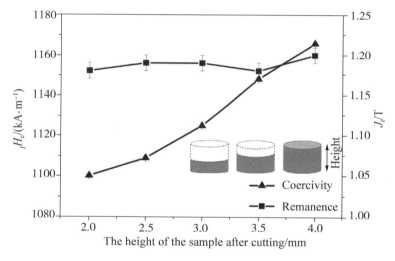

图 3 – 39　扩散后样品矫顽力和剩磁随扩散深度的变化[53]

对 MgO 扩散处理后磁体的热稳定性进行初步的测试，扩散前后样品在 300 K 和 393 K 的磁性能如表 3 – 8 所示，扩散后磁体在室温（300 K）以及高温（393 K）的磁性能都优于原始磁体，其剩磁温度系数的绝对值（$|\alpha|$）由 0.108%/K 降低到 0.099%/K，矫顽力温度系数的绝对值（$|\beta|$）由 0.655%/K 降低到 0.648%/K。这说明通过 MgO 扩散处理也能够有效提高烧结 NdFeB 磁体的高温磁性能及热稳定性能。

表 3-8 扩散前后烧结 NdFeB 磁体在 300 K 和 393 K 下的磁性能、
剩磁温度系数(α)以及矫顽力温度系数(β)

样品	J_r/T		$_jH_c$ /(kA·m^{-1})		$(BH)_{max}$ /(kJ·m^{-3})		α /(%·K^{-1})	β /(%·K^{-1})
	300 K	393 K	300 K	393 K	300 K	393 K		
原始磁体	1.19	1.07	1094	428	240	180	-0.108	-0.655
MgO 扩散磁体	1.20	1.09	1170	465	261	188	-0.099	-0.648

磁体的热稳定性与居里温度、室温磁性能以及显微组织和成分有关。实验测得扩散前后磁体的 T_C 没有任何变化，均为 588 K，这进一步说明 MgO 通过固体晶界扩散进入磁体后并没有进入主相 $Nd_2Fe_{14}B$ 改变其晶体结构，而仅仅存在于磁体晶界相中。因此扩散后磁体热稳定性的提高主要来源于磁体显微结构的优化和室温磁性能的提高。

3.4.3.3 MgO 晶界固体扩散处理对烧结 NdFeB 磁体显微组织的影响

图 3-40a 是原始烧结磁体在溅射镀膜之后表层形貌及局部的 EDS 能谱分析，表明磁体表层已经成功镀上一层 MgO 薄膜，而且膜层与磁体结合较好。图 3-40b 是原始磁体低倍扫描电镜背散射电子图像，深色衬度区域为主相 $Nd_2Fe_{14}B$，白亮和浅灰衬度区域为晶界富 Nd 相。可以发现，主相颗粒形状普遍不是很规则，大部分存在尖锐的棱角或者有突出的部分，这些结构会增大磁体的退磁因子，对磁体的矫顽力极为不利。大部分晶界相聚集在主相颗粒之间的角隅处，只有少部分以带状形态存在于主相颗粒间的间隙处。图 3-40e 是原始磁体高倍的扫描电镜背散射电子图像，由于主相之间不存在晶界富 Nd 相，导致相邻的两个主相晶粒直接接触，并且部分晶粒已经相互"吞并"形成较大尺寸的晶粒，其尺寸甚至超过了20 μm。这些都会降低磁体矫顽力。图 3-40c 和 d 分别是扩散后样品表层和距离表层1.3 mm 心部的低倍扫描电镜背散射电子图像。扩散后主相晶粒的形状和大小还是存在一定的不均匀性，但相对原始磁体有了明显改善，主相边缘的尖锐棱角和突出部分明显有所减少，主相晶粒角隅处的大块晶界相的面积明显缩小，晶粒之间普遍存在连续的薄带层晶界富 Nd 相。薄带层晶界富 Nd 相首先能起到去磁耦合作用，其次有效

抑制了主相颗粒间的"融合吞并"现象，限制了主相颗粒的异常长大，并且减少了角隅处大块晶界相的比例。图 3 - 40f 是磁体扩散后表层的高倍扫描电镜背散射电子图像，能清晰地观察到主相颗粒之间普遍存在光滑、笔直、连续的薄带层状的晶界富 Nd 相。这些都有利于矫顽力的提升。

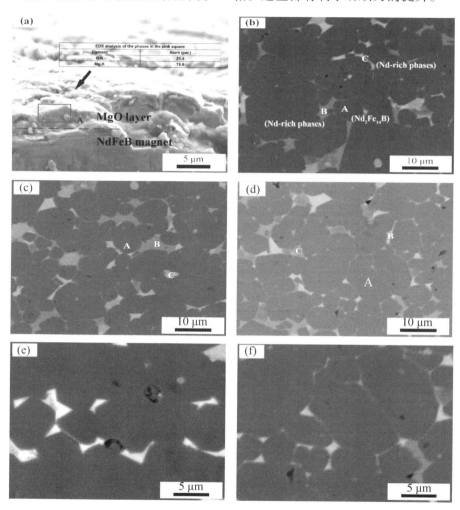

图 3 - 40　原始磁体表层的 SEM 图像及局部的 EDS 能谱分析结果(a)，
低倍(b)、高倍(e)的扫描电镜背散射电子图像，
扩散后磁体表层的低倍(c)、高倍(f)以及距离表层 1.3 mm
心部低倍(d)的扫描电镜背散射电子图像[53]

为研究 MgO 固体晶界扩散过程，利用能谱分析对扩散前后磁体的各个元素的分布进行了表征，结果如表 3－9 所示。区域 A 代表的是主相晶粒，区域 B 和 C 代表的是不同形貌的晶界相。结果表明，磁体扩散前后主相的化学成分基本保持一致，并且扩散后磁体不同区域的主相内均没有发现 Mg 元素。说明扩散处理对于磁体的主相的化学成分基本没有影响，并且扩散进入的 MgO 仅仅溶入晶界相中，并不会进入主相。扩散后磁体晶界相中的 O 元素含量明显增加，这也再次证明了上述观点。值得注意的是，晶界相中的 Mg 元素分布不是十分均匀，部分晶界相中也没有探测到 Mg 元素（如样品表层 C 区域的晶界相），并且局部探测到的 Mg 元素含量也不同。

表 3－9　图 3－40 不同区域的元素能谱分析　单位:%（原子分数）

磁体及取样部位	区域	Nd	Pr	Fe	O	Mg	相
原始磁体	A	9.08	2.11	84.36	4.45	—	$Nd_2Fe_{14}B$
	B	11.44	3.66	80.77	4.13	—	Nd-rich
	C	11.96	4.63	78.28	5.13	—	Nd-rich
扩散磁体上表面	A	9.14	2.07	84.98	3.81	—	$Nd_2Fe_{14}B$
	B	12.16	4.13	66.76	15.24	1.71	Nd-O-Fe-Mg
	C	10.22	3.21	72.30	14.27	—	Nd-rich
扩散磁体中部	A	8.95	2.22	84.25	4.58	—	$Nd_2Fe_{14}B$
	B	11.14	2.72	66.23	17.58	2.33	Nd-O-Fe-Mg
	C	10.01	3.53	65.32	18.95	2.19	Nd-O-Fe-Mg

在早期研究中，Yan 等[85] 发现适量添加 MgO 能提高烧结 NdFeB 磁体的矫顽力和热稳定性，但剩磁会出现明显降低。他们认为 MgO 能改善烧结 NdFeB 磁体矫顽力的主要原因有：第一，MgO 熔点较高（2852℃），在烧结过程中能有效抑制主相颗粒的长大；第二，MgO 会和 NdFeB 晶界相（Fe-Nd-O 相）发生反应生成 Nd-O-Fe-Mg 相，如式（3－19）至式（3－21）所示，反应有助于提高磁体晶界的润湿性，从而优化磁体的界面结构；第三，颗粒状的 Nd-O-Fe-Mg 相是非磁性相，对磁畴壁有强烈的钉扎作用。第四，由 MgO 引入的 O 原子对于晶界相的成分和分布也有一定的影响，从而影响磁体的矫顽力。

$$Fe\text{-}Nd\text{-}O + MgO \longrightarrow Fe\text{-}Nd\text{-}O\text{-}Mg \qquad (3-19)$$

$$Fe\text{-}Nd\text{-}O\text{-}Mg + MgO \longrightarrow Nd\text{-}O\text{-}Fe\text{-}Mg（Nd\text{-}rich\text{-}Mg） \qquad (3-20)$$

$$Nd\text{-}O\text{-}Fe（Nd\text{-}rich\text{-}Mg） + MgO \longrightarrow Nd\text{-}O\text{-}Fe\text{-}Mg（Nd\text{-}rich\text{-}Mg） \qquad (3-21)$$

　　但是，也有研究者认为合金化添加 MgO 对烧结 NdFeB 磁体矫顽力的提高仅限于三元系 NdFeB 材料中，其主要原因是对主相颗粒的细化；而对于多元体系的 NdFeB 永磁材料，其主相晶粒的细化作用被其他元素替代，故对磁体矫顽力的影响十分微弱。本实验所采用的商业 NdFeB 磁体也属于多元体系，但其矫顽力的提高幅度还是十分明显，并且剩磁也没有出现明显的降低。这可能是 MgO 晶界固体扩散与传统合金化法添加对烧结 NdFeB 磁体矫顽力的作用机理有所不同导致的。

　　为了深入了解扩散后磁体的显微结构特征，通过 TEM 对扩散前后的磁体进行了观察和分析。图 3-41a 是扩散后磁体多个主相晶粒的形貌图，晶粒与晶粒之间有较为明显的晶界存在。其插图是圆圈选区的电子衍射花样，显示主相 $Nd_2Fe_{14}B$ 晶粒的晶体结构。图 3-41b 是扩散后磁体大块晶界相的明场像，插图的选区电子衍射花样证明该区域是一个多晶结构，其晶体结构是密排六方结构，晶胞参数为 $a = 0.383$ nm，$c = 0.600$ nm，与已

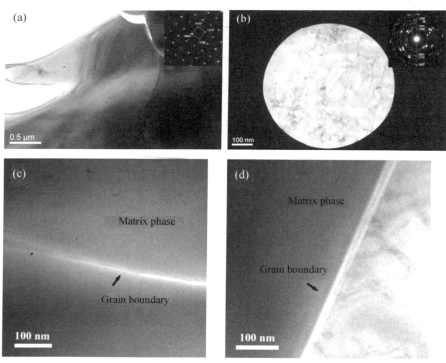

图 3-41　烧结 NdFeB 磁体显微组织结构的透射电子显微镜明场像[53]
（a）扩散后磁体多个主相晶粒；（b）扩散后磁体大块晶界相；
（c）（d）分别为扩散前与扩散后磁体主相与晶界相之间的界面

报道的 hcp 晶界富 Nd 相结构相同。图 3 - 41c 是扩散前磁体主相颗粒与颗粒之间界面区域明场像，主相颗粒之间虽然存在一层薄带状的晶界富 Nd 相，但是，该薄带状的晶界富 Nd 相呈现出交叉条状、厚度不均匀、分布不连续的特点，并且主相与富 Nd 相的界面十分粗糙。图 3 - 41d 是扩散后磁体主相 $Nd_2Fe_{14}B$ 与晶界相界面的明场像，可以发现，其界面变得更加清晰，界面结构变得十分光滑和笔直，厚度也十分均匀。这一结果再次证明 MgO 固体扩散后磁体矫顽力的增加与其界面结构的改善有直接的关系。

3.4.3.4 显微组织结构参数计算

根据 NdFeB 磁体内禀性能参数、显微组织结构参数与测试温度的关系特点，基于烧结 NdFeB 磁体矫顽力的形核模型(式 3 - 13)，对扩散前后磁体的显微组织结构参数 α 和 N_{eff} 进行了拟合计算。拟合曲线如图 3 - 42 所示，拟合数据都能较好地满足线性关系，说明 MgO 晶界固体扩散处理后烧结 NdFeB 磁体的矫顽力机制还是以形核机制为主。因此，磁体的反磁化过程是晶粒边界软磁性区域反磁化磁畴的形核以及畴壁在晶粒内部的扩张位移过程。磁体在经过扩散处理之后，其显微组织结构有了明显的改善。显微组织结构敏感参数 α 从 0.615 提高至 0.619，有效退磁因子 N_{eff} 从 1.757 降低到 1.674。α 的提高主要是扩散后磁体的界面结构得到优化。而由于 MgO 与晶界 Fe-Nd-O 相的反应生成了更多的富 Nd 相，阻碍了主相颗粒之间的"吞噬效应"，间接抑制了颗粒的长大和颗粒间的

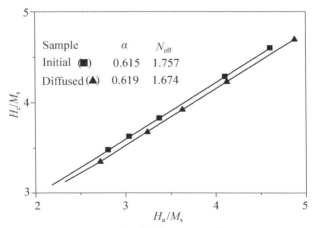

图 3 - 42　扩散前后烧结 NdFeB 磁体 $\mu_0 H_c/M_s$ 和
$\mu_0 H_a^{min}/M_s$ 关系曲线拟合图

耦合作用，从而导致了 N_{eff} 的降低。通过扩散在磁体晶界中生成了 Nd-O-Fe-Mg 新相，新相比传统富 Nd 相对畴壁的钉扎效应更加强烈，从而能更有效地抑制磁畴的偏转[85]。结果表明，扩散后磁体矫顽力提高的主要原因可能来自于有效退磁因子的降低。

3.4.3.5 MgO 晶界扩散对烧结 NdFeB 磁体耐腐蚀性的影响

在 3%（质量分数）的 NaCl 溶液中测试磁体在 MgO 扩散前后的极化曲线，结果如图 3 – 43 所示。经过扩散后磁体的自腐蚀电位变正，自腐蚀电流密度减小。原始磁体的自腐蚀电流密度为 7.387 mA/cm^2，自腐蚀电位是 – 0.963 V。在扩散处理后，磁体的自腐蚀电流密度为 3.129 mA/cm^2，自腐蚀电位是 – 0.844 V。较低的自腐蚀电流密度和较高的自腐蚀电位意味着较好的耐腐蚀性，即扩散处理可以有效改善烧结 NdFeB 磁体的耐腐蚀性。

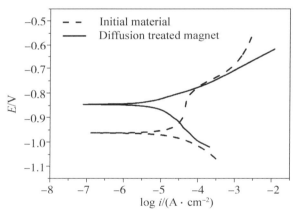

图 3 – 43 扩散前后磁体在质量分数为 3% 的
NaCl 溶液中的极化曲线[53]

图 3 – 44a 和 b 分别是扩散前磁体腐蚀后的扫描电镜二次电子图像和背散射电子图像。从中可以看出，晶界相基本上消失，主相晶粒表面出现了明显的腐蚀坑和脱落现象，部分主相颗粒的边角也消失。这说明磁体的腐蚀程度比较严重，从而证明了烧结 NdFeB 磁体的腐蚀是典型的晶间腐蚀。图 3 – 44c，d 分别是扩散后磁体腐蚀后的扫描电镜二次电子图像和背散射电子图像。磁体的腐蚀情况明显有所好转。虽然晶界相依然存在明显的脱落痕迹，但是，其腐蚀深度变浅，并且主相颗粒表面没有明显的腐蚀坑和脱落现象，这意味着磁体的晶间腐蚀有所减弱。图

图 3-44　扩散前磁体腐蚀表面的扫描电镜二次电子图像(a)和背散射电子图像(b)，以及
扩散后磁体腐蚀表面的扫描电镜二次电子图像(c)和背散射电子图像(d)[53]

3-44d中，白亮区域为晶界富 Nd 相，在腐蚀过后没有因被腐蚀而消失，这再次说明了扩散过后的磁体晶界相的耐腐蚀性有了明显提高。上述形貌特征观察更加直观地说明 MgO 晶界固体扩散处理能明显提高烧结 NdFeB 磁体的本征耐腐蚀性。究其原因，应是 MgO 扩散优化了磁体晶界相的显微结构及降低了主相与晶界富 Nd 相的电化学电位差。经过 MgO 扩散之后磁体晶界相中的氧含量明显增高。氧含量增加使得晶界相中的 Nd 转化为 NdO_x 或 Nd_2O_3，从而提高了晶界相的化学稳定性，改善了磁体的耐腐蚀性。另一方面，扩散之后磁体主相和晶界相的润湿性得以改善，晶界富 Nd 相分布更加均匀，而薄带层状的富 Nd 相增多使得晶界腐蚀通道变窄，抑制了晶界腐蚀的速率。

3.4.4　晶界扩散技术的不足与发展方向

晶界扩散技术自受到瞩目以来，已经取得显著的进展。诸多实践结果证明，无论是用表面涂覆不同类型的重稀土化合物的方式，还是用溅射或蒸镀重稀土金属单质的方式，最终都能使已烧结磁体的磁性能得到显著改善。可以说，通过晶界扩散技术来提升磁性能的技术路线已经得到磁学领域研究工作者们的验证和肯定。日本的日立金属、信越化工等主要钕铁硼制造厂家甚至已将晶界扩散制备磁体单独分类形成新的产品系列（图 3 - 45），并开始进行量产。在此背景下，晶界扩散技术的研究已不再满足于晶界扩散的方法探索，而开始走向工艺控制上的体系化、稳定化以及基础理论上的深入化。

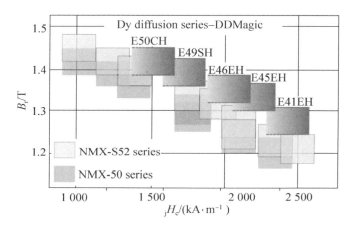

图 3 - 45   日立金属公司晶界扩散钕铁硼产品 DDMagic 系列图[86]

单从技术层面来讲，晶界扩散技术具有其鲜明的特征。与 Pr、Nd 等轻稀土元素相比，Dy、Tb 等重稀土元素更易形成 RE-Fe-B 化合物。而先前的双合金法或者其他合金化元素添加工艺中，重稀土元素是在烧结工序之前添加到 NdFeB 粉末之中，结果导致在后续长时间烧结和回火工序中大量重稀土元素进入主相晶粒内部，造成剩磁、磁能积大幅度下降。相比之下，晶界扩散技术是在已经烧结成形的 NdFeB 毛坯状态下，从表面开始向内部渗透，能避免主相中重稀土过多的问题，巧妙地一次性解决了剩磁下降、重稀土添加过多的问题。但是另一方面，重稀土只能在烧结完成的毛坯中扩散的本质性工艺特征引发了另一个问题，即重稀土在磁体内部的扩散深度有限、重稀土浓度由表及里呈衰减式梯度分布。也就是说，晶界扩散方法受制于磁体厚度，磁体厚度增加时，矫顽力提高的效果就会减弱。由于重稀土 Dy、Tb 是从磁体表面向内部扩散，因此 Dy、Tb 在磁体内呈梯度分布。Nakamura 等[87] 的研究结果表明，随着磁体表面至内部距离的增大，Dy、Tb 含量逐渐减少（图 3 - 46a），当自磁体表面距离超过 6 mm 时，矫顽力提高的效果就不明显了(图 3 - 46b)。

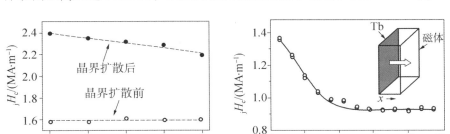

图 3 - 46 晶界扩散处理前后磁体矫顽力与其厚度的关系(a)以及
大块磁体单面扩散 Tb 后矫顽力随离表面距离的分布(b)[87]

因此，如果需要实现晶界扩散技术的工程化，就必须能够稳定控制重稀土在磁体内部的扩散深度、浓度梯度分布水平。而找出能够控制重稀土在磁体内部扩散的主要因素是诸多研究工作共同的目标。与此同时，如果能结合 NdFeB 磁体微观结构的基础理论，晶界扩散技术领域同样具有广阔的探索和完善的空间。

3.5 烧结钕铁硼永磁的表面防护技术

NdFeB 磁体具有优异的磁性能，但耐腐蚀性能很差，在潮湿环境或与腐蚀介质接触时很容易被腐蚀，导致磁性能下降，因此耐腐蚀性能已成为 NdFeB 永磁体质量评价的关键指标之一。在大部分应用条件下，NdFeB 磁体必须进行表面防护处理。

3.5.1 钕铁硼永磁材料的腐蚀

烧结 NdFeB 是由主相($Nd_2Fe_{14}B$)、富 Nd 相(Nd_4Fe_4)和富 B 相($Nd_{1+\varepsilon}$-Fe_4B_4)组成的多相结构。富 Nd 相以网络状形式分布在主相晶粒边界或三角晶界位置，形成所谓的晶界相；富 B 相数量极少，以孤立或颗粒态存在。除了本身疏松多孔的结构外，NdFeB 永磁在环境中的耐蚀性差，一方面是因为 Nd 是化学活性最高的金属元素之一，其标准电势 E_0(Nd^{3+}/Nd) = -2.431 V，化学稳定性差，较易发生氧化；另一方面是因为其各

167

组成相的电化学电位不同，三相存在明显的电位差。根据 Minowa 等[88]的研究，NdFeB 永磁三相电化学电位由高到低依次为：主相 $Nd_2Fe_{14}B$、富 B 相和富 Nd 相，电位差异导致三相腐蚀速率不同，电位较低的富 Nd 相和富 B 相成为阳极，优先发生腐蚀，且富 Nd 相的网络状分布状态会加快其腐蚀，使得主相晶粒间结合界面消失、晶粒脱落，最终导致合金整体腐蚀。各相腐蚀速率如表 3 - 10 所示。富 Nd 相的化学特性、分布状态、组分含量是决定磁体耐腐蚀性能的关键，网络状分布的特点是导致NdFeB 永磁体易于发生晶间腐蚀的原因。

表 3 - 10　NdFeB 磁体中各相的腐蚀速率[89]

	3% HCl	
	腐蚀电流密度 /($mA \cdot cm^{-2}$)	腐蚀速度 /($mg \cdot cm^{-2} \cdot h^{-1}$)
$Nd_2Fe_{14}B$ 相	0.35	0.383
$Nd_{1.1}Fe_4B_4$ 相	6.14	6.729
富 Nd 相	40.97	44.900
	3.5% NaCl	
	腐蚀电流密度 /($mA \cdot cm^{-2}$)	腐蚀速度 /($mg \cdot cm^{-2} \cdot h^{-1}$)
$Nd_2Fe_{14}B$ 相	0.16	0.176
$Nd_{1.1}Fe_4B_4$ 相	0.07	0.076
富 Nd 相	0.62	0.679
	3% NaOH	
	腐蚀电流密度 /($mA \cdot cm^{-2}$)	腐蚀速度 /($mg \cdot cm^{-2} \cdot h^{-1}$)
$Nd_2Fe_{14}B$ 相	0.04	0.044
$Nd_{1.1}Fe_4B_4$ 相	0.06	0.065
富 Nd 相	0.09	0.098

　　NdFeB 磁体的腐蚀主要表现为吸氢过程和氧化过程，且主要在以下3 种环境中发生腐蚀：①暖湿的气流；②电化学环境；③长时间的高温环境(>250 ℃)。

　　在湿热的环境中，磁体表面的晶界富 Nd 相首先与水蒸气发生式(3 - 22)的腐蚀反应：

$$3H_2O + Nd \longrightarrow Nd(OH)_3 + 3H \qquad (3 - 22)$$

接着，富 Nd 相进一步与以上反应的生成物 H 反应，形成晶界腐蚀：

$$Nd + 3H \longrightarrow NdH_3 \qquad\qquad (3-23)$$

湿热环境下的腐蚀会造成晶界相体积膨胀，晶界被破坏，磁体磁性能下降。由于潮湿环境下生成的氢氧化物及含氢化合物无法保护磁体，阻止磁体的进一步氧化，因此环境湿度对磁体耐腐蚀性的影响比温度更大；并且当湿度过大，超过了气体露点时，磁体的腐蚀主要表现为电化学腐蚀。

在电化学环境中，不同相间由于电位差形成腐蚀原电池，会进一步加速钕铁硼永磁体的腐蚀。电化学电位较低的富 Nd 相和富 B 相成为阳极，因此优先腐蚀。又因为磁体中富 Nd 相、富 B 相含量与主相相差很大，导致形成的腐蚀电池出现小阳极大阴极的特点，作为阳极的富 Nd 相、富 B 相承担了很大的腐蚀电流密度，使主相晶粒间网络状分布的富 Nd 相沿 $Nd_2Fe_{14}B$ 相晶界迅速腐蚀，形成晶间腐蚀。

一般在干燥的环境下，当温度低于 150 ℃时，NdFeB 磁体的氧化速度很慢。在长时间高温环境（≥250 ℃）中，较活泼的富 Nd 相首先被氧化成 Nd_2O_3：

$$4Nd + 3O_2 \longrightarrow 2Nd_2O_3 \qquad\qquad (3-24)$$

随后 $Nd_2Fe_{14}B$ 相会分解成 Fe 和 Nd_2O_3，进一步氧化后生成 Fe_2O_3（式 3-25），降低了硬磁相含量，从而降低磁性能。

$$6Nd_2Fe_{14}B + 63O_2 \longrightarrow 12NdFeO_3 + 30Fe_2O_3 + 6Fe_2B \quad (3-25)$$

周琦等[90]研究了 NdFeB 磁体在不同介质中的腐蚀规律，发现在同种溶液中腐蚀速率随温度的升高而加快，随 pH 值的增加而减小，当 pH > 10 时，基本无失重；NdFeB 磁体在 NaCl、蒸馏水、自来水及酸性介质中的腐蚀形态主要表现为晶间腐蚀和选择性腐蚀，在氯化钠介质中还表现有小孔腐蚀。Zhao 等[91]研究了烧结 NdFeB 磁体在 HNO_3-HF 酸性混合溶液中的腐蚀行为，发现 HF 的添加使磁体表面形成了 NdF_3 腐蚀产物，提高了磁体开路电位，显著降低了腐蚀密度，提高了磁体耐腐蚀性。

此外，在 NdFeB 磁体表面外加防护涂层时，如果涂层质量不高，表面存在孔隙、裂纹或蚀坑，在腐蚀介质中，磁体与涂层之间也会由于电化学电位的差异形成腐蚀原电池而发生电化学腐蚀。

3.5.2 提高钕铁硼永磁材料耐腐蚀性的方法

目前，提高 NdFeB 永磁材料耐腐蚀性的方法主要有：添加合金元素抑制晶界腐蚀和在 NdFeB 磁体表面添加防护性镀层。

3.5.2.1　合金化法改善磁体本身的耐腐蚀性

主相与富 Nd 相、富 B 相之间的电动势差最终导致 NdFeB 永磁材料的晶间腐蚀，因此如果降低各相之间的腐蚀电位差，可以达到避免或者减弱晶间腐蚀的目的。由于 NdFeB 永磁的磁性能主要由硬磁相 $Nd_2Fe_{14}B$ 决定，因此不能通过改变主相的合金成分入手，而是在晶界处添加合金促进晶界处金属间化合物的形成，从而改善晶间相的腐蚀电位。

目前，添加的合金元素主要分为两大类：①添加稀土元素如 Dy、Pr、Tb 等以取代 Nd 或加入 Nb、Ta、V、Ti、Al 中的一两种元素，使之在晶界上偏析，减少晶界上的富 Nd 相；②添加 Zr、V、Nb、Ta、Mo、W、Al 中的一两种元素来取代 Fe，从而提高磁体的耐腐蚀性能。

Steyaert 等[92]向磁体中添加了 Al、Co、V、Nb、Mo 元素并观察了磁体的氧化腐蚀行为，发现添加 Co 后，晶界富 Nd 相形成了 Nd_3Co 或含 Co 的富 Nd 相；V 在晶界中形成了沉积相$(V_{1-x}Fe_x)_3B_2$并夹杂沉淀颗粒 Fe-V；Mo 形成了沉淀化合物$(Mo_{1-x}Fe_x)_3B_2$。这些化合物部分取代了晶界的富 Nd 相，Co 和 Al 也取代了主相中 Fe 的位置，从而在一定程度上提高了磁体的耐腐蚀性。然而添加这些合金元素严重影响了磁体的磁性。日本住友特种金属有限公司的研究结果表明，用 Co 部分替代 Fe 是增强磁体耐腐蚀性的有效方法之一，但同时也会造成内禀矫顽力的下降。此外，通过添加合金元素如 Pb、Ti、Zr、Sn、Cr 等可以改善磁体本身的防腐蚀性能[93,94]。

添加合金元素在一定程度上可以提高磁体的耐蚀性，同时也会造成磁性能的损失，并且增加材料的成本，并不能完全解决 NdFeB 磁体耐腐蚀性差的问题。因而，表面防护成为 NdFeB 磁体抗腐蚀的主要方法。

3.5.2.2　镀层防护技术

对磁体表面进行镀层处理可以大大提高磁体的耐腐蚀性能，且不损害磁性能，同时成本较合金化法低，并且可以兼顾磁体表面力学性能和装饰性。因此，利用防护镀层来提高 NdFeB 磁体的耐腐蚀性成为目前最有效且广泛应用的方法。

1. 涂覆材料

通过各种表面处理方法制备的涂层按涂覆材料分类主要分为金属镀层、有机涂层和复合涂层。

金属镀层主要有 Ni、Zn、Al、Ni-P、Ni-Fe、Cu、Cr、TiN、ZrN 等金属或化合物。其中应用最广的是电镀金属 Ni 层、电镀 Ni-P 合金镀层、离子镀 Al 层、气相沉积 Zn 层。

有机涂层材料主要有树脂和有机高分子化合物，其中以环氧树脂最为普遍。此外还有聚丙烯酸酯、聚酰胺、聚酰亚胺等及其混合物，或进一步在其中添加红丹、氧化铬等防锈涂料。采用一定工艺在 NdFeB 磁体表面涂覆黑色环氧树脂后耐腐蚀性可达 500 h 以上。

复合涂层是指采用以上几种涂层的组合，形成复合防护体系以获得更好的耐腐蚀效果。例如，采用在 NdFeB 磁体上先化学镀 Cu-Ni 或 Ni-P 合金层，再电镀双层 Ni 的方法，获得的多层防护体系对磁体表面有良好的封闭性，表现出良好的耐腐蚀性。

不同涂层对磁体的耐腐蚀性和磁性能影响不同。唐杰等[95]对比了 Ni、Zn、环氧树脂、聚对二甲苯（parylene）四种涂层对 NdFeB 磁体在 3 种溶液中对磁性能的影响。磁体经过涂覆后耐腐蚀性能都有一定提高，对磁体保护作用由强到弱分别为：parylene 涂层、环氧树脂涂层、Ni 涂层、Zn 涂层。但是由于非金属材料本身不导磁，因而环氧树脂和聚对二甲苯涂层在一定程度上降低了磁体磁性能，而作为金属镀层的 Ni 涂层和 Zn 涂层对样品的磁性能影响不大。因此，在实际生产中应根据具体使用环境、成本等要求选择最合适的涂层。

2. 镀膜方法

NdFeB 永磁表面添加防护镀层的方法主要有：电泳、电镀、化学镀、物理气相沉积等。

电泳是在电场作用下，带电荷的涂料离子移动到电极表面，形成不溶物沉积于基体表面的技术。使用电泳方法镀上防护涂层的 NdFeB 通常用于较为严重的腐蚀环境或特殊使用环境。电泳涂层材料多采用环氧树脂电泳漆。Xu 等[96]采用阴极电泳法在 NdFeB 表面沉积了嵌入 TiO_2 粒子的丙烯酸树脂，随嵌入的 TiO_2 粒子浓度增加，基体表面硬度增强，磁体腐蚀电流密度降低，耐腐蚀性能得到改善。但由于是有机涂层，电泳方法涂层对磁体磁性能影响较大。

电镀是利用电解原理在金属基体表面沉积一薄层的其他金属或合金。作为现代工业成熟的表面技术，电镀工艺简单、成本较低、保护性能好，被广泛应用于 NdFeB 永磁工业。目前在 NdFeB 永磁表面最为广泛的电镀防护层包括 Ni、Zn、Al、Cu、Ni-Cu-Ni、Al-Mn 等金属镀层，其中主要以 Ni 及 Ni 合金镀层为主。在烧结 NdFeB 磁体表面电镀锌镍合金，可以在提高磁体耐腐蚀性能的同时，降低磁损耗。Chen 等[97]在 NdFeB 永磁体表面电镀沉积 Al-Mn 非晶镀层，发现防护镀层可以给 NdFeB 基体提供牺牲阳极保护，其自腐蚀电流密度与 NdFeB 基体相比降低了 3 个数量级。丁晶晶等[98] 在 NdFeB 表面用电镀法制备了 Al-Mn 合金镀层及 Al 镀层，发现 Al 镀层的腐蚀电位较 NdFeB 高，对基体形成阴极保护，而 Al-Mn 镀层的腐蚀电位较 NdFeB 低，对基体构成牺牲阳极保护。此外，由于直流电镀时镀液中的金属离子在阴极表面不断沉积，因此无法避免浓差极化和析氢的问题。脉冲电镀技术作为一种新的电镀技术，利用电流脉冲的张弛来降低阴极的浓差极化并增加阴极的活性极化，可以改善镀层的物理及化学性能。

化学镀是在无外加电流的情况下，借助合适的还原剂将镀液中金属离子还原并沉积到具有催化活性的工件表面的方法。化学镀制备的镀层耐蚀性好、耐磨性高、孔隙少、硬度高、仿型性好，并且适用于形状复杂的零件。采用化学镀对 NdFeB 永磁体进行表面防护也得到了广泛应用，其中应用最多的是化学镀 Ni-P 合金镀层。非晶态 Ni-P 合金镀层具有高耐蚀性、高稳定性、低磁屏蔽性的优点。Song 等[99] 在烧结 NdFeB 永磁表面制备 Ni-P/TiO_2 复合镀层，测得复合镀层的自腐蚀电流密度与单层的 Ni-P 镀层相比，降低了一个数量级，而极化电阻增加了一倍。

实际生产中，电镀、化学镀普遍存在着防护性能不佳等缺点。一方面是因为目前 NdFeB 永磁材料主要采用粉末冶金工艺烧结而成，磁体疏松多孔且表面粗糙，在电镀或化学镀的过程中，酸、碱电解质溶液、电镀液会被吸附在表层的空隙中，即使在磁体表面施加防护镀层也不能阻止腐蚀液对磁体的损坏，达不到预期的防腐效果；另一方面是因为电镀、化学镀镀液稳定性差，产生的废液排放会污染环境，在倡导可持续发展的今天，电镀、化学镀急需解决镀液的环保问题。

正是由于电镀、化学镀方法不仅会在一定程度上降低磁体的磁性能，而且常伴有环境污染问题，环境友好的物理气相沉积（PVD）技术越来越受到研究人员的青睐。PVD 是把固态（液态）镀料通过高温蒸发、溅射、电子束、等离子体、离子束、激光束、电弧等能量源形成气相原子、分子、离子（气态、等离子态）进行输运，在固相基材表面沉积凝聚或与其他反应气相物质进行化学反应生成反应产物，凝聚成固相薄膜的过程。PVD 具有镀层种类多、基片温升低、膜基结合力好、镀层均匀致密、厚度可控、在冷热交变环境下防腐能力较强，受磁体工件边角影响小、绿色环保等优点。经 PVD 处理的 NdFeB 永磁表面具有减摩、耐磨、耐蚀、耐热、隔热、抗氧化、抗疲劳、防辐射以及声光电磁热等特殊功能。

在 NdFeB 磁体的 PVD 涂层中，目前研究较多的是 Al 涂层。Al 膜与基体结合力良好，因为镀 Al 过程中有一部分 Al 随着离子的注入进入磁体内部。Mao 等[100] 发现 Al 镀层可以明显地阻碍腐蚀介质与磁体的接触，从而获得较好的耐腐蚀性能，此外，Al 镀层不但不损害磁体的磁性能，还会略微提高磁体的矫顽力。但是，因 Al 柱状晶间间隙贯穿薄膜，腐蚀液易通过间隙到达基体，因此他们采用离子束辅助磁控溅射（IBAD）方法制备了柱状晶消失的 Al 膜。经 240 h 中性盐雾试验后，IBAD 方法镀膜的 NdFeB 磁体表面红锈明显少于简单采用磁控溅射方法镀膜的磁体[101]。

NdFeB 磁体表面沉积多层膜具有比单层膜更好的耐腐蚀性，Xie 等[102] 在烧结 NdFeB 磁体表面沉积 Ti/Al 多层膜，用 Ti 层打断 Al 层的柱状晶结构生长，获得比 Al 单层膜更好的防护效果。李金龙等[103] 采用直流磁控溅射法在 NdFeB 表面沉积了 AlN/Al 多层膜，发现 AlN/Al 薄膜结构致密，耐腐蚀性能更好，同时 AlN/Al 多层膜不仅不会破坏 NdFeB 磁体的磁性能，还会略微提高磁性能。Tao 等[104] 采用磁控溅射法在 NdFeB 表面沉积了 AlN/SiC 双层膜以及 SiC 单层膜，研究表明，双层膜和单层膜都能有效提高磁体耐腐蚀性，但双层膜具有更好的耐腐蚀效果。

3.5.2.3 钕铁硼磁体镀膜的前处理和后处理工艺

由于 NdFeB 磁体中活泼的元素 Nd 和各相间电化学电位差异的特点，当磁体浸入溶液进行涂覆时，富 Nd 相的优先腐蚀，会加速 NdFeB 磁体强烈的电偶腐蚀，这为磁体表面的涂覆增大了难度。此外，NdFeB 磁体在生产和存储过程中存在油脂和氧化膜，这些物质阻碍了基体与镀层之间的结合，因此镀前进行磁体表面的处理是非常必要的。目前，NdFeB 磁体镀前处理的研究大部分针对电镀和化学镀，相关的 PVD 前处理工艺研究比较少，常见的前处理包括打磨、封孔、除油、酸洗、喷砂等工序。

砂纸打磨和抛光处理是常规的镀前处理手段，可以去除磁体表面的划痕、焊渣、锈污、氧化皮以及其他表面杂质和缺陷，同时使基体表面粗化，增加接触表面以加强基体与镀层的机械咬合，提高镀层与 NdFeB 磁体间的结合力，适合处理小批量形状规则的 NdFeB 材料。封孔是将封孔剂浸入工件微孔中然后固化成固体，将 NdFeB 磁体表面孔隙封闭。目前封孔的方法主要有：①浸硬脂酸锌；②沸水封孔；③将试样浸入封孔剂。NdFeB 磁体进行封孔处理后必须进行干燥处理，以减少溶液的残留。对 NdFeB 磁体封孔干燥处理后再进行 PVD 防护涂层处理，是一种行之有效的方法。

　　由于烧结 NdFeB 磁体表面疏松多孔，因此很容易吸附油污。可采用超声波清洗和碱洗以除去磁体表面吸附的油脂、污垢。NdFeB 磁体在除油等前处理的过程中，应该尽量避免接触腐蚀性强的溶液。一般采用如三氯乙烯、丙酮、酒精等有机溶剂浸渍和碱性化学溶液除油。碱性溶液除油的原理是使 NdFeB 表面的油污与其发生皂化反应，形成可溶于水的甘油，从而达到除去油污的目的。

　　酸洗的目的是为了除去试样表面的氧化物等锈蚀，获得平整和光滑的表面。酸洗不充分会导致除锈不干净，无法达到平整基片的目的，但酸洗过度则会伤害 NdFeB 磁体，造成磁体氧化，因此选择合适的酸洗试剂和酸洗时间对于 NdFeB 磁体表面除锈处理尤为重要。

　　NdFeB 磁体可以采用干法喷砂来清理磁体表面的锈蚀。采用烘烤除油和干法喷砂相结合的方法对 NdFeB 磁体进行表面预处理，可以得到结晶细小、平滑致密的镀层，并且镀层与基体的结合力也得到提高。酸洗前处理会损害镀层与基体的结合强度，而干法喷砂是一种适合 PVD 防护镀层的前处理工艺。

　　目前 NdFeB 磁体表面前处理工艺存在酸洗液过度腐蚀、氟离子对人体有害、废液处理成本高、工艺繁琐等问题。未来的发展方向主要有：①发展环保型工艺及配方以取代酸碱、挥发刺激性氨水、有害含氟离子溶液以及贵金属；②发展一池多用的工艺及配方以节能、节水、节省人工等生产成本。

　　NdFeB 永磁经 PVD 技术工艺表面涂覆防护涂层后，为了满足其在高温、强腐蚀性的恶劣环境的服役要求，延长其工作寿命，需要采取有效的后处理工艺以进一步提高磁体的耐腐蚀性能。常见的镀后处理有喷丸处理、真空热处理、化学转化等。喷丸处理作为表面镀层的后处理，可以在磁体表层产生一个均匀的残余压应力层，不仅可以改善磁体的抗疲劳强度，还可以提高其耐腐蚀性。化学转化处理是通过化学、电化学或物理化学方法在金属表面形成稳定化合物薄膜，其机理是金属与特定的腐蚀液接触后在一定条件下发生化学反应，使金属表面生成一层附着力良好、能保护金属不易受水和其他腐蚀介质影响的化学转化膜。由于化学转化膜是金属基体直接参与成膜反应，因而膜与基体的结合力较好。

3.5.3 烧结钕铁硼磁体表面沉积 Al/Ni 复合多层膜及其耐腐蚀性研究

以溅射沉积为代表的物理气相沉积(PVD)技术具有环保且成膜质量好的优点,正成为未来 NdFeB 镀膜的主要发展方向。最近,作者研究组[105]采用直流磁控溅射方法在烧结 N35 钕铁硼磁体表面沉积 Al 膜及 Al/Ni 多层膜,研究不同功率下和不同偏压下沉积薄膜的结构特征以及薄膜对耐腐蚀性能和磁性能的影响。主要研究结果如下。

3.5.3.1 薄膜制备

N35 商业烧结 NdFeB 磁体经打磨、抛光和超声清洗等前处理后进行溅射沉积镀膜。溅射采用纯 Al 和纯 Ni 靶材,溅射气体为高纯氩气。分别沉积单层 Al 膜与 Al/Ni 复合多层膜。沉积多层膜时,选择 Al 层作为最内和最外层。以 3 层 Al/Ni-3 和 13 层 Al/Ni 的复合多层(Al/Ni-13)膜为例,薄膜沉积参数见表 3 – 11 所示。

表 3 – 11　实验制备的薄膜、每一层的沉积参数与薄膜总厚度

涂层	薄膜	溅射功率/W	偏压/V	时间/s	厚度/μm
Al	Al	100	0	7200	6.03
Al/Ni-3	Al	100	0	2400×2	2.79
	Ni	100	0		
Al/Ni-150V-3	Al	100	0	2400×1	2.12
	Ni	120	150		
Al/Ni-13	Al	100	0	600×7	3.46
	Ni	100	0		
Al/Ni-150V-13	Al	100	0	600×6	2.13
	Ni	120	150		

3.5.3.2 薄膜结构与形貌

图 3 – 47 为溅射沉积 Al 薄膜和 Al/Ni 多层膜的断面形貌。图中白色层为 Ni 层,黑色层为 Al 层。薄膜与基体结合良好,Al/Ni 多层膜的断面可明显且准确地观察到 3 层和 13 层结构,Ni 层打断了 Al 层的柱状晶结构。

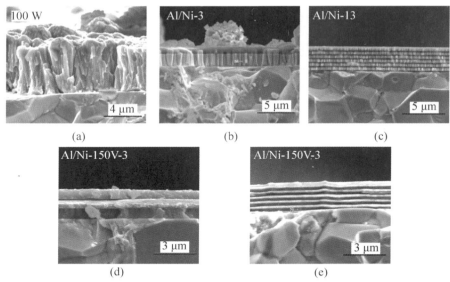

(a)　　　　　　　　　　(b)　　　　　　　　　　(c)

(d)　　　　　　　　　　(e)

图 3 - 47　镀 Al 薄膜与 Al/Ni 多层膜磁体断面形貌图

图 3 - 48 为镀纯 Al 膜与 Al/Ni 复合多层膜的磁体表面形貌。纯 Al 膜表面有明显的孔隙，3 层膜表面出现许多圆形大颗粒。膜层数由 3 增加到 13 时，膜渐渐变得致密而平整，表面颗粒明显变小，这与 Al 层厚度

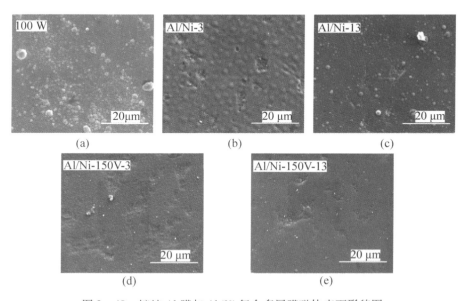

(a)　　　　　　　　　　(b)　　　　　　　　　　(c)

(d)　　　　　　　　　　(e)

图 3 - 48　镀纯 Al 膜与 Al/Ni 复合多层膜磁体表面形貌图

减小、柱状晶结构减弱有关。在沉积 Ni 膜时，若施加 150 V 偏压（图3 - 48d,e），Ni 膜的柱状晶结构消失，可对 Al 层起到很好的封闭颗粒间隙作用。同时，薄膜颗粒更加细小，这与施加偏压可增加沉积离子能量、紧实膜层有关。

图 3 - 49 为在烧结 NdFeB 磁体表面沉积的纯 Al、纯 Ni 膜和 Al/Ni 多层膜的 XRD 图谱。纯 Al、纯 Ni 膜均为 fcc 结构。对于 Al/Ni 多层膜，fcc Al 和 fcc Ni 的衍射峰也非常明显，且随周期数增加和偏压的施加，Ni 的衍射峰相对强度增加。多层膜镀层 Al、Ni 之间没有形成新的相。

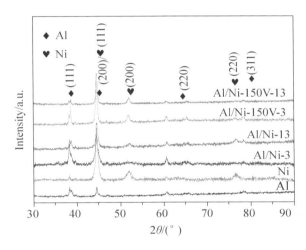

图 3 - 49　NdFeB 磁体表面镀纯 Al、纯 Ni 膜和 Al/Ni 多层膜的 XRD 图谱

3.5.3.3　耐腐蚀性能

未镀膜 NdFeB 磁体与镀 Al 膜和 Al/Ni 多层膜磁体的动电位极化曲线如图 3 - 50 所示。镀膜磁体比未镀膜样品具有更高的自腐蚀电位及更低的自腐蚀电流密度，而且镀膜磁体出现钝化区，说明多层膜可为基体提供良好的保护作用。通过 tafel 拟合得到不同镀膜磁体的自腐蚀电位 E_{corr} 和自腐蚀电流密度 J_{corr}，详见表 3 - 12。纯 Al 膜磁体自腐蚀电流密度为 3.6×10^{-7} A/cm^2。Al/Ni-150V-13 多层膜磁体自腐蚀电流密度为 1.2×10^{-6} A/cm^2，比未镀膜样的 3.1×10^{-5} A/cm^2 降低了一个数量级，具有较好的耐腐蚀效果。研究还发现，加偏压制备的复合多层膜样品具有比未施加偏压的样品更低的自腐蚀电流密度；13 层膜具有比 3 层膜更好的耐腐蚀性。

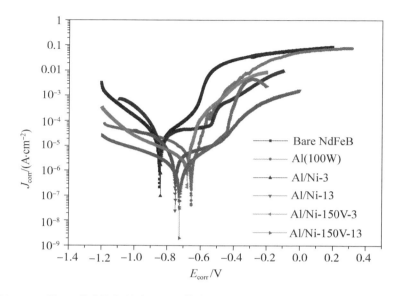

图 3 – 50 镀 Al 膜磁体与镀多层膜磁体在 3.5 % NaCl 溶液中的动电位极化曲线

表 3 – 12 不同镀膜磁体在 3.5 % NaCl 溶液中的电化学参数

样品	$E_{corr}/$ V	$J_{corr}/$ (A · cm $^{-2}$)
Al	− 0.66	3.6×10^{-7}
Al/Ni-3	− 0.85	3.8×10^{-5}
Al/Ni-13	− 0.75	4.2×10^{-6}
Al/Ni-150V-3	− 0.68	7.7×10^{-6}
Al/Ni-150V-13	− 0.73	1.2×10^{-6}
Bare NdFeB	− 0.92	3.1×10^{-5}

  为进一步测试磁体耐腐蚀性,将不同镀层磁体进行中性盐雾试验。
2 h 后未镀膜磁体开始出现锈点,镀 Al 膜样品表面开始变色氧化。而 5 h
后镀 Al 膜样品、Al/Ni-3 样品表面变黑,表明开始被氧化,而其余三个
样品表面开始出现锈点,其中 Al/Ni-150V-13 样品表面锈点最少,腐蚀程
度最轻。这些结果与电化学测试结果相吻合。盐雾试验 72 h 后各试样的
表面形貌如图 3 – 51 所示。结果表明,多层膜有利于改善磁体耐腐蚀
性能。

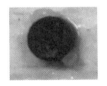
(a) 未镀膜NdFeB

(b) 镀Al膜

(c) 镀Al/Ni-3膜

(d) 镀Al/Ni-13膜

(e) 镀Al/Ni-150V-3膜

(f) 镀Al/Ni-150V-13膜

图 3 – 51　不同镀膜样品盐雾试验 72 h 后的表面形貌

此外，为研究镀膜后磁体磁性能是否会受影响，对镀膜磁体进行了磁性能测试。结果表明，磁体镀膜后磁性能基本保持不变，说明薄膜对磁体磁性能并无明显影响。

综上所述，在烧结 NdFeB 表面镀 Al 膜和 Al/Ni 复合多层膜均可改善其耐腐蚀性能。相比镀纯 Al 膜，镀多层膜在一定程度上能提高 NdFeB 磁体的耐腐蚀性能，并且随膜厚度增加，磁体耐腐蚀性能增强。

参考文献

[1]　Herbst J F. $R_2Fe_{14}B$ materials: Intrinsic properties and technological aspects[J]. Review of Modern Physics, 1991, 63(10): 819 – 898.

[2]　Cook J S, Rossiter P L. Rare-earth iron boron supermagnets[J]. Critical Reviews in Solid State and Materials Sciences, 1988, 15(6): 509 – 550.

[3]　Chen Z, Zhang Y, Ding Y, et al. Studies on magnetic properties and microstructure of melt-spun nanocomposite $R_8(Fe,Co,Nb)_{86}B_6$, (R = Nd, Pr) magnets[J]. Journal of Magnetism and Magnetic Materials, 1999, 195(2): 420 – 427.

[4]　Huang M Q, Boltich E B, Wallace W E, et al. Magnetic characteristics of $R_2(Fe, Co)_{14}B$ systems (R = Y, Nd and Gd)[J]. Journal of Magnetism and Magnetic Materials, 1986, 60(2): 270 – 274.

[5]　Bolzoni F, Coey J M D, Gavigan J, et al. Magnetic properties of $Pr_2(Fe_{1-x}Co_x)_{14}B$ compounds[J]. Journal of Magnetism and Magnetic Materials, 1987, 65(1): 123 – 127.

[6]　Burzo E. Permanent magnets based on R-Fe-B and R-Fe-C alloys[J]. Reports on

Progress in Physics, 1998, 61(9): 1099.

[7] Sagawa M, Fujimura S, Togawa N, et al. New material for permanent magnets on a base of Nd and Fe[J]. Journal of Applied Physics, 1984, 55(6): 2083 – 2087.

[8] Coehoorn R, de Mooij D B, de Waard C. Meltspun permanent magnet materials containing Fe_3B as the main phase[J]. Journal of Magnetism and Magnetic Materials, 1989, 80(1): 101 – 104.

[9] Gutfleisch O, Harris I R. Hydrogen assisted processing of rare-earth permanent magnets [C]// Proceedings of the 15th International Workshop on Rare Earth Magnets and Their Application. Dresden: WREMA, 1998: 487.

[10] Mishima C, Hamada N, Mitarai H, et al. Development of a Co-free NdFeB anisotropic bonded magnet produced from the d-HDDR processed powder[J]. IEEE Transactions on Magnetics, 2001, 37(4): 2467 – 2470.

[11] Lee R W. Hot-pressed neodymium-iron-boron magnets [J]. Applied Physics Letter, 1985, 46(8): 790 – 791.

[12] Zhang W, Inoue A. Bulk nanocomposite permanent magnets produced by crystallization of (Fe, Co)-(Nd, Dy)-B bulk glassy alloy [J]. Applied Physics Letter, 2002, 80(9): 1610 – 1612.

[13] Zhang J, Lim K, Feng Y, et al. Fe-Nd-B-based hard magnets from bulk amorphous precursor [J]. Scripta Materialia, 2007, 56(11): 943 – 946.

[14] Chang H W, Shih M F, Chang C W, et al. Magnetic properties, phase evolution and microstructure of directly quenched bulk Pr-Fe-B-Nb magnets[J]. Scripta Materialia, 2008, 59(2): 227 – 230.

[15] Pawlik P, Pawlik K, Davies H, et al. Directly quenched bulk nanocrystalline (Pr, Dy)-(Fe, Co)-B-Zr-Ti hard magnets [J]. Journal of Alloys and Compounds, 2006, 423(1): 99 – 101.

[16] Pawlik P, Davies H A, Gibbs M R J. Magnetic properties and glass formability of $Fe_{61}Co_{10}Zr_5W_4B_{20}$ bulk metallic glassy alloy[J]. Applied Physics Letter, 2003, 83 (14): 2775.

[17] Tao S, Ahmad Z, Ma T, et al. $Fe_{65}B_{22}Nd_9Mo_4$ bulk nanocomposite permanent magnets produced by crystallizing amorphous precursors [J]. Journal of Magnetism and Magnetic Materials, 2012, 324(8): 1613 – 1616.

[18] Tao S, Ma T, Ahmad Z, et al. $Nd_5Fe_{64}B_{23}Mo_4Y_4$ bulk nanocomposite permanent magnets produced by crystallizing amorphous precursors [J]. Journal of Non-Crystalline Solids, 2012, 358(6 – 7): 1028 – 1031.

[19] Ahmad Z, Yan M, Tao S, et al. $Fe_{69}B_{20.2}Nd_{4.2}Nb_{3.3}Y_{2.5}Zr_{0.8}$ magnets produced by injection casting [J]. Journal of Magnetism and Magnetic Materials, 2013, 332: 1 – 5.

［20］ Marinescu M, Chiriac H, Grigoras M. Magnetic properties of bulk nanocomposite permanent magnets based on NdDyFeB alloys with additions ［J］. Journal of Magnetism and Magnetic Materials, 2005, 290: 1267 – 1269.

［21］ Ahamd Z, Tao S, Ma T, et al. The magnetic structure and mechanical properties of rapidly solidified ($Nd_7Y_{2.5}$)-($Fe_{64.5}Nb_3$)-B_{23} nanocomposite permanent magnet ［J］. Journal of Alloys and Compounds, 2011, 509(36): 8952 – 8957.

［22］ Liu Z, Hsisieh C, Chen R, et al. Magnetic properties, phase and microstructure of direct cast $Nd_9Fe_{bal}Co_{10}MB_{15}$ rod magnets ［J］. Journal of Magnetism and Magnetic Materials, 2013, 326(1): 108 – 111.

［23］ Zhao L Z, Hong Y, Jiao D L, et al. Influences of intergranular structure on the magnetic properties of directly cast nanocrystalline NdFeCoTiNbBC alloys ［J］. Journal of Physics D: Applied Physics, 2016, 49(18): 185005.

［24］ Chang H W, Cheng Y T, Chang C W, et al. Improvement of size and magnetic properties of $Nd_{9.5}Fe_{72.5}Ti_3B_{15}$ bulk magnets by Zr or Nb substitution for Ti ［J］. Journal of Applied Physics, 2009, 105(7): 671 – 742.

［25］ Chang H W, Shih M F, Hsieh C C, et al. Magnetic property enhancement of directly quenched Nd-Fe-B bulk magnets with Ti substitution ［J］. Journal of Alloys and Compounds, 2010, 489(2): 499 – 503.

［26］ Chang H, Hsieh C, Gan J, et al. Alloying effect on the magnetic properties of RFeB-type bulk magnets ［J］. Journal of Physics D: Applied Physics, 2011, 44(6): 064002.

［27］ Cui X, Liu Z, Zhong X, et al. Melt spun and suction cast Nd-Fe-Co-B-Nb hard magnets with high Nd contents ［J］. Journal of Applied Physics, 2012, 111(7): 07B508.

［28］ Zhao L Z, Zhou Q, Zhang J S, et al. A nanocomposite structure in directly cast NdFeB based alloy with low Nd content for potential anisotropic permanent magnets ［J］. Material and Design, 2017, 117: 326 – 331.

［29］ Zhao L Z, Hong Y, Fang X, et al. High coercivity microcrystalline Nd-rich Nd-Fe-Co-Al-B bulk magnets prepared by direct copper mold casting ［J］. Journal of Magnetism and Magnetic Materials, 2016, 408: 152 – 158.

［30］ Zhao L Z, Li W, Wu X H, et al. Inducing magnetic anisotropy and optimized microstructure in rapidly solidified Nd-Fe-B based magnets by thermal gradient, magnetic field and hot deformation ［J］. Materials Research Express, 2016, 3(10): 105001.

［31］ Wang C, Lai Y S, Hsieh C C, et al. Magnetic properties and microstructure of bulk Nd-Fe-B magnets solidified in magnetic field ［J］. Journal of Applied Physics, 2011,

109(7)：07A715.

［32］ Liu J, Sepehri-Amin H, Ohkubo T, et al. Grain size dependence of coercivity of hot-deformed Nd-Fe-B anisotropic magnets［J］. Acta Materialia, 2015, 82：336 – 343.

［33］ Durst K D, Kronmuller H. The coercive field of sintered and melt-spun NdFeB magnets［J］. Journal of Magnetism and Magnetic Materials, 1987, 68(1)：63 – 75.

［34］ Givord D, Lu Q, Rossignol M F, et al. Experimental approach to coercivity analysis in hard magnetic materials［J］. Journal of Magnetism and Magnetic Materials, 1990, 83 (1 – 3)：183 – 188.

［35］ 高汝伟，李卫. 钕铁硼永磁合金的晶粒相互作用和矫顽力［J］. 材料研究学报, 2000, 14(3)：283 – 288.

［36］ Li D, Strnat K J. Domain behavior in sintered NdFeB magnets during field induced and thermal magnetization change［J］. Journal of Applied Physics, 1985, 57(8)：4143 – 4145.

［37］ Hadjipanayis G C, Christodoulou C N. Magnetic hysteresis in FeRB powders［J］. Journal of Magnetism and Magnetic Materials, 1988, 71(2)：235 – 239.

［38］ Zhou S Z, Dong Q F. Strong magnets rare earth iron-based permanent magnetic materials［M］. Beijing：Metallurgical Industry Press, 1999.

［39］ Fidler J, Schrefl T. Overview of Nd-Fe-B magnets and coercivity［J］. Journal of Applied Physics, 1996, 79(8)：5029 – 5034.

［40］ Sepehri-Amin H, Ohkubo T, Nagashima S, et al. High-coercivity ultrafine-grained anisotropic Nd-Fe-B magnets processed by hot deformation and the Nd-Cu grain boundary diffusion process［J］. Acta Materialia, 2013, 61(17)：6622 – 6634.

［41］ Hono K, Sepehri-Amin H. Strategy for high-coercivity Nd-Fe-B magnets［J］. Scripta Materialia, 2012, 67(6)：530 – 535.

［42］ Nakamura M, Matsuura M, Tezuka N, et al. Effect of annealing on magnetic properties of ultrafine jet-milled Nd-Fe-B powders［J］. Materials Transactions, 2014, 55(10)：1582 – 1586.

［43］ Une Y, Sagawa M. Enhancement of Nd-Fe-B sintered magnets by grain size reduction ［J］. Journal of the Japan Institute of Metals, 2012, 76(1)：12 – 16.

［44］ Kim T H, Lee S R, Kim D H, et al. Microstructural evolution of triple junction and grain boundary phases of a Nd-Fe-B sintered magnet by post-sintering annealing［J］. Journal of Applied Physics, 2011, 109(7)：07A703.

［45］ Jin W K, Sun Y S, Kim Y D. Effect of cyclic sintering process for NdFeB magnet on microstructure and magnetic properties［J］. Journal of Alloys and Compounds, 2012, 540(11)：141 – 144.

［46］ Sepehri-Amin H, Ohkubo T, Shima T, et al. Grain boundary and interface chemistry of an Nd-Fe-B-based sintered magnet [J]. Acta Materialia, 2012, 60 (3): 819 – 830.

[47] Liu Q, Xu F, Wang J, et al. An investigation of the microstructure in the grain boundary region of Nd-Fe-B sintered magnet during post-sintering annealing [J]. Scripta Materialia, 2013, 68(9): 687 – 690.

[48] Mo W, Zhang L, Liu Q, et al. Dependence of the crystal structure of the Nd-rich phase on oxygen content in an Nd-Fe-B sintered magnet [J]. Scripta Materialia, 2008, 59(2): 179 – 182.

[49] Li W F, Ohkubo T, Hono K. Effect of post-sinter annealing on the coercivity and microstructure of Nd-Fe-B permanent magnets [J]. Acta Materialia, 2009, 57(5): 1337 – 1346.

[50] Vial F, Joly F, Nevalainen E, et al, Improvement of coercivity of sintered NdFeB permanent magnets by heat treatment [J]. Journal of Magnetism and Magnetic Materials, 2002, 245(4): 1329 – 1334.

[51] Park D W, Kim T H, Lee S R, et al. Effect of annealing on microstructural changes of Nd-rich phases and magnetic properties of Nd-Fe-B sintered magnet [J]. Journal of Applied Physics, 2010, 107(9): 09A737.

[52] Fukagawa T, Hirosawa S, Ohkubo T, et al. The effect of oxygen on the surface coercivity of Nd-coated Nd-Fe-B sintered magnets [J]. Journal of Applied Physics, 2009, 105 (7): 07A724.

[53] 周庆. 烧结 NdFeB 永磁晶界结构和晶界相调控及其对性能影响[D]. 广州: 华南理工大学, 2016.

[54] Liu Z W, Zeng D C, Ramanujan R V, et al. Exchange interaction in rapidly solidified nanocrystalline RE-(Fe/Co)-B hard magnetic alloys [J]. Journal of Applied Physics, 2009, 105(7): 07A736.

[55] Otsuki E, Otusuka T, Imai T. Processing and magnetic properties of sintered Nd-Fe-B magnets [C]// Proceedings of the 11th Ink Workshop on Rare Earth Magnets and Their Applications. Pittsburgh: 1990: 328 – 340.

[56] Honshima M, Ohashi K. High-energy NdFeB magnets and their applications [J]. Journal of Material Engineering and Performance, 1994, 3(2): 218 – 222.

[57] Rodewald W, Wall B, Katter M, et al. Top Nd-Fe-B magnets with greater than 56 MGOe energy density and 9.8 kOe coercivity [J]. IEEE Transactions on Magnetics, 2002, 38(5): 2955 – 2957.

[58] Li A H, Li W, Dong S Z, et al. Sintered Nd-Fe-B magnets with high strength [J]. Journal of Magnetism and Magnetic Materials, 2003, 265(3): 331 – 336.

[59] Lin C, Guo S, Fu W, et al. Dysprosium diffusion behavior and microstructure

modification in sintered Nd-Fe-B magnets via dual-alloy method ［J］. IEEE Transactions on Magnetics, 2013, 49(7): 3233 – 3236.

［60］Liang L, Ma T, Zhang P, et al. Coercivity enhancement of NdFeB sintered magnets by low melting point $Dy_{32.5}Fe_{62}Cu_{5.5}$ alloy modification［J］. Journal of Magnetism and Magnetic Materials, 2014, 355(4): 131 – 135.

［61］朱明刚, 方以坤, 李卫. 高性能 Nd-Fe-B 复合永磁材料微磁结构与矫顽力机制［J］. 中国材料进展, 2013, 32(2): 65 – 73.

［62］李岩峰. 低镝烧结钕铁硼磁体组织调控及应用［D］. 北京: 钢铁研究总院, 2014.

［63］李卫, 朱明刚, 冯海波, 等. 低成本双主相 Ce 永磁合金及其制备方法: CN, 102800454［P］. 2012 – 11 – 28.

［64］Zhu M G, Li W, Wang J D, et al. Influence of Ce content on the rectangularity of demagnetization curves and magnetic properties of RE-Fe-B magnets sintered by double main phase alloy method ［J］. IEEE Transactions on Magnetics, 2014, 50 (1): 1000104.

［65］Liang L P, Ma T Y, Zhang P, et al. Effects of $Dy_{71.5}Fe_{28.5}$ intergranular addition on the microstructure and the corrosion resistance of Nd-Fe-B sintered magnets ［J］. Journal of Magnetism and Magnetic Materials, 2015, 384: 133 – 137.

［66］Liu X L, Wang X J, Liang L P, et al. Rapid coercivity increment of Nd-Fe-B sintered magnets by $Dy_{69}Ni_{31}$ grain boundary restructuring［J］. Journal of Magnetism and Magnetic Materials, 2014, 370(12): 76 – 80.

［67］Yue M, Liu W Q, Zhang D T, et al. Tb nanoparticles doped Nd-Fe-B sintered permanent magnet with enhanced coercivity ［J］. Applied Physics Letters, 2009, 94: 092501.

［68］富冈恒宪. 马达磁铁的脱镝及省镝化(五): 将镝粉末与磁粉混合烧结［OL］. ［2011 – 06 – 29］. http: //china. nikkeibp. com. cn/news/auto/56971 – 20110624. html.

［69］胡伯平. 稀土永磁材料的现状与发展趋势［J］. 磁性材料与器件, 2014, 45(2): 66 – 77.

［70］Sugimoto S. Current status and recent topics of rare-earth permanent magnets ［J］. Journal of Physics D: Applied Physics, 2011, 44(41): 110 – 118.

［71］Park K T, Hiraga K, Sagawa M. Effect of metal-coating and consecutive heat treatment on coercivity of thin Nd-Fe-B sintered magnets ［C］// The 16th International Workshop on Rare Earth Permanent Magnet and Their Applications. Sendai, Japan, 2000: 257 – 264.

［72］Hirota K, Nakamura H, Minowa T, et al. Coercivity enhancement by the grain boundary diffusion process to Nd-Fe-B sintered magnets［J］. IEEE Transactions on

Magnetics, 2006, 42: 2909.

[73] Qiong L, Lan Z, Fang X, et al. Dysprosium nitride-modified sintered Nd-Fe-B magnets with increased coercivity and resistivity[J]. Japanese Journal of Applied Physics, 2010, 49: 093001.

[74] Liu X, Wang X, Liang L, et al. Rapid coercivity increment of Nd-Fe-B sintered magnets by $Dy_{69}Ni_{31}$ grain boundary restructuring[J]. Journal of Magnetism and Magnetic Materials, 2014, 370: 76.

[75] Suzuki H, Satsu Y, Komuro M, et al. Magnetic properties of a Nd-Fe-B sintered magnet with Dy segregation[J]. Journal of Applied Physics, 2009, 105(7): 07A734.

[76] Komuro M, Satsu Y, Suzuki H. Increase of coercivity and composition distribution in fluoride-diffused NdFeB sintered magnets treated by fluoride solutions[J]. IEEE Transactions on Magnetics, 2010, 46 (11): 3831 − 3833.

[77] Sepehri-Amin H, Ohkubo T, Nishiuchi T, et al. Coercivity enhancement of HDDR processed Nd-Fe-B powders by the diffusion of Nd-Cu eutectic alloys[J]. Scripta Materialia, 2010, 63(11): 1124 − 1127.

[78] Sepehri-Amin H, Ohkubo T, Nagashima S, et al. High-coercivity ultrafine-grained anisotropic Nd-Fe-B magnets processed by hot deformation and the Nd-Cu grain boundary diffusion process[J]. Acta Materialia, 2013, 61 (17): 6622 − 6634.

[79] Wan F, Zhang Y, Han T, et al. Coercivity enhancement in Dy-free Nd-Fe-B sintered magnets by using Pr-Cu alloy[J]. Journal of Applied Physics, 2014, 115: 203910.

[80] Liu L, Sepehri-Amin H, Ohkubo T, et al. Coercivity enhancement of hot-deformed NdFeB magnets by the eutectic grain boundary diffusion process[J]. Journal of Alloys and Compounds, 2016, 666: 432.

[81] Zhou Q, Liu Z W, Zhong X C, et al. Properties improvement and structural optimization of sintered NdFeB magnets by non-rare earth compound grain boundary diffusion[J]. Materials & Design, 2015, 86: 114 − 120.

[82] Fidler J, Schrefl T. Overview of NdFeB magnets and coercivity[J]. Journal of Applied Physics, 1996, 79: 5029.

[83] Kim T H, Lee S R, Lee M W, et al. Dependence of magnetic, phase-transformation and microstructural characteristics on the Cu content of NdFeB sintered magnet [J]. Acta Materialia, 2014, 66: 12.

[84] Chen Z, Yan A, Wang X. Effects of intergranular additions of oxides on the coercivity, thermal stability and microstructure of NdFeB magnets[J]. Journal of Magnetism and Magnetic Materials, 1996, 162: 307.

[85] Yan A, Chen Z, Song X, et al. Effect of MgO additive on coercivity, thermal stability and microstructure of Nd-Fe-B magnets[J]. Journal of Alloys and Compounds, 1996,

239（2）：172 – 174.

[86] 杜世举，李建，程星华，等．烧结钕铁硼晶界扩散技术及其研究进展[J]．金属功能材料，2016，23（1）：51 – 59.

[87] Nakamura H, Hirota K, Ohashi T, et al. Coercivity distributions in Nd-Fe-B sintered magnets produced by the grain boundary diffusion process [J]. Journal of Physics D：Applied Physics, 2011, 44（6）：064003.

[88] Minowa T, Yoshikawa M, Honshima M. Improvement of the corrosion resistance on Nd-Fe-B magnet with nickel plating[J]. IEEE Transactions on Magnetics, 1989, 25（5）：3776 – 3778.

[89] 谢发勤，郜涛．NdFeB 磁体组成相的电化学腐蚀行为[J]．腐蚀科学与防护技术，2002，14（5）：260 – 262.

[90] 周琦，孙玉凤，程秀莲，等．钕铁硼合金在不同介质中的腐蚀行为[J]．腐蚀与防护，2015，26（11）：468 – 471.

[91] Zhao Q, Yuan X T, Nan D U. Corrosion behavior of sintered NdFeB in HNO$_3$ and HF mixing solution[J]. Journal of Materials Engineering, 2007, 21（2）：15 – 18.

[92] Steyaert S, Breton J M L, Teillet J. Microstructure and corrosion resistance of Nd-Fe-B magnets containing additives [J]. Journal of Physics D：Applied Physics, 1998, 31（13）：1534 – 1547.

[93] Jiang H, O'Shea M J. Structure and magnetic properties of NdFeB thin films with Cr, Mo, Nb, Ta, Ti, and V buffer layers [J]. Journal of Magnetism and Magnetic Materials, 2000, 212（1）：59 – 68.

[94] Yan A, Song X, Chen Z, et al. Characterization of microstructure and coercivity of Nd-Fe-B magnets with Ti and Al or Cu addition [J]. Journal of Magnetism and Magnetic Materials, 1998, 185（3）：369 – 374.

[95] 唐杰，魏成富，赵导文，等．4 种涂层对 NdFeB 磁体耐腐蚀性能和磁性能的影响[J]．材料保护，2009，42（5）：17 – 19.

[96] Xu J L, Zhong Z C, Huang Z X, et al. Corrosion resistance of the titania particles enhanced acrylic resin composite coatings on sintered NdFeB permanent magnets [J]. Journal of Alloys and Compounds, 2013, 570：28 – 33.

[97] Chen J, Xu B J, Ling G P. Amorphous Al-Mn coating on NdFeB magnets electrodeposition from AlCl$_3$-EMIC-MnCl$_2$ ionic liquid and its corrosion behavior[J]. Material Chemistry and Physics, 2012 , 134：1067 – 1071.

[98] 丁晶晶．稀土磁性材料离子液体电沉积铝锰合金及其性能研究[D]．杭州：浙江大学，2014.

[99] Song L Z, Yang Z Y. Corrosion resistance of sintered NdFeB permanent magnet with Ni-P/TiO$_2$ composite film [J]. Journal of Iron and Steel Research, International,

2009，16（3）：89 – 94.

［100］ Mao S，Yang H，Li J，et al. The properties of aluminium coating on sintered NdFeB by DC magnetron sputtering［J］. Vacuum，2011，85（7）：772 – 775.

［101］ Mao S D，Yang H X，Li J L，et al. Corrosion properties of aluminium coatings deposited on sintered NdFeB by ion-beam-assisted deposition［J］. Applied Surface Science，2011，257（13）：5581 – 5585.

［102］ Xie T，Mao S，Yu C，et al. Structure，corrosion，and hardness properties of Ti/Al multilayers coated on NdFeB by magnetron sputtering［J］. Vacuum，2012，86（10）：1583 – 1588.

［103］ 李金龙，冒守栋，孙科沸，等. 氮分压对钕铁硼表面直流磁控溅射沉积 AlN/Al 防护涂层结构和性能的影响［J］. 中国表面工程，2010，23（3）：80 – 83.

［104］ Tao L，Li H，Shen J，et al. Corrosion resistance of the NdFeB coated with AlN/SiC bilayer thin films by magnetron sputtering under different environments［J］. Journal of Magnetism and Magnetic Materials，2015，375：124 – 128.

［105］ 杨旖旎. 烧结 NdFeB 表面沉积 Al/Ni 薄膜及其耐腐蚀性研究［D］. 华南理工大学，2016.

第4章 纳米结构钕铁硼永磁及其制备技术

根据磁学理论，为获得高的矫顽力，永磁材料的晶粒尺寸应该接近临界单畴颗粒尺寸。NdFeB 合金的临界单畴颗粒尺寸约为 300 nm，因此，从结构来看，其最佳晶粒尺寸应该小于 1 μm。但实际上，由于制备工艺以及防氧化等原因，烧结 NdFeB 磁体的晶粒大小一般都在 3 μm 以上，甚至大于 10 μm，为多畴颗粒。20 世纪 90 年代，随着晶间交换耦合效应的发现，纳米结构 NdFeB 永磁引起了人们的关注。本章主要介绍纳米晶和纳米颗粒 NdFeB 永磁的基本理论、制备与性能。

4.1 纳米晶和纳米复合钕铁硼永磁基本理论

快淬 NdFeB 合金具有纳米尺寸的晶粒，由于晶粒之间强烈的相互作用，表现出很高的剩磁；由于晶粒大小接近单畴颗粒尺寸，也表现出高的矫顽力；同时也显现出与微米晶磁体不同的磁化和反磁化机制。

此外，某些软磁材料具有很高的 M_s 或 J_s（如 α-Fe 的 J_s 为 2.15 T），但其磁晶各向异性场很小，因此矫顽力很低；而硬磁材料磁晶各向异性场很大，矫顽力很大，但由于其饱和磁化强度稍低，导致剩磁较低，因而磁能积受到一定限制。因此，人们设想将二者的优势结合起来，充分利用硬磁和软磁材料各自的优势，发展新一代高性能永磁材料——纳米复合稀土永磁材料。

1989 年 Coehoorn 等[1]首次用熔体快淬工艺制备出由纳米晶 $Nd_2Fe_{14}B$ 和 Fe_3B 组成的各向同性 $Nd_4Fe_{78}B_{18}$ 磁粉，剩磁 J_r 高达 1.2 T，具有显著的剩磁增强效应，从此拉开了纳米复合永磁材料研究的序幕。1991 年 Kneller 和 Hawig[2]从理论上阐述了软、硬磁性晶粒间的交换耦合作用可使纳米复合永磁具有硬磁的特征。1993 年 Skomski 和 Coey[3]研究指出，各向异性纳米复合永磁的理论磁能积可达 1 MJ/m³，远远高于目前性能最好的烧结 NdFeB 磁体。2006 年，Liu 等[4]成功制备出磁能积 440 kJ/m³ 的全致密纳米复合磁体，与烧结磁体处于同一水平。由于减少了稀土的用量，材料的成本大大降低。因此，纳米复合永磁材料被认为是硬磁材料的主要发展方向，有望成为新一代稀土永磁材料。

4.1.1 剩磁增强效应和交换耦合作用

根据 Stoner-Wohlfarth 理论[5]，对于具有单轴各向异性的材料，当晶粒间无相互作用且随机分布、整体不显示各向异性时，其剩磁不超过饱和磁极化强度的一半，即各向同性磁体的剩磁 J_r 有一理论极限值：

$$J_r \leqslant \frac{1}{2} J_s \tag{4-1}$$

最大磁能积由于受到剩磁极限值的限制，也有一理论极限值：

$$(BH)_{max} \leqslant \frac{J_r^2}{4\mu_0} = \frac{J_s^2}{16\mu_0} \tag{4-2}$$

研究发现，按理论成分配比的微米晶 $Nd_2Fe_{14}B$ 合金，J_r 等于或者接近于 $0.5 J_s$。但在 1988 年，Clemente 等[6] 在研究快淬 NdFeBSi 合金时，发现 $J_r/J_s = 0.6$，超过了 Stoner-Wohlfarth 理论预言的最大值。这一结果虽然是在对单相 NdFeB 合金的研究中得到的，但对多相纳米复合磁体的发展有着重要的影响。随后，Kneller 和 Hawig[2] 提出复合永磁体的概念，指出当软磁相晶粒尺寸与硬磁相畴壁宽度相当且软、硬磁相共格时，软、硬磁相之间会产生交换耦合作用。具有交换耦合作用的纳米复合永磁的 J_r 可大于 $0.5 J_s$，称之为剩磁增强效应。

高汝伟等[7] 指出，各向同性硬磁材料的剩磁增强来自铁磁性相的交换耦合作用，当两个晶粒直接接触时，界面处不同取向的磁矩产生相互作用，阻止其磁矩沿着各自易磁化方向取向，使界面处的磁矩取向从一个晶粒的易磁化方向连续地改变到另一个晶粒的易磁化方向，使混乱取向的晶粒磁矩趋于平行排列，从而导致磁矩沿外磁场方向的分量增加，产生剩磁增强效应。同时，交换耦合作用削弱了每个晶粒磁晶各向异性的影响，使晶粒界面处的有效各向异性减小，导致矫顽力的降低。由于交换耦合发生在两相或两个晶粒之间，所以常称之为晶间交换耦合作用，它与第一章提到的自旋磁矩之间的交换作用在尺度上是不一样的。

图 4-1 为纳米晶 NdFeB 永磁三类理想的微结构及其磁滞回线。第一类是富稀土的 NdFeB 合金，材料内部顺磁性的薄层富稀土晶间相把硬磁相晶粒包围并分隔开，硬磁晶粒之间没有相互作用。这种材料具有高的矫顽力。第二类是单相的 $Nd_2Fe_{14}B$ 合金，相邻硬磁晶粒边界的磁矩趋于平行排列，在晶粒小于 50 nm 时，由于硬磁相之间存在交换耦合作用会出现明显的剩磁增强效应。第三类是纳米复合合金，是两种或者两种以上相组成的贫稀土（Nd 的原子分数小于 11.76%）合金，硬磁相 $Nd_2Fe_{14}B$

和软磁相 α-Fe 或 Fe_3B 间发生强烈的交换耦合作用，表现出更强的剩磁增强效应。图 4 - 1 中的磁滞回线来自于作者研究组获得的快淬（NdPr）$_z$（FeCo）$_{94-z}$B$_6$ 合金，其中 $z = 12$ 为单相合金（第二类），$z = 14$ 为富稀土合金（第一类），$z = 8$ 或 10 为纳米类复合合金（第三类）。

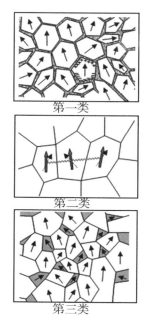

第一类

第二类

第三类

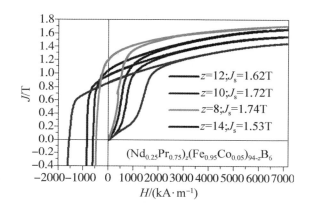

图 4 - 1　纳米晶 NdFeB 永磁的三种最佳微结构类型及其磁滞回线
（$z = 14$：第一类；$z = 12$：第二类；$z = 8$ 或 10：第三类）

4.1.2　纳米复合永磁交换耦合基本理论

对于纳米复合合金，软、硬磁两相晶粒在界面处发生强烈的交换耦合，导致明显的剩磁增强效应。同时，具有高磁晶各向异性的硬磁性晶粒阻止软磁性晶粒反磁化核的形成及扩张，使得矫顽力不会快速下降。因此，纳米复合材料表现出明显的硬磁性并具有较高的磁能积。许多研究者采用简化的理论模型研究了其磁性能随晶粒微结构的变化规律。

Kneller 和 Hawig[2] 提出的软磁/硬磁纳米双相交换耦合的一维简化模型如图 4 - 2 所示。高饱和磁化强度的软磁性相 m 和高磁晶各向异性的硬磁性相 k 发生交换耦合。m 相和 k 相的宽度分别为 b_m 和 b_k。在饱和磁化状态下（图 4 - 2a），随着反向外磁场不断增大，软磁性相 m 中部首先反磁化，形成180°磁畴壁（图4-2b）。随磁场继续增大，反磁化由 m 相中部向两端扩展（图4-2c、d），这个过程一直持续到临界不可逆反磁化场 H_0，最终穿过两相边界进入硬磁性相 k，使软、硬磁性相均产生不可逆反转磁化。H_0 与 b_m 有关，b_m 必须不大于某一临界值 b_{cm}，才能使矫顽力最大。计算表明，

$$b_{cm} \approx \pi (A_m/2K_k)^{1/2} \qquad (4-3)$$

式中，A_m 为软磁相的交换系数；K_k 是硬磁相的磁晶各向异性常数。对 $Nd_2Fe_{14}B$ 和 $\alpha\text{-}Fe$ 复合磁体，取 $A_m = 10^{-11}$ J/m，$K_k = 2 \times 10^6$ J/m³，则可得到 $b_{cm} = 5$ nm。

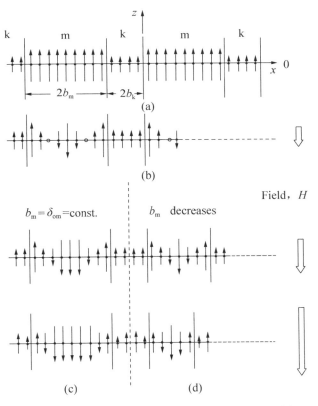

图4-2　纳米复合永磁合金的一维简化理论模型[2]

如果磁体晶粒尺寸过大，则交换耦合区域所占的体积分数太小，交换耦合作用不明显，只有在晶体尺寸小于 30 nm 时，交换耦合作用才真正起作用。特别是当软磁相晶粒尺寸在 10 nm 以下时，几乎整个晶粒都

受到交换耦合作用的影响，这时就会形成交换硬磁化。在外磁场的作用下，软磁相的磁化强度随硬磁相的磁化强度一起变动。

Skomski 和 Coey[3]也提出一种一维模型，把纳米复合磁体微结构简化为由硬磁性相和软磁性相构成的多层膜状结构。计算表明，当晶粒尺寸为 10～20 nm 时，起骨架作用的硬磁性相会固定软磁性相的磁化方向，即硬磁晶粒阻止软磁晶粒反磁化核的形成及扩张。软、硬磁性相晶粒间强烈的交换耦合作用可使材料同时具有高剩磁和高矫顽力。他们取 $Sm_2Fe_{17}N_3$ 为硬磁相，$Fe_{65}Co_{35}$ 为软磁相，纳米复合永磁体磁能积的理论值最高可达到 1 MJ/m^3，比目前最佳的烧结 NdFeB 磁体的磁能积高一倍。

除了一维模型，针对二维和三维纳米复合磁体，人们也采用微磁学模拟开展了大量研究。所有的模拟结果几乎都获得了远高于烧结磁体的磁能积。

4.1.3　晶间交换耦合作用基本分析方法

研究纳米晶永磁材料的性能时，对晶间交换耦合作用的分析非常重要。而交换耦合行为的分析方法包括组织结构分析和磁学特征曲线分析。用 X 射线衍射分析晶粒尺寸和相组成，用电子显微分析表征晶粒微观结构，可以为交换作用提供组织特征；用磁力显微术研究其磁畴结构，用动态磁畴观察分析硬软磁相的协同磁化过程，可以找到晶间交换耦合作用的有力证据。剩磁比是一种常见的定性分析方法，作为各向同性磁体，如果剩磁超过饱和磁化强度的 1/2，可以认为，材料中存在明显的交换耦合效应。此外，通过测量材料特征磁化和反磁化曲线，得到剩磁、矫顽力、最大磁能积及磁化率等磁性参数随磁场的变化规律，也是分析晶粒相互作用的有效手段，其中常用的方法是退磁曲线分析和不可逆磁化率研究。

4.1.3.1　退磁曲线分析方法：$\delta_m(H)$ 曲线

根据材料磁化和退磁方式的不同，可测得两种剩余磁化曲线[8]：一种是等温剩余磁化曲线，其测试方法是，从退磁状态出发，沿正向施加逐渐增强的磁化场，在不同最大磁场强度 H 下测量其剩余磁化强度 $M_r(H)$，正向饱和磁化后的剩余磁化强度记作 $M_r(\infty)$。另一种是直流退磁剩磁曲线，其测试方法是，先将样品在正方向饱和磁化，除去磁场后测量剩余磁化强度 $M_d(0)$，然后沿反方向依次施加、去掉逐渐增强的磁场，并测量对应的剩余磁化强度 $M_d(H)$。

两种剩余磁化曲线与磁体内晶粒相互作用的性质存在以下关系：

（1）对于由没有相互作用的单畴粒子组成的磁体，$M_d(H)$ 与 $M_r(H)$ 满足 Wohlfarth 关系：

$$M_d(H) = M_r(\infty) - 2M_r(H) \qquad (4-4)$$

若以 $M_r(\infty)$ 为标准把两种剩磁归一化，即 $m_r(H) = M_r(H)/M_r(\infty)$，$m_d(H) = M_d(H)/M_r(\infty)$，则式（4-4）可改写为 $m_d(H) = 1 - 2m_r(H)$，即 $m_d(H)$ 与 $m_r(H)$ 满足线性关系。

（2）如果晶粒之间存在相互作用，则 $m_d(H)$ 与 $m_r(H)$ 偏离上述线性关系。用 $\delta_m(H)$ 表示这种偏离：

$$\delta_m(H) = m_d(H) - [1 - 2m_r(H)] \qquad (4-5)$$

根据上式描绘的曲线称为 Henkel 曲线。若 $\delta_m > 0$，表示晶粒相互作用支持磁化状态，晶粒间以交换耦合相互作用为主；若 $\delta_m < 0$，表示晶粒相互作用促进退磁化，晶粒间以长程静磁相互作用为主。因此，可以根据 $\delta_m(H)$ 曲线判断磁体内晶粒相互作用的性质和强度。

常见的 $\delta_m(H)$ 曲线如图 4-3 所示，纳米晶永磁的 $\delta_m(H)$ 曲线通常具有以下变化规律[9]：当外磁场较小时，δ_m 值大于零，且随外磁场的增强而增加，达到一个峰值后下降为零，然后变为负值。这说明晶粒间的相互作用与磁体的磁化状态有关。当外磁场较小时，磁体处于起始磁化阶段，各晶粒磁矩处于混乱取向状态，磁矩之间夹角较大，交换耦合

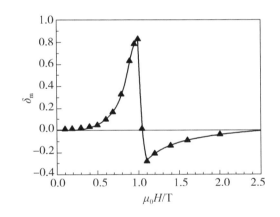

图 4-3 常见的 $\delta_m(H)$ 曲线

作用影响较强，所以 $\delta_m > 0$。随外磁场增强，磁体内各晶粒磁矩逐渐趋于平行取向，导致交换耦合作用减弱，长程静磁相互作用的影响相对突出。当静磁相互作用超过交换耦合作用的影响时，δ_m 变为负值。一般，使 δ_m 取正向峰值的磁场与磁体的矫顽力相当，因为当外磁场的大小接近矫顽力时，磁体内各晶粒磁矩在外磁场方向上的投影基本抵消，因而外磁场方向的有效磁化强度接近于零，致使静磁作用的影响很小，交换耦合作

用的影响最明显。不同磁性材料 $\delta_m(H)$ 曲线的区别在于使 δ_m 达到峰值所需要的外磁场强度不同，峰值强度不同。纳米复合 NdFeB 磁体 $\delta_m(H)$ 曲线变化规律显示：δ_m 正向峰值随晶粒尺寸减小而增大，表明晶粒交换耦合作用随晶粒尺寸减小而增强；较强磁场下的 δ_m 有较大的负值，表明具有高饱和磁化强度的软磁性相对静磁相互作用有较大的贡献。

4.1.3.2　不可逆磁化率研究方法

磁性材料的磁化率与材料的磁化过程密切相关。不可逆磁化率的峰值反映了材料的不可逆磁化过程，也反映了材料内晶粒相互作用的强弱与性质。有两种不可逆磁化率的表达方法：

（1）磁性材料的不可逆磁化率等于总磁化率减去可逆磁化率：

$$\chi_{irr} = \chi_{tot} - \chi_{rev} \qquad\qquad (4-6)$$

式中，总磁化率 χ_{tot} 和可逆磁化率 χ_{rev} 是按照微分公式 $\chi = dJ/dH$ 从磁滞回线的不同阶段计算的。χ_{rev} 对应于从饱和磁化状态到剩磁状态（第一象限部分），χ_{tot} 对应于第二、三象限的反磁化过程。Billoni 等[10]对 $Nd_2Fe_{14}B/\alpha$-Fe 纳米复合磁体的实验结果表明：当晶粒尺寸较大，晶粒之间的交换耦合作用较弱时，不可逆磁化率 χ_{irr} 随磁场的变化出现两个或三个峰值，其中低磁场峰对应于大的软磁性晶粒或近邻硬磁性晶粒的磁化反转，高磁场峰对应于硬磁性晶粒或耦合较好的软磁性晶粒的磁化反转。这说明对由较大纳米晶粒组成的复合磁体存在软、硬两个磁性相不同的磁化反转过程。随着晶粒尺寸的减小，低场峰逐渐消失，不可逆磁化率 χ_{irr} 有一个峰出现，说明由于交换耦合作用的增强，软硬磁性晶粒具有统一的磁化反转，其对应的磁场即为磁体的矫顽力。

（2）Grady 和 Kelly 等[11]定义两种剩余磁化强度 $m_r(H)$ 和 $m_d(H)$ 对磁场的导数，$dm_r(H)/dH$ 和 $dm_d(H)/dH$ 为相应剩磁的不可逆磁化率 χ_{irr}。两种不可逆磁化率取峰值的相对位置与晶粒之间的相互作用性质有关。如果晶粒之间以静磁相互作用为主，则两种不可逆磁化率峰值的位置基本重叠；如果晶粒之间以交换耦合作用为主，则 $dm_r(H)/dH$ 的峰值位于 $dm_d(H)/dH$ 峰值的左侧。

4.1.4　纳米复合永磁的矫顽力机制

研究发现纳米晶之间的交换耦合作用会使材料的有效各向异性降低，降低矫顽力。但是目前对纳米晶 NdFeB 磁体的矫顽力机制方面的研究有待进一步深入。

4.1.4.1 成核机制

NdFeB 磁体的有效各向异性对矫顽力起着决定性作用。理论上，永磁材料的矫顽力为形核场 $H_n = 2 K_1/J_s$，与 K_1 成正比，与 J_s 成反比，但由于晶粒形状、大小、结构等因素的影响，材料的实际矫顽力比理论值小很多。

以 Kronmuller[12] 为代表的成核理论认为：和微米晶 NdFeB 单相磁体相同，快淬纳米复合 NdFeB 永磁材料的矫顽力由反磁化畴的成核机制控制。他们在原有 NdFeB 基单相永磁成核机制矫顽力公式的基础上，引入交换耦合系数 α_{ex}，给出了纳米复合永磁材料的矫顽力公式：

$$\mu_0 H_c = \alpha_{ex}\alpha_K\mu_0 H_n^{\min} - N_{eff}J_s \qquad (4-7)$$

式中，α_K 表示晶粒缺陷对磁晶各向异性的影响；最小形核场 $H_n^{\min}$ 是理想形核场 H_n 的 1/2。实验测得 N_{eff} 为 $0.09 \sim 0.12$，$\alpha_{ex}\alpha_K$ 为 $0.16 \sim 0.30$，由于传统快淬非耦合 $Nd_2Fe_{14}B$ 相的 α_K 约为 0.8，因此交换耦合系数 α_{ex} 为 $0.20 \sim 0.38$。交换耦合系数 α_{ex} 很小，说明晶间交换耦合对纳米复合永磁材料矫顽力的降低作用很大。

纳米复合永磁材料硬磁相的形核场远远高于软磁相，硬磁相的畴壁能密度也远远高于软磁相，因此，纳米复合磁体内部的畴壁能密度是起伏不均的，畴壁能密度高的区域会对已成核的畴壁继续位移产生一定的阻碍作用。因此，形核机制是否为纳米双相复合永磁材料唯一的矫顽力机制还需继续探讨。

4.1.4.2 自钉扎机制

Zhao 等[13]建立硬磁/软磁/硬磁三层膜交换耦合模型，用模拟方法对矫顽力机制进行了研究。结果表明，反磁化过程分为三步：首先在软磁相内形核，然后畴壁在晶粒界面附近位移演化，畴壁厚度逐渐收缩，最后畴壁从软磁相到硬磁相克服钉扎场进行不可逆位移。这个钉扎场与软、硬磁相的晶粒界面相关。形核中心被晶粒界面包围，反磁化畴必须克服这个钉扎场才能完全进入硬磁相，他们称之为自钉扎机制[14]，认为在反磁化过程中形核是必需的，但不是决定矫顽力的唯一因素，形核场是矫顽力的下限值。图 4-4 表示 $Nd_2Fe_{14}B/\alpha\text{-Fe}/Nd_2Fe_{14}B$ 三层膜的理论矫顽力和实验矫顽力的关系，实线表示自钉扎场的理论值，虚线为理论形核场，空心圆点线表示软磁相的临界厚度（与 $Nd_2Fe_{14}B$ 相畴壁厚度相当），实心圆点线表示实际材料的矫顽力。当软磁相的厚度低于临界值 4.3 nm 时，反磁化过程合为一步，矫顽力等于形核场，矫顽力机制以形核机制为主；当软磁相的厚度超过临界值 4.3 nm 时，反磁化过程分为三步，自钉扎场大于形核场，矫顽力机制转化为以自钉扎机制为主。在实际的材料中软磁相的尺寸一般都超过临界值，因此实际的纳米复合永磁材料矫顽力机制以自钉扎机制为主。采用边界条件进行分析计算，自钉扎矫顽力可表示为[15]：

$$H_{\mathrm{p}} = \frac{2(A_{\mathrm{hd}}K_{\mathrm{hd}} - A_{\mathrm{sf}}K_{\mathrm{sf}})}{\left(\sqrt{A_{\mathrm{sf}}M_{\mathrm{sf}}} + \sqrt{A_{\mathrm{hd}}M_{\mathrm{hd}}}\right)^2} \qquad (4-8)$$

式中，A_{sf}、A_{hd} 分别为软、硬磁相的交换耦合常数；K_{sf}、K_{hd} 分别是软、硬磁相的各向异性常数；M_{sf}、M_{hd} 分别为软、硬磁相的磁化强度。按照式(4-8)，H_{p} 约为硬磁相各向异性场的 10%，比实际的矫顽力要大一点。这与材料微观结构和软、硬磁相晶间界面有关。

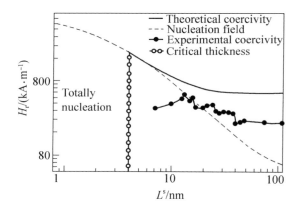

图 4-4 $Nd_2Fe_{14}B/\alpha\text{-}Fe/Nd_2Fe_{14}B$ 理论矫顽力与实验矫顽力的比较[15]

4.1.4.3 晶粒内部缺陷的钉扎作用

周寿增等[16]认为 $Nd_2Fe_{14}B/\alpha\text{-}Fe$ 纳米复合永磁体的反磁化过程包括在软磁相区域的形核过程和通过晶粒边界从软磁相向硬磁相区域的畴壁位移过程，软磁相区域的形核场为：

$$H_{\mathrm{n}} = \frac{2K_1^{\mathrm{sf}}}{\mu_0 M_{\mathrm{sf}}} \times \frac{\delta_{\mathrm{B}}^{\mathrm{hd}}}{\pi r_0} - N_{\mathrm{eff}}M_{\mathrm{sf}} \qquad (4-9)$$

式中，r_0 为软磁相球状晶粒半径；sf 和 hd 分别代表软磁相、硬磁相。从软磁相向硬磁相区域的不可逆畴壁位移需要克服的交换耦合钉扎场为：

$$H_{\mathrm{p}} = \frac{2K_1^{\mathrm{hd}}}{\mu_0 M_{\mathrm{sf}}} \times \frac{\delta_{\mathrm{B}}^{\mathrm{hd}}}{\pi r_0} - N_{\mathrm{eff}}M_{\mathrm{sf}} \qquad (4-10)$$

对比式(4-9)与式(4-10)，显然穿过晶粒边界的不可逆畴壁位移的交换耦合钉扎场大于软磁相区域的形核场，纳米复合磁体的矫顽力应由交换耦合钉扎场确定。Emura 等[17]的研究也表明，纳米复合磁体的反磁化包括软磁相的形核反磁化过程和通过晶粒边界向硬磁相区域的 180°畴壁扩张过程，晶粒间的畴壁钉扎确定硬磁相晶粒的磁化反转。

此外，纳米复合 NdFeB 永磁的结构比较复杂，如 B 含量高的复合材料 $Pr_9Fe_{73.5}Ti_{2.5}B_{15}$ 中会形成 TiB_2 相，TiB_2 相主要分布在硬磁相 $Pr_2Fe_{14}B$ 中。低 B 含量硬磁相内无缺陷的 $Pr_9Fe_{81.5}Ti_{2.5}B_7$ 的矫顽力为 366 kA/m，高 B 含量硬磁相内分布有 TiB_2 的 $Pr_9Fe_{73.5}Ti_{2.5}B_{15}$ 的剩磁基本不变，但矫顽力能提高到 772 kA/m。用上述的形核机制和自钉扎机制难以对矫顽力显著提高进行解释。Zhang 等[18]认为分布在硬磁相内的 TiB_2 相对畴壁位移的阻碍作用很强烈，因此能显著提高矫顽力。

4.1.5　交换耦合作用对矫顽力的影响

4.1.5.1　纳米晶单相合金

Kronmuller 和 Fischer 等[19]采用微磁学有限元法研究了纳米晶单相合金中交换耦合作用对矫顽力的影响。一方面，磁晶各向异性作用使晶粒的磁矩沿自身的易磁化方向排列；另一方面，晶间交换耦合作用是短程作用，它使晶粒磁矩偏离自身易磁化轴方向而沿耦合方向排列。两者是一对矛盾体，当交换常数较小时，晶间耦合可忽略，每个晶粒的磁矩反转过程是独立的，主要由自身的各向异性决定。随着交换常数的增大，晶粒之间相互耦合，各向异性作用和交换耦合作用的相互竞争会影响晶粒的磁矩方向转变的难易程度。当某一个晶粒的磁矩发生反转时，在交换耦合的作用下邻近晶粒的磁矩反转变得更加容易，从而使矫顽力降低。当交换常数继续增大时，交换耦合范围不再局限于邻近的晶粒，晶粒的磁矩反转将更为一致，宏观上磁体的矫顽力会更低。如图 4-5 所示，矫顽力快速下降时所对应的交换耦合常数 A 值即为临界交换常数值，垂直于纵轴的虚线和实线分别为晶粒尺寸为 10 nm 和 50 nm 的临界交换常数值，阴影区为 $Nd_2Fe_{14}B$ 在 50～550 K 的交换常数值，垂直于横轴的粗实线为 $Nd_2Fe_{14}B$ 在 $T=300$ K 时的交换常数值。当 A 足够大时，材料表现出软磁材料的性质。

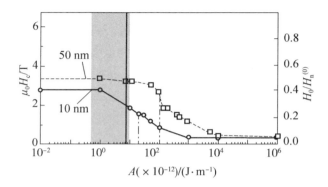

图 4 - 5　矫顽力与交换耦合常数 A 的关系[19]

上述分析与 Herzer[20] 的理论是一致的，Herzer 将软磁材料的有效各向异性表示为：

$$K_{eff} = K^4 \times D^6 / A^4 \qquad (4 - 11)$$

式中，K 为磁晶各向异性常数。纳米单相软磁材料的有效各向异性常数 K_{eff} 随晶粒尺寸 D 的减小呈 D^6 的关系下降。晶粒尺寸越小，晶间交换耦合越充分，矫顽力就越低。在图 4 - 5 中，交换耦合常数从小到大，晶粒尺寸为 10 nm 的材料的矫顽力比 50nm 的小，这与实验结果也是一致的。

4.1.5.2　双相纳米复合合金

双相纳米复合永磁材料中软磁相和硬磁相的各向异性常数相差很大，当晶粒尺寸很小时，软磁相和硬磁相之间强烈的交换耦合作用对有效各向异性常数 K_{eff} 的影响是矫顽力机制研究的重要内容。Skomski 和 Coey[3] 建立了取向排列的纳米双相复合磁体模型。当软、硬磁相充分交换耦合时，磁体的 K_{eff} 可表示为：

$$K_{eff} = f_{sf}K_{sf} + f_{hd}K_{hd} \qquad (4 - 12)$$

式中，f_{sf}、f_{hd} 分别表示软、硬磁相的体积分数。磁体的形核场 $\mu_0 H_n = 2K_{eff} / (f_{sf}M_{sf} + f_{hd}M_{hd})$，当形核场 $\mu_0 H_n > \mu_0 M_r / 2$ 时，磁体的磁能积约为 $\mu_0 M_{sf}^2 / 4$。在软、硬磁相充分交换耦合时，K_{eff} 是软、硬磁相的各向异性常数的统计平均值，只与软、硬磁相体积分数相关，与晶粒尺寸无关。

高汝伟等[7] 对以上公式进行了修正。考虑到软磁相、硬磁相的有效各向异性 $K_{sf(D)}$、$K_{hd(D)}$ 与晶粒尺寸的相关性，当软磁相晶粒尺寸小于交换耦合长度、硬磁相晶粒尺寸小于临界晶粒尺寸时，$K_{sf(D)}$、$K_{hd(D)}$ 都随晶粒尺寸的减小而减小，软、硬磁相晶粒界面区有效各向异性 $K_{sh(D)}$ 为软、硬磁相各向异性常数的平均值。当晶粒尺寸小于某一临界晶粒尺寸时，

$K_{\mathrm{sh}(D)}$ 随晶粒尺寸的减小而减小。因此，他们用有效各向异性 $K_{\mathrm{eff}(D)}$ 代替式(4-11)中的固定各向异性 K。复相纳米材料中存在三种界面，即软磁相-软磁相、软磁相-硬磁相、硬磁相-硬磁相界面，因此可用晶粒界面比例分数代替(4-12)中的体积分数。材料的 K_{eff} 可表示为不同晶粒界面所占比例与对应的有效各向异性的乘积之和：

$$K_{\mathrm{eff}} = f_{\mathrm{ss}} K_{\mathrm{sf}(D)} + f_{\mathrm{hh}} K_{\mathrm{hd}(D)} + f_{\mathrm{sh}} K_{\mathrm{sh}(D)} \qquad (4-13)$$

式中 f_{ss}、f_{hh}、f_{sh} 分别代表软-软、硬-硬、软-硬 3 种晶粒界面所占比例。计算表明(图4-6)，随着平均晶粒尺寸减小，材料的有效各向异性减小，这与 Skomski 等的理论值的差别是很大的。如图4-6a 所示，在软磁相体积分数较小($f_{\mathrm{sh}} < 30\%$)的情况下，当平均晶粒尺寸 $D \geqslant 15\ \mathrm{nm}$ 时，K_{eff} 随 D 的增加变化较小；当 $D < 15\ \mathrm{nm}$ 时，K_{eff} 随 D 的减小下降较快，且基本呈线性下降。图4-6b 表示纳米复合材料矫顽力 $\mu_0 H_{\mathrm{c}}$ 与晶粒尺寸的关系。与 K_{eff} 的变化趋势相似，但也存在一些不同。当软磁相体积分数为 $30\% \sim 70\%$ 时，晶粒平均尺寸在 $25 \sim 35\ \mathrm{nm}$ 之间，矫顽力存在一个最大值。这是由于有效各向异性 K_{eff} 和矫顽力 $\mu_0 H_{\mathrm{c}}$ 的计算方法不一样，在计算矫顽力时，要考虑静磁能、交换耦合能、各向异性能等使系统吉布斯自由能最小，而计算有效各向异性时不需要考虑这些能量；而且矫顽力不仅与有效各向异性 K_{eff} 有关，还和材料的微观结构相关。结果表明，晶粒尺寸减小使材料的交换耦合作用增强，剩磁增加，且软磁相体积分数适当增大，剩磁也会提高。但晶粒尺寸减小和软磁相体积分数增大都会使材料的有效各向异性减小，降低矫顽力。由于剩磁和矫顽力随晶粒尺

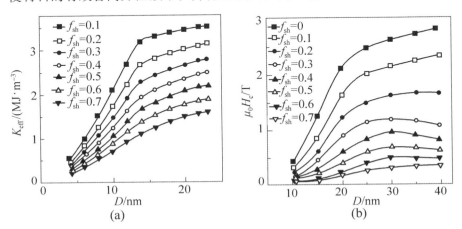

图4-6 纳米复合 $\mathrm{Nd_2Fe_{14}B}/\alpha\text{-Fe}$ 磁体有效各向异性常数 K_{eff} 和矫顽力与平均晶粒尺寸的关系[3]

寸大小和软磁相体积分数变化趋势相反，因此要获得高磁能积，晶粒尺寸应控制在 10 ~ 15 nm 范围内，软磁相体积分数不超过 50%。

　　张宏伟等[21]采用微磁学有限元法利用 $\delta_m(H)$ 曲线研究了纳米复合永磁晶间的交换耦合作用。如图 4 – 7 所示，晶粒尺寸 $D = 10$ nm 的 $\delta_m(H)$ 曲线的正峰值比 $D = 20$ nm 的大，显示晶间交换耦合作用随晶粒尺寸的减小而增大。纳米复合磁体的 $\delta_m(H)$ 曲线中出现两个正峰值，这是由于在纳米复相磁体中存在两种交换耦合作用：一种是硬磁相晶粒与软磁相晶粒之间的交换耦合作用，$\delta_m(H)$ 曲线将在接近软磁相发生磁化反转的外加磁场强度 H_{ex} 附近出现正峰值；另一种是硬磁相晶粒之间的交换耦合作用，$\delta_m(H)$ 曲线在接近硬磁相发生不可逆磁化反转的外加磁场强度 H_{irr} 附近出现正峰值。由于软、硬磁相之间的交换耦合作用，H_{ex} 通常大于软磁相的各向异性场。当晶粒尺寸逐渐减小时，软、硬磁相交换耦合作用增强，H_{ex} 会逐渐增大，而 H_{irr} 会逐渐下降，如图 4 – 7 中 $D = 10$nm 的样品两个峰基本重叠。但随着晶粒尺寸的增大，软、硬磁相交换耦合作用减弱，两个峰的分离逐渐明显，如图 4 – 7 中 $D = 20$nm 样品的曲线所示。这一研究表明，在外加磁场接近 H_{irr} 时硬磁相晶粒之间的耦合作用比较明显，这种交换耦合作用在反磁化过程中对矫顽力的影响很大；在反磁化场接近 H_{irr} 时硬磁相晶粒之间的耦合对畴壁的不可逆位移和磁矩一致反转起到促进作用，对提高材料的矫顽力不利，特别是在软、硬磁相分布不均、晶粒扁平且棱角较多的区域，硬磁相的耦合更易使矫顽力降低。

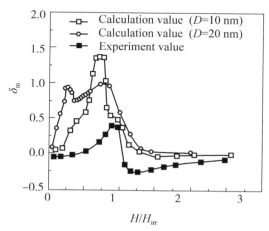

图 4 – 7　$Pr_8Fe_{87}B_5$ 纳米晶复相磁体的 $\delta_m(H)$ 曲线[21]

（实验值中硬磁相和软磁相的平均晶粒尺寸分别为 26 nm 和 16 nm）

4.2 纳米晶钕铁硼磁粉工艺和成分优化及致密化技术

纳米晶和纳米复合 NdFeB 磁体的主要制造方法是熔体快淬，其基本过程在第三章已经介绍，目前已经应用于大规模工业化生产。除此之外，一些研究工作瞄准新型制备技术，采用机械合金化法和纳米材料制备工艺获得了纳米复合永磁材料，但目前大多处在实验室研究阶段，效果也不如快淬法。

4.2.1 快淬钕铁硼磁粉的工艺优化

早前已经开展的很多针对快淬磁粉工艺的研究，发现快淬带材或磁粉的质量取决于合金的成分、物性和工艺参数。主要的工艺参数有熔体温度（T）、辊速（v_r）、喷射距离（l）、喷射压力（P_{ejc}）、喷射孔径（d）、真空腔室气氛和压力（P_{amb}）。

4.2.1.1 腔室气压对快淬带材表面质量的影响

腔室气压对带材组织有重要影响，低的压力可以减少或消除带材与铜辊接触表面的气体凹陷，改善显微组织的均匀性。气体凹陷的产生是由于熔融金属和铜辊之间存在气体，导致局部的冷却速度降低，出现组织不均。高的气压也会破坏铜辊表面金属熔池的稳定性[22]。作者研究[23]发现，在制备 $Nd_2Fe_{14}B$ 合金带材时，当气压低于 50 kPa 时，带材与铜辊接触表面的气体凹陷几乎消失，从而可以获得更均匀的晶粒结构和更小的平均晶粒尺寸 d_g。图4-8a，b表明，当腔室气压从 0.5 atm 降低到 0.4 atm 时，带材变得光滑，凹陷消失，材料表面质量改善。改善的表面质量可以消除凹陷附近的粗大晶粒区，改善磁粉性能。

4.2.1.2 辊速对带材厚度、晶粒尺寸和显微组织的影响

带材在快淬过程中的冷却速度主要由铜辊辊速决定，它对直接快淬以及过淬＋退火带材的显微组织和磁性能有非常重要的影响。当熔融金属流速保持不变时，带材厚度 t_r 与辊速 v_r 的关系可以描述为[24]：

$$t_r \propto v_r^{-A} \tag{4-14}$$

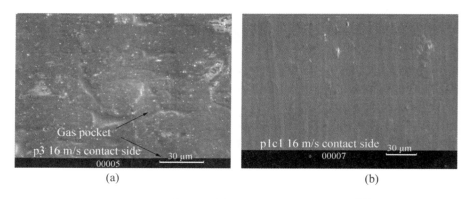

图 4 - 8　不同气压下制备的熔体快淬贴辊面结构[23]

(a)0.5 atm；(b) 0.4 atm

实验发现，式中 A 的取值范围一般为 $0.65 \sim 0.85$。图 4 - 9a 和 b 是作者[23]获得的两种系列合金 $(\mathrm{Nd}_{0.25}\mathrm{Pr}_{0.75})_{12}(\mathrm{Fe}_{1-x}\mathrm{Co}_x)_{82}\mathrm{B}_6$ 和 $(\mathrm{Nd}_{1-y}\mathrm{Pr}_y)_{12}$-$(\mathrm{Fe}_{0.95}\mathrm{Co}_{0.05})_{82}\mathrm{B}_6$ 的 t_r 和 v_r 的关系。与预测的一样，t_r 随 v_r 增加而减小。统计的数据表明，$\lg t_r$ 和 $\lg v_r$ 之间存在一个近似线性的关系。

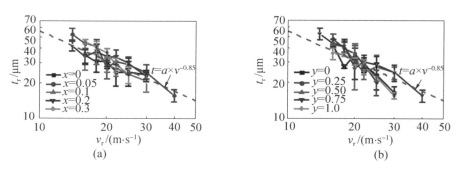

图 4 - 9　带材厚度与快淬辊速之间的关系[23]

(a) $(\mathrm{Nd}_{0.25}\mathrm{Pr}_{0.75})_{12}(\mathrm{Fe}_{1-x}\mathrm{Co}_x)_{82}\mathrm{B}_6$；(b) $(\mathrm{Nd}_{1-y}\mathrm{Pr}_y)_{12}(\mathrm{Fe}_{0.95}\mathrm{Co}_{0.05})_{82}\mathrm{B}_6$

带材厚度和冷却速度对显微组织的影响可以通过晶粒尺寸反映出来。图 4 - 10 为快淬 $(\mathrm{Nd}_{0.25}\mathrm{Pr}_{0.75})_{12}(\mathrm{Fe}_{1-x}\mathrm{Co}_x)_{82}\mathrm{B}_6$ 合金贴辊面和自由面平均晶粒尺寸 d_g 与辊速 v_r 的关系。通常，贴辊面比自由面的冷却速度大，因此晶粒尺寸小。统计结果表明，d_g 随 v_r 的增加而减小。但是，存在一个临界速度 v_{rc}，超过这个速度，合金不再是完全的晶态，开始变为部分非晶或全部非晶结构。

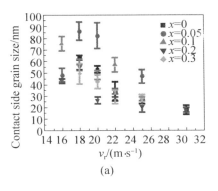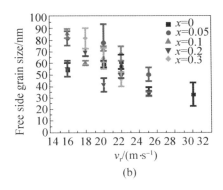

(a)　　　　　　　　　　　　　(b)

图 4 - 10　快淬 $(Nd_{0.25}Pr_{0.75})_{12}(Fe_{1-x}Co_x)_{82}B_6$ 合金晶粒尺寸与辊速的关系[23]

(a) 贴辊面；(b) 自由面

图 4 - 11 和图 4 - 12 为不同辊速制备的单相 $(Nd_{0.25}Pr_{0.75})_{12}(Fe_{0.95}-Co_{0.05})_{82}B_6$ 和纳米复合 $(Nd_{0.25}Pr_{0.75})_{10}(Fe_{0.7}Co_{0.3})_{84}B_6$ 合金的显微组织。优化的 v_r 不仅可以获得细小的晶粒尺寸，也可以改善晶粒的均匀性。此外，快淬 NdFeB 带材一般是各向同性结构，但在低的甩带速度情况下，NdFeB 合金中经常会出现很强的 c 轴织构，c 轴沿垂直带材表面方向择优生长，这和 Sm-Co 合金带材不同，其 c 轴平行于面内生长[25]。织构的出现应该来自于低速甩带时大的热梯度导致的定向凝固，也可能来自于纳米复合合金中 α-Fe 晶粒作为形核点对形核的影响。

此外，辊速对快淬带材中的氧含量有明显影响。作者的研究也表明[23]，辊速增加，氧含量降低。这应该与熔体处于液相的时间相关。

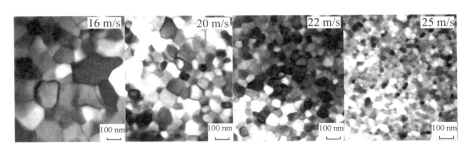

图 4 - 11　不同辊速制备的单相合金显微组织[23]

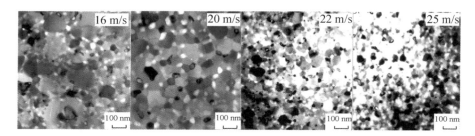

图 4 - 12　不同辊速制备的纳米复合合金显微组织[23]

4.2.1.3　辊速对室温磁性能的影响

NdFeB 合金的磁性能对晶粒尺寸非常敏感，因此，辊速对磁性能有重要影响。大量研究表明，无论是单相合金、纳米复合合金，还是富稀土合金，适当的辊速可以获得优化的磁性能。图 4 - 13 揭示了不同辊速制备的单相纳米晶合金的磁性能[23]，因为辊速影响晶粒尺寸和晶化程度，出现非晶相会显著破坏硬磁性能。在出现非晶相之前，增加辊速会强化材料的剩磁和磁能积，一定程度上也可以改善矫顽力。

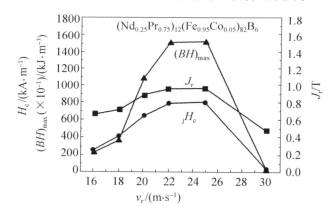

图 4 - 13　辊速对单相合金磁性能的影响[23]

4.2.2　快淬钕铁硼磁粉的成分优化

快淬 NdFeB 永磁材料中的添加或替代元素可分为以下三类：

（1）置换型元素，包括所有稀土元素和 Co 等，其可溶入主相$Nd_2Fe_{14}B$中，取代 Nd 或 Fe 的位置，改变主相的内禀磁性能，如饱和磁化强度、各向异性场和居里温度等。所有的稀土元素 RE 都可以与 Fe、B 形成

$RE_2Fe_{14}B$ 相，同样都可以置换 $Nd_2Fe_{14}B$ 中的 Nd 元素形成 $(Nd,RE)_2Fe_{14}B$ 相，从而改变其内禀磁性能。提高磁体的矫顽力最直接而有效的方法就是通过添加重稀土元素 HRE 提高磁体的磁晶各向异性场。

（2）第一类掺杂元素（M_1），如 Al、Ga、Cu、Zn 等，主要是低熔点元素，与富 Nd 相反应形成新的晶界相或溶解于其中，形成 M_1-Nd 或 M_1-Fe-Nd 晶界相，改善晶界相的理化性质，有利于改善晶界性质和显微组织，提高矫顽力。但是，这些元素在主相 $Nd_2Fe_{14}B$ 中有一定的溶解度，可以部分进入 $Nd_2Fe_{14}B$ 相取代 Nd、Fe、B 的有关晶位，从而起到磁稀释的作用，对磁体磁性能的提高不利。

（3）第二类掺杂元素（M_2），主要是高熔点元素，如 Nb、Zr、Ti、Mo 等，它们在主相 $Nd_2Fe_{14}B$ 中的溶解度很小，主要在主相 $Nd_2Fe_{14}B$ 晶内或晶界上析出新的沉淀相，包括 M_2-B 或 M_2-Fe-B 相，起到畴壁钉扎或晶粒细化的作用，从而提高矫顽力。

4.2.2.1 替代元素

对于改善内禀磁性能的稀土和过渡族元素替代，纳米晶合金与烧结磁体具有相似的效果。例如，在 NdFeB 合金中，最常用的稀土替代元素是 Pr。Pr 替代 Nd 至少有三个好处：①降低 NdFeB 合金的自旋重取向温度；②增加矫顽力，因为 $Pr_2Fe_{14}B$ 相比 $Nd_2Fe_{14}B$ 有更高的各向异性场；③减少生产成本，因为 Nd 和 Pr 在自然矿中是共存的。作者早期的研究[26]证实了 Pr 替代 Nd 可以改善矫顽力，而且一定量的替代可以增加纳米晶和纳米复合合金的磁能积。此外，添加 Dy 和 Tb 等第一类置换型元素，长期以来均作为提高 NdFeB 永磁矫顽力和高温稳定性的主要手段，其作用机制也非常明确[27]。

相对于 Nd、Dy 和 Tb，Y 是一种比较便宜的稀土元素。Tang 等[28]在烧结 Nd-Dy-Fe-B 材料中用 Y 部分替代 Dy，发现磁体的磁能积和温度稳定性都可得到进一步提高，进而发展了一系列高性能的 MRE-Fe-B（MRE = Nd + Dy + Y）磁体。作者研究组[29]研究了用 Y 替代重稀土元素 Dy 来提高纳米复合 NdFeB 合金的磁性能和热稳定性。Y 替代对 $[Nd_{0.8}(Dy_{0.5}Y_{0.5})_{0.2}]_{10}$-$Fe_{84}B_6$ 快淬纳米复合合金磁滞回线的影响见图 4 – 14，在降低 50% Dy 的 $[Nd_{0.8}(Dy_{0.5}Y_{0.5})_{0.2}]_{10}Fe_{84}B_6$ 合金中获得了最大磁能积（139 kJ/m^3），且剩磁可逆温度系数 $\alpha = -0.090\ \%/℃$，内禀矫顽力可逆温度系数 $\beta = -0.394\ \%/℃$（图 4 – 14b）。主要原因在于，Y 替代能提高硬磁相的饱和磁化强度，同时减少饱和磁化强度和各向异性场对温度的依赖。

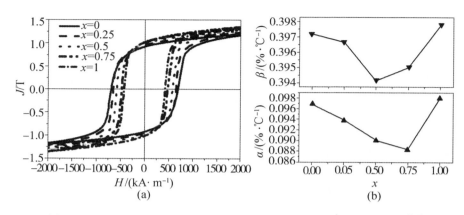

图 4-14 $[Nd_{0.8}(Dy_{1-x}Y_x)_2]_{10}Fe_{84}B_6$ 的磁滞回线(a)和温度系数(b)[29]

此外，作者[26]还研究了 Sm 替代 Nd 对快淬 NdFeB 合金性能的影响，结果表明，Sm 替代降低了合金的矫顽力。

除了稀土元素替代 Nd，替代 Fe 的主要是 Co。大量的研究表明，Co 替代显著提高了材料的居里温度，少量的 Co 替代 Fe 对剩磁和矫顽力影响并不显著[30]。作者[26]研究了 $Nd_{10}(Fe_{0.65}Co_{0.35})_{85}B_5$ 合金，利用高饱和磁化强度的 $Fe_{65}Co_{35}$ 作为软磁相，成功提升了纳米双相复合合金的剩磁。

4.2.2.2 掺杂元素

元素掺杂对纳米晶 NdFeB 合金影响的研究一直没有停止过，主要目的是通过掺杂获得均匀细小的硬磁相和软磁相晶粒，改善交换耦合作用，提高综合磁性能。研究最多的掺杂元素是 Zr 和 Nb。上面提到，由于 Y 替代减小了各向异性场，材料矫顽力有一定程度的下降。为提高矫顽力，作者研究组[31]在 $[Nd_{0.8}(Dy_{0.5}Y_{0.5})_{0.2}]_{10}Fe_{84}B_6$ 合金中添加了适量的第二类掺杂元素 Zr，性能结果如表 4-1 所示。添加原子分数为 1.5 % 的 Zr，合金的矫顽力提高了 39 %，达到 797 kA/m，矫顽力温度系数 β 下降至 -0.356 %/℃，而 $(BH)_{max}$ 为 131 kJ/m³。研究表明，Zr 在合金中部分进入 $RE_2Fe_{14}B$ 相，使合金的晶格常数减小，降低主相的居里温度，同时对晶粒尺寸有一定的细化作用，从而提高合金的交换耦合作用。

表 4 - 1　$[Nd_{0.8}(Dy_{0.5}Y_{0.5})_{0.2}]_{10}Fe_{84-x}B_6Zr_x$ 合金的磁性能、居里温度和温度系数[31]

x	J_r/T	$_jH_c$ /(kA·m^{-1})	$(BH)_{max}$ /(kJ·m^{-3})	T_C /K	$|\alpha|$ /(%·℃$^{-1}$)	$|\beta|$ /(%·℃$^{-1}$)
0	0.98	575	139			
0.5	0.94	637	135	562	0.103	0.402
1.0	0.90	723	131	562	0.128	0.378
1.5	0.89	797	131	561	0.135	0.356
2.0	0.83	814	115	555	0.133	0.348
3.0	0.80	711	116	540	0.150	0.385
5.0	0.77	707	108	533	—	—

　　关于第一类和第二类掺杂元素对纳米晶 NdFeB 磁体的影响，研究者们都得到了很多一致的结论。作者[26]研究了 Ta 添加对磁体组织和性能的影响，图 4 - 15 为快淬纳米复合 $Nd_9Fe_{86-x}Ta_xB_5$ 合金的磁滞回线。当 $x=1$ 和 $x=2$ 时，合金的矫顽力增强；而当 $x=3$ 时，由于出现了析出相，导致矫顽力降低。饱和磁化强度和剩磁随 Ta 含量增加而线性降低。当 $x=1$ 时合金在 1.5 T 的磁场下获得了最高的 $(BH)_{max}$（139kJ/m^3）。研究还发现，Ta 改善了合金的温度稳定性[32]。然而，研究发现，Ta 添加并没有细化晶粒，因此其改善矫顽力和磁能积的原因尚有待进一步研究。

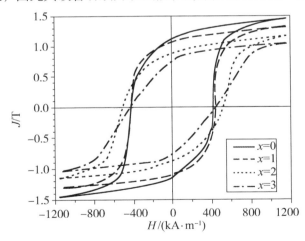

图 4 - 15　快淬 $Nd_9Fe_{86-x}Ta_xB_5$（$x=0$，1，2，3）纳米复合合金的磁滞回线[26]

　　由纳米晶交换耦合长度 $L_{ex}=\pi(A/K)^{1/2}$ 可知，硬磁相之间的交换耦合范围比软、硬磁相之间的交换耦合范围小，因此一定厚度的晶间非磁性相可在基本不影响软、硬磁相交换耦合作用的同时有效地减弱硬磁相之间的耦合作用，从而既可保证纳米复合永磁材料的剩磁增强，又能有效地提高矫顽力。一些研究也表明，适当的晶间相会提高材料的矫顽力，改善材料的磁性能。Li 等[33] 添加元素 Nb，用快淬方法直接制备出 $Nd_3Pr_5Fe_{82}Co_3Nb_1B_6$ 薄带，研究发现，非晶相存在于晶粒界面处，体积分数为 14%～16%。晶间有非晶相的 $Nd_3Pr_5Fe_{82}Co_3Nb_1B_6$ 快淬薄带的 $(BH)_{max}$ 为 185 kJ/m^3，比晶间不存在非晶相的 $Nd_{3.6}Pr_{5.4}Fe_{83}Co_3B_5$ 薄带的 $(BH)_{max}$ 128 kJ/m^3 高出许多，认为晶间的非晶相改善了原本松散排列的晶间原子结构，提高了形核场，使退磁曲线方形度提高，磁性能提高。但无序的原子结构对薄带磁性能提高的原因还需要进一步研究。

　　Ohkubo 等[34] 通过快淬方法制备出 $Nd_9Fe_{77}B_{14}$ 合金，经最佳工艺退火后矫顽力为 448 kA/m；添加 Ti 制成 $Nd_9Fe_{73}B_{14}Ti_4$，晶粒得到细化，矫顽力提高到 787 kA/m；同时添加 Ti、C 制成 $Nd_9Fe_{73}B_{12.6}C_{1.4}Ti_4$，其矫顽力提高到 990 kA/m，退磁曲线的方形度大大提高（图 4-16a）。观察发现，添加 Ti 和 C 的样品经退火后会在晶粒边界形成一层非晶相（图 4-16b 箭头所示），厚度为 2～5 nm，成分大致为 $Fe_{40}Ti_{20}B_{30}C_{10}$。由于 Ti 在 $Nd_2Fe_{14}B$ 中的溶解度低，难以进入主相，主要被隔离在晶粒边界非晶相内，因此不会降低剩磁。除了晶粒细化的原因外，晶间非晶相的磁化强度不高，会减弱硬磁相之间的交换耦合作用，在一定程度上保持材料的有效各向异性，防止矫顽力降低，这是快淬 $Nd_9Fe_{73}B_{12.6}C_{1.4}Ti_4$ 矫顽力提高的主要原因。

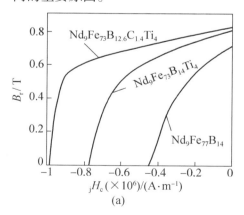
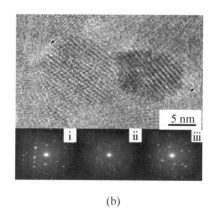

(a)　　　　　　　　　　　　(b)

图 4-16　$Nd_9Fe_{77}B_{14}$、$Nd_9Fe_{73}B_{14}Ti_4$、$Nd_9Fe_{73}B_{12.6}C_{1.4}Ti_4$ 的退磁曲线（a）及 $Nd_9Fe_{73}B_{12.6}C_{1.4}Ti_4$ 的 HRTEM 图（b）[34]

4.2.2.3　快淬钕铁硼磁粉磁性能的限制

快淬磁粉作为各向同性磁体，其性能受到剩磁的限制。作者[35]研究了不同成分的快淬 NdFeB 合金的磁性能，包括一系列的单相、富稀土及纳米复合Nd/Pr-(Dy)-Fe/Co-B 合金，获得了图 4-17 所示的 J_r 和 $_jH_c$ 以及$(BH)_{max}$和$_jH_c$ 之间的关系。图中还包括了一系列从参考文献中获得的直接快淬以及快淬 + 退火获得的纳米晶 Nd-Fe-(B,V,Si,Ga,Zr,Cu,Ni)-Pr-(Fe,Co)-B-Cu、Pr-Fe-B 以及 Nd-Fe-B-(Si) 合金的性能数据。结果表明，剩磁 J_r 随矫顽力$_jH_c$ 增加近乎线性下降(所有的 J_r 数据分布在图中直线附近)，而$(BH)_{max}$ 先增加后下降，有一个最大值。Davies 等[36]在研究三元 Nd-Fe-B 合金时也报道了相似的行为。这些研究结果说明，对于各向同性 NdFeB 快淬磁粉，尽管 J_r 和$_jH_c$ 可以通过改变 RE/Fe 比率以及元素替代和元素掺杂在很宽的范围内进行调整，但是可得到的$(BH)_{max}$的实际最高值限制在160 ~ 180 kJ/m³ 之间。这也是各向同性 NdFeB 磁粉能达到的最高磁能积。同时，图 4-17 还表明，要想获得最高的$(BH)_{max}$，磁粉的矫顽力应该控制在400 ~ 800 kA/m 之间。

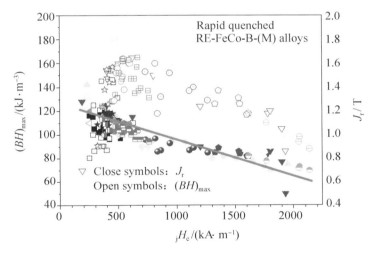

图 4-17　不同成分快淬纳米晶各向同性 NdFeB 粉末的磁性能 J_r、$_jH_c$
以及$(BH)_{max}$之间的关系[35]

4.2.3　纳米晶钕铁硼粉末的致密化工艺

目前制备的大多数纳米晶永磁材料都是粉体和薄带，需要进一步成形，但制作黏结磁体往往以牺牲磁性能为代价，极大地限制了其实际应用。因此，发展致密化工艺是获得纳米晶永磁块材的有效手段。以下介绍几种常见的和新的致密化技术。

4.2.3.1 热压成形

热压是将磁粉装在压制模具内，在加压的同时把粉末加热到熔点以下，使之加速烧结成比较均匀致密的制品。热压过程中粉末受到高温高压的同时作用，其致密化过程和机理与无压及常温烧结有很大不同。与无压烧结相比，致密化时间更短、速度更快；与常温烧结相比，压制件的相对密度和强度均明显提高。目前对该过程的微观致密化机理没有一致看法。一般认为，在温度和压力下，粉末颗粒的靠近和重排是一种重要的机制[37]。

热压作为 NdFeB 快淬粉末的一种致密化工艺，已经工业化，获得的磁体称为热压磁体，也叫 MQ2 磁体。详细的研究可以从过去大量的文献中获得。Lai 等[38]研究了快淬 $Nd_{30}Fe_{66.55}Co_4B_{0.95}Ga_{0.5}$ 粉末的热压工艺，得到的 550 ℃ 热压后磁体断口组织如图 4 - 18a 所示。由于粉末为快淬带材，热压后得到了层状的结构，显示周期性的薄带层，应力方向垂直于薄带表面，每个周期的带材厚度为 20 ~ 40μm。图 4 - 18a 表明一些快淬带材层状之间在应力作用下存在缺陷。图 4 - 18b 为热压温度升高到600 ℃时的组织，在界面处出现大的 $Nd_2Fe_{14}B$ 晶粒。这样，整个热压磁体含有两个区域：大晶粒层和细晶粒层。两层都是等轴晶，细晶粒层占主要部分。粗晶和细晶层的界面并不是很清晰。Lai 等分析了大晶粒层形成的原因：由于压力下相邻带材粉末没有完全接触，在颗粒边界出现孔隙，在较高的温度下，富 Nd 相开始熔化，熔化的富 Nd 相进入孔隙，而富 Nd 相会促进晶粒长大。

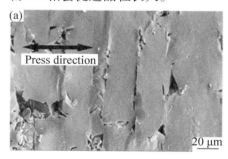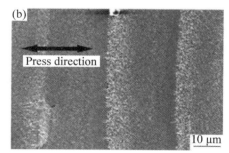

图 4 - 18 快淬磁粉经不同温度热压获得的各向同性磁体的断口组织[38]

(a) 550 ℃；(b) 600 ℃

4.2.3.2　放电等离子烧结成形

放电等离子烧结(spark plasma sintering，SPS)作为一种全新的粉末冶金技术，它将脉冲电流直接作用于粉末颗粒进行加热烧结，可用来制备金属材料、陶瓷材料、复合材料。传统的热压烧结主要是由通电所产生的焦耳热和加压造成的塑性变形来促使烧结过程的进行，而 SPS 技术除了具备上述特点外，在压实粉末颗粒上施加了由特殊电源产生的直流脉冲电压，有效地利用了粉体颗粒间放电所产生的自发热。正因为如此，SPS 技术具有热压、热等静压技术无法比拟的优点，如烧结温度低(比热压和热等静压低 200 ~ 300℃)、烧结时间短(只需 3 ~ 10 min)、能耗低，是一种近净成形技术。

1. SPS 技术在 NdFeB 永磁烧结中的应用

SPS 技术应用于 NdFeB 永磁的制备可以有效抑制晶粒长大，获得晶粒尺寸均匀、高致密度的磁体。Suresh 等[39]将经过磁场取向后的压坯在 550 ℃进行 SPS，压力 80 MPa，保温时间 20 min，成功制备了 NdFeB 块体，获得的磁性能为：$J_r = 1.22$ T，$_jH_c = 928$ kA/m，$(BH)_{max} = 210$ kJ/m³。微观组织分析发现，尺寸大小约为 300 nm 的 $Nd_2Fe_{14}B$ 晶粒周围包裹着一层富 Nd 相晶界。

Mo 等[40]利用 SPS 技术制备了成分为 $Nd_{15}Dy_{1.2}Fe_{bal}Al_{0.8}B_6$ 的磁体。SPS 温度为 810 ~ 830 ℃，烧结后进行回火处理。相比于传统烧结，SPS 工艺可以获得更高的磁性能和烧结密度。提高烧结温度会使烧结密度稍微增大，但磁性能下降。他们发现 SPS 磁体的晶粒比传统烧结磁体晶粒要细小得多，而连续薄层的富 Nd 相沿着晶界分布是磁性能提高的主要原因。

Yue 等[41,42]采用 SPS 技术制备了各向异性的 $Nd_{14.5}Dy_{1.0}Fe_{bal}Co_{3.0}B_{5.8}Al_1$，磁体密度达到 7.58 g/cm³，具有很高的尺寸精度(约为 20 μm)，磁性能为：$(BH)_{max} = 240$ kJ/m³，$_jH_c = 1160$ kA/m。电化学测试表明，与传统烧结材料相比，磁体在酸性、碱性和中性溶液中具有低的腐蚀电位和腐蚀电流密度，在湿热环境中的失重也明显降低。

王公平等[43]采用传统烧结工艺和 SPS 技术制备了相同成分($Nd_{12}Pr_2Dy_2Fe_{bal}Al_1Nb_{0.3}Cu_{0.2}B_6$)磁体。结果表明，SPS 技术制备的磁体的抗弯强度较传统烧结体有显著的提高，前者抗拉强度 $\sigma_b = 402.25$ MPa，后者 $\sigma_b = 278.97$ MPa。SPS 技术制备的磁体断口上有较明显的撕裂棱及一些解理断裂，而传统烧结磁体的沿晶断裂特征非常明显。

相比于微米晶烧结磁体，SPS 技术在制备纳米晶 NdFeB 磁体方面具有优势。以下以作者研究组的工作[44,45]为例，详细介绍纳米晶快淬

NdFeB 磁粉的 SPS 制备工艺及其对组织性能的影响。

2. SPS 制备富钕纳米晶 NdFeB 磁体

首先利用 SPS 制备了富 Nd 相的纳米晶 NdFeB 磁体。采用的快淬 $Nd_{13.5}Co_{6.7}Ga_{0.5}Fe_{73.5}B_{5.6}$ 磁粉粒度小于 400 μm，未经退磁因子矫正的磁性能为：$J_r = 0.78$ T，$_jH_c = 1624$ kA/m，$(BH)_{max} = 103$ kJ/m³。SPS 温度为 600 ～ 800 ℃，压力为 30 ～ 50 MPa，保温时间为 0 ～ 5 min。XRD 分析没有发现新的物相。图 4 – 19 为700 ℃/50 MPa/5 min 制备磁体的微观结构，可以发现有明显晶粒大小不一的区域，即粗晶区和细晶区，分别如图 4 – 19b 和 c 所示。粗细晶区的形成，与前面提到的热压磁体稍有不同。Song 等[46]在研究 SPS 铜粉时发现，颗粒边界的温升达 3300 K，而颗粒内部温升只有 30 K。因此，SPS 产生的放电热集中在颗粒边界，使颗粒边界的温度远高于颗粒内部。颗粒边界的高温场是形成粗晶区的原因，颗粒内部较低的温度则导致了细晶区的形成。因此，粗晶区对应原始磁粉颗粒边界区域，而细晶区对应原始磁粉颗粒内部区域。

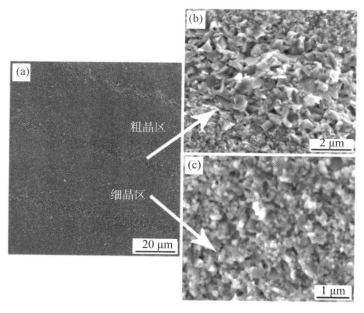

图 4 – 19 700 ℃/50 MPa/5 min 烧结条件下磁体的微观结构[44]

烧结温度对磁体的微观结构有重要的影响。如图 4 – 20 所示，两区结构随 SPS 温度升高越来越明显，两区的宽度也发生变化。图 4 – 21 为不同烧结温度下磁体的粗细晶区的微观结构。富 Nd 相的熔点在 650 ℃ 左右。600 ℃ 烧结时，烧结过程中由于富 Nd 液相的缺乏，磁体的致密化存在较大的困难，因此制备的磁体中存在宏观孔洞。以其他温度烧结，由于富 Nd 相处于液相，并没有发现宏观孔洞的存在。烧结温度高于 750 ℃ 时，在细晶区中发现有异常长大的晶粒，这是因为高温为晶粒的异常长大提供了能量。

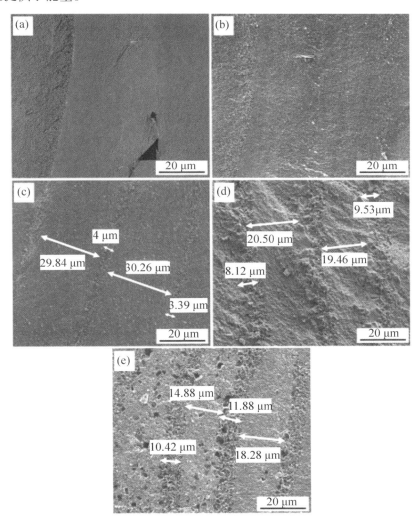

图 4 – 20　不同烧结温度下 (50 MPa/5 min) 磁体的微观结构[45]
(a) 600 ℃；(b) 650 ℃；(c) 700 ℃；(d) 750 ℃；(e) 800 ℃

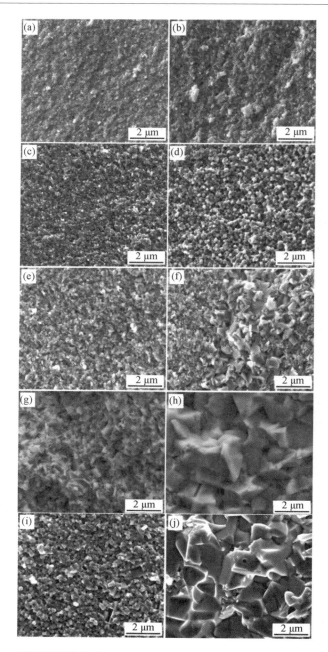

图 4 - 21　不同烧结温度下(50 MPa/5 min)磁体细晶区和粗晶区的微观结构[45]

　(a)(b) 600 ℃；(c)(d) 650 ℃；(e)(f) 700 ℃；(g)(h)750℃；(i)(j)800℃

图 4 - 22 定量描述了粗细晶区平均晶粒尺寸随烧结温度的变化。随着烧结温度的升高，粗细晶区的晶粒尺寸差别逐渐增大，同时两区结构的差别也越发明显。600 ℃烧结时，磁体细晶区的晶粒大小约为 60 nm，粗晶区的晶粒大小约为 90 nm；650 ℃烧结时，细晶区和粗晶区的晶粒大小分别约为 70 nm 和 180 nm；而 800 ℃烧结条

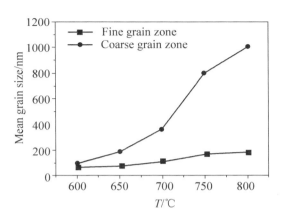

图 4 - 22　不同烧结温度下(50 MPa/5 min)磁体粗细晶区的平均晶粒尺寸[45]

件下，粗晶区和细晶区的晶粒大小分别约为 180 nm 和 1000 nm。图 4 - 23 描述了粗晶区宽度及细晶区在磁体中所占的比例随烧结温度的变化。SPS 温度高于 700 ℃时，随着温度的升高，细晶区宽度大约从 28 μm 减小至 17 μm，而粗晶区的宽度大约从 4 μm 增加至 11 μm。700 ℃、750 ℃ 和 800 ℃烧结条件下，磁体中细晶区所占的比例分别为 89%、69% 和 60%，因此随烧结温度的提高，细晶区宽度及细晶区在磁体中所占的比例逐渐减小。

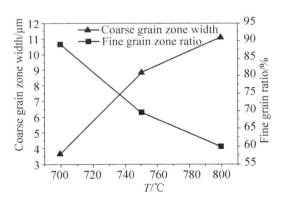

图 4 - 23　粗晶区宽度及细晶区在磁体中所占比例随烧结温度的变化[45]
(烧结压力和时间分别为 50 MPa、5 min)

215

不同烧结温度下磁体的密度和硬磁性能如图 4 - 24 所示，随着烧结温度的升高，密度单调增加。剩磁先增加后减小，这是由两个方面共同作用所导致的：一是密度增加使剩磁提高；二是粗细晶区晶粒尺寸增大引起的晶间交换耦合作用的减弱在一定程度上降低了剩磁。相比剩磁，矫顽力与微观结构的关系更为密切。随烧结温度的升高，矫顽力先增大后减小。600 ℃时，由于磁体的密度仅为 7.10 g/cm³，宏观孔洞的存在会增加磁体的退磁场，因此尽管晶粒细小，其矫顽力仍然较低，仅为1483 kA/m。随着烧结温度的升高，逐渐增加的密度在一定程度上减小退磁场对矫顽力不利的影响，但是逐渐增大的晶粒尺寸及异常长大的晶粒对矫顽力又有不利的影响，两者的综合作用使矫顽力随着烧结温度的升高先增加后降低。磁能积也呈现与矫顽力和剩磁相同的变化趋势。700 ℃/50 MPa/5 min 烧结条件下，磁体拥有合适的微观结构及较高的致密度，获得了最佳磁性能，磁能积、矫顽力和剩磁分别为 116 kJ/m³、1516 kA/m 和 0.82 T。

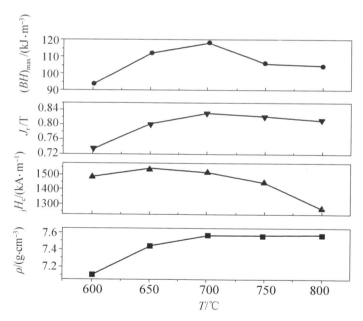

图 4 - 24　磁体磁性能和密度随烧结温度的变化[45]

（烧结压力和时间分别为 50 MPa、5 min）

烧结压力对 SPS 磁体的微观结构和性能有重要的影响。图 4 - 25 为 800 ℃/30 MPa /5 min 烧结磁体的微观结构。与 50 MPa 下制备的磁体（图

4 – 21i、j)比较，随着压力从 30 MPa 增加到 50 MPa，粗晶区宽度从 15 ～ 20 μm 减少至 10 μm。不同烧结压力下，粗细晶区的晶粒尺寸相近，表明烧结压力对晶粒尺寸影响不大。随烧结压力的增加，矫顽力从 1143 kA/m 增加至 1263 kA/m，磁能积则从 92 kJ/m³ 增加到 107 kJ/m³。由此可知，较高的烧结压力有利于磁性能和密度的改善。

图 4 – 25 800℃/30 MPa/5 min 烧结磁体的微观结构[45]

（a）低倍扫描电镜图片；（b）细晶区和粗晶区（插入图）的微观结构

3. 粉末粒度对 SPS 纳米晶 NdFeB 磁体的影响

根据 SPS 机制，原始磁粉的粒度对等离子的产生及磁体的微观结构和磁性能有一定的影响。作者研究团队[47]将富钕 NdFeB 快淬粉末分别过筛成颗粒尺寸小于 45 μm、45 ～ 100 μm 和 100 ～ 200 μm 的粉末，再将这三种不同粒度的粉末进行 SPS，工艺条件为 700 ℃/50 MPa/ 5min。制备的磁体微观结构如图 4 – 26 所示。在粒度小于 45 μm 粉末制备的磁体中，只发现极少量的粗晶区，见图 4 – 26a 箭头所示，磁体中绝大部分区域晶粒尺寸均匀一致。而在用粒度 45 ～ 100 μm 和 100 ～ 200 μm 粉末制备的磁体中均发现有明显的粗细晶区，其细晶区的晶粒大小与用粒度小于 45 μm 的粉末制备的磁体的晶粒大小一致。相对于 45 ～ 100 μm 和 100 ～ 200 μm 粒度的粉末，小于 45μm 的粉末在 SPS 过程中，由于粉末边界数目较多，因而颗粒边界的电流强度较小，造成放电现象消失或仅有很少的放电现象发生。因此，所制备的磁体中较少观察到粗晶区的存在，得到相对均匀一致的微观结构。

不同粒度粉末制备的磁体的磁性能和密度如表 4 – 2 所示。随着粉末粒度的增大，磁体密度从 7.33 g/cm³ 增加至 7.50 g/cm³，磁能积变化不大，

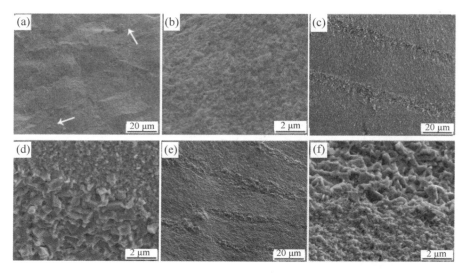

图 4 − 26　不同粒度的粉末制备的 SPS 磁体的微观结构[47]

（a）（b）小于 45 μm；（c）（d）45 ～ 100 μm；（e）（f）100 ～ 200 μm

（烧结条件为 700 ℃/50 MPa/5 min）

其中采用粒度小于 45 μm 粉末制备的磁体的矫顽力最小，仅为 1202 kA/m。而两种粒度较大粉末制备的磁体的矫顽力接近，分别为 1466 kA/m 和 1434 kA/m。显然，磁性能与磁粉密度直接相关，粒度小于 45 μm 的粉末的密度最低，仅为 7.33 g/cm³，因此磁性能较低。

表 4 − 2　不同粒度粉末制备的 SPS 磁体的磁性能和密度

粒度/μm	$(BH)_{max}$/(kJ · m^{-3})	$_jH_c$/(kA · m^{-1})	J_r/T	ρ/(g · cm^{-3})
<45	117	1202	0.83	7.33
45 ～ 100	115	1466	0.82	7.46
100 ～ 200	116	1434	0.82	7.50

注：烧结条件为 700 ℃/50 MPa/5 min。

4. SPS 制备纳米晶单相和纳米复合 NdFeB 磁体

对于单相 NdFeB 磁粉，由于富 Nd 相的缺乏，致密化存在一定的困难。作者研究了纳米晶单相 NdFeB 磁粉颗粒尺寸对 SPS 磁体微观结构和磁性能的影响。采用的快淬粉组分为 $Nd_{11.5}Co_{1.9}Fe_{81.1}B_{5.5}$，未经退磁因子矫正的磁性能为：$J_r = 0.85$ T，$_jH_c = 744$ kA/m，$(BH)_{max} = 112$ kJ/m³。SPS

温度为 600 ～ 800 ℃，压力为 30 ～ 50 MPa，保温时间为 0 ～ 5 min。粉末经筛分获得的颗粒尺寸分别为小于 45 μm、45 ～ 100 μm、100 ～ 200 μm 和 200 ～ 400 μm。

粒度小于 45 μm 的粉末在不同温度下制备的磁体的微观结构如图 4 - 27 所示。随着 SPS 温度从 700 ℃升至 900 ℃，磁体的宏观孔洞数量明显减少。与富钕的 NdFeB 磁体中出现的粗晶区相比，单相 NdFeB 磁粉制备的磁体中也出现了粗晶区，但是其宽度大为减小（见图 4 - 27d）。这与单相 NdFeB 磁粉缺乏富 Nd 相有关。富 Nd 液相的缺乏使得粉末颗粒边界高温场的分布范围变窄，因此磁体的粗晶区宽度较小。

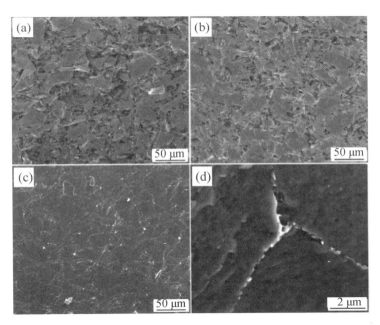

图 4 - 27　粒度小于 45 μm 的粉末在不同烧结温度下制备的磁体的微观结构
(a) 700 ℃；(b) 750 ℃；(c) (d) 900 ℃
（烧结压力和时间分别为 30 MPa 和 3 min）

图 4 - 28 为用粒度小于 45 μm 的粉末在不同烧结温度下制备的磁体的磁性能和密度。由于富 Nd 相的缺乏，单相 NdFeB 磁粉明显更难致密化，与富稀土相粉末相比，同样的烧结条件，致密度更低。随着烧结温度的升高，单相磁体密度从 5.36 g/cm^3 增加至 7.61 g/cm^3，但剩磁呈先增加后降低的趋势。矫顽力随着温度的升高而下降，这归因于磁体晶粒尺寸的增加。

剩磁和矫顽力随温度的不同变化趋势造成了磁能积随温度的增加先增加而后减小。在 750 ℃/50 MPa/3 min 烧结条件下，磁体的综合磁性能最佳：$J_r = 0.70$ T，$_jH_c = 435$ kA/m，$(BH)_{max} = 65$ kJ/m³。

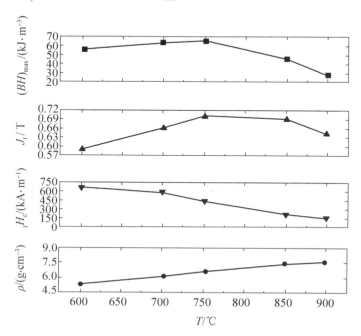

图 4 - 28　粒度小于 45 μm 的粉末在不同烧结温度下
制备的磁体的磁性能和密度
（烧结压力和时间分别为 50 MPa、3 min）

研究表明，粒度分别为 45 ~ 100 μm、100 ~ 200 μm 和 200 ~ 400 μm 的粉末在不同 SPS 温度下制备的磁体的磁性能和微观结构的变化趋势与粒度小于 45 μm 粉末所制备的磁体一致。其优化后的最佳综合磁性能如表 4 - 3 所示，随着粉末粒度的增大，磁能积从 65 kJ/m³ 增加至 81 kJ/m³，具有最佳综合磁性能磁体的矫顽力整体呈增加趋势。粒度 200 ~ 400 μm 的粉末所制备的磁体的矫顽力可达 604 kA/m，远高于粒度较小粉末所制备的磁体的矫顽力。随粉末粒度的增大，磁体的磁能积增加，即粒度较大的单相 NdFeB 粉末更有利于通过 SPS 制备纳米晶单相 NdFeB 磁体。研究结果表明，SPS 制备单相 NdFeB 粉末，由于富 Nd 相的缺乏，在保证磁性能的前提下，致密化存在困难。粒度越小，矫顽力越低，密度和综合磁性能难以同时提高。

表 4 -3   不同粒度的粉末制备的磁体的最佳磁性能和密度

粒度/μm	SPS 条件	$(BH)_{max}$/$(kJ \cdot m^{-3})$	$_jH_c$/$(kA \cdot m^{-1})$	J_r/T	ρ/$(g \cdot cm^{-3})$
<45	750 ℃/50 MPa/3 min	65	435	0.70	6.68
45 ~ 100	700 ℃/50 MPa/3 min	69	538	0.67	6.41
100 ~ 200	750 ℃/50 MPa/3 min	79	504	0.73	6.69
200 ~ 400	700 ℃/50MPa/3 min	81	604	0.73	6.42

同单相磁体一样，双相纳米复合 NdFeB 合金由于缺少富稀土相，在热压过程中致密化更加困难。为了引入富稀土相，作者研究组[47]尝试利用富稀土 NdFeB 合金与 Fe 粉作为原材料，采用 SPS 技术进行纳米复合磁体的致密化。利用纳米晶钕铁硼($Nd_{13.7}Co_{6.7}Ga_{0.5}Fe_{73.5}B_{5.6}$)粉末作为硬磁相，微米 Fe 粉作为软磁相进行混粉和 SPS。SPS 工艺为 800℃/50MPa/5min，Fe 粉质量分数为 0，3%，5%，10% 和 20%。

图 4 -29 为采用 SPS 技术制备的磁体的 XRD 图，随着铁粉含量的增加，α-Fe 峰强增加，双相复合结构很明显。图 4 -30 是添加质量分数为 5% 的 Fe 的磁体断裂面、抛光面以及粗晶粒和细晶区的组织形貌图。图 4 -30a 与富稀土相磁粉在相同条件下烧结的组织形貌(图 4 -21i)比较，

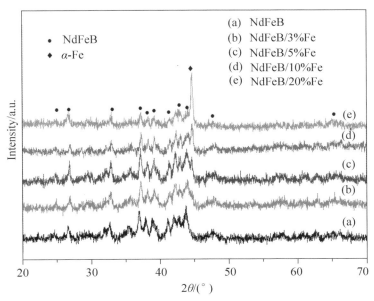

图 4 -29   不同铁含量磁体的 XRD 图(800℃/50MPa)

图 4 - 30　SPS 各向同性 NdFeB/5% Fe 永磁体的断裂面(a)(c)(d)
和平行压力方向的抛光面(b)电子显微形貌

(烧结条件: 800℃/50MPa/5min)

添加铁粉后,粗晶区更宽,晶粒长大更明显。出现这种情况的原因可能
是铁粉本身就是微米级颗粒,扩大了粗晶区,同时微米铁粉的添加增大
了富稀土 NdFeB 颗粒之间的空隙,在脉冲放电烧结的过程中烧结面积更
大,导致晶粒长大。图 4 - 30b 为抛光态的组织形貌,长条的较亮的物质
为富稀土钕铁硼,深色物质为铁粉,这些铁粉团聚在 NdFeB 颗粒间形成
不规则状。图 4 - 30c 和 d 为烧结后的粗晶区和细晶区,晶粒大小与不加
铁粉的富稀土钕铁硼晶粒大小基本相同。烧结后,粗晶区晶粒达到了微
米级,为 0.5 ~ 2 μm,细晶区的晶粒为 100 ~ 200 nm。

对密度和磁性能的分析表明,随着铁的添加,富稀土钕铁硼磁体的
密度先增大后减小,而磁性能(包括剩磁、矫顽力和磁能积)都急剧下
降。微米钕铁硼颗粒与微米铁粉混合后进行放电等离子火花烧结,并没

有提高磁体的磁性能，磁性能反而下降。这可能是因为硬磁相和软磁相的晶粒太大，软磁相和硬磁相的机械混合并没有提高交换耦合作用。同时铁的添加，使富 Nd 相减少，成形变得困难，难以烧结出具理想显微组织的磁体。

Niu 等[48]也研究了添加不同铁含量对等离子火花烧结制备各向同性和各向异性磁体，通过超声波将纳米铁粉覆盖在快淬 NdFeB 上，添加质量分数为 0 ~ 5% 的 Fe，发现当添加铁的质量分数为 2% 时，剩磁最高，铁含量继续增加，剩磁下降，矫顽力随铁含量增加一直下降。同时发现纳米铁的添加超过 2% 时破坏了 NdFeB 的晶体结构，恶化了磁性能。因此，目前的结果表明，利用 SPS 制备高性能的纳米复合 NdFeB 材料尚存在很大的困难。

4.2.3.3 高速压制成形

在 NdFeB 磁体的制备技术中，烧结工艺较为复杂，能耗高，同时很难得到纳米晶的磁体。黏结工艺加入了非磁性黏结剂，磁体性能远低于烧结磁体。因此，如何得到密度更高、性能更好、成本更低的 NdFeB 磁体一直是研究的热点。最近，作者研究组[49-51]首次提出利用高速压制技术实现 NdFeB 磁体的无黏结剂直接成形，同时磁体还能保持原始粉末的纳米晶。以下对工艺和磁体性能做简单的介绍。

华南理工大学研发的机械弹簧储能式高速压制设备如图 4 – 31a 所示。压制过程中，冲击锤在机械弹簧作用下反复冲击模具，使材料致密化。设计的工艺参数主要包括最大压制能量、最大冲击速度 v 和冲击锤质量 m（弹簧和冲击锤质量之和）。高速压制的冲击能 E 由最大冲击速度和冲击锤质量来决定：$E = mv^2/2$。通过调节弹簧的压缩量来实现不同的冲击能。

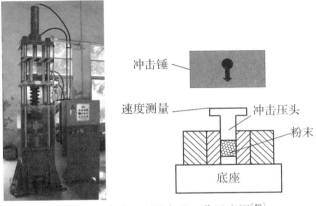

图 4 – 31 高速压制设备及工作示意图[50]

采用的模具内径为 $\phi16$ mm 和 $\phi20$ mm 两种，装粉量 m 分别为 7.64 g 和 12.21 g。实验所用的原材料是未经过筛分的两种纳米晶快淬 NdFeB 粉末：含稀土质量分数为 26.7% 的磁粉（MQ26.7%）以及 29.2% 的磁粉（MQ29.2%）。研究了冲击能、模具尺寸、装粉量和原始粉末等工艺参数的影响。

MQ26.7% 粉末压制试样的冲击能和密度关系曲线如图 4-32 所示。试样的致密度都随着冲击能的增加而增加，最后趋于稳定。从图 4-32a、b 可见，当模具内径 $\phi=16$ mm 时，装粉量 $m=7.64$ g 的试样密度比装粉量 $m=12.21$ g 的试样密度要高，这是因为单位质量的粉末接受的冲击能更多。从图 4-32a、c 可见，当装粉量 $m=7.64$ g 时，模具内径 $\phi=20$ mm 的试样密度比模具内径 $\phi=16$ mm 的试样密度更高。在高速压制过程中，粉末的致密是靠能量的传递和粉末的移动实现的。高径比较小时，粉末移动距离较小，与模具内壁的摩擦力减少。因此适当增加模具内径，减少装粉量，可以提高压制试样的密度。当模具内径 $\phi=20$ mm，装粉量

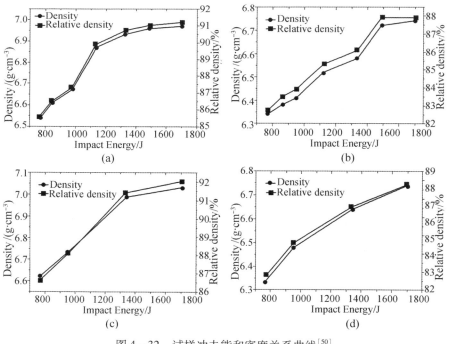

图 4-32　试样冲击能和密度关系曲线[50]

（a）$\phi=16$ mm，$m=7.64$ g；（b）$\phi=16$ mm，$m=12.21$ g；

（c）$\phi=20$ mm，$m=7.64$ g；（d）$\phi=20$ mm，$m=12.21$ g

$m = 7.64$ g，冲击能 $E = 1702$ J 时，压制试样的密度 $\rho = 7.03$ g/cm³、相对密度 $\rho_r = 92\%$。因此在不添加任何的添加剂时，高速压制 NdFeB 磁体可以达到较高的致密度。

MQ29.2% 粉末压制试样冲击能和密度的关系曲线如图 4-33 所示。致密度随着冲击能的增加而增加，但是与 MQ26.7% 粉末对比，在相同的冲击能下，其致密度减小。当冲击能 $E = 1702$ J 时，MQ29.2% 粉末压制试样相对密度达到 86.3%，MQ26.7% 粉末压制试样相对密度达到 88.2%。在相同条件下，MQ29.2% 粉末压制试样的致密度低于 MQ26.7% 粉末压制试样，其主要原因是 MQ26.7% 粉末中 Fe 含量比 MQ29.2% 的粉末多，使其塑性更好，容易变形。

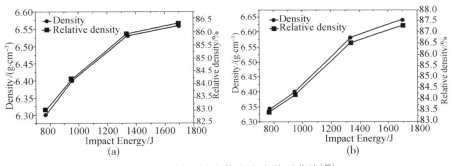

图 4-33 试样冲击能和密度关系曲线[49]

(a) $\phi = 16$ mm，$m = 12.21$ g；(b) $\phi = 20$ mm，$m = 12.21$ g

MQ26.7% 粉末采用的模具内径 $\phi = 16$ mm 和 $\phi = 20$ mm，装粉量为 7.64 g 和 12.21 g，在室温下进行高速压制实验。不同模具内径和装粉量的压制试样如图4-34所示。可以看出高速压制可以成功地制备无黏结剂的 NdFeB 磁体。磁体表面质量良好，具有明显的金属光泽，基本无粉末脱落现象。

MQ26.7% 原始粉末高速压制试样的磁滞回线如图 4-35a 所示。压制后试样能保持原始粉末的矫顽力 $_jH_c = 750$ kA/m，几乎不降低。试样的剩磁随着密度的增加而增加，可以达到 $B_r = 0.77$ T，也能达到原始粉末剩磁 $B_r = 0.83$ T 的 92%。这和相对密度 $\rho_r = 92\%$ 几乎一致。压制试样的最大磁能积 $(BH)_{max} = 97$ kJ/m³，与一般的黏结 NdFeB 磁体相当。MQ29.2% 原始粉末和相对密度最大试样的磁滞回线如图 4-35b 所示，压制试样的 $_jH_c = 1101$ kA/m，$(BH)_{max} = 68$ kJ/m³。剩磁 ($B_r = 0.67$ T) 是原

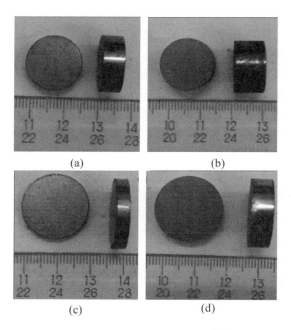

图 4 – 34 高速压制试样照片[49]

（a）$\phi = 16$ mm，$m = 7.64$ g；（b）$\phi = 16$ mm，$m = 12.21$ g；

（c）$\phi = 20$ mm，$m = 7.64$ g；（d）$\phi = 20$ mm，$m = 12.21$ g

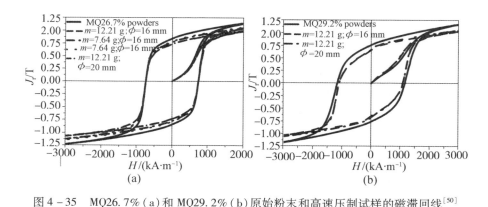

图 4 – 35 MQ26.7%（a）和 MQ29.2%（b）原始粉末和高速压制试样的磁滞回线[50]

始粉末剩磁（$B_r = 0.76$ T）的 88%，这也和相对密度 $\rho_r = 87.6\%$ 几乎一致，说明压制试样剩磁基本由密度决定。

　　MQ26.7%粉末在高速压制试样平行和垂直压制方向的 SEM 照片如图 4 – 36 所示。从图 4 – 36a 中可以看出，片状的原始粉末在平行于压制方向一层一层地有规律堆垛排列；从放大的图 4 – 36c 中可以看出，部分片状粉末边缘在发生变形和破裂，片状粉末之间几乎没有空隙，而且粉末保持原始片状粉末的组织状态，使得高速压制后试样能很好地保持原始粉末的矫顽力。从图 4 – 36b 中可以看出，片状粉末之间紧密接触，从图 4 – 36b 放大的图 4 – 36d 可以看出孔洞数量较少，压制试样致密。因此 MQ26.7%粉末高速压制试样能获得较高的致密度和良好的磁性能。

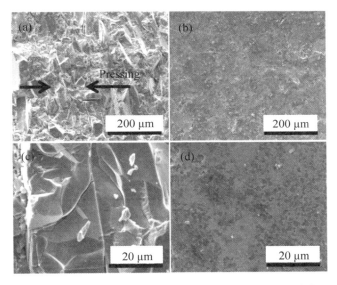

图 4 – 36　MQ 26.7%粉末高速压制试样的 SEM 照片[49]
(a)平行方向；(b)垂直压制方向；(c)(d)分别为(a)(b)放大图

　　MQ29.2%粉末高速压制试样平行和垂直压制方向的 SEM 照片如图 4 –37所示。从图 4 –37a 中可以看出，片状粉末也一层一层地紧密堆垛，但是粉末颗粒之间还是存在明显的空隙，导致其致密度比 MQ26.7% NdFeB 粉末的压制试样小。这也使得高速压制后试样的矫顽力比原始粉末略有降低。粉末颗粒之间空隙的存在，会产生退磁场，因而会使矫顽力降低。从图 4 –37b 中可以看出，大块的片状粉末发生破碎，很难变形，在粉末颗粒之间存在明显的空隙，没有 MQ26.7% NdFeB 粉末压制试样的表面质量。因此，高稀土含量的 MQ29.2%粉末比 MQ26.7%粉末高速压制成形性能差。

图 4 – 37　MQ 29.6% 粉末高速压制试样平行方向(a)和垂直压制方向(b)的 SEM 照片[49]

　　机械强度是高速压制磁体需要关注的问题。表 4 – 4 为 MQ26.7% 粉末热处理前后的压制磁体和普通黏结磁体 MQ1 的磁性能、压缩强度和密度。从中可以看出，高速压制无黏结剂 NdFeB 磁体不仅具有好的磁性能，其力学性能也可以与传统的黏结 NdFeB 磁体媲美。特别是，热处理后的试样压缩强度由热处理前的 67.2 MPa 增加到 311.6 MPa，几乎增加了 4 倍，比一般的黏结 NdFeB 磁体的压缩强度更高。

表 4 – 4　MQ26.7% 粉末、热处理前后压制磁体和
黏结磁体 MQ1 的磁性能、压缩强度和密度

试样	B_r/T	$_jH_c$/(kA · m^{-1})	$(BH)_{max}$ /(kJ · m^{-3})	σ_b /MPa	ρ /(g · cm^{-3})
MQ26.7%	0.77	750	109	—	7.55
热处理前	0.74	750	87	67.2	6.63
热处理后	0.75	379	76	311.6	6.79
黏结磁体[49-51]	0.62 ～ 0.70	602 ～ 709	64 ～ 96	160 ～ 250	6.0 ～ 6.8

4.3　各向异性纳米晶钕铁硼永磁制备技术

　　各向异性永磁体由于实现了晶粒取向，沿易磁化方向的磁性能远优于各向同性磁体。烧结 NdFeB 磁体通过在磁粉压制成形过程中施加一个强磁场而得到 c 轴取向。但对于快淬纳米晶磁体，由于粉末是多晶结构，为磁性各向同性，通过磁场取向没办法获得各向异性。目前常用的方法

是热变形，通过对接近全致密或全致密的磁体进行镦粗、挤压及扭转等加工，使 $Nd_2Fe_{14}B$ 相晶粒沿着垂直于压应力的方向扩散，最终形成具有 c 轴取向的各向异性磁体。

4.3.1 热压 + 热变形制备各向异性纳米晶磁体

4.3.1.1 热压 + 热变形工艺简介

NdFeB 磁粉通过热压(HP)致密化后在高温条件下进行缓慢和大幅度的热变形(HD)处理可以诱发晶粒的择优取向生长，最终形成全致密各向异性磁体。热压 + 热变形磁体制备主要分为三个步骤：①粉末制备。采用快淬、机械合金化法、HDDR 法等制备磁粉。②粉末致密化。通过在高温时施加压力使得粉末致密化(热压)，形成接近全致密的各向同性磁体。③热变形。通过高温塑性变形使磁体晶粒发生取向，获得织构。热变形通常有两种方式：①模锻(die-upset)，②挤压(extruding)。这一节提到的热变形主要指模锻。在热压 – 热变形温度、热变形速率和压下率等工艺参数控制最佳的条件下，Brown 等人制成的各向异性磁体最大磁能积达到 50MGOe[52]。

与传统烧结法相比，热压 + 热变形法具有很多优点：①工艺简单、温度低、时间短，磁体的氧含量得到很好的控制；②能制备全致密近最终成形的各向异性纳米晶磁体；③热压 + 热变形磁体的原料都为纳米晶粒结构的磁粉，磁体由于晶粒小，环境稳定性较好。同时，热变形磁体的磁性能相对于烧结磁体受尺寸和表面粗糙度的影响较小，在 0.5 mm 厚度以下，性能也随厚度变化不大，并且其热稳定性很好。

4.3.1.2 变形机制与微观结构

由于 $Nd_2Fe_{14}B$ 相的硬度和脆性不适合塑性变形，需要引入少量富 Nd 相，富 Nd 相在热流变中形成液相，起到取向润滑和加速原子扩散的作用，因此热变形 NdFeB 磁体主要为富 Nd 相。

人们早期研究了铸造 NdFeB 磁体热变形过程。铸造磁体在变形过程中晶粒结构变化如图 4 – 38 所示[53]。$Nd_2Fe_{14}B$ 具有层状晶体结构及力学性质各向异性等特点，其滑移面是基平面。700 ℃ 左右热变形时，在压应力作用下，$Nd_2Fe_{14}B$ 晶粒会沿基面滑移，导致晶粒的表面积增加，表面能提高，同时晶粒的畸变能增大，从而形成了一种不稳定的状态。因此晶粒在变形的同时会发生形核与再结晶。在压应力的作用下，只有 c 轴与压应力平行的那些晶核由于应变能低而得到长大，c 轴与压力轴夹角大于 15.44°的晶核由于应变能高，长大受到抑制。由于 $Nd_2Fe_{14}B$ 相力学性质的各向异性，其在形核与晶粒长大时均具有较强的方向性。此外，由于 $Nd_2Fe_{14}B$ 晶粒被富 Nd 相包围，在滑移形变过程中，$Nd_2Fe_{14}B$ 晶粒整体转动的可能性不大。晶粒转动的驱动力主要来源于应变能的各向异性。当压力与某晶粒的 c 轴成一定角度，且应变能大于压力与 c 轴夹角为零的应变能时，则在应变能的驱动下，晶粒 c 轴力图转到与压力平行的方向。

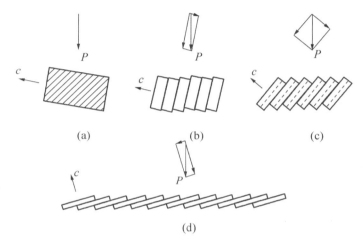

图 4 – 38　$Nd_2Fe_{14}B$ 晶粒在压应力作用下滑移形变过程示意图[53]

Lin[54] 发现纳米晶 NdFeB 磁粉在热压＋热变形过程中的变形机理与铸造磁体通过滑移和再结晶进行变形的机理并不一样。首先，热变形磁体中并未观察到位错、滑移线和孪晶等具有典型金属材料热变形显微组织的存在，这表明 c 轴取向的产生与压应力作用所导致的应变能各向异性促使晶粒的定向长大有关。其次，该磁体的显微组织与铸造热变形磁体明显不同。他们研究了纳米晶 Nd-Fe-B-Co-Ga 系合金的热变形工艺。热变形前各向同性磁体的 XRD 谱与原始粉末样品相近，当变形 60% 后，部分 $Nd_2Fe_{14}B$ 晶粒的 c 轴转至与压力方向平行或与之成 15.44° 角的锥形体内。在 700～750 ℃ 时模压，变形量为 20%～30% 时，磁体显示比较弱的各向异性；而当变形量增至 60%～70% 时，磁体才会显示比较强的各向异性。他们认为，热变形时磁体中晶界富 Nd 相已呈液态。在压应力作用下，Nd$_2$Fe$_{14}$B 晶粒应变能的各向异性使 c 轴与压力方向平行的晶粒应变能低，而与压力方向成一定角度的晶粒应变能高。根据能量最低原理，应变能高的晶粒是不稳定的，其溶解于晶界富 Nd 液相中，使得富 Nd 液相对 Nd$_2$Fe$_{14}$B 固相的饱和度增加，形成了一定的浓度梯度，通过液相扩散，应变能较低的晶粒长大。其长大的择优方向是 Nd$_2$Fe$_{14}$B 晶体结构的基平面，最终导致 c 轴与压力方向夹角较小或平行的那些晶粒沿基平面长大成片，从而形成具有明显晶粒取向特征的扁平结构，如图 4 – 39a 所示。

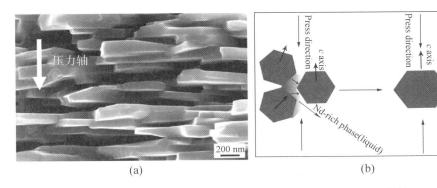

图 4 – 39　750 ℃/70 % 变形条件下 Nd-Fe-B-Co-Ga 系合金的微观结构（a）
及富稀土 NdFeB 磁体热变形过程原理图（b）[54,55]

　　Kwon 等[55] 同样认为，富稀土 NdFeB 磁体的热变形过程不只是一个简单的塑性变形过程。由于在热变形过程中富 Nd 相是液态的，该过程存在一个固相熔解—液相扩散—固相析出的过程，如图 4 – 39b 所示。其 Nd$_2$Fe$_{14}$B 具有各向异性的力学性能，沿 c 轴方向的弹性模量比沿 a 轴方向小，在压应力作用下，c 轴与压力方向平行的那些晶粒能量最低。热变形时，c 轴与压力方向成一定角度的晶粒由于能量较高熔解进入液态富 Nd 相中，形成了一个浓度梯度。熔解的元素通过沉淀析出，形成具有明显取向特征的扁平状晶粒。Mishra 等[56] 也认为晶界滑移和晶粒长大的共同作用导致了各向异性结构。

　　MQ 工艺中的 MQ3 磁体的各向异性就是通过热压 + 热变形（模锻）来实现的。纳米晶前驱体由于具备扩散路径短和驱动力大等特点，更有利于通过热变形制备高性能各向异性磁体。纳米晶磁体较强的交换耦合作用也有利于磁体温度稳定性的改善。一般情况下，快淬粉经热压后由等轴晶组成，平均晶粒尺寸为 30 ~ 50 nm，各晶粒 c 轴是混乱分布的。而经热变形后其显微组织具有片状特征，片状晶厚度约 50 nm、宽 20 ~ 300 nm，其 c 轴与压力方向平行。

此外，热变形 NdFeB 磁体的磁性能与显微组织有密切的关系。晶粒的大小和晶粒尺寸的分布对其性能都有着重要的影响。大晶粒会导致反磁畴的形核区域减少，从而使得矫顽力减小。同时，粗大的晶粒组织还会抵抗塑性变形，而且不易转动，导致磁体的取向度较差。通过工艺参数调整和温度控制，可以获得具有较好磁性能的热压 + 热变形 NdFeB 磁体。

4.3.2 放电等离子烧结 + 热变形制备各向异性纳米晶磁体

放电等离子烧结(SPS)和热变形(HD)技术相结合制备各向异性纳米晶 NdFeB 磁体有着一定的优势，因为 SPS 可以最大限度保持前驱体细小的晶粒尺寸。国际上很多研究组开展了 SPS + HD 工艺研究。Liu 等[57]利用 SPS 和后续热变形处理，制备了磁能积高达 400 kJ/m³ 的各向异性纳米晶 NdFeB 磁体。作者研究组近几年对 SPS + HD 磁体进行了系统的研究[44,45,58]，以下是一些主要实验结果。

4.3.2.1 SPS + HD 制备富 Nd 成分的 NdFeB 磁体

1. 磁体的组织结构

采用未过筛的富 Nd 快淬粉(<400 μm)，成分为 $Nd_{13.5}Co_{6.7}Ga_{0.5}Fe_{73.5}B_{5.6}$，其未经退磁因子矫正的磁性能为：$J_r = 0.78$ T，$_jH_c = 1624$ kA/m，$(BH)_{max} = 103$ kJ/m³。热变形前驱体是最佳工艺条件制备的 SPS 磁体，烧结条件为 700 ℃/50 MPa/5 min，其微观结构由具有不同晶粒尺寸的粗晶区和细晶区构成。磁性能为：$J_r = 0.83$ T，$_jH_c = 1516$ kA/m，$(BH)_{max} = 118$ kJ/m³。

如图 4-40 所示，SPS 磁体的粗细晶区的晶粒均为等轴晶。热变形后，细晶区的晶粒形貌由等轴晶发展为扁平状，粗晶区的晶粒有所长大，但仍然保持了原始的等轴晶形状，没有发现细小的具有回复再结晶特征的晶粒存在。这表明热变形机制是以扩散蠕变为主的变形机制。

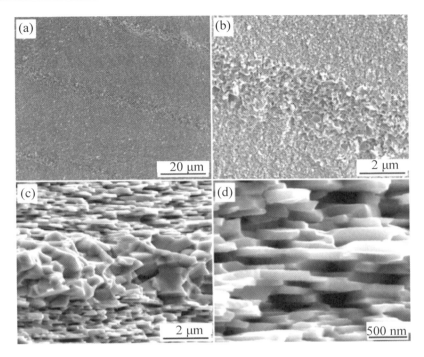

图 4 - 40　放电等离子烧结磁体和热变形磁体微观结构[45]
(a)(b) 放电等离子烧结磁体；(c)(d) 变形量为73%的热变形磁体

　　热变形前后，细晶区的晶粒形貌由等轴晶形状发展成为扁平形状。扁平晶粒的形成与取向机制如前所述。富 Nd 相在热变形过程中非常重要。如果磁体中没有富 Nd 相：①较难获取致密度高的磁体；②较难获得没有裂纹的磁体；③较难获得各向异性磁体；④较难获得实际使用的矫顽力。虽然有学者[59]制备出了 Nd 小于 11.8%（原子分数）的各向异性 NdFeB 磁体，然而热变形制备 Nd 含量更低的各向异性磁体仍然存在一定的困难。

　　图 4 - 40c 中粗晶区的晶粒并没有发生显著的变形，这是因为大尺寸晶粒不利于热变形过程中的熔解和扩散，小尺寸晶粒在扩散形成取向 $Nd_2Fe_{14}B$ 晶粒时，具有扩散路径短和驱动力大的优点[60]，并且变形抗力小。

　　2. 应变速率对磁体组织和性能的影响

　　实验设计了三种不同应变速率：$0.002\ s^{-1}$、$0.001\ s^{-1}$ 和 $0.0005\ s^{-1}$，变形温度为 750 ℃，获得的变形量分别为 54%、51% 和 70%。如图

4 - 41 所示，热变形磁体继承了 SPS 磁体中粗晶区和细晶区的二区结构，较高的应变速率($0.002\,s^{-1}$ 和 $0.001\,s^{-1}$)制备的磁体的粗晶区宽度明显大于低应变速率($0.0005\,s^{-1}$)制备的磁体。应变速率增加，粗晶区宽度从 $4.3\,\mu m$ 减小至 $1.8\,\mu m$。高应变速率($0.002\,s^{-1}$ 和 $0.001\,s^{-1}$)制备的磁体粗晶区的晶粒形貌为等轴晶，并没有 c 轴取向的形成，而在 $0.0005\,s^{-1}$ 制备条件下，磁体粗晶区的部分晶粒有明显的取向生长的痕迹，造成粗晶区的宽度也大为减小(见图 4 - 41c、d)。这说明在较长时间压应力的作用下，本来不易变形的大晶粒由于蠕变产生了 $Nd_2Fe_{14}B$ 晶粒取向生长的现象，这有利于磁体取向度的提高。

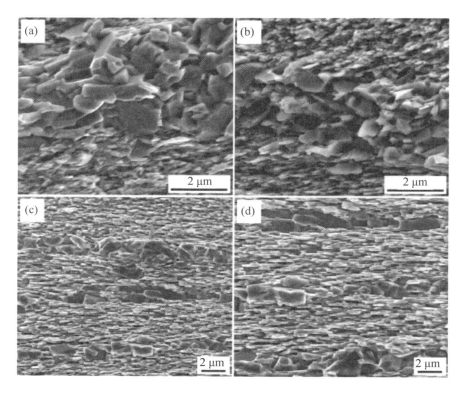

图 4 - 41　不同应变速率条件下热变形磁体的微观结构
(a) 750 ℃/$0.002\,s^{-1}$/54 %；(b) 750 ℃/$0.001\,s^{-1}$/51%；
(c)(d) 750 ℃/$0.0005\,s^{-1}$/70 %

　　磁体细晶区的 SEM 照片见图 4 - 42。较高应变速率条件下($0.002\,s^{-1}$)，$Nd_2Fe_{14}B$ 晶粒没有足够的时间沿垂直于压力的方向进行物质输运，一方面会造成扁平晶粒宽度的减小，如图 4 – 42b、d 和 f 所示；另一方面造成压应力作用下 $Nd_2Fe_{14}B$ 晶粒的转向"半途而废"，即晶粒的 c 轴与压力轴呈一定角度，如图 4 – 42a 中箭头所示。因此，大部分晶粒取向生长的方向都垂直于压力方向，但也有部分晶粒取向生长偏离这一方向。在低

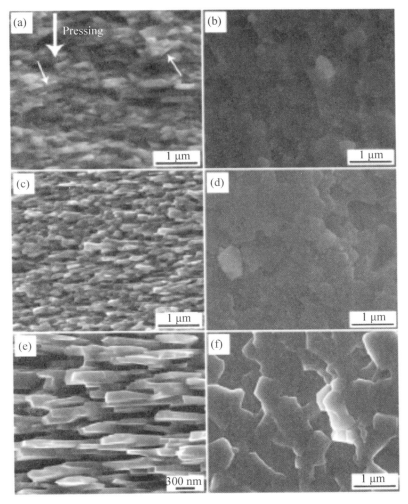

图 4 – 42　不同应变速率条件下热变形磁体的微观结构[44]

（a）（b）750 ℃/0.002 s^{-1}/54 %；（c）（d）750 ℃/0.001 s^{-1}/51 %；

（e）（f）750 ℃/0.0005 s^{-1}/70 %；（a）（c）（e）为平行于压力方向的 SEM 照片；

（b）（d）（f）为垂直于压力方向的 SEM 照片

应变速率情况下，基本没有发现晶粒取向方向不一致的现象，如图 4 - 42c、e。应变速率为 0.0005 s^{-1} 时，不仅未发现 Nd$_2$Fe$_{14}$B 晶粒取向生长方向不一致的现象，而且由于变形时间的增加，使得 Nd$_2$Fe$_{14}$B 晶粒物质有足够的时间进行扩散，因而扁平晶粒的宽度增加，这是磁体取向度高低的标志之一。更为重要的是，在长时间的压应力作用下，粗晶区晶粒因发生蠕变也产生了一定程度的 c 轴取向，从而进一步提高磁体的取向度。

750 ℃/0.002 s^{-1}/54% 制备条件下，热变形磁体平行和垂直于压力方向及其在 293 K 和 393 K 温度下的磁滞回线如图 4 - 43 所示。磁体平行于压力方向的第二象限退磁曲线光滑，没有观察到台阶型曲线的存在。其磁性能：$J_r = 1.15$ T，$_jH_c = 1268$ kA/m，$(BH)_{max} = 236$ kJ/m^3。相比前驱 SPS 磁体，其剩磁和磁能积分别提高了 43% 和 103%，而矫顽力则下降了 18%。晶粒形貌的变化及取向度的产生是矫顽力下降的主要原因。

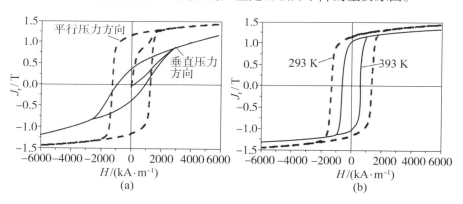

图 4 - 43　热变形磁体平行及垂直于压力方向的磁滞回线(a)及其
在 293 K 和 393 K 下的磁滞回线(b)[44]
(变形条件为 750 ℃/0.002 s^{-1}/54 %)

750 ℃/0.001 s^{-1}/51 % 和 750 ℃/0.0005 s^{-1}/70% 条件下制备的磁体的磁滞回线如图 4 - 44 所示。在平行于压力方向上，随着应变速率从 0.002 s^{-1} 减小至 0.0005 s^{-1}，剩磁从 1.15 T 提高到 1.35 T，表明磁体的取向度增加。矫顽力则从 1268 kA/m 降低到 829 kA/m，如表 4 - 5 所示。尽管矫顽力单调减小，大幅增加的剩磁仍然使磁能积从 236 kJ/m^3 增加至 336 kJ/m^3。

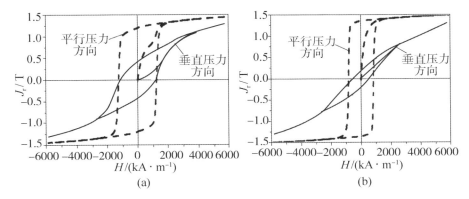

图 4 - 44　热变形磁体平行及垂直于压力方向的磁滞回线[44]

（a）750 ℃/0.001 s^{-1}/51 %；（b）750 ℃/0.0005 s^{-1}/70 %

表 4 -5　放电等离子烧结磁体和热变形磁体的磁性能

磁体制备工艺	J_r/T		$_jH_c$/(kA · m^{-1})		$(BH)_{max}$/(kJ · m^{-3})	
	$J_r^{//}$	$J_r^{\perp}$	$_jH_c^{//}$	$_jH_c^{\perp}$	$(BH)_{max}^{//}$	$(BH)_{max}^{\perp}$
700℃/SPS	0.82	0.81	1516	1517	116	113
750℃/0.002 s^{-1}/54%	1.15	0.41	1268	991	236	27
750℃/0.001 s^{-1}/51%	1.19	0.39	1239	1095	259	25
750℃/0.0005 s^{-1}/70%	1.35	0.22	829	604	336	8

　　微观结构对磁体温度稳定性有着重要的影响。随着应变速率的降低，晶粒的不规则程度增加，这种逐渐增加的不规则程度不利于磁体温度稳定性的改善，特别是矫顽力温度系数。随应变速率的降低，热变形磁体的矫顽力温度系数 β 从 -0.579%/K 减小至 -0.682%/K（表 4 -6），而晶粒大小及形貌的变化对于剩磁温度系数却不敏感。尽管 293 K 时在 0.0005 s^{-1} 应变速率下获得的磁体具有最佳综合磁性能，然而由于其矫顽力温度系数低，393 K 下的磁能积和矫顽力反而最低。因此在优化热变形工艺时，要综合考虑室温和高温下的磁性能。

表 4 - 6　放电等离子烧结磁体和热变形磁体在 293 K
和 393K 的磁性能及矫顽力和剩磁温度系数

磁体制备工艺	J_r/T		$_jH_c$/(kA · m^{-1})		$(BH)_{max}$/(kJ · m^{-3})		α	β
	293 K	393 K	293 K	393 K	293 K	393 K	/(%·K^{-1})	/(%·K^{-1})
700℃/SPS	0.84	0.75	1573	813	123	93	- 0.113	- 0.483
750℃/54% /0.002 s^{-1}	1.16	1.03	1338	563	239	168	- 0.108	- 0.579
750℃/51% /0.001 s^{-1}	1.20	1.07	1308	544	263	187	- 0.108	- 0.584
750℃/70% /0.0005 s^{-1}	1.36	1.22	884	281	341	167	- 0.106	- 0.682

3. 变形量对磁体组织和性能的影响

图 4 - 45 显示了 SPS 磁体和不同变形量条件下热变形磁体的 XRD 图谱，采用的应变速率为 0.001 s^{-1}。可以发现，在 SPS 及热变形过程中，并无其他杂相形成。热变形后，磁体产生了 c 轴取向。随着变形量从 51% 增加至 80%，热变形磁体的取向度从 74% 增加至 89%。

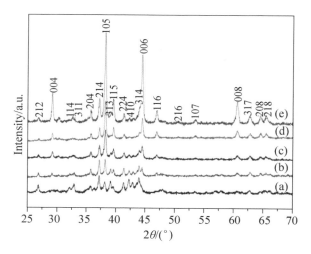

图 4 - 45　放电等离子烧结磁体和热变形磁体的 XRD 图谱[44]

（a）SPS 磁体；（b）750℃/51%/0.001 s^{-1}；（c）750 ℃/68%/0.001 s^{-1}；
（d）800 ℃/73%/0.001 s^{-1}；（e）800 ℃/80%/0.001 s^{-1}

变形量对磁体的微观结构有一定的影响。磁体平行和垂直于压力方

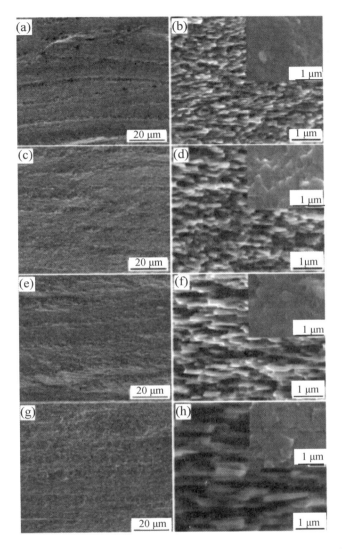

图 4 - 46　不同变形量条件下热变形磁体平行和垂直于压力方向的微观结构[44]
　　　　　(a)(b) 750℃/51%/0.001 s^{-1}；(c)(d) 750℃/68%/0.001 s^{-1}；
　　　　　(e)(f) 800℃/73%/0.001 s^{-1}；(g)(h) 800℃/80%/0.001 s^{-1}；
　　　　　插入图为磁体垂直于压力方向的微观结构

向的微观结构如图 4 - 46 所示。图 4 - 47 定量显示了粗细晶区平均宽度
随变形量的变化情况。随着变形量从 51% 增加到 80%，粗晶区的平均宽

度从 3.9 μm 增加至 5.4 μm，细晶区的平均宽度则从 11.2 μm 减小至 4.1 μm。变形温度的提高和变形时间的增加是粗晶区宽度增加的主要原因。细晶区宽度的减小则归因于 $Nd_2Fe_{14}B$ 晶粒沿着垂直于压力方向扩散物质量的增加。

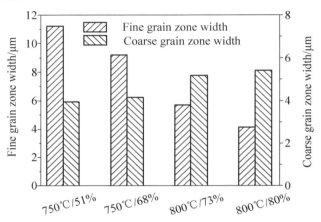

图 4 - 47　热变形磁体粗细晶区宽度随变形量的变化[44]

　　分别用 w 和 h 表示扁平状晶粒在宽度和高度上的维度，图 4 - 48 定量显示了磁体细晶区晶粒宽度和高度随变形量的变化。热变形过程中，$Nd_2Fe_{14}B$ 晶粒物质会沿着垂直于压力方向进行扩散，即晶粒在宽度上的维度 w 会增加，这也是形成扁平状晶粒的原因，因此扁平状晶粒在宽度

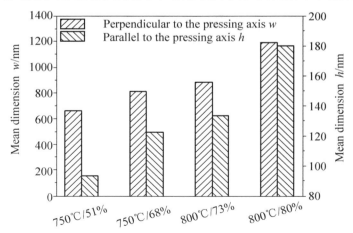

图 4 - 48　热变形磁体细晶区晶粒宽度 w 和高度 h 随变形量的变化[44]

维度 w 上的大小是磁体取向度高低的标志之一。随着变形量的增加，w 和 h 均增加。w 的增加表明随着变形量的增加，磁体的取向度提高；h 的增加则归因于变形时间增加和变形温度提高所导致的晶粒长大。

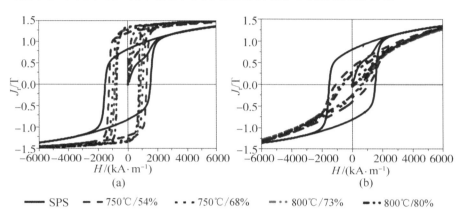

图 4 – 49   放电等离子烧结磁体和不同变形量热变形磁体平行(a)
和垂直(b)于压力方向的磁滞回线[44]

热变形磁体的微观结构演化对性能有重要的影响。图 4 – 49 显示了 SPS 磁体和热变形磁体平行和垂直于压力方向的磁滞回线。随着变形量的增加，磁体的剩磁从 1.19 T 增加至 1.34 T，对应的取向度从 74% 提升至 89%。相比磁体剩磁的增加，其矫顽力单调减小，从 1239 kA/m 降低至 731 kA/m。在剩磁递增和矫顽力递减的共同作用下，磁能积先上升至最大值 $(BH)_{max} = 303\ kJ/m^3$，然后下降至 285 kJ/m³。800 ℃/73%/0.001 s⁻¹ 变形条件下，磁体的综合磁性能最佳，其磁性能为：$J_r = 1.32\ T, _jH_c = 731\ kA/m, (BH)_{max} = 303\ kJ/m^3$。

随变形量的提高，扁平状晶粒在宽度上的维度 w 单调增加，这表明磁体的不规则程度增加，从而对磁体的温度稳定性有不利的影响。如表 4 – 7 所示，随着变形量从 54% 升至 80%，磁体的矫顽力温度系数 β 从 −0.483%/K 降至 −0.703%/K。β 的变化趋势与微观结构演化分析的结果一致，然而微观结构演化对剩磁温度系数并不敏感。尽管 800 ℃/73%/0.001 s⁻¹ 制备条件下磁体在室温的磁性能最佳，然而，微观结构导致的较低的矫顽力温度系数使得其在 393 K 测试条件下的综合磁性能反而最低：$J_r = 1.22\ T, _jH_c = 234\ kA/m, (BH)_{max} = 146\ kJ/m^3$。

表 4 − 7 放电等离子烧结磁体和热变形磁体在 293 K
和 393 K 的磁性能及剩磁和矫顽力温度系数[44]

制备条件	J_r/T		$_jH_c/(kA \cdot m^{-1})$		$(BH)_{max}/(kJ \cdot m^{-3})$		α	β
	293K	393K	293K	393K	293K	393K	$/(\% \cdot K^{-1})$	$/(\% \cdot K^{-1})$
700℃/SPS	0.83	0.74	1573	813	121	91	− 0.108	− 0.483
750℃/54%	1.20	1.07	1308	544	263	187	− 0.108	0.584
750℃/68%	1.30	1.16	1054	378	298	192	− 0.107	0.642
800℃/73%	1.33	1.19	907	290	309	163	− 0.109	0.681
800℃/80%	1.36	1.22	788	234	301	146	− 0.103	0.703

4. 不均匀塑性变形

根据塑性变形理论，不均匀的化学成分、前驱体不均匀的微观结构、热变形时不均匀的温度分布及压头和样品之间的摩擦都会导致不均匀的塑性变形。按照应力分布，变形材料可分成三个区，分别以Ⅰ、Ⅱ和Ⅲ来表示，如图 4 − 50a 所示。其中，Ⅰ区由于受到强烈的三向压应力，为难变形区。Ⅱ区处于试样的中心部分，与垂直的作用力轴线成 45°左右的夹角，此区域虽然承受较强的三向压应力，但由于该区域距接触面较远，阻碍其变形的体积也较少，因而是变形发展的最有利区域。Ⅲ区由于处于试样的边缘，变形时没有其他部分的阻碍，变形较为自由，其变形能力介于Ⅰ区和Ⅱ区之间。热变形过程中，试样刚开始受压缩时，Ⅲ区所受的应力状态为近似单向压缩，随着变形的持续进行，由于试样会逐渐形成明显的鼓形，造成周边不断扩大，使试件的环向产生附加拉应力，所以Ⅲ区在变形过程中，所受的是两向拉应力和一向压应力。

图 4 − 50b、c 和 d 显示了图 4 − 50a 中 b、c 和 d 位置对应的微观结构，其中 b、c 和 d 分别位于Ⅰ区、Ⅱ区和Ⅲ区。从图 4 − 50b 可以看出，在难变形区，明显有取向生长方向不一致的晶粒存在，如白色箭头所示，同时还发现有未变形晶粒(见图 4 − 50b 中插图)。对于易变形区(Ⅱ区)，具有良好取向特征的扁平状 $Nd_2Fe_{14}B$ 晶粒沿着平行于压力方向排布，没有发现 $Nd_2Fe_{14}B$ 晶粒取向生长不一致的现象，c 轴织构要强于Ⅰ区，如图 4 − 50c 所示。对于塑性变形能力处于Ⅰ区和Ⅱ区之间的Ⅲ区，其微观结构如图 4 − 50d

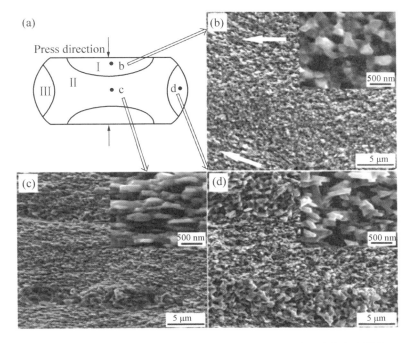

图 4 – 50　NdFeB 磁体的不均匀塑性变形区(a)及不同区域的微观结构:

(b) 中心区域, (c) 表面区域, (d) 边部区域[44]

(变形条件: 750 ℃/68%/0.001s)

所示, 晶粒的取向生长方向不如 II 区, 大部分晶粒的生长方向都与垂直于压力方向成一定角度。三个区域不同的应力状态是导致其微观结构不同的原因, 由此导致磁性能的不均匀。表 4 – 8 显示了不同区域位置对应的磁性能。II 区具有良好 c 轴取向结构, 获得了高的剩磁($J_r = 1.29$ T)。I 区由于存在取向不一致甚至未变形的晶粒, 因此剩磁也最低($J_r = 1.21$T)。III 区获得的剩磁处于两者之间($J_r = 1.26$ T)。I 区、II 区和 III 区对应的 b、c 和 d 位置的磁能积分别为 251 kJ/m³、293 kJ/m³ 和 274 kJ/m³。

目前, 不均匀塑性变形现象已经成为影响热变形磁体性能及工业应用的主要因素之一。

表 4-8　750 ℃/68%/0.001 s^{-1} 制备条件下磁体不同变形区域的磁性能

变形区	J_r/T	$_jH_c$/(kA·m^{-1})	$(BH)_{max}$/(kJ·m^{-3})
I	1.21	978	251
II	1.29	995	293
III	1.26	1048	274

5. 矫顽力机制

烧结磁体的矫顽力机制一般被认为是形核机制,而热变形纳米晶磁体的矫顽力机制尚存争议。Mishra 等[61]和 Pinkerton 等[62]认为热变形纳米晶磁体的磁硬化来自于畴壁在晶界的钉扎。晶界富 Nd 相通常成为畴壁的钉扎点。Gaunt 等[63]考虑了克服钉扎障碍的畴壁热激活效应,并基于随机排列的钉扎位置,提出了一种畴壁钉扎模型。Pinkerton 等[64]改进了Gaunt 的模型,并提出了符合钉扎机制模型的预测表达式:

$$(_jH_c/\gamma H_a)^{1/2} = C_0 - C_1(T/\gamma)^{2/3} \qquad (4-15)$$

式中, H_a 和 γ 分别表示 Nd$_2$Fe$_{14}$B 相的磁晶各向异性场和畴壁能; $_jH_c$ 代表不同测试温度下的矫顽力。通过交换常数 A、各向异性场 H_a 和饱和磁化强度 M_s 即可计算畴壁能 γ 的值。如果$(_jH_c/\gamma H_a)^{1/2}$ 和 $(T/\gamma)^{2/3}$ 能较好地满足线性关系,则表示可以用钉扎机制来描述磁体的矫顽力机制。

两种变形量条件下制备的磁体的$(_jH_c/\gamma H_a)^{1/2}$ 和 $(T/\gamma)^{2/3}$ 的关系如图4-51所示。在 50～500 K 的温度范围内, $(_jH_c/\gamma H_a)^{1/2}$ 和 $(T/\gamma)^{2/3}$ 可以用线性关系描述,即磁体的矫顽力机制为钉扎机制。550 K 下的数据偏离拟合直线较大,这可能是由于该温度接近居里温度,钉扎模型已不再适用。

通常永磁材料的矫顽力会随磁化场的增加而增加,只有当磁化场达到某一值 H_{sat} 后,矫顽力才能达到最大值 $_jH_{c,max}$,此时即使再增大外加磁场,矫顽力也不会增加。如果获得最大矫顽力所需要的外场 H_{sat} 大于所获取的最大矫顽力值 $_jH_{c,max}$,则一般认为合金的矫顽力是由钉扎场控制的。不同热变形磁体矫顽力与磁化场的关系如图 4-52 所示。不同变形量条件下制备的磁体一般需要 $H_{sat}=3$ T 的外场才能饱和磁体的矫顽力。而 750 ℃/51%/0.001 s^{-1}、750 ℃/68%/0.001 s^{-1}、800 ℃/73%/0.001 s^{-1}

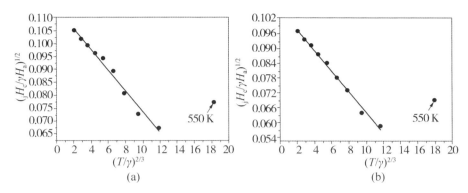

图 4 - 51　热变形磁体($_jH_c/\gamma H_a$)$^{1/2}$ 和(T/γ)$^{2/3}$ 的关系[44]

(a)750 ℃/51%/0.001 s^{-1}；(b)750 ℃/68%/0.001 s^{-1}

和 800 ℃/80%/0.001s^{-1} 变形条件制备的磁体的矫顽力$_jH_{c,max}$ 分别为 1.59 T、1.23 T、1.05 T 和 0.96 T。其矫顽力$_jH_{c,max}$都要小于 H_{sat}，因此从该角度分析也能说明热变形纳米晶磁体的矫顽力机制为钉扎机制。

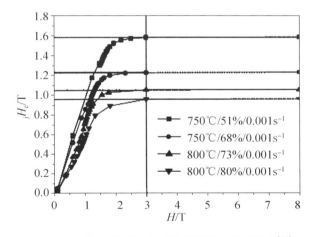

图 4 - 52　热变形磁体在不同磁化场下的矫顽力[44]

4.3.2.2　SPS + HD 制备纳米复合钕铁硼永磁材料

制备出各向异性钠米复合永磁一直是人们追求的目标，作者研究组[65]将粒度为 45 ~ 100 μm 和小于 45 μm 的富稀土 $Nd_{13.7}Co_{6.7}Ga_{0.5}Fe_{73.5}B_{5.6}$合金和铁粉(质量分数为 5%，粒度小于 10 μm)混合，然后通过 SPS

（700 ℃/50 MPa/5min）和热变形制备了双相复合磁体。SPS 技术制备的磁
体获得最佳磁性能：$B_r = 0.82$ T，$_jH_c = 1445$ kA/m，$(BH)_{max} = 116$ kJ/m³。
热变形温度为 750～800℃，实际热压比率为 54%～68%。

图 4-53a 为粒度小于 45 μm 的 NdFeB 磁粉与质量分数为 5% 的铁粉
经热压（700 ℃）热变形（750 ℃）后样品边部和中心测得的磁滞回线，图
4-53b 为粒度 45～100 μm 的 NdFeB 与质量分数 5% 的铁粉经热压
（700 ℃）热变形（800 ℃不保温，随炉冷却热变形至 650 ℃）后样品边部
和中心测得的磁滞回线。表 4-9 为双相复合磁体经热压热变形后测得边
部和中心的磁性能。经热变形后磁体边部的矫顽力都比中心部位的大，
磁能积也较高。但是，各向异性双相复合磁体测得的最大磁能积为
153.6 kJ/m³，这比单相 NdFeB 热变形磁能积低，说明 SPS + HD 制备高性
能磁体仍然存在很大困难。

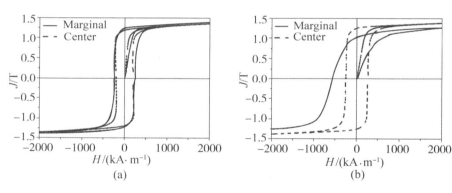

图 4-53 热变形复合磁体边部和中心的磁滞回线[65]

（a）NdFeB 粒度小于 45 μm；（b）NdFeB 粒度为 45～100 μm

表 4-9 热变形磁体的边部和中心的磁性能

磁体及取样部位	B_r/T	$_jH_c$/(kA·m⁻¹)	$(BH)_{max}$/(kJ·m⁻³)
NdFeB(<45μm)/5% Fe 边沿	1.23	237	142
NdFeB(<45μm)/5% Fe 中部	1.19	195	154
NdFeB(45～100 μm)/5% Fe 边沿	1.04	579	129
NdFeB(45～100 μm)/5% Fe 中部	1.25	253	167

4.3.3 高速压制 + 热变形制备各向异性纳米晶磁体

如前所述，高速压制制备的磁体可以媲美黏结磁体 MQ1。作者研究组最近研究了以高速压制富稀土钕铁硼磁体为前驱体，热变形制备各向异性的磁体，希望能取代传统的 MQ3 磁体。高速压制前驱体采用MQ29.2% 粉末、模具内径 $\phi = 16$ mm、装粉量 $m = 12.21$ g，热变形条件为 750 ℃保温 10 min。

高速压制试样经不同变形量（15% ~ 67%）热变形的磁体的磁滞回线如图 4 - 54a 所示，其磁性能和密度如表 4 - 10 所示。热变形后，磁体的致密度明显提高，高速压制磁体密度为 6.58 g/m³，67% 的变形量以后，密度增加到 7.43 g/m³。随着变形量的增加，磁体的剩磁增加，压制方向剩磁从 0.64 T 增加到 1.06 T。高速压制磁体的剩磁比 $J_r/J_s = 0.529$；67% 变形量磁体的剩磁比 $J_r/J_s = 0.671$。热变形后磁体的剩磁比明显增加，说明高速压制 + 热变形成功制备出各向异性的钕铁硼磁体。磁体67% 变形量前后的 XRD 图谱如图 4 - 54b 所示，磁体的各向异性非常明显。此外，随变形量增加，$(BH)_{max}$ 由 65 kJ/m³ 增加到 158 kJ/m³。同时，热变形后磁体仍然保持较高的矫顽力，尤其当变形量由 40% 到 67% 时，磁体的矫顽力几乎没有降低，保持在 791 kA/m 水平。这是因为高速压制后粉末能保持原始粉末的组织和性能，在热变形时，磁体变形均匀，没有晶粒异常长大的现象。

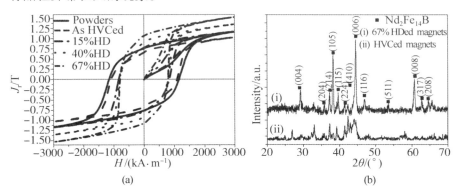

(a)　　　　　　　　(b)

图 4 - 54　高速压制试样和不同变形量磁体的磁滞回线（a）
以及 67% 热变形量前后磁体的 XRD 图谱（b）

表4-10　MQ29.2%粉末、高速压制磁体、不同变形量磁体的磁性能和密度

试样	$_jH_c$ /(kA·m^{-1})	J_r/T	$(BH)_{max}$ /(kJ·m^{-3})	$J_{s,6T}$/T	ρ /(g·cm^{-3})
MQ29.2%粉末	1151	0.76	93	1.30	7.60
高速压制磁体	1101	0.64	65	1.13	6.58
15%变形量磁体	965	0.78	88	1.34	6.82
40%变形量磁体	796	0.91	110	1.44	7.00
67%变形量磁体	791	1.06	158	1.52	7.43

　　磁体经67%变形前后的显微组织如图4-55所示。图4-55a和b分别为热变形前的平行和垂直于压制方向的显微结构，也就是高速压制后的显微结构。图4-55c和d分别为热变形后的平行和垂直于压制方向的显微结构。从图4-55c中可以看出，磁体几乎没有孔洞的存在，致密度极大提高；图4-55e是图4-55c中圆圈部分的放大图，可以看出被压缩拉长晶粒的端面。从图4-55d可以看出晶粒内部均匀变形，没有晶粒异常长大的现象，在原始粉末颗粒边界存在明显的未变形区域。

　　众所周知，在热压和热变形纳米晶NdFeB磁体中存在明显的粗晶区和细晶区，并且提高热变形温度和提高变形量使得粗晶区异常长大导致磁体的磁性能明显降低。而在高速压制和热变形制备各向异性NdFeB磁体时，整个晶粒均匀变形，没有粗晶区和细晶区，因此在变形量从40%增加到67%时，矫顽力还能几乎保持不变，从而获得较好的磁性能，这也是本工艺的优势所在。

4.3.4　热挤压制备各向异性纳米晶钕铁硼辐射环磁体

　　热变形有两种方式，一是模锻；二是挤压。挤压又有两种方式：正挤压和反挤压。

　　吉田裕等[66]研究了不同塑性加工方式对磁性能的影响。首先将快淬粉真空热压压实，然后分别采用不同的塑性加工方法制备不同形状的永磁体：热模压法制备圆柱形磁体、反挤压法制备环形磁体、正挤压法制备环形磁体和圆柱形磁体。结果表明，上述塑性加工方法都能实现各向异性磁体的制备。热模压可实现轴向取向磁体的制备，其$(BH)_{max}$可达314 kJ/m^3；正、反挤压方法均可实现径向取向磁体的制备，其中反挤压法制备的径向取向磁环的磁性能较好，$(BH)_{max}$可达283 kJ/m^3。他们认为

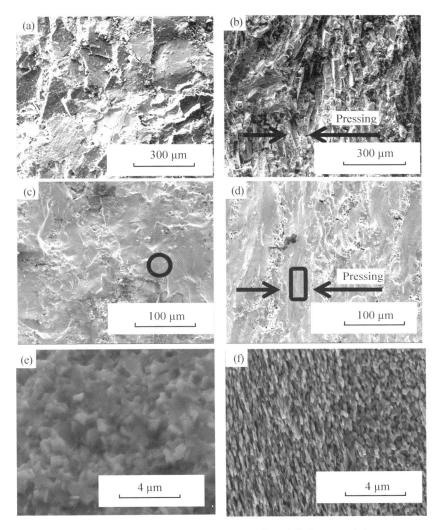

图 4-55　变形量为 67% 时，热变形前后磁体的 SEM 照片，
(a)(c)为平行于压制方向；(b)(d)为垂直于压制方向；(e)(f)分别为(c)(d)中标记部分放大图

一个方向为压缩应变、其他方向为拉伸应变的塑性变形方式易获得高的取向度。

采用热挤压工艺，可以制备径向取向磁体。Kim 等[67] 将 Nd-Dy-Fe-B 雾化粉末包套、抽真空后，在 870 ～ 1030 ℃进行正挤压，然后进行热处理，制备径向取向磁棒。试样沿径向的$(BH)_{max}$为 102 kJ/m^3。Yang 等[68] 采用带芯棒的正挤压工艺制备径向取向磁环，$(BH)_{max}$ 达到 128 kJ/m³ 以上。

反挤压也称热背挤压（backward extruding），通过热背挤压可以制备辐射取向 NdFeB 磁环，这是热压法的一个重要的实际应用。将磁粉热压使之致密化形成压坯磁体后，对压坯进行热背挤压处理就可以得到各向异性的辐射取向的圆筒状磁环，其示意图如图 4-56a 所示。在热背挤压过程中，原来混乱排列的 $Nd_2Fe_{14}B$ 晶粒由于其力学性能的各向异性，使其在高温下沿晶体基面的刚度远大于垂直于晶体基面的刚度，即沿晶体基面会产生择优的滑移，形成围绕易磁化轴的纤维织构，此种情况在 700 ℃ 以上尤为明显。在热背挤压过程中，磁环内外侧塑性流动情况不同，会导致其内侧组织的取向一致性好于外侧，因此一般情况下 NdFeB 辐射取向磁环内侧的磁性能相对较高[69]。近年来，用反挤压工艺能制备出比烧结磁体性能高出近 50% 的永磁环，如图 4-56b 所示。

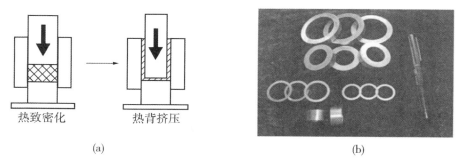

图 4-56　热背挤压过程示意图（a）以及通过热背挤压制备的 NdFeB 磁环（b）

NdFeB 热流变磁体或热背挤压磁环的磁性能与热压过程中产生的显微组织有密切的关系。晶粒的大小和晶粒尺寸的分布对其性能都有着重要的影响。大晶粒会导致反磁畴的形核区域减少，从而使得矫顽力大大减小。同时，粗大的晶粒组织还会抵抗热压过程中的塑性变形，而且不易转动，从而导致磁体的取向度较差。通过工艺参数调整和温度控制，可以制备出较好磁性能的热压 NdFeB 磁体。Hinz 等[70]将快淬粉在 700 ℃ 下真空热压实，然后在氢气气氛下于 750 ℃ 对压实坯进行反挤压，得到了径向取向的 NdFeB 磁环，沿径向的 $(BH)_{max}$ 可达 280 kJ/m³。日本大同特殊钢公司在世界上率先采用反挤压法实现了径向取向磁环的工业化生产，此类产品被命名为 NEOQUENCH-DR 系列，磁环外径 $\phi10 \sim 25$ mm，壁厚 ≥1.5 mm，其中 ND-43R 的 $(BH)_{max}$ 达 340 kJ/m³。国内也有单位开发出高性能各向异性热挤压辐射取向磁体，并已形成产业雏形。

4.4 纳米结构钕铁硼永磁制备新技术

微磁学模拟预测各向异性纳米复合永磁材料的$(BH)_{max}$可突破 $1\,MJ/m^3$，但是目前实际制备的永磁材料的$(BH)_{max}$远低于理论值。一个可能的原因是采用常规方法制备的磁性材料的微结构与理论要求相差甚远。例如，理论要求的最佳晶粒尺寸小于 $10\,nm$，而实际用快速凝固等方法制备的纳米晶合金的晶粒尺寸均大于 $20\,nm$，且在晶化处理时不可避免地出现晶粒长大的现象。另外，当前制备的纳米复合永磁材料多是各向同性的，为了获得 $1\,MJ/m^3$ 的磁能积，必须发展各向异性纳米复合永磁材料。

由于常规的方法制备纳米晶永磁材料在微结构调控方面遇到了困难，寻找新的制备方法成为本领域的一个主要发展方向。最近几年，利用新的纳米技术，包括自下而上和自上而下方法，来制备纳米晶核纳米复合永磁材料成为研究热点。

4.4.1 化学法制备 $Nd_2Fe_{14}B$ 硬磁纳米颗粒

自下而上方法制备纳米结构 NdFeB 永磁，通过从原子、分子开始组装得到永磁粉末，然后进行致密化。但是，制备纳米结构稀土永磁细粉面临很多困难，因为原材料活性很强。人们在不断尝试开发新的工艺来制备纳米晶 NdFeB 合金粉末。

Lin 等[71]很早就报道，用超细的前驱体，在较低的温度下通过还原扩散方法制备 NdFeB 合金。硼化物前驱体 $Co_{2.0}B_{1.2}$ 和 $Fe_{1.0}B_{2.5}$ 通过用 $NaBH_4$ 液相还原 $CoCl_2$ 和 $FeSO_4$ 获得，另外一种前驱体 Nd_2O_3 和 Fe_2O_3，可用一种聚合物网络凝胶工艺获得。得到的 $Nd_2Fe_{14}B$ 和 $Nd_2Fe_{12}Co_2B$ 细晶粉末具有很强的磁晶各向异性，颗粒尺寸可以控制到几微米。后来，研究者一直在尝试用化学方法制备 $Nd_2Fe_{14}B$ 纳米磁粉，一种工艺是用 $NaBH_4$ 还原合适的 Fe 和 Nd 盐[72]，另外一种是多元醇还原 Fe 和 Nd 的有机金属络合物[73]。在化学方法中，纳米颗粒的尺寸可以通过调整工艺参数，如反应时间、温度和反应物浓度来控制。但是，由于稀土元素高的负的还原电势(Nd：$-2.43\,eV$)，稀土元素和过渡族金属(Fe：$-0.057\,eV$)很难同时还原出来。$Nd_2Fe_{14}B$ 活性强、易氧化，也使得纳米颗粒的合成非常困难。

2001 年，Murray 等[74]用溶胶－凝胶法结合还原扩散技术制备了

$Nd_2Fe_{14}B$ 纳米颗粒。首先利用 Nd 的氯化物（$NdCl_3 \cdot 6H_2O$，99.9%（质量分数，下同））、氯化铁（$FeCl_3 \cdot 6H_2O$，97%）、硼酸（H_3BO_3，99.8%）、柠檬酸（99.5%）和乙二醇（99%）等原料用溶胶－凝胶法合成成分均匀的氧化物，然后通过 CaH_2 还原扩散得到 $Nd_2Fe_{14}B$ 磁性纳米颗粒。通过控制反应温度和时间来控制颗粒的长大。他们用这种方法成功得到了约 25 nm 的 $Nd_2Fe_{14}B$ 颗粒。这种方法也可以用于合成具有高磁能级的交换耦合磁性纳米颗粒。

　　用类似的方法，Deheri 等[75]与作者研究组合成了矫顽力为 6.5 kOe、M_s 为 21.1 emu/g 的 NdFeB 粉末（图 4－57）。低的饱和磁化强度是由于样品中存在非磁性的 CaO。当采用水洗法去掉 CaO 以后，M_s 增加到 102 emu/g，但矫顽力下降到 3.9 kOe，获得的 $(BH)_{max}$ 为 2.9 MGOe。矫顽力的降低是因为水洗过程中出现了低矫顽力的 $Nd_2Fe_{14}BH_{4.7}$ 相[76]，同时颗粒间的晶间交换作用也可能影响矫顽力和反磁化机制。

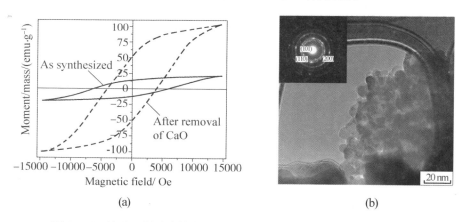

图 4－57　溶胶－凝胶法结合还原扩散技术制备的 $Nd_2Fe_{14}B$ 纳米粉末的
　　　　　室温磁滞回线（a）和 TEM 图（b）[75]

　　Swaminathan 等[77]通过微波辅助燃烧工艺合成了 NdFeB 氧化物，然后利用 CaH_2 还原得到 $Nd_2Fe_{14}B$ 纳米颗粒。燃烧工艺具有快速、节能以及方便掺杂等优点。获得的粉末 $H_c = 8.0$ kOe，$M_s \approx 40$ emu/g。去掉 CaO 后，M_s 增加，$(BH)_{max}$ 达到 3.57 MGOe。通过改变微波功率、还原温度和原材料中 Nd/Fe 比，可以调控材料磁性能。通过变化 $Nd_xFe_{1-x}B_8$ 中 Nd 的成分（$x = 7\% \sim 40\%$），材料性能可以从软磁性变化到交换耦合磁性和硬磁性。这一合成方法也提供了一种成本低廉、灵活的制备交换耦合硬磁材料的平台。

纳米晶永磁尽管取得了以上进展，但目前获得的 $Nd_2Fe_{14}B$ 纳米粉末的磁性能都远远低于烧结磁体和快淬磁粉，改善化学合成 $Nd_2Fe_{14}B$ 颗粒的矫顽力仍然任重道远。

4.4.2　化学法制备纳米复合 NdFeB 粉末

Cha 等[78] 很早就报道了纳米复合 $Nd_2Fe_{14}B/\alpha$-Fe 粉末的合成。他们用化学共沉淀法制备软磁 α-Fe 纳米颗粒，用振动球磨 20 h 制备硬磁 $Nd_{15}Fe_{77}B_8$ 纳米颗粒。然后利用机械球磨组装交换耦合纳米颗粒，将 $Nd_2Fe_{14}B$ 和 α-Fe 在不锈钢罐中球磨 2 h，然后再 650 ℃ 真空退火 30 min。XRD 图谱证实获得了纳米颗粒的晶体结构。制备的硬磁、软磁和纳米复合颗粒的磁滞回线如图 4 – 58 所示。

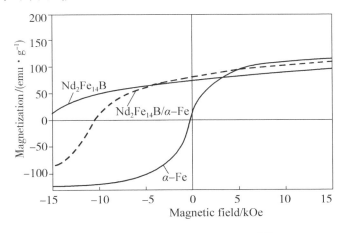

图 4 – 58　NdFeB 样品的磁滞回线[78]

Kang 等[79] 用保护气氛热分解 Fe^{2+} 油酸盐，得到单分散性的 α-Fe 纳米颗粒，利用金属离子和硼氢化物在溶液中合成了超细的非晶 NdFeB 合金颗粒。利用两种颗粒在表面活性剂作用下的自组装作用制备了交换耦合 $Nd_2Fe_{14}B/\alpha$-Fe 纳米复合磁体，粉末形貌和结构如图 4 –59 所示。但是，很遗憾的是，他们没有报道磁性能数据。

最近，北京大学 Hou 研究组[80] 开发了一种新的自下而上方法合成 $Nd_2Fe_{14}B/\alpha$-Fe 纳米复合材料，可以有效地控制硬/软磁相的尺寸和比例。该工艺主要包括热分解和还原退火。首先热分解 $Fe(CO)_5$ 得到单分散性的

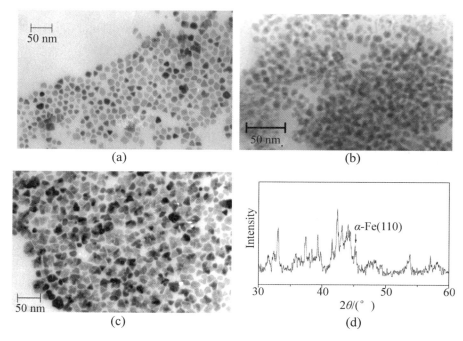

图 4 - 59 　α-Fe 纳米颗粒(a)、NdFeB 纳米颗粒(b)和两种纳米颗粒组装的 Nd-Fe-B 合金/ α-Fe (c)的 TEM 图以及 $Nd_2Fe_{14}B/α$-Fe 纳米复合磁体的 XRD 图谱(d)[79]

α-Fe 纳米颗粒；然后，将 Fe 纳米颗粒加入含有油胺的 Nd、Fe、B 有机前驱体中，加热到 300 ℃ 可以获得 Nd-Fe-B 氧化物/α-Fe 复合材料；最后，用 Ca 辅助还原高温退火处理得到 $Nd_2Fe_{14}B/α$-Fe 交换耦合磁体。如图 4 - 60 所示。材料的成分和磁性能可以通过改变 Nd-Fe-B 氧化物和 α-Fe 的比例来调控。高分辨透射电镜 HRTEM 证实形成了 $Nd_2Fe_{14}B/α$-Fe 纳米复合材料，α-Fe纳米晶很好地分散在 $Nd_2Fe_{14}B$ 基体中。即使高温还原退火后也是如此，可能是因为Nd-Fe-B氧化物基体能够抑制 α-Fe 纳米颗粒的晶粒长大。这样，在纳米粉末中，分散性好的细小 α-Fe（约8 nm）可以确保α-Fe 和硬磁相之间的交换耦合。他们成功地获得了很好的硬磁性能。对于 $Nd_xFe_{10}B_1$ 复合材料，矫顽力随着 Nd/Fe 比率增大而增加，当 x =2.6 时，获得了最大矫顽力 12 kOe。这一方法为制备交换耦合稀土纳米磁体提供了一种调控硬软磁相的尺寸和分布的有效途径。

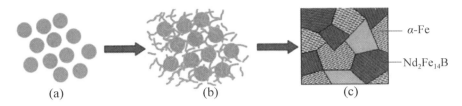

图 4 – 60　$Nd_2Fe_{14}B/\alpha$-Fe 纳米复合材料合成示意图

（a）单分散 α-Fe 纳米颗粒；（b）由 α-Fe 和网状 Nd-Fe-B 氧化物基体组成的复合材料；

（c）热还原扩散处理得到的 $Nd_2Fe_{14}B/\alpha$-Fe 纳米复合材料[80]

4.4.3　快淬 + 共沉淀制备 NdFeB/nano-Fe(Co) 复合材料

作者研究组[81]报道了一种新的湿化学方法合成 NdFeB/nano-Fe(Co) 复合材料，可以分别控制两个相的成分和尺寸。以下是详细的工艺、组织和性能分析。

4.4.3.1　复合材料粉末制备工艺

该工艺主要利用化学共沉淀技术在纳米晶快淬 NdFeB 粉末表面沉积纳米 Fe(Co) 软磁颗粒。使用硫酸盐作为金属源，共沉淀制备 Fe 和 FeCo 纳米颗粒的反应为：

$$FeSO_4 + NaBH_4 + H_2O \longrightarrow Fe(B) + Na_2SO_4 + H_2 + H_2O \qquad (4-16)$$

$$CoSO_4 + NaBH_4 + H_2O \longrightarrow Co(B) + Na_2SO_4 + H_2 + H_2O \qquad (4-17)$$

所得纳米复合磁性颗粒中软磁纳米颗粒包覆在硬磁核表面，如图 4 -61所示。包覆在硬磁颗粒上的软磁颗粒数量，可以通过控制反应金属溶液的离子浓度和反应时间来调节。随着反应初始溶液浓度增大，反应就更加剧烈，包覆的纳米软磁粉末增加。延长反应时间，包覆的软磁粉末也会增加。

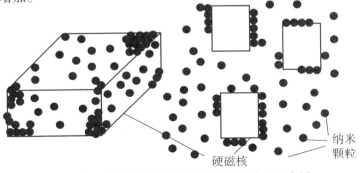

硬磁核

纳米颗粒

图 4 -61　软磁纳米颗粒包覆在硬磁核表面示意图

255

4.4.3.2　NdFeB/nano-Fe(Co)复合粉末

作者研究组采用上述方法成功制备了双相纳米复合 NdFeB/nano-Fe 粉末，图4-62a 为 NdFeB 快淬原始磁粉，颗粒尺寸为 100 ~ 200 μm。图 4-62b 为 Fe 离子浓度为 0.085 mol/L 时，用共沉淀法在单相 NdFeB 粉末表面沉积一层 Fe 纳米颗粒而制备的纳米复合硬磁粉末的 SEM 照片。纳米 Fe 颗粒成功地包覆在硬磁表面，平均尺寸为 60 nm，且分布较为均匀。图 4-62c 为表面 Fe 颗粒形貌，Fe 颗粒与硬磁相结合力较强，经超声 20 min 也未脱落。

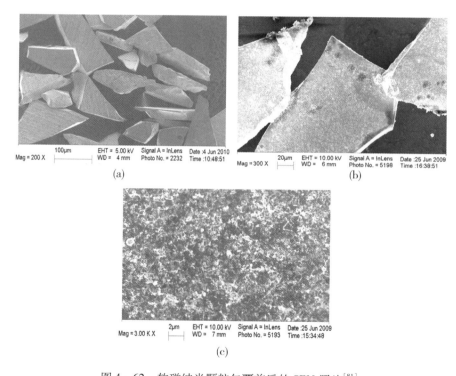

图 4-62　软磁纳米颗粒包覆前后的 SEM 照片[81]

(a)NdFeB 快淬磁原始粉末；(b)Fe 离子浓度为 0.085mol/L 得到的 NdFeB/nano-Fe 纳米
复合硬磁粉末；(c)NdFeB/nano-Fe 纳米复合硬磁粉末的 Fe 颗粒形貌

图 4-63 为不同 $FeSO_4$ 浓度制备的 $Nd_2Fe_{14}B$/nano-Fe 纳米复合永磁材料的退磁曲线。所有的曲线在第二象限都没有出现拐点(台阶)，说明软磁相与硬磁相之间具有交换耦合作用。随着初始溶液浓度增大，包覆在硬磁颗粒上的软磁纳米 Fe 粉逐渐增加，纳米复合材料内部 Fe 磁相所

占比重增加，因而导致剩磁增加，矫顽力逐步下降。当 Fe 离子浓度为 0.17 mol/L 时，剩磁高达 0.957 T，与原始粉末相比提高了 6.5%。但当初始 Fe 离子浓度超过 0.17 mol/L 时，退磁曲线出现明显拐点。无论是增加反应时间，还是继续增加初始 Fe 离子浓度，剩磁也不再提高。这是因为随着包覆在硬磁表面的 Fe 增加，软磁 Fe 层逐渐增厚，外层的 Fe 无法与硬磁进行交换耦合，退磁曲线上就出现了两相行为的拐点。

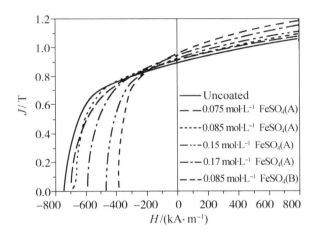

图 4-63　共沉淀法制备的 $Nd_2Fe_{14}B/nano\text{-}Fe$ 纳米复合永磁材料的退磁曲线[81]

A—硬磁粉末浸入到 $NaBH_4$ 溶液；B—硬磁粉末浸入到 $FeSO_4$ 溶液

表 4-11 为以 FeCo 合金作为软磁相得到的纳米复合粉末性能。当 Co 全部替代 Fe 时，矫顽力从 584.3 kA/m 增加到 746.3 kA/m，与原始粉末的矫顽力相比几乎没有降低。J_r 变为 0.919 T，小于包裹纳米 Fe 后所得粉末的剩磁。但由于具有较大的矫顽力，$(BH)_{max}$ 达到 133.5 kJ/m³。与原始粉末相比剩磁提高 2.4%，$(BH)_{max}$ 也提高 4.6%。而当 Fe 与 Co 摩尔比为 65∶35 时，由于 $Fe_{65}Co_{35}$ 具有高达 2.4 T 的 M_s，所制备的 $NdFeB/nano\text{-}Fe_{65}Co_{35}$ 纳米复合磁粉具有较大的剩余磁化强度（达 0.932 T），高于只包覆纳米 Fe 和 Co 粉所制备的纳米复合材料。与原始磁粉相比，剩磁提高 4.11%，$(BH)_{max}$ 提高 5.41%。磁体的综合性能明显提高。

表 4 – 11　添加 Co 元素后纳米复合永磁材料的磁性能[81]

添加 Co 元素制备的 NdFeB/nano-Fe(Co)粉末	$_jH_c/(\mathrm{kA \cdot m^{-1}})$	J_r/T	$(BH)_{max}/(\mathrm{kJ \cdot m^{-3}})$
NdFeB/nano-Fe	584.3	0.928	127.3
NdFeB/nano-Co	746.3	0.919	133.5
NdFeB/nano-Fe$_{65}$Co$_{35}$	696.5	0.932	134.5

4.4.3.3　SPS 制备大块纳米复合永磁材料

制备了纳米复合永磁粉末后,采用 SPS 技术对所得磁粉进行烧结,是纳米复合磁体制备的新思路。图 4 – 64a 为在 50 MPa/700 ℃/5 min 工艺条件下所制得的大块 SPS 磁体,密度为 7.2 g/cm^3。图 4 – 64b 为制备的 Nd$_2$Fe$_{14}$B/α-Fe 永磁体磁滞回线。可以看出,烧结后尽管纳米复合材料存在软磁和硬磁两相,但退磁曲线十分光滑,显示出单相行为,说明软硬磁相发生了明显的交换耦合作用。随着初始金属溶液浓度的增大,即包覆在硬磁表面的软磁颗粒的增加,矫顽力稍微有降低的趋势,但同时包覆软磁颗粒多的 SPS 磁体,其剩磁有所增加。大块纳米复合磁体的矫顽力没有快速下降,这是因为采用 SPS 快速烧结,使得晶粒尺寸没有明显长大,分布均匀且较小的软磁晶粒增加了软硬磁相之间的接触面积,有利于增强纳米复合磁体中软磁相和硬磁相晶粒间的交换耦合作用,出现明显的剩磁增强效应,即 $J_r/J_s > 0.5$;并且由于交换耦合相互作用的短程特性,细小的软磁相有利于交换耦合场穿透整个软磁相晶粒,从而在

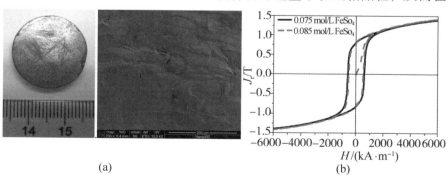

(a)　　　　　　　　　　　　　　　　　(b)

图 4 – 64　采用 SPS 技术制备的 Nd$_2$Fe$_{14}$B/α-Fe 纳米复合磁体、

组织(a)及磁滞回线(b)[81]

反磁化过程可以抑制软磁相晶粒中反磁化核的形成与长大，使磁体保持较大的矫顽力。

纳米复合永磁材料中存在晶间交换耦合作用。图 4 – 65 为采用 SPS 技术制备的 $Nd_2Fe_{14}B/\alpha\text{-Fe}$ 永磁体的 Henkel 曲线，从中可以看出，SPS 复合磁体中晶粒间交换耦合作用随外磁场的增强而由弱到强，变化特点为以交换耦合作用为主到以静磁相互作用为主；同时，随着包裹的软磁相含量的增加，$\delta_m(H)$ 曲线上正值的部分在减少，而负值部分却在增加。这说明静磁交换耦合作用随着软磁相的增加而增加，即增加的软磁相含量增加了软磁相与硬磁相之间的静磁交换耦合作用。

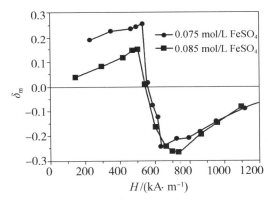

图 4 – 65   基于不同初始反应溶液浓度制备的复合磁粉经 SPS 后
得到的 $Nd_2Fe_{14}B/\alpha\text{-Fe}$ 永磁体的 Henkel 曲线[81]

4.4.4   表面活性剂辅助球磨技术制备 NdFeB 纳米颗粒和纳米片

在有机溶液载体和表面活性剂的作用下，球磨可以用于制备磁性纳米颗粒。表面活性剂有助于获得更小的、分散性更好的纳米颗粒。这一技术常用于制备磁流体。在永磁材料方面，2006 年，美国 Texas 大学的 Liu 研究组[82]最早采用表面活性剂辅助球磨技术（SABM）制备了 Fe、Co、FeCo、Sm_2Co_{17}、$SmCo_5$ 和 $Nd_2Fe_{14}B$ 等粒径小于 30 nm 的纳米粒子，用到的表面活性剂包括油酸和油胺等。实验表明，表面活性剂主要有三个作用：①阻止已经破碎的颗粒在球磨过程中的再聚合，有利于得到细小的纳米颗粒；②通过表面改性提高 SmCo 颗粒的分散性；③充当润滑剂，并有效防止 Fe 球的损失污染样品。

图 4 – 66 为作者研究组[83]用 SABM 制备的 NdFeB 纳米颗粒的形貌和

磁滞回线。研究结果表明，采用 SABM 可以得到超细球形硬磁纳米颗粒，并且随球磨时间增加，$_jH_c$ 减小（见表 4 - 12）。在 20 nm 的纳米颗粒中仍然获得了大于 300 kA/m 的矫顽力。

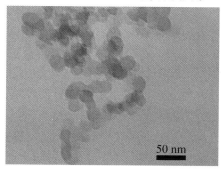

(a)

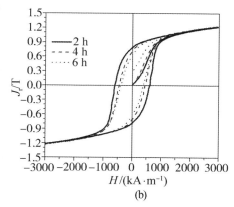

(b)

图 4 - 66　表面活性剂辅助 NdFeB 纳米颗粒（球磨 8 h）(a)
及磁滞回线（球磨 2，4，8h）(b)

表 4 -12　表面活性剂辅助球磨不同时间的 NdFeB 纳米颗粒
磁性能[83]

球磨时间	J_r/T	$_jH_c$(kA · m^{-1})	J_s/T
2h	0.79	608	1.36
4h	0.72	448	1.34
8h	0.63	390	1.34

　　一般认为，高能球磨法的基本过程是利用硬球对原料进行强烈的撞击、研磨和搅拌，其中金属或合金的粉末颗粒经压延—压合—碾碎—压合的反复过程，获得组织和成分分布均匀的纯金属或合金粉末。对于纳米结构的形成机理，可以认为高能球磨过程是一个颗粒循环剪切变形的过程。在这一过程中，晶格缺陷不断在大颗粒的晶粒内部大量产生，从而导致颗粒中晶界的重新组合。在单组元材料中，纳米晶的形成是机械驱动下的结构演变。晶粒尺寸随球磨时间延长而减小，应变随球磨时间增加而增大。由于样品的反复形变，局部应变带中缺陷密度达到临界值时，晶粒开始破碎，这个过程不断重复，晶粒不断细化直到形成纳米结构。当球磨时间延长到一定程度时，应变对晶粒的破碎作用趋于饱和，

晶粒尺寸将保持在一定数值。而添加表面活性剂球磨时,表面活性剂包覆在颗粒表面上,能有效阻止颗粒团聚,进而使球磨得到尺度相对统一的纳米颗粒。

球磨工艺对合金的磁性能有重要的影响。工艺参数包括球磨时间、球磨速度、球料比和添加介质。一般随球磨时间增加,NdFeB 粉末晶粒尺寸减小,当球磨时间足够长时,粉末变成非晶。然后通过优化的热处理,非晶粉末可以转变回四方 $Nd_2Fe_{14}B$ 相。

通过控制球磨介质和球磨参数,SABM 可用于制备各向异性的纳米结构片状永磁粉末。最近各国学者通过添加表面活性剂球磨成功制备了不同粒度的片状 NdFeB[84-86]、SmCo[87-90]颗粒。制备的超细晶 SmCo 和 NdFeB 纳米颗粒有着高的长径比,厚度为几十纳米,宽度和长度为几百纳米。这种片状的纳米晶具有强烈的磁性各向异性,易磁化轴位于纳米片内,可以用磁场排列。这些各向异性的粉末可用于制备各向异性黏结磁体。

事实上,过去几年,SABM 是 NdFeB 研究领域的主要热点之一。众所周知,Cu、Ni 等金属由于其本身具有较好的延展性,在球磨过程中因为剧烈的塑性变形,容易形成亚微米、纳米片状结构颗粒。但对于 NdFeB 及 SmCo 等稀土金属间化合物,由于其脆性很强,推测其在高能球磨过程中不会形成亚微米及纳米片状颗粒。表面活性剂辅助高能球磨时,微米、亚微米片状粉末和纳米各向异性片状粉末的形成机理如图 4-67所示,分为以下几步:①各向同性多晶锭破碎成不规则的单晶微米颗粒;②单晶 $Nd_2Fe_{14}B$ 颗粒沿(110)滑移面解理断裂成单晶微米和亚微米片状粉末;③局部位移和位错产生,导致含有小角度晶界的亚微米片状粉末;④由于纳米晶材料的脆性,通过严重的塑性变形形成含有小角度晶界和大角度晶界的纳米晶亚微米片状粉末。[91]

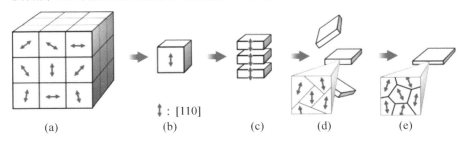

$\updownarrow$: [110]

(a)　　　　(b)　　　　(c)　　　　(d)　　　　(e)

图 4-67　快淬粉末(a),球磨过程中微米(b)、亚微米(c)片状粉末
以及纳米各向异性片状粉末(d)(e)形成示意图[91]

Su 等[92]发现，随球磨时间增加，纳米片状粉末厚度显著减小，但平均宽度没有明显变化。但是，由于晶粒尺寸减小，矫顽力随球磨时间的增加而降低。因此，要得到各向异性 $Nd_2Fe_{14}B$ 纳米片状粉末，控制球磨时间非常重要。

根据作者的研究，球料比对粉末的形貌有显著影响。球料比越大，球磨时碰撞越剧烈，破碎效率越高，得到的各向异性片状粉末越多，原材料首先在球磨过程中破碎成块状或片状，然后，粉末变细，部分粉末变薄，最后，破碎成均匀的颗粒。SABM 粉末经磁场取向后可以显示出明显的各向异性。

球磨过程中的介质对于得到各向异性片状粉末非常重要。在 SABM 时添加溶剂和表面活性剂对抑制颗粒的焊合与团聚非常有效。覆盖在颗粒上的溶剂或表面活性剂可以降低新鲜解理面的断裂能量，降低裂纹扩展能量。同时，使用表面活性剂不仅影响颗粒尺寸，也对颗粒形状和取向具有重要影响。通常，干磨或多或少得到等轴颗粒，而湿磨，特别是高能球磨和高的球料比，会产生高长径比的片状粉末，厚度一般在亚微米级。不同含量的油酸或油胺常用作表面活性剂。一般表面活性剂含量较高时样品中会出现强的织构，这是因为大量的表面活性剂能够使纳米片更好地分离。

三元 NdFeB 合金球磨后粉末的矫顽力还有待进一步提高。元素掺杂是一种有效的途径。Dy、NdCu 和 PrCu 合金常用作添加剂[93]。重稀土 Dy 可以在氩弧熔炼之前添加。球磨 $Nd_{14}Dy_{1.5}Fe_{78.5}B_6$ 纳米片矫顽力达 4.3 kOe，而 $Nd_{15.5}Fe_{78.5}B_6$ 纳米片的矫顽力为 3.7 kOe，原因在于 Dy 提高了磁体的磁晶各向异性常数。NdCu 和 PrCu 一般在球磨混粉时添加。球磨 5 h 后，部分 NdCu 扩散进 $Nd_2Fe_{14}B$ 纳米片，但大多数 NdCu 仍然与 $Nd_2Fe_{14}B$ 纳米片混在一起。添加 NdCu 的粉末矫顽力增加至 5.3 kOe，经 450 ℃退火 0.5 h，矫顽力进一步提升到 7.0 kOe。研究发现，$Nd_{70}Cu_{30}$ 相分布在晶界，成为反磁化钉扎中心。此外，$Nd_2Fe_{14}B$ 纳米片的晶界富 Nd 相增厚，降低了晶间交换作用，也有助于改善矫顽力。

参考文献

[1]　Coehoorn R, de Mooij D B, de Waard C. Meltspun permanent magnet materials containing Fe_3B as the main phase [J]. Journal of Magnetism and Magnetic Materials,

1989, 80(1): 101 – 104.

［2］ Kneller E F, Hawig R. The exchange-spring magnet: a new material principle for permanent magnets [J]. IEEE Transactions on Magnetics, 1991, 27(4): 3588 – 3600.

［3］ Skomski R, Coey J M D. Giant energy product in nanostructured two-phase magnets [J]. Physical Review B, 1993, 48(21): 15812.

［4］ Liu S, Higgins A, Shin E, et al. Enhancing magnetic properties of bulk anisotropic Nd-Fe-B/α-Fe composite magnets by applying powder coating technologies [J]. IEEE Transactions on Magnetics, 2006, 42: 2912 – 2914.

［5］ Stoner E C, Wohlfarth E P. A mechanism of magnetic hysteresis in heterogeneous alloys [J]. Philosophical Transactions of the Royal Society of London Series A, 1948, A240: 599 – 642.

［6］ Clemente G B, Keem J E, Bradley K. The microstructural and compositional influence upon HIREM behavior in $Nd_2Fe_{14}B$ [J]. Journal of Applied Physics, 1988, 64: 5299.

［7］ 高汝伟, 代由勇, 陈伟, 等. 纳米晶复合永磁材料的交换耦合相互作用和磁性能 [J]. 物理学进展, 2001, 21(2): 131 – 156.

［8］ Grady K O, El-Hilo M, Chantrell R W. The characterisation of interaction effects in fine particle systems [J]. IEEE Transactions on Magnetics, 1993, 29(6): 2608 – 2613.

［9］ Panagiotopoulos I, Withanawasam L, Hadjipanayis G C. Exchange spring behavior in nanocomposite hard magnetic materials [J]. Journal of Magnetism and Magnetic Materials, 1996, 152: 353 – 358.

［10］ Billoni O V, Urreta S E, Fabietti L M, et al. Dependence of the coercivity on the grain size in a FeNdB + α-Fe nanocrystalline composite with enhanced remanence[J]. Journal of Magnetism and Magnetic Materials, 1998, 187(3): 371 – 380.

［11］ Kelly P E, Grady K O, Mayo P I, et al. Switching mechanisms in cobalt-phosphorus thin films [J]. IEEE Transactions on Magnetics, 1989, 25(5): 3881 – 3883.

［12］ Bauer J, Seeger M, Zern A, et al. Nanocrystalline NdFeB permanent magnets with enhanced remanence[J]. Journal of Applied Physics, 1996, 80(3): 1667 – 1673.

［13］ Zhao G P, Zhao M G, Lim H S, et al. From nucleation to coercivity[J]. Applied Physics Letters, 2005, 87(16): 162513.

［14］ Zhao G P, Wang X L, Yang C, et al. Self-pinning: dominant coercivity mechanism in exchange-coupled permanent/composite magnets [J]. Journal of Applied Physics, 2007, 101(9): 09K102.

［15］ Zhao G P, Zhang H W, Feng Y P, et al. Nucleation or pinning: dominant coercivity mechanism in exchange-coupled permanent/composite magnets [J]. Computation Material Science, 2008, 44(1): 122 – 126.

［16］ 周寿增, 董清飞. 超强永磁体——稀土铁系永磁材料 [M]. 北京: 冶金工业出

版社，1999：477 – 481.

[17] Emura M, Gonza'lez J M, Missell F P. On the role of dipolar coupling in the magnetization reversal process in hard-soft nanocomposite magnets [J]. IEEE Transactions on Magnetics, 1997, 33：3892 – 3894.

[18] Zhang W Y, Stoica M, Chang H W, et al. The role of nonmagnetic phases in improving the magnetic properties of devitrified Pr_2Fe_{14} B-based nanocomposites [J]. Material Science and Engineering B, 2008, 149(1)：73 – 76.

[19] Kronmuller H, Fischer R, Seeger M, et al. Micromagnetism and microstructure of hard magnetic materials [J]. Journal of Physics D: Applied Physics, 1996, 29(9)：2274 – 2283.

[20] Herzer G. The random anisotropy model—a critical review and update [J]. NATO Science Series, Series II: Mathematics, Physics and Chemistry, 2005, 184：15 – 34.

[21] 张宏伟, 荣传兵, 张绍英, 等. 高性能纳米复合永磁材料的模拟计算研究 [J]. 物理学报, 2004, 12：4347 – 4352.

[22] Kramer M J, Lewis L H, Tang Y, et al. Microstructural refinement in melt-spun $Nd_2Fe_{14}B$ [J]. Scripta Materialia, 2002, 47(8)：557 – 562.

[23] Liu Z W. The sub-ambient, ambient and elevated temperature magnetic properties of nanophase (Nd, Pr)-Fe-B based alloys [D]. Sheffield, UK: University of Sheffield, 2004.

[24] Vincent J H, Davies H A, Herbertson J G. Continuous Casting of Small Cross Sections [M]. The Metallurgical Society of AIME, 1980：103 – 116.

[25] Yan A R, Zhang W Y, Zhang H W, et al. Melt-spun magnetically anisotropic $SmCo_5$, ribbons with high permanent performance [J]. Journal of Magnetism and Magnetic Materials, 2000, 210(1 – 3)：10 – 14.

[26] Liu Z W, Liu Y, Deheri P K, et al. Improving permanent magnetic properties of rapidly solidified nanophase RE-TM-B alloys by compositional modification [J]. Journal of Magnetism and Magnetic Materials, 2009, 321：2290 – 2295.

[27] Liu Z W, Davies H A. Elevated temperature study of nanocrystalline (Nd/Pr)-Fe-B alloys with Co and Dy additions [J]. Journal of Magnetism and Magnetic Materials, 2005, 290 – 291：1230 – 1233.

[28] Tang W, Wu Y Q, Oster N T, et al. Improved energy product in grained aligned and sintered $MRE_2Fe_{14}B$ (MRE = Y + Dy + Nd) magnets [J]. Journal of Applied Physics, 2010, 107：09A728.

[29] Liu Z W, Qian D Y, Zeng D C. Reducing Dy content by Y substitution in nanocomposite NdFeB alloys with enhanced magnetic properties and thermal stability [J]. IEEE Transactions on Magnetics, 2012, 48(11)：2797 – 2799.

[30] Liu Z W, Davies H A. Influence of Co substitution for Fe on the magnetic properties of

nanocrystalline (Nd/Pr) -Fe-B alloys [J] . Journal of Physics D： Applied Physics, 2006, 39： 2647 – 2653.

[31] Liu Z W, Qian D Y, Zhao L Z, et al. Enhancing the coercivity, thermal stability and exchange coupling of nanocomposite (Nd, Dy, Y) -Fe-B alloys with reduced Dy content by Zr addition [J] . Journal of Alloys and Compounds, 2014, 606： 44 – 49.

[32] Chin T S, Huang S H, Yau J M, et al. Magnetic hardening of Cr-/W-added NdDyFeCoB sintered magnets [J] . IEEE Transactions on Magnetics, 1993, 29 (6)： 2785 – 2787.

[33] Li W, Li X, Li L, et al. Enhancement of the maximum energy product of alpha-Fe/ $Nd_2Fe_{14}B$ nanocomposite magnets by interfacial modification [J] . Journal of Applied Physics, 2006, 99 (12)： 126103.

[34] Ohkubo T, Miyoshi T, Hirosawa S, et al. Effects of C and Ti additions on the microstructures of $Nd_9Fe_{77}B_{14}$ nanocomposite magnets [J] . Materials Science & Engineering A, 2007, 449 (13)： 435 – 439.

[35] Liu Z W, Davies H A. The practical limits for enhancing magnetic property combinations for bulk nanocrystalline NdFeB alloys through Pr, Co and Dy substitutions [J] . Journal of Magnetism and Magnetic Materials, 2007, 313 (2)： 337 – 341.

[36] Davies H A, Manaf A, Zhang P Z. Nanocrystallinity and magnetic property enhancement in melt-spun iron-rare earth-base hard magnetic alloys [J] . Journal of Materials Engineering and Performance, 1993, 2 (4)： 579 – 587.

[37] 王盘鑫. 粉末冶金学 [M] . 北京： 冶金工业出版社, 1997.

[38] Lai B, Li Y, Wang H J, et al. Quasi-periodic layer structure of die-upset NdFeB magnets [J] . Journal of Rare Earths, 2013, 31 (7)： 679.

[39] Suresh K, Ohkubo T, Takahashi Y K, et al. Consolidation of hydrogenation-disproportionation-desorption-recombination processed Nd-Fe-B magnets by spark plasma sintering [J] . Journal of Magnetism and Magnetic Materials, 2009, 321 (22)： 3681 – 3686.

[40] Mo W, Zhang L, Shan A, et al. Microstructure and magnetic properties of NdFeB magnet prepared by spark plasma sintering [J] . Intermetallics, 2007, 15 (11)： 1483 – 1488.

[41] Yue M, Zhang J, Xiao Y, et al. A new kind of NdFeB magnet prepared by spark plasma sintering [J] . Rare Metal Materials & Engineering, 2003, 32 (10)： 844 – 847.

[42] Yue M, Cao A L, et al. Spark plasma sintering Nd-Fe-B permanent magnets with good all-around property [J] . Journal of Iron and Steel Research, 2006, 13 (3)： 312 – 315.

[43] 王公平, 岳明, 张久兴, 等. 放电等离子体烧结 NdFeB 永磁材料力学性能的研究 [J] . 粉末冶金技术, 2006 (4)： 259 – 262.

[44] 黄有林. 各向同性与各向异性纳米晶 Nd-Fe-B 磁体的制备、组织和性能特征

　　　　［D］. 华南理工大学，2012.

［45］ Liu Z W, Huang H Y, Gao X X , et al. Microstructure and property evolution of isotropic and anisotropic NdFeB magnets fabricated from nanocrystalline ribbons by spark plasma sintering and hot deformation［J］. Journal of Physics D：Applied Physics，2010，44：025003.

［46］ Song X Y, Liu X M, Zhang J X, et al. Neck formation and self-adjusting mechanism of neck growth of conducting powders in spark plasma sintering［J］. Journal of the American Ceramic Society，2006，89（2）：494 – 500.

［47］ Huang Y L, Liu Z W, Zhong X C, et al. NdFeB-based magnets prepared from nanocrystalline powders with various compositions and particle sizes by spark plasma sintering［J］. Powder Metallurgy，2012，55（2）：124 – 129.

［48］ Niu P L, Yue M, Li Y L, et al. Bulk anisotropy Nd-Fe-B/alpha-Fe nanocomposite permanent magnets prepared by sonochemistry and spark plasma sintering［J］. Physica Status Solidi A：Applications and Materials Science，2007，204（12）：4009 – 4012.

［49］ 邓向星. 高速压制和热变形制备纳米晶钕铁硼永磁［D］. 华南理工大学，2015.

［50］ Deng X X, Liu Z W, Yu H Y, et al. Isotropic and anisotropic nanocrystalline NdFeB bulk magnets prepared by binder-free high-velocity compaction technique［J］. Journal of Magnetism and Magnetic Materials，2015，390：26 – 30.

［51］ Deng X X, Zhao L Z, Yu H Y, et al. Preparation of isotropic and anisotropic nanocrystalline NdFeB magnets by high-velocity compaction and hot deformation［J］. IEEE Transactions on Magnetics，2015，51（11）：2104804.

［52］ Brown D N, Chen Z M, Guschl P C, et al. Developments in melt spun powders for permanent magnets ［J］. Journal of Iron & Steel Research International，2006，13（8）：192 – 198.

［53］ 周寿增，董清飞. 铸造 – 热压 PrFeB 系永磁合金的热变形与磁性能 ［J］. 金属学报，1994，20（8）：366 – 372.

［54］ Lin L. Texture Formation in Hot Deformed Rapidly-Quenched NdFeB Permanent Magnets ［M］. Pennsylvania：University of Pennsylvania，1992.

［55］ Kwon H W, Hadjipanayis G C. Coercivity study of hybrid magnet consisting of R-lean and R-rich phases［J］. IEEE Transactions on Magnetics，2005，41（10）：3856 – 3858.

［56］ Mishra R K, Chu T Y, Rabenberg L K. The development of the microstructure of die-upset Nd-Fe-B magnets ［J］. Journal of Magnetism and Magnetic Materials，1990，84（1 – 2）：88 – 94.

［57］ Liu W Q, Cui Z Z, Yi X F, et al. Structure and magnetic properties of magnetically isotropic and anisotropic Nd-Fe-B permanent magnets prepared by spark plasma sintering technology ［J］. Journal of Applied Physics，2010，107（9）：09A719.

［58］ Liu Z W, Huang Y L, Huang H Y, et al. Isotropic and anisotropic nanocrystalline

NdFeB-based magnets prepared by spark plasma sintering and hot deformation[J]. Key Engineering Materials, 2012, 510 – 511: 307 – 314.

[59] Lee D, Hilton J S, Liu S, et al. Hot-pressed and hot-deformed nanocomposite (Nd, Pr, Dy)$_2$Fe$_{14}$B/alpha-Fe-based magnets[J]. IEEE Transactions on Magnetics, 2003, 39: 2947 – 2949.

[60] Li L, Gramham C D. The origin of crystallographic texture produced during hot deformation in rapidly-quenched NdFeB permanent-magnets [J]. IEEE Transactions on Magnetics, 1992, 28(5): 2130 – 2132.

[61] Mishra R K, Lee R W. Microstructure, domain walls, and magnetization reversal in hot-pressed Nd-Fe-B magnets [J]. Applied Physics Letters, 1986, 48(11): 733 – 735.

[62] Pinkerton F E, Van Wingerden D J. Magnetization process in rapidly solidified neodymium-iron-boron permanent magnet materials [J]. Journal of Applied Physics, 1986, 60(10): 3685 – 3690.

[63] Gaunt P. Ferromagnetic domain wall pinning by a random array of inhomogeneities [J]. Philosophical Magazine Part B, 1983, 48(3): 261 – 276.

[64] Pinkerton F E, Fuerst C D. Coercivity of die upset Nd-Fe-B magnets: A strong pinning model [J]. Journal of Magnetism and Magnetic Materials, 1990, 89(1): 139 – 142.

[65] 黄华勇. 基于快淬纳米晶 REFeB 粉末的稀土永磁性能及致密化工艺研究[D]. 华南理工大学, 2011.

[66] 吉田裕, 木南俊, 吉川紀, 等. 熱間加工 Nd-Fe-B 磁石の塑性歪と磁気特性（電磁材料）[J]. 電気製鋼, 1990, 61: 193 – 200.

[67] Kim A S, Chandhok V K, Dulis E J. Hot extrusion process for Nd-Fe-B magnets[J]. Journal of Materials Engineering, 1990, 12(2): 93 – 100.

[68] Yang C J, Ray R. Fe-Nd-B magnets via the hot extrusion of amorphous powders[J]. Journal of Metals, 1989, 41(9): 42 – 45.

[69] Li A H, Li W, Lai B, et al. Investigation on microstructure, texture, and magnetic properties of hot deformed Nd-Fe-B ring magnets [J]. Journal of Applied Physics, 2010, 107(9): 09A725.

[70] Hinz D, Kirchner A, Brown D N, et al. Near net shape production of radially oriented NdFeB ring magnets by backward extrusion [J]. Journal of Materials Processing Technology, 2003, 135(2): 358 – 365.

[71] Lin J H, Liu S F, Cheng Q M, et al. Preparation of Nd-Fe-B based magnetic materials by soft chemistry and reduction-diffusion process [J]. Journal of Alloys and Compound, 1997, 249: 237 – 241.

[72] Kim C W, Kim Y H, Cha H G, et al. Study on synthesis and magnetic properties of Nd-Fe-B alloy via reduction-diffusion process[J]. Physica Scripta, 2007, T129: 321 – 325.

［73］ Cha H G, Kim Y H, Chang W K, et al. Synthesis and characteristics of NdFeB magnetic nanoparticle［C］. Nanotechnology Materials and Devices Conference, New York: IEEE, 2006: 656 – 657.

［74］ Murray C B, Sun S, Gaschler W, et al. Colloidal synthesis of nanocrystals and nanocrystal superlattices［J］. IBM Journal of Research & Development, 2001, 45 (1): 47 – 56.

［75］ Deheri P K, Swaminathan V, Bhame S D, et al. Sol-Gel based chemical synthesis of $Nd_2Fe_{14}B$ hard magnetic nanoparticles［J］. Chemistry of Materials, 2010, 22(24): 6509 – 6517.

［76］ Ram S, Claude E, Joubert J C, et al. Synthesis, stability against air and moisture corrosion, and magnetic properties of finely divided loose $Nd_2Fe_{14}B_x$, $x \leqslant 5$, hydride powders［J］. IEEE Transactions on Magnetics, 1995, 31(3): 2200 – 2208.

［77］ Swaminathan V, Deheri P K, Bhame S D, et al. Novel microwave assisted chemical synthesis of $Nd_2Fe_{14}B$ hard magnetic nanoparticles［J］. Nanoscale, 2011, 5: 2718 – 2725.

［78］ Cha H G, Kim Y H, Kim C W, et al. Preparation for exchange-coupled permanent magnetic composite between α-Fe (soft) and $Nd_2Fe_{14}B$ (hard)［J］. Current Applied Physics, 2007, 7(4): 400 – 403.

［79］ Kang Y S, Lee D K. Fabrication of exchange coupled hard/soft nanocomposite magnet and their characterization［J］. International Journal of Nanoscience, 2006, 5: 315 – 321.

［80］ Yu L Q, Yang C, Hou Y L. Controllable $Nd_2Fe_{14}B/\alpha$-Fe nanocomposites: chemical synthesis and magnetic properties［J］. Nanoscale, 2014, 6: 10638 – 10642.

［81］ Su K P, Liu Z W, Yu H Y, et al. A feasible approach for preparing remanence enhanced NdFeB based permanent magnetic composites［J］. Journal of Applied Physics, 2011, 109(7): 07A710.

［82］ Chakka V M, Altuncevahir B, Jin Z Q, et al. Magnetic nanoparticles produced by surfactant-assisted ball milling［J］. Journal of Applied Physics, 2006, 99 (8): 08E912.

［83］ 苏昆朋. 软磁和硬磁纳米粉末及纳米复合 NdFeB 永磁材料的制备和性能研究［D］. 广州: 华南理工大学, 2011.

［84］ Yue M, Wang Y P, Poudyal N, et al. Preparation of Nd-Fe-B nanoparticles by surfactant-assisted ball milling［J］. Journal of Applied Physics, 2009, 105: 07A708.

［85］ Akdogan N G, Hadjipanayis G C, Sellmyer D J. Novel $Nd_2Fe_{14}B$ nanoflakes and nanoparticles for the development of high energy nanocomposite magnets［J］. Nanotechnology, 2010, 21: 295705.

［86］ Cha H G, Kim Y H, Kim C W, et al. Characterization and magnetic behavior of Fe and Nd-Fe-B nanoparticles by surfactant-capped high-energy ball mill［J］. Journal of Physical Chemistry: C, 2006, 111: 1219 – 1222.

[87] Wang Y P, Li Y, Rong C B, et al. Sm-Co hard magnetic nanoparticles prepared by surfactant-assisted ball milling[J]. Nanotechnology, 2007, 18: 465701.

[88] Poudyal N, Rong C B, Liu J P. Effects of particle size and composition on coercivity of Sm-Co nanoparticles prepared by surfactant-assisted ball milling [J]. Journal of Applied Physics, 2010, 107: 09A703.

[89] Cui B Z, Gabay A M, Li W F, et al. Anisotropic $SmCo_5$ nanoflakes by surfactant-assisted high energy ball milling [J]. Journal of Applied Physics, 2010, 107: 09A721.

[90] Akdogan N G, Hadjipanayis G C, Sellmyer D J. Anisotropic Sm-(Co, Fe) nano-particles by surfactant-assisted ball milling[J]. Journal of Applied Physics, 2009, 105: 07A710.

[91] Cui B Z, Zheng L Y, Li W F, et al. Single-crystal and textured polycrystalline $Nd_2Fe_{14}B$ flakes with a submicron or nanosize thickness[J]. Acta Materialia, 2012, 60 : 1721 – 1730.

[92] Su K P, Liu Z W, Zeng D C, et al. Structure and size-dependent properties of NdFeB nanoparticles and textured nano-flakes prepared from nanocrystalline ribbons [J]. Journal of Physics D: Applied Physics, 2013, 46 : 377 – 384.

[93] Cui B Z, Zheng L Y, Marinescu M, et al. Textured $Nd_2Fe_{14}B$ flakes with enhanced coercivity[J]. Journal of Applied Physics, 2012, 111 : 07A735.

第5章 钐钴永磁及其制备技术

在钕铁硼化合物出现以前，钐钴合金是主要的稀土永磁材料。与钕铁硼相比，钐钴磁体价格相对较高，但是其高温（200℃以上）性能是钕铁硼永磁无法比拟的。目前，钐钴合金主要用于高温高稳定性永磁体，而钕铁硼永磁广泛应用于室温和200℃以下的较低温度。两者分享不同的应用领域。

5.1 钐钴永磁材料概述

5.1.1 Sm-Co 化合物

早期的热力学研究表明，Sm-Co 二元系化合物共有 8 个不同的物相：Sm_3Co、Sm_9Co_4、$SmCo_2$、$SmCo_3$、Sm_2Co_7、Sm_5Co_{19}、$SmCo_5$ 和 Sm_2Co_{17}，存在 6 个包晶转变，其相图见图 5 – 1[1]。

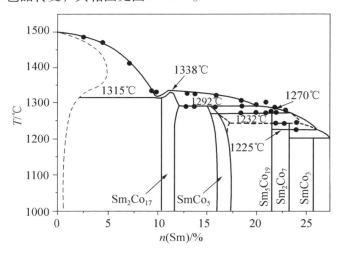

图 5 – 1　Sm-Co 合金相图[1]

早在 1969 年，Johnson 等[2]就指出 RET_5（RE 为稀土，T 为 Co 或 Fe）衍生物与 RET_5 之间存在一普遍关系：$RE_{1-\delta}(2T)_\delta T_5 \rightarrow RET_Z$，其中 $\delta = (Z-5)/(Z+2)$。T 对 RE 进行不同值的替换可得到不同 δ 的 RET_Z 化合物。如 $\delta = 0$ 为 $CaCu_5$ 结构；$\delta = 2/9$ 为 $TbCu_7$ 结构；$\delta = 1/3$ 为 Th_2Ni_{17} 和 Th_2Zn_{17} 结构；$\delta = 1/2$ 为 $ThMn_{12}$ 结构等。由于 T 原子之间距离不能过小，δ 不能大于 1/2。

$SmCo_5$ 和 Sm_2Co_{17} 是 Sm-Co 二元合金中最主要的两种化合物，其晶体结构见图 5-2，晶格常数见表 5-1。$CaCu_5$ 型（1∶5 型）$SmCo_5$ 合金的晶体结构属于六方晶系，空间群为 P6/mmm。其结构是由两种不同的原子层组成：一层是呈六方形排列的 Co 原子，占据 $3g$ 晶位；另一层由 Sm 和 Co 原子以 1∶2 的比例排列而成。其中，Sm 原子占据 $1a$ 晶位，Co 原子占据 $2c$ 晶位。对 $RECo_5$ 合金的大量研究表明，合金的磁晶各向异性同时来源于 Co 次晶格和稀土元素 RE。不同的 RE 对合金 $RECo_5$ 的单轴磁晶各向异性贡献不同，Sm^{3+} 贡献最大。

Sm_2Co_{17} 晶体结构可从 $SmCo_5$ 晶体结构中派生出来，当 $SmCo_5$ 中 1/3 的 Sm 晶位被 Co—Co"哑铃对"取代，就会形成 Sm_2Co_{17}。Sm_2Co_{17} 合金有两种结构：室温状态为菱方晶系的 Th_2Zn_{17} 型结构，空间群为 $R\overline{3}m$，用 2∶17-R 或 R-Sm_2Co_{17} 表示，其单胞可由三个 1∶5 型单胞沿 c 轴重叠得到；高温状态下为 Th_2Ni_{17} 型结构，用 2∶17-H 或 H-Sm_2Co_{17} 表示，Th_2Ni_{17} 为六方晶系，空间群为 $P6_3/mmc$，其单胞由两个 1∶5 型单胞沿 c 轴重叠得到。

除 $SmCo_5$ 和 Sm_2Co_{17} 外，还有一种重要亚稳相化合物 $SmCo_7$。作为亚稳相，没有出现在相图之中。$SmCo_7$ 为 $TbCu_7$ 型晶体结构，空间群也是 P6/mmm。$TbCu_7$ 型晶体结构也可以看成是 $CaCu_5$ 型晶体结构的派生，见图 5-2。当 $SmCo_5$ 相中 2/9 的 Sm 晶位被 Co—Co"哑铃对"无序取代时，就会形成 $SmCo_7$ 相。

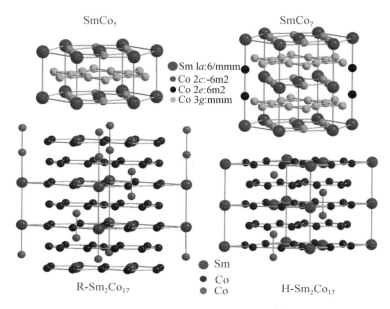

图 5 - 2　Sm-Co 合金晶体结构图[3]

（SmCo$_5$ 及 SmCo$_7$ 晶体结构以沃尔夫晶位方式展现；R-Sm$_2$Co$_{17}$ 及 H-Sm$_2$Co$_{17}$ 晶体结构以标准形式展现，浅灰色 Co 原子为替代的 SmCo$_5$ 相中的 Sm 原子后形成的）

表 5 - 1　Sm-Co 合金晶体结构及晶格常数[4]

金属间化合物	空间群	结构类型	晶格常数
SmCo$_5$	P6/mmm	CaCu$_5$	$a = 0.4998$ nm；$c = 0.3976$ nm
SmCo$_7$	P6/mmm	TbCu$_7$	$a = 0.4856$ nm；$c = 0.4081$ nm
H-Sm$_2$Co$_{17}$	P6$_3$/mmc	Th$_2$Ni$_{17}$	$a = 0.836$ nm；$c = 0.852$ nm
R-Sm$_2$Co$_{17}$	R$\bar{3}$m	Th$_2$Zn$_{17}$	$a = 0.838$ nm；$c = 1.223$ nm

5.1.2　SmCo$_5$ 和 Sm$_2$Co$_{17}$ 永磁及其传统制备工艺

5.1.2.1　SmCo$_5$ 永磁

1966 年 Hoffer 等[5]发现 YCo$_5$ 具有较高的各向异性及饱和磁化强度。1967 年 Strnat 等[6]用 Sm 代替 Y 制备了粉末冶金 SmCo$_5$ 永磁合金，其磁性能为：$B_r = 0.51$ T，$_bH_c = 254.7$ kA/m、$(BH)_{max} = 40.6$ kJ/m^3。1968 年，

Buschow 等[4]用粉末冶金工艺制造出相对密度达到 95% 的 $SmCo_5$ 永磁体，其 $_jH_c = 1257\ kA/m$、$(BH)_{max} = 144.7\ kJ/m^3$，创造了当时永磁材料磁性能的纪录，被称为第一代稀土永磁材料。

$SmCo_5$ 永磁合金的特点是：磁晶各向异性常数大（$K_1 = (15\sim19)\times 10^3 kJ/m^3$）、各向异性场高（$H_a = 31840\ kA/m$）、温度系数较低（与 RE-Fe 基永磁合金比）、居里温度高（$T_C = 747℃$）。其理论 $(BH)_{max} = 244.9\ kJ/m^3$。其不足之处是饱和磁极化强度较低（$J_s = 1.14\ T$）。

$SmCo_5$ 基永磁合金的主要制备方法有两种：

（1）粉末冶金法。主要包括如下四个过程。①真空熔炼：一般加热到 $1300\sim1400℃$ 保温 $1\sim2\ h$，降温时在 $900℃$ 保温 1h 使熔炼的合金均匀化，提高合金矫顽力。需要注意的是 $SmCo_5$ 相是液态合金和熔点较高的 Sm_2Co_{17} 相经过包晶反应形成的，而 $SmCo_5$ 相的液态线和固态线间隔非常窄。若在熔炼时合金的凝固速度很快或熔炼量较大则会出现成分偏析。而通过在包晶反应温度以上 $100℃$ 进行真空退火，可以达到产品的均匀化。②制粉：将熔炼后的合金经过粗破碎后细磨至 $3\sim5\ \mu m$。可采用颚式破碎机和球磨机完成，也可采用气流磨破碎。③磁场取向：取向磁场强度 $\geqslant 12\ 000\ Gs$，磁力线方向和加压方向垂直可以提高磁性能。④烧结：$SmCo_5$ 采用液相烧结，一般在氩气气氛中以 $1120\sim1140℃$ 烧结 $1\sim 1.5\ h$，再缓冷到 $1095\sim1110℃$ 保温 $15\sim40\ min$，在缓冷至 $840\sim920℃$ 保温 $0.5\sim1\ h$ 后急冷至室温。烧结过程加入吸气剂，可以降低合金中的氧含量，显著提高合金的矫顽力，提高合金稳定性。

（2）还原扩散法。主要过程包括：配料、混料、还原扩散、除去还原剂、磨粉、磁场取向成形、高温烧结、热处理和磨加工等流程。主要原理使用金属钙还原稀土氧化物，得到稀土金属，再通过稀土金属和 Co 或 Fe 元素的相互扩散，直接得到 $SmCo_5$ 永磁粉末。

$SmCo_5$ 合金中，常掺入原子分数为 20% 的稀土 Pr，以降低成本，提高 M_s，但往往会牺牲掉部分矫顽力。也可以掺入部分重稀土（HRE），制备成（Sm, HRE）Co_5，以调整温度系数。

5.1.2.2　Sm_2Co_{17} 永磁

Sm_2Co_{17} 的 M_s 比 $SmCo_5$ 高，其 T_C 达 922 ℃，高于 $SmCo_5$ 和 Nd-Fe-B 系合金。其理论 $(BH)_{max} = 525.4\ kJ/m^3$，比 $SmCo_5$ 高，且耐腐蚀性强，抗氧化性好，是较理想的稀土永磁材料。但纯的 Sm_2Co_{17} 合金由于各向异性为易磁化面而非易磁化轴，所以矫顽力不是很高。实用的 Sm_2Co_{17} 高温永

磁是在 Sm_2Co_{17} 合金的基础上添加过渡族元素 Fe、Cu 和 Zr 等取代部分 Co，得到单轴各向异性结构，形成 $Sm(Co_{bal}Fe_xCu_yZr_w)_z$ 合金。其中 z 代表 Sm 原子与 $(Co + Cu + Fe + Zr)$ 原子数之比，介于 $6.5 \sim 8.5$ 之间，一般 $x = 0.07 \sim 0.30$，$y = 0.05 \sim 0.20$，$w = 0.01 \sim 0.04$。1977 年，Ojima 等[7]用粉末冶金法研制出 $(BH)_{max}$ 为 238.8 kJ/m^3 的 $Sm(Co,Cu,Fe,Zr)_{7.2}$ 永磁体，刷新了当时的磁能积的最高纪录，使之成为第二代稀土永磁材料。

　　Sm_2Co_{17} 永磁体属于沉淀硬化型合金，可在 $500℃$ 高温环境下应用。目前生产 $2:17$ 型 SmCo 永磁体的工艺基本上可以划分为制备磁粉和成形两个阶段。前者包括粉末冶金法、还原扩散法、熔体快淬法、氢脆法等；后者包括磁粉成形烧结法、磁粉黏结法、磁粉热压热轧法、直接铸造法等。在实验室范围内还发展了活性烧结法、固相反应法、溅射沉积法和机械合金化等方法。

　　目前工业生产仍普遍采用粉末冶金 + 液相烧结工艺。基本流程为配料、熔炼、粗破碎、中破碎、细粉碎、磁场中成形、高温烧结、一级时效处理、二级时效处理、三级时效处理、机加工、磁测量和产品包装。其中液相烧结是为了获得高致密度的磁体，固溶处理的目的是要得到组织均匀一致的单相固溶体。固溶处理后需要急冷，一般采用油冷、淬火或气冷。但是要获得具有完美胞状结构的高矫顽力 $2:17$ 型 Sm-Co 合金，要经过复杂的时效处理，等温时效一般采用 $700 \sim 900℃/1 \sim 1.5h$。但含 Zr 的 $2:17$ 型磁体一般采用分级时效处理，分级时效处理的温度和时间一般采用：一级 $700 \sim 750℃/1 \sim 1.5$ h；二级 $550 \sim 650℃/1.5 \sim 2$ h；三级 $450 \sim 550℃/3.5 \sim 4.5$ h。

5.1.3　$SmCo_5$ 和 Sm_2Co_{17} 永磁的矫顽力机制

　　$SmCo_5$ 永磁材料的矫顽力理论值达到 31.84×10^3 kA/m，但实际获得的矫顽力仅是理论值的 $1/10$ 左右。此外，按单畴矫顽力理论，$SmCo_5$ 合金的矫顽力应该与各向异性常数 K_1 成正比，但实验发现 K_1 值随温度的降低而降低，而矫顽力却随着温度的升高而升高，所以 $SmCo_5$ 合金的矫顽力机制用传统的单畴理论也无法解释。

　　目前关于烧结 $SmCo_5$ 永磁的矫顽力起源有几种不同的看法：

　　(1)位错与畴壁的钉扎。$SmCo_5$ 中的菱柱位错对畴壁有很大的钉扎作用，晶界处的薄膜层 Sm_2Co_7 相对畴壁也有钉扎效应。但从理论的角度来讲，$SmCo_5$ 的畴壁厚度约为 2.6 nm，如此小的畴壁厚度，对合金矫顽力的影响不会很大。

（2）沉淀相的形核作用。$SmCo_5$ 合金中的沉淀相可能对畴壁起钉扎作用，也可能作为反磁化畴的形核中心。前者导致矫顽力的提高，后者导致矫顽力的降低（如果形核场小于钉扎场的话）。根据磁化曲线的特征，研究者普遍认为 $SmCo_5$ 合金中沉淀相 Sm_2Co_7 或 Sm_2Co_{17}（具有低各向异性场）作为反磁化形核的中心，使合金在较小的反磁化场下实现了反磁化，从而导致合金的矫顽力比理论值低很多。

（3）晶界、晶体缺陷对畴壁的钉扎。

（4）反磁化畴扩张的临界场。有计算表明，此临界场远小于其形核场。

实际上，矫顽力机制与制备工艺和组织结构关系密切，具体情况还需具体分析。比如，纳米晶 $SmCo_5$ 烧结磁体的矫顽力是由晶界处的畴壁转动所决定的。此外，$SmCo_5$ 合金存在 750 ℃ 回火效应，即在此温度回火合金矫顽力会迅速下降。此问题的机理至今还不是很清楚，可能与 $SmCo_5$ 相分解成 Sm_2Co_7 和 Sm_2Co_{17} 相有关。

潘树明等[8]通过超高压显微镜对 $SmCo_5$ 样品升温进行高温相变的原位动态观察发现，最初从母相 $SmCo_5$ 析出的 Sm_2Co_{17} 相本身不是反磁化形核中心，而加热到 620 ~ 750 ℃，析出的 Sm_2Co_{17} 相中出现的多缺陷区域具有很低的磁各向异性，在反向磁场的作用下成为反磁化形核中心，导致矫顽力下降。但升温到 950 ℃ 时，这些原子富集的不均匀区域减小，因而矫顽力又发生了回复。

对于烧结 Sm_2Co_{17} 合金，人们普遍认为，作为沉淀硬化型合金，其矫顽力由沉淀相对畴壁的钉扎作用决定，Sm_2Co_{17} 合金在烧结及时效处理状态下显微组织呈胞状结构，合金的矫顽力来自胞状组织对畴壁的钉扎，即 $CaCu_5$ 型富 Cu 的 $Sm(Co,Cu)_5$ 胞壁相通过钉扎畴壁而形成高的内禀矫顽力。但对钉扎中心有不同的认识。Livingston 等[9]和 Nagel[10]都认为 1∶5 相是畴壁的钉扎中心，但前者认为 1∶5 相对畴壁是排斥的，后者则认为 1∶5 相对畴壁是吸引的。矫顽力与以下因素直接相关：一是胞状组织中 $SmCo_5$ 与 Sm_2Co_{17} 两相的物理参量，即两相的磁晶各向异性常数 K_1 与交换积分常数 A 的差，或畴壁能密度的差；二是胞的形状、尺寸和完整程度，也即组织形态。

Rong 等[11]结合前人的研究成果，根据自由能极小原理，采用三维微磁学有限元模型深入讨论了烧结 $Sm(Co,Fe,Cu,Zr)_z$ 磁体的矫顽力机制，重点讨论了晶胞尺寸 D 和胞壁相厚度 t 对交换作用范围体积分数 V_{ex} 的影响，认为矫顽力随晶胞尺寸 D 的增加而增加，随胞壁相厚度 t 的增加而下降。还根据矫顽力正比于 1：5 相与 2：17 相的畴壁能（$\gamma_{1:5}$、$\gamma_{2:17}$）差 $\Delta\gamma$ 的关系讨论了 2：17 相和 1：5 相的磁学参数对矫顽力的影响，认为矫顽力虽然随 $\Delta\gamma$ 的增加而增加，但不是线性关系。矫顽力除了与微观结构参数有关外，还主要取决于 $K_1^{1:5}/K_1^{2:17}$ 和 $A_{1:5}/A_{2:17}$（K_1 和 A 分别表示磁晶各向异性常数和交换常数）的竞争，提高 $K_1^{1:5}/K_1^{2:17}$ 和降低 $A_{1:5}/A_{2:17}$ 都有利于提高矫顽力。

常温矫顽力模型没有考虑温度对矫顽力机制的影响，无法解释在烧结磁体 $Sm(Co,Fe,Cu,Zr)_z$ 中可获得非单调矫顽力温度系数的现象。实际上，温度的变化会强烈影响烧结磁体的矫顽力机制。烧结 $Sm(Co,Fe,Cu,Zr)_z$ 磁体存在两种潜在的矫顽力机制，即畴壁钉扎机制和形核机制。Panagiotopoulos 等[12]认为这两种机制在一定温度范围内是共存的。但温度对钉扎机制和形核机制的影响是截然相反的：随着温度的升高，钉扎机制逐渐降低，而形核机制则逐渐增加，说明钉扎机制在向形核机制过渡。当温度高于 200 ℃时，形核机制逐渐占据主导地位；当温度达到 500 ℃时，矫顽力几乎完全由形核机制控制。产生上述现象的原因主要是居里温度 $T_C^{1:5}$ 低于 $T_C^{2:17}$，随着温度的升高，$K_1^{1:5}$ 比 $K_1^{2:17}$ 下降得快，即畴壁能密度 $\gamma_{1:5}$ 比 $\gamma_{2:17}$（$\gamma=4\times(K_1\times A)^{0.5}$）下降得更多。当常温下的畴壁钉扎为排斥型时，温度小于 T_{cr}（T_{cr} 为排斥型钉扎开始转变为吸引型钉扎的温度），随着温度的升高，$\Delta\gamma(\gamma_{1:5}-\gamma_{2:17})$ 逐渐降低；当温度高于 T_{cr}，排斥型钉扎转变为吸引型钉扎后，$\Delta\gamma(\gamma_{2:17}-\gamma_{1:5})$ 随着温度的升高而逐渐增加，矫顽力先降低后增加。当常温下的畴壁钉扎为吸引型时，随着温度的升高 $\Delta\gamma(\gamma_{2:17}-\gamma_{1:5})$ 逐渐增加，矫顽力逐渐增加。当温度高于 $T_C^{1:5}$ 时，可以将 1：5 相看作非磁性相，晶胞看作单畴粒子，矫顽力将由形核机制决定，此时矫顽力正比于 $K_1^{2:17}$。由于 $K_1^{2:17}$ 随温度的升高而下降，矫顽力将随温度的升高而降低。可见，无论常温时的畴壁钉扎是排斥型还是吸引型，都可以获得非单调的矫顽力温度系数。

目前，温度对 2：17 相和 1：5 相的 J_s、K_1、A 的影响的相关研究较少，不能确定 J_s、K_1、A 随温度变化的规律，而这些磁学参数随温度的变化是影响高温矫顽力的关键因素。Kronmuller 等[13] 根据自由能极小原理，考虑了温度对 2 : 17 相和 1 : 5 相的磁学参数 J_s、K_1 和 A 的影响，得到高温矫顽力模型。研究发现，在温度低于 300℃ 时，理论值与实验结果较为一致；当温度高于 300℃ 后，理论值与实验结果存在较大差异。相关的研究有待进一步深入。

Sm(Co,Fe,Cu,Zr)$_z$ 永磁高温状态下的矫顽力机制比较复杂，传统矫顽力模型难以解释。为了更好地了解高温状态下的矫顽力机制，应该更加深入地研究温度对 2 : 17 相和1 : 5相磁学参数的影响，从而建立较好的数学模型。

5.2　传统钐钴永磁的成分和工艺优化

如前所述，目前工业生产的 SmCo 磁体的矫顽力与理论值相差甚远，需要不断地通过成分优化和工艺改进以提高其矫顽力。

5.2.1　SmCo$_5$ 永磁合金的成分优化

SmCo$_5$ 永磁材料在传统生产中主要采用粉末冶金法，在配方时一般富余少许稀土 Sm。烧结过程中 Sm 会吸收 O 元素并富集在晶界形成 Sm 的氧化物。研究表明，具有最好磁性的成分应是比计量成分过量 0.5%（质量分数）的 Sm 元素，过量的 Sm 相当于吸收了 0.08%（质量分数）的氧[14]。

Zhang 等[15] 研究了 Sm 含量对 10 m/s 快淬 Sm$_{1+\delta}$Co$_5$（$\delta \leqslant 0.12$）合金的相组成、各向异性和其他磁性能的影响。样品组成为六方 SmCo$_5$ 晶粒，c 轴沿带材长轴方向排列。研究表明，晶格常数 a 和晶胞体积（V）随 δ 的增大而增大，晶格常数 c 随 δ 的增大而减小。Sm 增加强化了晶粒择优取向，增加了晶粒平均尺寸。后者弱化了晶间交换耦合作用。在 $\delta = 0.06$ 的样品获得了高的剩磁比、大的矫顽力和好的磁滞回线方形度，剩磁为 0.91T，$(BH)_{max}$ 为 21.2 MGOe（图 5-3），这是当时报道的性能最高的快淬 Sm-Co 带材。高的性能和简单的工艺有助于促进各向异性 Sm$_{1+\delta}$Co$_5$ 合金的高温应用。

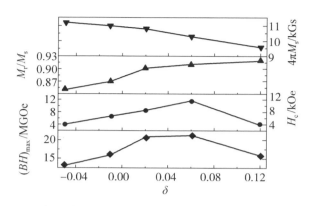

图 5 - 3　不同 Sm 含量(δ)磁体的饱和磁化强度 $4\pi M_s$、剩磁比 M_r/M_s、
矫顽力 H_c 和最大磁能积$(BH)_{max}$

　　许多研究者考虑改善 $SmCo_5$ 合金的性能更多的是通过添加第三种元素来强化三元 $Sm_{1-x}HRE_xCo_5$（HRE：重稀土）化合物的磁性各向异性，对饱和磁化强度考虑较少，但后者也是材料重要的性能评价指标。此外，针对 $Sm_{1-x}HRE_xCo_5$ 化合物，对 HRE = Dy，Tb，Zr，Gd，Ho，Hf 研究较多[16,17]。而对于同样的 $CaCu_5$ 型结构的 $PrCo_5$ 研究较少。$PrCo_5$ 拥有更高 M_s（M_{14T} = 118.42 mA · m²/g）、相对更低的各向异性场（H_a = 17.91 T）[18,19]。可以预期，适当成分的三元 $Sm_{1-x}Pr_xCo_5$ 化合物可以改善二元 $SmCo_5$ 化合物的 M_s，同时只略微降低各向异性场。Xu 等[20]研究了 Pr 含量对 Sm_{1-x}-Pr_xCo_5（$x = 0 \sim 0.6$）化合物结构和内禀磁性能的影响。微观组织分析表明 $Sm_{1-x}Pr_xCo_5$ 合金由（Sm，Pr）Co（1：5）相和富（Sm，Pr）晶界相组成。XRD 图谱表明所有合金含有 $CaCu_5$ 型（Sm，Pr）Co_5 主相和（Sm，Pr）$_2Co_7$ 第二相。晶格常数（a，c）和晶胞体积（V）随 Pr 含量增加而增大，如图 5 - 4 所示。当 $x > 0.4$，各向异性场（H_a）迅速下降（图 5 - 5a）。同时，14 T 下的磁化强度随 Pr 含量增加而增大（图 5 - 5b）。$Sm_{0.6}Pr_{0.4}Co_5$ 化合物具有稍微低一点的 H_a 和 T_c，但显著增加 M_{14T}，结果表明，添加 Pr 到 $SmCo_5$ 化合物可以优化内禀磁性能。在 $Sm_{0.6}Pr_{0.4}Co_5$ 化合物中获得了优化的磁性能：H_a = 29.11 T，T_c = 989 K，M_{14T} = 102.31 mA · m²/g。

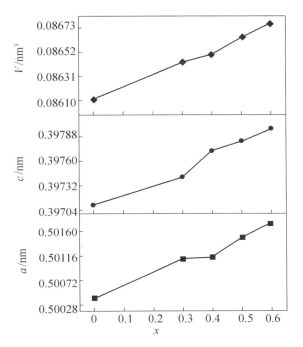

图 5-4 $Sm_{1-x}Pr_xCo_5$ 化合物的晶格常数 a、c 和晶胞体积 V[20]

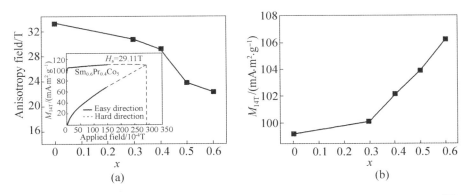

图 5-5 $Sm_{1-x}Pr_xCo_5$ 化合物 300 K 的各向异性场(H_a)(a)和饱和磁化强度($M_{14\,T}$)(b)[20]
(插图：$Sm_{0.6}Pr_{0.4}Co_5$ 沿易磁化轴和难磁化轴方向的磁化曲线)

在 $SmCo_5$ 磁体中用 Gd 等重稀土金属取代部分的 Sm，这种合金设计是为了提高合金的稳定性，调整合金 Sm-HRE 的比例，可以使剩磁的温度系数降到零或接近于零，可满足应用在仪表上特殊性能的需要，如小体积微波管、测量仪器、航天工程中自动导航定向陀螺仪的制作，磁体（Sm-HRE）Co_5 具有很好的温度适应性[8]。

由于目前探测到的稀土矿藏都是属于混合稀土，其中混合稀土中 Ce 含量偏高，采用混合稀土替代一定的 Sm 制备混合稀土 $MMCo_5$ 永磁可以降低永磁体的成本。其中目前制备的 $Sm_{0.5}MM_{0.5}Co_5$ 磁体的最大磁能积为 181.5kJ/m^3。

5.2.2 Sm_2Co_{17} 永磁合金的成分优化

第二代稀土永磁 2:17 型 SmCo 永磁体是在第一代稀土永磁 $SmCo_5$ 的基础上发展起来的。钴是昂贵而稀缺的战略金属元素，钐是稀有金属，因此针对 2:17 型 SmCo 永磁材料，对 Co 取代的研究一直没有停止。另一方面，Sm_2Co_{17} 永磁具有高 M_s（1.2 T）、高单轴磁晶各向异性（易磁化轴）和高的 T_c（926℃），但其矫顽力还是偏低，温度稳定性差。为改善其磁性能，特别是提高矫顽力，研究者首先从成分优化入手，开展了一系列的工作。

1968 年 Nesbitt 等[21]首先用 Cu 取代部分的 Co 元素，发现 Cu 元素的存在有利于在 2:17 型合金中形成一定量的 $SmCo_5$ 相，在 2:17 相周围形成胞状组织，通过胞状组织对磁畴壁的钉扎作用，增强合金的矫顽力，所制备磁体的矫顽力达到了 28.7 kOe。在 Sm（Co,Cu）系列的合金体系中，当 Cu 含量较低时，合金的矫顽力很低；当 Cu 含量较高时，虽然其矫顽力有很大的提高，但合金由于 Cu 元素的稀释作用，饱和磁化强度偏低，居里温度也大大降低。所以到目前为止，Sm（Co,Cu）系合金在工业生产中还较少应用。针对这一问题，在 Sm（Co,Cu）系合金的基础上，研究者采用 Fe 元素部分取代 Co 元素形成了 Sm（Co,Cu,Fe）系合金[22]，Fe 元素的取代不仅能降低贵金属 Co 元素的含量，从而降低磁体的成本；并且随着 Fe 含量的增加，合金的饱和磁化强度也不断增强，为合金获得较高的磁能积打下了基础。但是，随着 Fe 含量的升高，合金的矫顽力也持续下降，主要原因是过高的 Fe 含量会导致合金产生软磁 FeCo 相。于是又在 Sm（Co,Cu,Fe）合金的基础上通过添加 Zr、Ti、Nb、Ni 等元素研制出了 Sm（Co,Cu,Fe,M）系合金。1977 年，日本的 Ojima 等[23]研究了 Zr 元素的添加对 Sm（Co,Cu,FeM）合金的影响，并成功制备了 $(BH)_{max}$ 达到 30 MGOe 的磁体，创造了实用稀土永磁体磁能积的最高纪录，使之成为第二代稀土永磁材料。

目前研究的 2:17 型合金的成分主要为 $Sm(Co_{1-u-v-w}Cu_uFe_vM_w)_z$，其中 z 代表 Sm 元素与其他合金元素之比，介于 7.0 ～ 8.3 之间，$u = 0.05 \sim 0.08$，$v = 0.15 \sim 0.30$，$w = 0.01 \sim 0.03$。其中不同元素的含量对合金的组织和性能都有较大的影响。以下对各元素做一个详细的介绍。

1. Sm 含量的影响

Sm 是极活泼的稀土金属，易于氧化生成 Sm_2O_3 相，同时沸点低，在真空高温条件下易蒸发。因此，如何控制好合金中的 Sm 含量是制备 2:17 型 SmCo 永磁的技术关键。2:17 型 SmCo 永磁体是沉淀型硬化合金，胞壁 $Sm(Co,Cu)_5$ 相是其畴壁钉扎中心。首先，Sm 含量的多少直接影响到合金中各相的比率，1:5 相的含量随合金中 Sm 含量的减少而大大减少。这将导致较大的胞状组织或较薄的胞壁相，因而 Sm 含量的减少会引起矫顽力的降低，退磁曲线方形度恶化。当合金 Sm 质量分数小于 23.0% 时，矫顽力降低严重。实验结果表明，使磁体的有效 Sm 质量分数在24% ～ 24.5% 之间可望获得剩磁、矫顽力和磁能积都较高的磁体。此外，当磁体中 Sm 含量较高时，将形成较多的胞壁相，需要较多的 Cu 来使矫顽力达到最大值。最佳的 Sm 含量与 Cu 含量有关。其次，Sm 含量的多少还与胞状组织中胞体的尺寸有很大的关系。Liu 等[24] 研究了 Sm 的含量对 $Sm(Co,Cu,Fe,Zr)_z$ $(z = 6.7 \sim 9.1)$ 永磁体磁性能和微观结构的影响，结果发现 z 的变化对合金常温磁性能没有很大的影响，室温矫顽力都接近于 10 kOe；但 z 的变化对合金的高温性能影响很大，其中 z 含量越低，Sm 含量越高，磁体的矫顽力温度稳定系数就越低，合金高温稳定性越好。当 $z = 7.0$ 的时候，磁体的矫顽力温度稳定系数达到了 $-0.03\%/℃$，是 $z = 8.5$ 时的 1/8。$z = 7.0$ 磁体在温度为 773 K 的时候仍能保持 10 kOe 的矫顽力。组织分析发现，随着 Sm 含量的增大，胞状组织的尺寸逐渐减小，但其中片状的富 Zr 相的含量变化不大，较小的胞状结构对合金的高温磁性能是非常有利的。

因此，如何控制好合金中的 Sm 含量是制备高矫顽力、高性能永磁体的技术关键。

2. Fe 含量的影响

Fe 在 $Sm(CoFeCuZr)_z$ 永磁体中主要是进入胞状组织的 $Sm_2(Co,Fe)_{17}$ 主相，可以使 2:17 相更稳定，根据 Ray 等[25] 的研究，在 $Sm(Co_{0.87-x}-Fe_xCu_{0.13})_{7.8}$ 合金中，当 $x \leqslant 0.18$ 的时候，Fe 部分取代 Co 不仅能提高磁体

的饱和磁化强度和剩余磁化强度，而且在长时间的 800 ℃时效处理后，合金中相组成仍为主相 $Sm_2(CoFe)_{17}$ 和少量的 $SmCo_5$ 相；而不含 Fe 元素的 $Sm(CoCu)_z$ 合金在长时间 800 ℃时效处理后，已形成大量的 1∶5 相和 CoCu 固溶体。但是，如前所述，过量的 Fe 容易导致合金产生 FeCo 相，降低合金的矫顽力。

Fe 的加入对合金的高温性能也有很大的影响。Liu 等[26]研究发现 $Sm(Co,Cu,Fe,Zr)_z$ 磁体的不可逆损耗与 Fe 的含量有很大的关系，含 20% Fe 磁体的不可逆损耗远远小于含 25% Fe 磁体的不可逆损耗，这就说明随着 Fe 的增加，合金的温度稳定性逐渐降低。要制备能在高温下使用的永磁体，控制 Fe 含量非常重要。Liu 等[27]还研究了 $Sm(Co_{bal}Fe_xCu_{0.078}Zr_{0.033})_{8.3}$ （x = 0，0.10，0.17 和 0.244）合金的磁性能，如图 5 - 6 所示，合金的室温矫顽力随着 Fe 含量的增加先升高，在 x = 0.1 的时候达到了近 40 kOe，然后随着 Fe 含

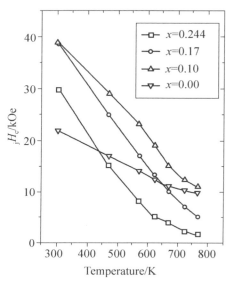

图 5 - 6　$Sm(Co_{bal}Fe_xCu_{0.078}Zr_{0.033})_{8.3}$
合金矫顽力随温度的变化[27]

量的增加而下降。而合金的矫顽力温度稳定性随着 Fe 含量的上升单调下降，由于 x = 0.1 合金具有较大的室温矫顽力，当温度达到 773 K 的时候合金仍能保持 1.03 T 的矫顽力。Fe 含量影响合金高温性能，主要还是因为 Fe 的加入降低了 2∶17 相的居里温度，从而导致了高温性能的下降。

3. Cu 含量的影响

合金的胞状组织的形成主要依赖于 Cu 的含量，Cu 富集在胞状组织的胞壁处形成 $CaCu_5$（1∶5）型六方富铜相，与 2∶17 相成共格的关系。均匀的胞状组织为合金的磁性能提供了保证。永磁体的磁化强度主要来源于 2∶17 相，同时在时效处理的过程中，Cu 通过片状相进入胞壁，形成了富 Cu 的胞壁相，对主相的畴壁起到强钉扎作用使磁体具有较大的室温矫顽力。研究表明，随着 Cu 取代 Co，$Sm(Co_{1-x}Cu_x)_5$ 相的 M_s、H_a 和

K_1 都随着 Cu 含量的升高而降低，当 x 处于 0.2 ～ 0.6 之间的时候，H_a 急剧下降；$x \geqslant 0.6$ 的时候，$Sm(Co_{1-x}Cu_x)_5$ 转变为非磁性相[28]。但有趣的是，在微量添加 Cu 的时候，随着 Cu 含量的升高，合金的矫顽力和温度稳定性都有所提高，这主要与合金的矫顽力机制有关。

4. Zr 含量的影响

Zr 在合金中属于微量添加元素，但它对合金的显微组织和磁性能的影响很大。在不含 Zr 元素的合金中不会形成片状 Th_2Ni_{17} 相，为了形成胞状组织需要加入大量的 Cu，尽管如此，矫顽力最高也只能达到 5.6 kOe；而且无 Zr 磁体的胞状组织对时效工艺过于敏感，随时效时间延长而变得不稳定。当加入一定量的 Zr 后，即使含量较低，合金也会形成胞状/片状的显微组织，且胞状组织稳定，并且矫顽力急剧增大。主要原因是加入 Zr 之后形成的片状组织为 Cu 的扩散提供了通道。Zr 在合金中最大的溶解度约为 3%，过量添加 Zr 会导致合金生成富 Zr 相。Tang 等[29]就 Zr 的含量对 $Sm(Co_{bal}Fe_{0.1}Cu_{0.088}Zr_x)_{8.5}$ 合金室温磁性能的影响进行了研究，

如图 5-7 所示，合金的 $_jH_c$，随着 x 从 0 增加到 0.02 而急剧上升，在 0.02 ～ 0.06 之间保持平稳，超过 0.06 之后又急剧下降；合金的 M_s 随着 Zr 含量的上升逐渐降低。综合考虑，合金中的 Zr 含量应该保持在 0.02 ～ 0.03 之间。磁性能的变化主要来

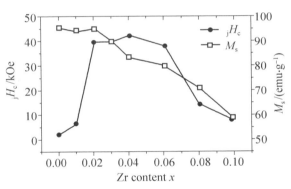

图 5-7　$Sm(Co_{bal}Fe_{0.1}Cu_{0.088}Zr_x)_{8.5}$ 合金室温磁性能随 Zr 含量的变化[29]

源于微观组织结构的变化，显微组织研究发现，添加过量 Zr 的合金中出现了大量的 $SmCo_3$ 型结构的 2:7 相，并且相结构随着 Zr 含量的变化不断变化，这也就是合金矫顽力和饱和磁化强度降低的原因。为了避免在含 Zr 的 2:17 型永磁体中出现 2:7 相损害合金的永磁性能，Mukai 等[30]提出了可以在合金中添加微量元素 B，当 B 为 80×10^{-6} 的时候，合金中的 2:7 相完全被抑制。

5.2.3　SmCo$_5$ 型永磁合金的回火效应

1:5 型 SmCo 永磁体的 750℃ 回火效应是一个众所周知的问题，早在 1970 年的时候就有人提出了这一问题。其中的主要现象为：在 25℃ 到 750℃ 温度区间内回火，磁体的矫顽力不断下降，在 750℃ 的时候降低到最低点。而在 750℃ 以上回火，矫顽力又得到了回升，这一现象引起学术界的广泛讨论。何永枢[31,32] 等采用正电子湮灭技术对 750℃ 回火磁体进行研究，发现在回火之后有大量新的空位型缺陷产生或弥散型相析出，缺陷的密度无明显的变化。电镜观察表明，在回火过程中，随着时间增加会伴随着 Sm$_2$Co$_{17}$ 相的析出，其中一部分区域属于 1:5 相到 2:17 相的多缺陷过渡结构，而且这些不完整的 2:17 相与 1:5 相没有明显的界面。可以设想，在 750℃ 回火过程中，随着 2:17 相的析出，点缺陷分布会发生变化，一部分缺陷集中到相变区域。这些缺陷区域，随回火时间的延长以及析出相的长大而扩大，从而导致矫顽力的下降。也有部分研究认为，内禀矫顽力的下降是由于 SmCo$_5$ 合金在 750℃ 的时候溶解了更多的氧。因为该合金在这一温度附近由于氧的富集形成了 Sm$_2$O$_3$ 相，不仅减弱了对畴壁的钉扎作用，而且促进了反磁化核的形成。潘树明[33] 的研究表明：温度变化产生 Sm、Co 的分凝，Sm、Co 又产生短程偏聚；由于这种分凝和偏聚造成 Sm$_2$Co$_{17}$ 相的缺陷，正是这种缺陷成为反磁化形核中心，使 SmCo$_5$ 的矫顽力下降。因此在 SmCo$_5$ 型磁体的烧结过程中，在液相烧结之后需要快冷至室温，以避免回火效应导致矫顽力的恶化。

5.2.4　2:17 型烧结磁体的工艺优化

烧结 2:17 型永磁体的生产流程如图 5-8 所示。熔炼过程是指将配好的稀土金属、钴、铁、铜和锆等置于中频感应炉中，真空熔炼，浇铸入冷凝模中进行快速冷却，得到合金铸锭。制粉过程含有粗破碎、中磨和细磨 3 种工艺，最终将合金铸锭破碎成规定粒度的粉体。磁场成形过程是将得到的粉末装入成形模具中，在强达 1.2 T 左右的定向电磁场下通过压机完成压制成形。然后将得到的坯体进一步进行等静压以提高坯体的密度及在一定程度上消除定向压制造成的密度不均匀。

生产流程中的高温烧结有两个重要的目的，第一是通过温度驱动力使得粉体的致密度大幅度提高，这样不仅能提高样品的抗氧化能力，也能增加单位体积的磁性能；第二就是固溶处理，形成能够沉淀硬化的

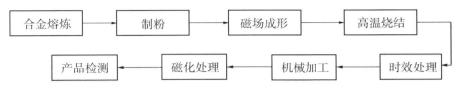

图 5 - 8   2：17 型永磁体的生产流程图

1：7 相，为后续的时效处理工艺奠定基础。时效处理过程就是将过饱和固溶体在 750 ~ 850℃ 的温度下保温 8 ~ 30 h，再控温冷却。该过程能让材料形成具有高矫顽力所必需的微观结构，因而对材料磁性能具有重要的影响。高性能的 Sm_2TM_{17} 型永磁材料的磁性能依赖特定的微观结构，微小的差异都可能带来磁性能的急速恶化，而生产工艺中的熔炼、烧结以及时效处理中都涉及大量复杂的相变过程。所以工艺的优化对 2：17 型 SmCo 合金的永磁性能的优化至关重要。

5.2.4.1 烧结工艺

对于 $Sm_2(Co,Cu,Fe,Zr)_{17}$ 合金的压坯，为了保证磁体不受污染，在成形时通常不加黏结剂。但是 $Sm_2(Co,Cu,Fe,Zr)_{17}$ 合金粉是硬脆性的，其机械强度非常低，粉末颗粒之间只是机械地堆积在一起，内部空隙多，相对密度仅为 60% ~ 70%。经过烧结后的合金，其相对密度可达到 94% ~ 98%。由于烧结时粉末颗粒发生黏结，并经长大、孔隙封闭及球化缩小等过程，原子充分扩散，不同的粉末颗粒彼此熔合在一起形成一个整体。烧结后的磁体不仅致密度增加，它的机械强度，磁性能如剩磁、矫顽力和磁能积等都大大提高。

烧结 2：17 型 SmCo 合金的致密度与合金的成分、烧结温度与时间、粉末颗粒尺寸和形状、液相的添加量和入炉方式有关。如果烧结条件控制得当，烧结体的密度和其他物理、机械性能可以接近或达到相同成分的致密材料。从工艺上看，烧结常被看作是一种热处理，即把粉末或粉末毛坯加热到低于其中基本成分熔点的温度下保温，然后以各种方式和速度冷却到室温。在这个过程中，发生一系列物理和化学的变化，粉末颗粒的聚集成为晶粒的聚结体，从而获得具有所需物理、机械性能的制品或材料。

为获得优良磁性能，采用的烧结条件应满足：①最大限度地释放吸附的气体；②提供原子扩散所需的激活能，减少气孔，提高密度和定向度；③为了使熔炼后的两相合金成为完全的单相过饱和固溶体，必须严格控制固溶温度；④高温淬火，使固溶体在室温下稳定存在。

烧结温度对磁体的致密有很大的影响。一般磁体的密度随烧结温度的升高，先升高后下降。原因在于过高的温度会导致磁体晶粒过度长大而变形，磁体坍塌，结果反而无法致密；而过低的温度也无法使磁体达到致密。另外，烧结后磁体的磁性能跟烧结温度也有很大的关系：烧结温度过高或过低，都会导致磁性能的下降。过高的烧结温度会导致磁体中 Sm 元素的大量挥发，最后导致磁体中 2：17 相和 1：5 相的减少，进而导致磁能积和矫顽力的大幅下降。所以如何选择合适的烧结温度是很关键的问题。

5.2.4.2　时效处理

经烧结和固溶处理后，Sm_2Co_{17} 合金的矫顽力还很低，必须经过一系列的热处理才能获得较好的性能。对于 2：17 型 Sm-Co 合金来说，烧结后的热处理通常称为时效处理，在时效处理过程中有相变发生。烧结和固溶处理后，Sm_2Co_{17} 磁体的显微组织主要是由 2：17-R 和 2：17-H 两种结构组成的 2：17 相。在经 800 ～ 850 ℃ 时效处理后，合金显微组织变为胞状结构，胞内是 2：17 相，胞壁是 1：5 相。要得到较好的磁性能，一般要经过多级时效处理，现在采用较多的是二级时效处理，即将烧结和固溶后的 Sm_2Co_{17} 合金回火到 800 ～ 850 ℃ 时效处理一段时间后，再缓冷（一般 0.7 ℃/min）至 400 ℃，然后出炉风冷或随炉冷却。多级时效处理后的合金，显微组织仍保持胞状结构，由于成分的扩散和迁移，微观结构得到改善。其显微组织由 $Sm_2(Co, Fe)_{17}$（2：17-R）相、$Sm(Co, Cu)$（1：5）相和富 Zr 的片状 2：17-H 相组成。时效处理对剩磁没有太大影响，主要是提高了磁体的矫顽力；在时效处理过程中，合金开始由单相固溶体分解为 2：17 相和 1：5 相，在随后降低温度的等级时效处理过程中，矫顽力提高。$_jH_c$ 的提高可以认为是两相畴壁能差的变化引起的，因为在随后的时效处理过程中，胞状结构的尺寸和形状都不改变，但是合金中各相的原子发生迁移，改变了合金中各相的畴壁能密度或磁晶各向异性常数，从而改变合金的矫顽力。另外，时效处理中产生的晶界析出物对矫顽力的提高也起了一定的作用。

时效处理过程是由合金中原子的迁移速率所控制的,因而温度对于时效处理过程有着显著的影响。此外,由于时效工艺是一种热激活过程,其他的变量(比如时效时间、成分、晶粒尺寸)也都十分重要:

(1)一级时效温度。当时效温度为 400 ~ 900 ℃ 的时候,磁体的矫顽力和磁能积随着一级时效的温度先增加后减小,在 800 ℃ 的时候达到峰值。合金一级时效就形成了 1∶5 相,而 Cu 在胞壁相 $SmCo_5$ 中的含量越高,越能增大 1∶5 相与 2∶17 相的畴壁能差;在 800 ℃ 以下时效处理的时候,在时效时间相同的情况下,增加时效温度可以加速 Cu 的扩散,温度越高 Cu 原子迁移得越快、溶解度越大,因此矫顽力增大。但在 900℃ 以上只要时效处理几十分钟即可达到矫顽力的最大值,此后随时效时间的延长,合金的胞状结构被破坏,从而矫顽力逐渐减小。

(2)一级时效的时间。在时效温度为 830℃ 的情况下,合金矫顽力随一级时效时间的延长也是先增加后减小,在 10 h 的时候达到最大值。分析其原因,与时效温度的影响类似:在短时间的时效下,Cu 扩散不充分;而时效时间过长,容易破坏胞状组织,最终使矫顽力恶化。

(3)二级时效的温度。目前的生产普遍采用多级时效,工艺复杂,而且时效温度的不同,其中矫顽力提高的机理也不尽相同。在不同的二级时效温度下,各相中各元素的溶解度不同,因此导致了各相畴壁能差的不同,进而导致了内禀矫顽力的不同。Feng 等[34] 的研究显示,较高的时效温度容易导致 1∶5 相和 2∶17 相之间的晶格适配度增加;另外,在高温时效下胞壁组织的厚度过度增加也可能降低磁性能。

(4)二级时效冷却速度。时效是从过饱和固溶体中析出沉淀相的过程,在这一过程中原子发生迁移,并通过形核及其长大而形成沉淀相。形成的沉淀相越多,所需要的时效时间就越长。样品经固溶处理后淬火,合金不会发生分解,因此畴壁位移的障碍很小,矫顽力很低。在一级时效处理过程中,Sm_2Co_{17} 结构的起始固溶体里会形成 $SmCo_5$ 型结构的低分散相。胞状显微组织一经形成,在随后的时效处理过程中这种组织不会发生变化。在两级时效控温冷却过程中,随温度的降低,合金经一级时效所形成的各相产物中各种元素的溶解度会发生变化,缓慢的冷却过程有利于各种原子的不断迁移。因此控速冷却的两级时效的效果与多级时效一致，长时间时效处理还有利于试样内成分的均匀化，从而对磁性能的提高也起到一定的作用。但缓慢冷却并不是冷却速度越慢越好，冷却过程中以适宜的速度冷却有利于磁性能的提高。

5.3　$SmCo_7$永磁材料及其制备技术

目前 1 : 5 型和 2 : 17 型 Sm-Co 基高温永磁合金都已经得到广泛应用，但是还不能满足当前形势对高温永磁的要求。1 : 5 型 Sm-Co 合金存在剩磁偏小、工作温度偏低的缺点。2 : 17 型 Sm-Co 合金的工作温度较高，但矫顽力偏低。这些距 Liu[35] 提出的理想高温永磁体在 400℃ 时 $H_c = 1.2 \sim 1.3$ T 和在 500℃ 时 $H_c = 0.8 \sim 1.0$ T 的目标还有不小的差距。同时，这两种 SmCo 永磁的生产工艺复杂，特别是 2 : 17 型 Sm-Co 合金，需要较长时间和复杂多级热处理，致使生产成本较高。为了充分发挥 Sm-Co 合金的优势，最近 $TbCu_7$ 型结构的 $SmCo_7$ 永磁引起了研究人员的注意。

5.3.1　$SmCo_7$永磁合金简介

$TbCu_7$ 型结构的 $SmCo_7$ 永磁合金最早是由 Delaware 大学的 Liu 等[36] 于 1999 年在研究 $Sm(Co,Cu,Fe,Zr)_z$ 这一传统 2 : 17 型合金时发现的。他们发现当 $z = 7$ 时，温度系数可以大为改善，由此提出 1 : 7 型 Sm-Co 基永磁合金。2000 年，Nebraska 大学的 Zhou 和 Al-Omari 等[37] 对 $SmCo_{7-x}Ti_x$ 铸锭长时间低温回火后，制备出了具备 $TbCu_7$ 结构的合金铸锭，在 $x = 0.28$ 时测得最大的各向异性场（$H_a = 17.5$ T）是同成分 Sm_2Co_{17} 的 1.2 倍，内禀矫顽力温度系数约是 Sm_2Co_{17} 型永磁合金温度系数的一半。研究表明，$SmCo_7$ 合金不仅具有与 $SmCo_5$ 合金相近的高各向异性场（300 K 时 $H_a \approx 90 \sim 120$ kOe），还具有类似 Sm_2Co_{17} 合金较高的饱和磁化强度（$M_s \approx 110$ emu/g），同时居里温度高（$T_C \approx 780$ ℃），内禀矫顽力温度系数低（$\beta = -0.11$ %/℃），是一种潜在的新型高温永磁材料。更为重要的是，$TbCu_7$ 型永磁体不需要复杂的制备及热处理工艺，有利于减小成本和实现工业化。

但是，SmCo$_7$相是一种亚稳相，在 700 ℃附近就会分解，而常规的烧结温度都在 1000 ℃以上，所以采用常规烧结的方式是无法得到 Sm-Co 合金的 1∶7 相的。电弧熔炼是制备 SmCo$_7$永磁材料的常用工艺，但是因为铸造合金晶粒较大，组织结构不佳，矫顽力很低，无法满足硬磁合金的应用要求。因此，目前的工艺是先氩弧熔炼，然后进行熔体快淬或高能球磨等。熔体快淬工艺因冷却速度极快，可以获得细小的晶粒，大幅提高合金的矫顽力，但是易造成薄带成分不均匀，性能不稳定，起伏较大。高能球磨技术将 TbCu$_7$型 Sm-Co 基合金铸锭或合金薄带破碎后进行高能球磨，可以获得高性能粉体。

最近，放电等离子烧结技术凭借升温迅速、烧结时间短等优势被用于制备大块的 TbCu$_7$型 Sm-Co 基烧结磁体，也获得了成功。

5.3.2　SmCo$_7$永磁合金成分优化

成分和工艺是影响 SmCo$_7$性能的决定性因素。和其他永磁合金一样，通过元素替代和元素添加可以调控 SmCo$_7$永磁合金的性能。

5.3.2.1　第三元素取代 Co 的研究

1. 第三元素的占位和作用

张昌文等[38]对 SmCo$_7$相的电子结构进行了研究，提出 Co 哑铃对替代部分 Sm 后，改变了 Co 晶位的晶格环境，使 Co(2e)晶位携带负原子磁矩，费米面附近轨道杂化作用减弱，系统自由能升高导致 SmCo$_7$在室温下是亚稳态化合物。要想获得亚稳相，需要采用非平衡制备工艺，比如熔体快淬和高能球磨等。此外，通过掺杂元素，即第三元素 M，制备成 SmCo$_{7-x}$M$_x$相可以降低系统的内能，稳定 SmCo$_7$相。主要的添加元素有三类：第一类是带有未填满电子的 3d 壳层的铁族，比如 Ti、Mn、Cu 及 Fe；第二类是半导体元素，如 Ga 和 Si；第三类是带有未填满电子的 4d 壳层的钯族，比如 Zr、Nb、Ag 和 Mo，以及带有未填满电子的 5d 壳层的铂族，如 Hf。

SmCo$_7$单胞中有四个平衡位置：1a(0，0，0)、2c(1/3，2/3，0)、2e(0，0，z)和3g(1/2,0,1/2)，分别由(1 − $_\tau$) Sm、2 Co$^{\rm I}$、2r (Co$^{\rm II}$，M)和 3(Co$^{\rm III}$，M)占据。其中 Co$^{\rm II}$是指"Co—Co"哑铃对，为取代2/9 的占据1a 晶位的 Sm 原子形成的，即2e 晶位所在位置。对于 Sm(Co,M)$_7$合金体系而言，第三元素 M 添加后能否形成 TbCu$_7$型晶体结构及占据何种晶

位，主要由以下几方面的因素决定：

（1）原子半径，如需要在 Sm-Co 合金中形成 $TbCu_7$ 晶体结构，Luo 等[39]认为添加元素的原子半径需大于 Co 的原子半径 1.25Å。Guo 等[40] 提出 RE/(Co,M) 的原子半径比应在 $1.08(5)\sim 1.12(9)$ 范围内，(Co,M) 半径为 Co 原子与 M 原子的加权平均值。

（2）Sm、Co 与 M 三种元素之间的电负性。原子之间的电负性差异越大，原子之间的吸引力越强。Guo 等[40]提出 RE/(Co,M) 的电负性比在 $-1.04(4)\sim -0.94(4)$ 之间才可以形成 $TbCu_7$ 型结构。

（3）M 在液态的 Sm 及 Co 中的溶解焓。正的溶解焓意味着弱的亲和性，负的溶解焓意味着较强的亲和性。而在 $TbCu_7$ 型 $SmCo_7$ 晶体结构中 $2e$、$2c$ 和 $3g$ 晶位周围的最近邻原子分别为 $1Sm + 13Co$、$3Sm + 9Co$ 和 $4Sm + 8Co$，$2e$ 晶位处周围有更多的 Co，$3g$ 晶位处有更多的 Sm。综合上述分析，M 若更倾向于与 Co 结合就会占据 $2e$ 晶位，若倾向于与 Sm 结合则占据 $3g$ 晶位。另外，还有一个大致简单的判断方法，Chang 等[41]认为如果第三元素原子电负性小于 Co 原子电负性，倾向于占据 $2e$ 晶位；反之则占据 $3g$ 晶位。

Guo 等[42]研究 Sm-Co-Nb 合金体系，Nb 在液相 Sm 和液相 Co 中的溶解焓分别是 $+101\ \text{kJ/mol}$ 和 $-111\ \text{kJ/mol}$。Nb 与 Co 之间有负的溶解焓；Sm、Co 和 Nb 的电负性分别是 1.07、1.70 和 1.23，说明 Nb 与 Co 之间的电负性差异较大。从溶解焓及电负性的角度都说明 Nb 与 Co 更易结合，因此 Nb 更倾向于占据 $2e$ 晶位。晶体结构的精修结果也表明 Nb 在 $2e$ 晶位时匹配得较好。随后他们[43]研究了 $SmCo_{7-x}Ta_x$，发现 Ta 同样占据了 $2e$ 晶位，而 $SmCo_{7-x}Ga_x$ 合金中 Ga 则占据 $3g$ 晶位。2009 年 Hsieh 等[44] 通过晶体结构精修，发现 $SmCo_{7-x}V_x$ 合金中 V 占据 $2e$ 晶位。

采用上述理论分析的方法及借助结构精修进行验证，现在普遍认为 Zr、Hf、Ta、Mo、Cr、Ti、Nb 及 V 等原子占据 $2e$ 晶位，Ge、Ga、Cu、Ag、Al 及 Si 原子倾向于占据 $3g$ 晶位。此外，如果 x 大于 3，如 $SmCo_3Cu_4$，M 原子占据 $2c$ 晶位。由于各向异性场主要来源于处于 $2c$ 晶位的 Co-Co 原子作用，当 M 原子占据 $2e$ 或 $3g$ 晶位时能提高 Sm-Co 合金 1∶7 型化合物的各向异性场；当 M 原子占据 $2c$ 晶位时降低 Sm-Co 合金 1∶7 型化合物的各向异性场。

第三元素 M 取代对 $SmCo_7$ 合金的居里温度、饱和磁极化强度、各向异性场及晶格常数等内禀磁性能具有重要影响，Luo[39] 等的研究结果具体见表 5-2。

表 5-2　$SmCo_{7-x}M_x$ 合金的居里温度、各向异性场及饱和磁化强度[39]

M	x	$T_C/℃$	H_a/kOe	$M_s/(emu \cdot g^{-1})$
Zr	0.2	762	215	103
Ti	0.21	756	156	96
Cu	2.0	810	—	—
Si	0.9	445	15	71
Hf	0.2	802	282	102

一般情况下，M 的添加会降低 $SmCo_7$ 合金的 T_C。Huang 等[45] 发现 $SmCo_{7-x}$-Zr_x（$x=0\sim0.8$）合金中，T_C 随 Zr 含量的增加而降低，从 $SmCo_7$ 的 780 ℃ 降低到了 $SmCo_{6.5}Zr_{0.5}$ 的 736℃。Sun 等[46] 研究 $SmCo_{7-x}Ga_x$ 合金发现，随着 Ga 的添加，合金的 T_C 也呈下降趋势。$SmCo_{6.44}Ti_{0.56}$ 合金的 T_C 更是降低到了 710℃。其次，M 的添加会降低 $SmCo_7$ 合金的 M_s。在 $SmCo_{7-x}Zr_x$ 合金中，室温下 M_s 从未添加 Zr 时的 105 emu/g 降低到了 $SmCo_{6.5}Zr_{0.5}$ 时的 70 emu/g。采用熔体快淬工艺在 40 m/s 辊速下制备的 $SmCo_{7-x}Nb_x$ 合金薄带，$J_{12\ kOe}$ 从没有添加 Nb 时的 74.6 emu/g 降低到了 $SmCo_{6.4}Nb_{0.6}$ 时的 38.9 emu/g。第三元素添加会降低 T_C 和 M_s 是因为 Sm 是一种轻稀土元素，Sm 的次晶格与 Co 的交换耦合为平行的铁磁排列，添加进来的非磁性的第三元素破坏了这种平行排列，降低了合金的 M_s。而居里温度正是交换耦合作用的产物，M 的添加减弱了交换耦合作用，所以就降低了 T_C。但是在 $SmCo_{7-x}Cu_x$（$x=0\sim0.7$）合金中，Al-Omari 等[47] 发现 T_C 却随 x 的增大而升高，并在 $x=0.2$ 时取得最大值 852℃，随后随 x 的继续增加而逐步降低，至 $x=0.7$ 时为 760℃。关于此点 Al-Omari 等并未给出相应的解释，作者认为可能与 Cu 占据 $3g$ 晶位而其他大多数第三元素占据 $2e$ 晶位引起晶格常数变化不同有关。一定量的 Cu 占据 $3g$ 晶位后可能导致交换耦合作用加强，进而提高了居里温度。

第三元素 M 的添加虽然弱化了 T_C 和 M_s，但是却会提升各向异性场 H_a。在 $SmCo_{7-x}Zr_x$ 合金中[45]，室温下的 H_a 从 $SmCo_7$ 的 90 kOe 增加到了

$SmCo_{6.75}Zr_{0.25}$ 的 160 kOe；在 10 K 下 H_a 从 $SmCo_7$ 的 140 kOe 增加到了 $SmCo_{6.75}Zr_{0.25}$ 的 230 kOe，$SmCo_{6.2}Zr_{0.8}$ 的 $H_a = 400$ kOe。$SmCo_{6.72}Ti_{0.28}$ 室温下 $H_a = 175$ kOe[37]，$SmCo_{6.8}Ag_{0.2}$ 在 5 K 下的 H_a 为 213 kOe[48]，而 $SmCo_6Ga$ 在 5 K 下 H_a 高达 307 kOe[40]。

因为第三元素 M 进入了 $SmCo_7$ 合金的晶格中，自然对晶格常数造成了一定的影响。Liu 等[48]发现 $SmCo_{6.9}Ag_{0.1}$ 的晶格常数为 $a = 0.4864$ nm，$c = 0.4087$ nm。而在 5 ～ 40 m/s 的辊速下制备的 $SmCo_{7-x}Nb_x$（$x = 0 ～ 0.6$）薄带，其晶格常数 a 和 c 都变大。研究表明，M 添加后，a 基本都呈增加趋势；添加 Ag、Nb、Ta 增加 c，添加另外几种元素则减小了 c。晶格常数变化的原因还要结合 M 原子的半径与 Co 原子半径的不同及占据晶位的不同进行讨论，甚至与制备工艺也有关。

第三元素的添加提高了 Sm-Co 合金的 H_a，降低了 M_s，在本质上就决定了会增加合金的矫顽力但降低剩磁。因此，要想获得大的 $(BH)_{max}$，M 的添加量并不是越高越好，需要矫顽力与剩磁达到平衡。

此外，M 添加量太高还会引起其他相的生成，在 Sm-Co-Nb 合金中，当 $x \leq 0.3$ 时，能获得纯净的 1∶17 相，当 $x > 0.4$ 时，有少量 Cu_2Mg 型结构的 $NbCo_2$ 相和 1∶5 型 $SmCo_5$ 相析出，并随 Nb 的含量的增加而增加。Guo 和 Hsieh 等[43]研究 $SmCo_{7-x}M_x$（$x = 0 ～ 0.6$；M = Ta、Cr 和 Mo）发现，当 Ta 含量 $x > 0.3$ 时会有少量 2∶17 相形成，Cr 和 Mo 也表现出类似的规律。Luo 等[39]研究了 $NdCo_{7-x}Hf_x$ 合金，发现其可以形成 1∶7 相，当热处理温度高于 600 ℃时，1∶7 相会发生分解。$NdCo_{6.8}Hf_{0.2}$ 的 T_C 为 1065 K，自旋重取向温度为 275 K 和 400 K，室温下 M_s 为 111 emu/g，H_a 为 3 T。

2. Zr 元素添加对 $SmCo_7$ 晶体结构的影响

作者研究组[49]系统研究了 Zr 添加对 $SmCo_7$ 合金的影响。图 5 – 9 为 $SmCo_{7-x}Zr_x$ 合金薄带研成粉末后测试的 XRD 谱。不同 Zr 含量的 $SmCo_{7-x}Zr_x$ 合金都形成了 $TbCu_7$ 型 1∶7 相，且无其他明显的杂相形成。图 5 – 9b 为其主峰（111）附近的放大图。随着 Zr 含量的增加，（200）和（111）峰都向低角度方向偏移，（002）峰则向高角度方向偏移。结果表明，Zr 元素的添加使 $TbCu_7$ 型 Sm-Co 合金的晶体结构发生了细微的变化。

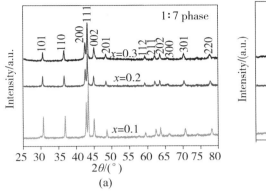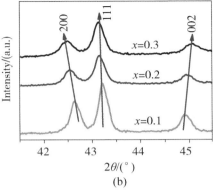

图 5 – 9　SmCo$_{7-x}$Zr$_x$(x = 0.1,0.2,0.3)合金薄带粉末 XRD 图谱(a)

及 41.5°～45.5°的放大图(b)[49]

利用 Rietveld 方法对 SmCo$_{7-x}$Zr$_x$ 合金进行结构精修,得到的 SmCo$_{7-x}$Zr$_x$ 合金的晶格常数见表 5 – 3。晶格常数 a 从 x = 0.1 时的 4.902(4)Å增加到了 x = 0.3 时的 4.927(2)Å。晶格常数 c 则从 x = 0.1 时的 4.040(0)Å 减小到 x = 0.3 时的 4.030(5)Å。a 与 c 的变化规律刚好与 SmCo$_{7-x}$Ta$_x$ 合金的变化规律相反。这与 Zr 原子及 Ta 原子的离子半径及电子分布有关。c/a 比值随 Zr 含量的增加而减小,单胞体积则呈增加趋势。SmCo$_{6.9}$Zr$_{0.1}$合金原子占位的精修结果见表 5 – 4。Sm 原子占据 1a 晶位,Co 原子分别占据 2e、2c 及 3g 晶位。作为第三元素添加进 Sm-Co 合金的 Zr 原子占据部分 2e 晶位。

根据上面的精修结果可以确定 Zr 原子进入了 TbCu₇ 型 Sm-Co 基合金的晶体结构中。随着 Zr 添加量的增加,越来越多的 Zr 原子占据晶体

表 5 – 3　SmCo$_{7-x}$Zr$_x$(x = 0.1,0.2,0.3)合金晶格常数 a 与 c、c/a 比值

及单胞体积 V_{unit}

x	a /Å	c/Å	c/a	V_{unit}/Å³
0.1	4.902(4)	4.040(0)	0.824(1)	97.095(4)
0.2	4.915(9)	4.038(5)	0.821(5)	97.594(7)
0.3	4.927(2)	4.030(5)	0.818(0)	97.849(7)

表 5 − 4　 $SmCo_{6.9}Zr_{0.1}$ 合金结构精修原子占位

原子	晶位	x	y	z	占位率(occupancy)
Sm1	1a	0	0	0	0.72(3)
Co1	2e	0	0	0.318(9)	0.22(3)
Zr1	2e	0	0	0.317(0)	0.05(0)
Co2	2c	0.333(3)	0.666(7)	0	0.82(9)
Co3	3g	0.5	0	0.5	1

注: 误差参数 $R_p = 7.66\%$ 与 $R_{WP} = 9.79\%$ 。

结构中的 2e 晶位。Zr 原子占据 2e 晶位的原因可以从以下几个方面进行理论分析:

(1) 原子半径。要在 Sm-Co 合金中形成 $TbCu_7$ 晶体结构, 添加元素的原子半径需大于 Co 的原子半径。Zr 原子半径为 1.60Å, 大于 Co 的原子半径 1.25Å。

(2) Zr 原子的电子层分布为 $4d^2 5s^2$, 带有 4 个价电子, 有利于 $TbCu_7$ 型晶体结构的形成。对于 $Sm(Co,M)_7$ 合金体系, M 在液态 Sm 及 Co 中的溶解焓及三种元素之间的电负性差异决定了 M 进入晶体结构后占据何种晶位。Zr 在液态 Sm 及 Co 中的溶解焓分别是 + 34 kJ/mol 和 − 197 kJ/mol, 因此 Zr 原子更易于与 Co 原子结合。从电负性角度考虑, Sm、Co 及 Zr 元素的电负性分别是 1.07、1.70 和 1.22。Zr 与 Co 的电负性相差 0.48, 与 Sm 的电负性相差 0.15。电负性差异大的 Zr 与 Co 原子更易于结合。综上所述, Zr 添加利于 $TbCu_7$ 型晶体结构的形成, Zr 原子倾向与 Co 原子结合。而在 $TbCu_7$ 型 $SmCo_7$ 晶体结构中 2e、2c 和 3g 晶位周围的最近邻原子分别为 1Sm + 13Co、3Sm + 9Co 和 4Sm + 8Co。所以 Zr 进入晶体结构后更倾向于占据 2e 晶位, 以便与更多的 Co 原子成键。

3. Si 与 Zr 复合添加对 $SmCo_7$ 合金的结构和性能的影响

作者研究组[49] 同时研究了 Si 和 Zr 复合添加对 $SmCo_7$ 合金的结构和性能的影响, 图 5 − 10a 为单独及复合添加 Si 与 Zr 的氩弧熔炼 $SmCo_7$ 合金的 XRD 图谱。添加 Zr 的铸造 $SmCo_{6.7}Zr_{0.3}$ 及 $SmCo_{6.4}Zr_{0.3}Si_{0.3}$ 合金由单一的 $Sm(Co,M)_7$ 相组成, 但是在只添加 Si 的 $SmCo_{6.7}Si_{0.3}$ 合金中出现了 $SmCo_5$ 及 Sm_2Co_{17} 相。结果表明, 添加 Zr 比添加 Si 更有利于促进 $Sm(Co,M)_7$ 相的形成。这主要是由两者的原子半径不同造成的。根据 Luo 等[39] 的理论计算, $SmCo_{7-x}M_x$ 中 Sm、Co 及添加的第三元素 M 之间的半径关系可以表

示为

$$r_{\mathrm{P}} = r_{\mathrm{Sm}}/r_{\mathrm{Co+M}} = 7r_{\mathrm{Sm}}/[(7-x)r_{\mathrm{Co}} + xr_{\mathrm{M}}] \qquad (5-1)$$

式中，r_{Sm} 是 Sm 的原子半径，$r_{\mathrm{Co+M}}$ 是根据重量权重比得出的 Co 及 M 的平均原子半径，x 是 M 的含量。若要得到稳定的 $\mathrm{TbCu_7}$ 型 $\mathrm{SmCo_{7-x}M_x}$ 合金，半径比值 r_{P} 必须在 1.421～1.436 之间。Zr 的原子半径 1.60Å，其要求的最低含量为 $x=0.2$。相反，Si 的原子半径为 1.34Å，其所需的含量为 $x=0.9$。所以在只添加少量的第三元素时，添加 Zr 比 Si 可以更有效地稳定 $\mathrm{Sm(Co,M)_7}$ 相。

图 5-10b 为单独及复合添加 Si 与 Zr 的熔体快淬 SmCo₇ 合金的 XRD 图谱。在 Zr 添加的合金中形成了典型的 $\mathrm{TbCu_7}$ 型 $\mathrm{SmCo_{7-x}M_x}$ 晶体结构。与铸造合金不同，在 $\mathrm{SmCo_{6.85}Si_{0.15}}$ 及 $\mathrm{SmCo_{6.55}Si_{0.45}}$ 薄带中也形成了 $\mathrm{TbCu_7}$ 型结构，这主要是因为快速凝固促进了亚稳相的形成。Reutzel 等[50]也报道过，在一定的化学成分下，当冷却速率达到 10^3～10^5 K/s 时，Sm-Co 合金可以形成 $\mathrm{TbCu_7}$ 型晶体结构。图 5-10b 中，代表 $\mathrm{Th_2Zn_{17}}$ 型 R-$\mathrm{Sm_2Co_{17}}$ 合金的超晶格衍射峰（015）及（204）以及代表 $\mathrm{Th_2Ni_{17}}$ 型 H-$\mathrm{Sm_2Co_{17}}$ 合金的（203）衍射峰都没有出现，表明合金薄带中并没有 $\mathrm{Sm_2Co_{17}}$ 相的形成。

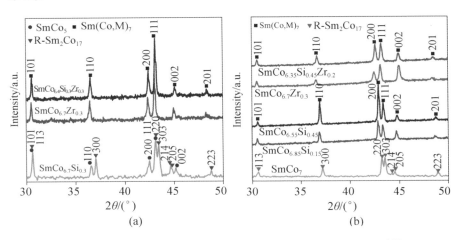

图 5-10　单独及复合添加 Si 及 Zr 元素 Sm-Co 合金 XRD 图谱[49]
（a）氩弧熔炼；（b）熔体快淬

虽然单独添加 Si 的 Sm-Co 薄带中也形成了 $\mathrm{TbCu_7}$ 结构，但其 X 射线的衍射峰与添加 Zr 的合金存在一定的差异，这主要是由 Si 及 Zr 的原子半径不同以及其在 TbCu₇ 型晶体结构中所占据的晶位不同造成的。结构精修后得到的 Si 及 Zr 添加后的晶格常数见表 5 – 5。Si 添加减小了晶格常数 a 及 c；但 Zr 添加增加了晶格常数 a，减小了 c。同样是占据 $3g$ 晶位的 Cu 及 Al 的添加也有类似的现象。

表 5 – 5　利用 Topas 进行结构精修得到的 Sm(Co,Zr,Si)₇ 合金的晶格常数和单胞体积(R_{WP} 小于 7%)

合金	$a/\text{Å}$	$c/\text{Å}$	c/a	$V_{unit}/\text{Å}^3$
SmCo₆.₈₅Si₀.₁₅	4.877(8)	4.057(6)	0.831(8)	83.605(5)
SmCo₆.₅₅Si₀.₄₅	4.875(3)	4.056(0)	0.831(9)	83.487(0)
SmCo₆.₇Zr₀.₃	4.927(2)	4.030(5)	0.818(0)	84.737(8)
SmCo₆.₃₅Si₀.₄₅Zr₀.₂	4.903(7)	4.035(0)	0.822(3)	84.025(1)

图 5 – 11 为单独及复合添加 Si 与 Zr 元素的快淬合金的矫顽力。图 5 – 11a 表明，随 Zr 含量增加，SmCo₇₋ₓZrₓ 及 SmCo₆.₇₋ₓZrₓSi₀.₃ 合金的矫顽力均增加，说明 Zr 取代 Co 可以明显提高合金的矫顽力。未添加第三元素的 SmCo₇ 合金主要含 R-Sm₂Co₁₇ 相，H_a 较小，所以矫顽力较低。在添加不同含量的 Zr 的基础上再添加一定量的 Si 元素，其矫顽力变化不大。两个系列的合金的最高矫顽力接近 1400 kA/m。图 5 – 11b 表明，Si 的添加对矫顽力的改善作用不是很显著。Si 及 Zr 对矫顽力的不同影响是因为其对 Sm-Co 合金各向异性场的影响不同。有文献报道 SmCo₆.₈Zr₀.₂ 合金的

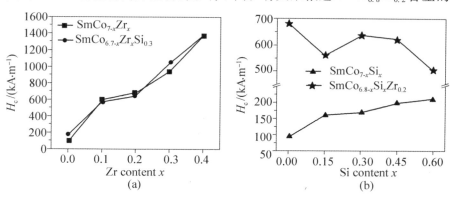

图 5 – 11　Zr(a) 和 Si(b) 含量对快淬 Sm-Co 合金的矫顽力的影响

H_a 在 5 K 时高达 215 kOe[51]，而 $SmCo_{6.1}Si_{0.9}$ 的 H_a 则只有 15 kOe。此外，Zr 添加后可以改善合金的组织结构，也有利于矫顽力的提高。

图 5-12 为单独与复合添加 Si 与 Zr 元素的 Sm-Co 合金的磁滞回线。添加 Zr 的合金薄带的矫顽力比添加 Si 的要大很多，同时 Si 与 Zr 复合添加的薄带获得最大矫顽力。但是，剩磁的变化规律则正好相反，添加 Si、Zr 及 Si + Zr 的合金薄带的剩磁分别为 0.61 T、0.52 T 及 0.49 T。这主要是因为 Zr 及 Si 元素是非磁性的。三者的 $(BH)_{max}$ 分别为 31.8 kJ/m³、46.3 kJ/m³ 及 43.5 kJ/m³。Zr 的添加增加了矫顽力，进而可以有效地增大磁能积。$SmCo_{6.7}Si_{0.3}$ 合金薄带的磁滞回线出现蜂腰现象，此为明显的双相结构特征，可能有少量的 R-Sm_2Co_{17} 相存在。只添加 Si 的合金的初始磁导率很高，具有反磁化畴形核机制的特点。而少量的 R-Sm_2Co_{17} 相的存在可能正是形核中心。而对于 Si 及 Zr 复合添加的合金，初始磁导率明显降低，在 800 kA/m 附近磁化过程受到较强的阻力，具有非均匀的畴壁钉扎矫顽力机制的特点。这一结果也表明，不同元素添加的 Sm-Co 合金的矫顽力机制可能不同。

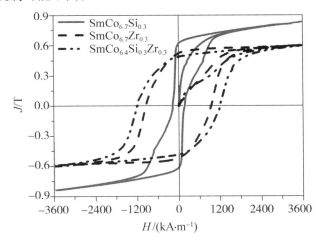

图 5-12　Zr 及 Si 单独和复合添加 SmCo₇ 合金薄带的 J-H 回线[49]

通过研究 Si 及 Zr 复合添加合金的磁性能可以看出，Zr 的添加贡献了绝大部分的矫顽力增量，进而提高了合金的 $(BH)_{max}$。Si 及 Zr 的添加都对剩磁产生了负面影响，但是 Si 的影响要比 Zr 的小很多。

图 5-13a 为 $SmCo_{6.5}Si_{0.3}Zr_{0.2}$ 合金薄带在不同温度下的退磁曲线。矫顽力随着测试温度的升高从室温时的 637 kA/m 下降到 500℃ 时的

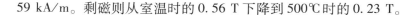

59 kA/m。剩磁则从室温时的 0.56 T 下降到 500℃时的 0.23 T。

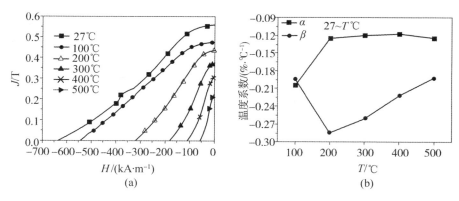

图 5－13 $SmCo_{6.5}Si_{0.3}Zr_{0.2}$ 合金薄带高温磁性能[49]

（a）退磁曲线；（b）温度系数

$SmCo_{6.5}Si_{0.3}Zr_{0.2}$ 合金在不同温度区间的剩磁温度系数 α 和矫顽力温度系数 β 如图 5－13b 所示。在 27 ～ 100℃时 α 值为 － 0.206 %/℃，具有较大的绝对值，说明剩磁在 27 ～ 100℃的低温度区间内下降很快。在 27 ～ 200℃ 直到 27 ～ 500℃ 的温度范围内剩磁温度系数 α 在 － 0.120 %/℃附近。这说明在高温区间剩磁的下降较缓慢。β 在 27 ～ 100℃温度区间的值为 － 0.194 %/℃，并在 27 ～ 200 ℃ 时降低到 － 0.286 %/℃。在 27 ～ 500 ℃ 温度区间的矫顽力温度系数 β 为 － 0.192%/℃。这意味着 $SmCo_{6.5}Si_{0.3}Zr_{0.2}$ 合金的矫顽力在 200 ℃ 附近下降最快。随着温度的继续上升，矫顽力温度系数的绝对值开始逐渐减小，意味着其下降速度逐渐减缓。与 1：5 型及 2：17 型永磁体热稳定性相比，该合金的剩磁温度系数还有待提高，但矫顽力温度系数比之都要好。

5.3.2.2 稀土元素取代 Sm 的研究

$TbCu_7$ 型 Sm-Co 合金中除 Co 元素可以被替代外，稀土 Sm 也可以被其他稀土元素（RE）取代。稀土 Sm 若全被取代，则可以制备成其他的稀土钴基合金，并且可以形成 1：7 相。Huang 等[52]研究 $RECo_{7-x}Zr_x$（RE = Pr、Er；$x = 0 ～ 0.8$）合金发现，对于 RE = Pr 而言，当 $x \geqslant 0.2$ 时可以形成单相 1：7 相；对于 RE = Er 而言，当 $x \geqslant 0.1$ 时可以形成 1：7 相。当热处理温度高于 750℃时，1：7 相会发生分解。Pan 等[53]进行了 Lu 取代 Sm 的研究，采用球磨工艺制备了 $Sm_{1-x}Lu_xCo_{6.8}Zr_{0.2}$（$x = 0, 0.2, 0.4,$ 0.6）合金，发现 Lu 的取代可以大幅提高合金的磁能积。但遗憾的是他们并没有展开 Lu 取代对热稳定性的研究。

作者研究组[49]就稀土元素替代对快淬 SmCo₇ 合金的影响进行了全面的研究。首先用不同含量的 Gd 取代 Sm，得到 $Sm_{1-x}Gd_xCo_{6.4}Si_{0.3}Zr_{0.33}$（$x = 0, 0.1, 0.2, 0.3, 0.4$）合金。发现 Gd 元素的取代并没有影响到 TbCu₇ 型晶体结构的形成。合金的 H_c 随着 Gd 取代量的增加而增加，并在 $x = 0.3$ 时取得最大值 1467 kA/m，随后随着 Gd 取代量的进一步增加而开始下降。然而，Gd 取代并不利于 J_s 和 J_r 的提高。由于 Gd 原子与 Co 原子之间是反平行的反铁磁耦合，J_s 和 J_r 均随着 Gd 取代量的增加而降低。其中 J_s 从没有取代时的 0.63 T 降低到取代后（$x = 0.4$）的 0.52 T。J_r 则从没有取代时的 0.49 T 降低到 $x = 0.4$ 的 0.39 T。正因为 J_r 的下降，导致 $(BH)_{max}$ 从没有 Gd 取代时的 43.6 kJ/m³ 降低到了 $x = 0.4$ 时的 28.3 kJ/m³。

Gd 取代对 $Sm_{1-x}Gd_xCo_{6.4}Si_{0.3}Zr_{0.3}$（$x = 0 \sim 0.4$）合金在 27 ～ 200℃ 的温度系数也有较大的影响。α 的绝对值随着 Gd 取代量的增加而迅速减小，但在 $x = 0.2$ 以后减小趋势变缓。$Sm_{0.8}Gd_{0.2}Co_{6.4}Si_{0.3}Zr_{0.3}$ 的 α 值为 $-0.025\%/℃$。这意味着 Gd 取代部分 Sm 后剩磁稳定性得到明显改善。β 在 $x = 0.2$ 时取得最佳值 $-0.273\%/℃$。随着 Gd 的过度取代，β 的绝对值开始变大，意味着矫顽力稳定性的恶化。综合来看，当 Gd 取代 $SmCo_{6.4}Si_{0.3}Zr_{0.3}$ 合金中 20%（原子分数）的 Sm 时可以获得最高的热稳定性。

基于对 Gd 取代 Sm 元素的研究，尝试利用不同种类的稀土元素铈（Ce）、钬（Ho）及铒（Er）分别取代 $SmCo_{6.4}Si_{0.3}Zr_{0.3}$ 合金中 20%（原子分数）的 Sm。相似的是，取代后的合金均晶化成了 $(Sm, RE)(Co, M)_7$ 相，说明不同种类的稀土取代没有影响 TbCu₇ 晶体结构的形成。由于不同的稀土原子半径不同，取代部分 Sm 原子后引起晶格常数及晶面间距的变化不尽相同。图 5 - 14 为不同稀土取代后的磁性能。可以看到重稀土 Gd 及 Ho 的取代有利于矫顽力的增加，而 Ce 及 Er 的取代则减小了矫顽力。稀土取代后的最高矫顽力为 $Sm_{0.8}Gd_{0.2}Co_{6.4}Si_{0.3}Zr_{0.3}$ 合金的 1383 kA/m。说明 Gd 是 4 种稀土元素中提高矫顽力最有效的元素，这一点与 SmCo₅ 合金的实验结果类似。重稀土 Gd、Ho 及 Er 的取代导致 J_s 及 J_r 均出现不同程度的降低，这是因为重稀土原子与钴原子之间是反铁磁耦合。剩磁的降低也导致 $(BH)_{max}$ 的降低。Ce 作为一种轻稀土元素，它与 Co 原子之间是铁磁耦合，显著地增加了 J_s 及 J_r，进而提高室温下的 $(BH)_{max}$。

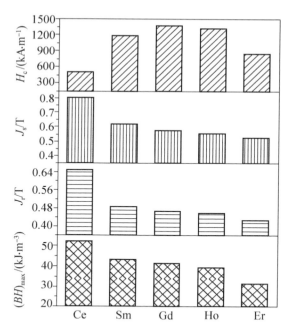

图 5 - 14　$Sm_{0.8}RE_{0.2}Co_{6.4}Si_{0.3}Zr_{0.3}$（RE = Ce、Sm、Gd、Ho 及 Er）
合金室温下的磁性能[49]

不同的稀土取代后的 $Sm_{0.8}RE_{0.2}Co_{6.4}Si_{0.3}Zr_{0.3}$ 合金的热稳定性研究结果表明，重稀土元素取代后剩磁温度系数在两种温度范围内（27 ～ 200 ℃及 27 ～ 400 ℃）的绝对值均明显减小，而轻稀土元素 Ce 取代后绝对值则出现增加，表明重稀土的取代改善了剩磁热稳定性。而对于矫顽力温度系数 β 的绝对值，在 27 ～ 200 ℃的温度范围内只有 Gd 改善了其热稳定性，而在 27 ～ 400 ℃的范围内，所有的稀土取代均改善了矫顽力热温定性。这表明稀土取代，特别是重稀土的取代在高温的情况下更有利于保持合金的磁性能。剩磁的减小主要发生在接近 400 ℃的高温度区间，矫顽力的损失则主要集中在 200 ℃以下的低温度区间。

研究表明，在 27 ～ 200 ℃范围内，Gd 取代获得了最佳的温度系数：$\alpha = -0.032$ ％/℃，$\beta = -0.269$ ％/℃。在 27 ～ 400 ℃范围内，Ho 的取代获得了最佳的温度系数：$\alpha = -0.064$ ％/℃，$\beta = -0.190$ ％/℃。稀土取代后的 $Sm_{0.8}RE_{0.2}Co_{6.4}Si_{0.3}Zr_{0.3}$ 合金的热稳定性要优于传统的 $SmCo_5$ 永磁体的热稳定性，同时比较接近 Sm_2Co_{17} 型永磁体的热稳定性。这些数据表明稀土取代后 $Sm_{0.8}RE_{0.2}Co_{6.4}Si_{0.3}Zr_{0.3}$ 合金具有优异的热稳定性。

5.3.2.3 碳及硼等小原子半径的元素掺杂

1. 一些研究结果

元素取代 Sm 和 Co 会明显改变 SmCo$_7$ 合金的内禀磁性能，但是其对组织结构的影响并不是特别明显，只有 Si 及 V 的添加具有细化晶粒的作用，而 Al 则粗化了晶粒。由于矫顽力对组织结构非常敏感，因此可以在元素替代后继续添加小原子半径的元素如碳 C 或硼 B 等细化晶粒，优化合金的组织结构，提高磁性能。

Chang 等[54]在 40 m/s 辊速下制备了快淬 SmCo$_{6.9}$Hf$_{0.1}$M$_{0.1}$ (M = B, C, Nb, Si, Ti) 合金，发现添加的 B 和 C 没有进入 SmCo$_7$ 晶格中，而是与 Sm 形成 Sm$_2$B$_5$ 和 Sm$_2$C$_3$，富集在 Sm(Co, M)$_7$ 晶粒周围，起到细化晶粒的作用，而 C 细化晶粒的能力比 B 要强很多。SmCo$_{6.9}$Hf$_{0.1}$ 晶粒大小为 100 ～ 400 nm；添加 B 后晶粒减小到 80 ～ 200 nm；添加 C 后晶粒减小到 30 ～ 100 nm，并且有少量的 Co 析出。B 与 C 的添加既提高了矫顽力又提高了剩磁，而第三元素 Nb、Si、Ti 的添加则只能提高矫顽力，降低了剩磁。Hsieh 等[55]发现快淬 SmCo$_{6.7}$Ge$_{0.3}$ 合金晶粒大小为 200 ～ 300 nm，而 SmCo$_{6.7}$Ge$_{0.3}$C$_{0.1}$ 的晶粒大小只有 30 ～ 50 nm，矫顽力从未加 C 时的4.5 kOe 增加到了添加 C 后的 11.4 kOe。在 Sm(Co, M)$_7$ (M = V, Zr, Ti, Hf) 合金的基础上添加 C，亦具有类似的规律。Shield 等[56]发现(Sm$_{0.12}$Co$_{0.88}$)$_{94}$Nb$_3$C$_3$ 合金添加 C 后晶间交换耦合作用增强是导致剩磁增强的主要原因。C 和 B 的添加量并不是越多越好，过量的 C 添加会导致 2:17 相 fcc-Co 相的析出，降低合金的矫顽力[57]。

Sun 等[58]将石墨换成了碳纳米管（CNTs），采用熔体快淬工艺制备了 SmCo$_{6.9}$Hf$_{0.1}$(CNTs)$_{0.1}$薄带。发现除了 1:7 相外，还有少量的 HfC 相出现。从电负性上讲，C、Co、Sm 和 Hf 的电负性分别是 2.50、1.70、1.07 和 1.23，电负性相差越大，原子之间越易结合，结合能力从高到低依次是 Sm-C、Hf-C、Hf-C 和 Hf-Sm。但是没有发现 Sm$_2$C$_3$，这与添加石墨碳的结果不同。其原因很有可能是由于 CNTs 与 Hf 的结合力比 CNTs 与 Sm 的结合力强。

除添加碳外，还可以添加碳的化合物，同样可以起到细化晶粒的作用。Li 等[59]添加 Cr$_3$C$_2$ 制备了 SmCo$_{7-x}$(Cr$_3$C$_2$)$_x$ (x = 0 ～ 0.25)薄带。矫顽力从 x = 0 时的 0.42 kOe 增加到 x = 0.2 时的 7.48 kOe，晶粒尺寸从 x = 0 时的 300 ～ 600 nm 减小到 x = 0.2 时的约 80 nm，在晶界处有 Cr:Co:C 为 3:1:5相。随后 Li 等[60]又添加了 VC 制备了(Sm$_{0.12}$Co$_{0.87}$Cu$_{0.01}$)$_{97}$(VC)$_3$ 薄带，TEM 分析显示在晶界处有富 C-Cu 相的存在，热处理后分解为富 C、富 Sm 和富 Cu 三种相，减小了 1:7 相之间的耦合作用，并可以起到畴壁

钉扎的作用，提高了矫顽力。

2. 碳添加对 $SmCo_{6.4}Si_{0.3}Zr_{0.3}$ 合金组织和性能的影响

碳添加细化了晶粒，改善了合金的组织结构，既提高了矫顽力又提高了剩磁。但是目前对碳添加的研究仅仅限于室温下的硬磁性能，作者研究组[49]就碳添加对 $TbCu_7$ 型 Sm-Co 合金的高温硬磁性能及热稳定性的影响进行了深入的研究。分析表明，添加不同 C 含量的快淬 $SmCo_{6.4}Si_{0.3}$-$Zr_{0.3}C_x$ 合金薄带都形成了 $TbCu_7$ 型晶体结构，其中 Zr 及 Si 的存在抑制了 $SmCo_5$ 及 Sm_2Co_{17} 相的形成。当 $x \leqslant 0.2$ 时，合金为 $Sm(Co,M)_7$ 单相。但是随着 C 含量的增加，当 $x \geqslant 0.3$ 时，逐渐有 ZrC 相析出。这意味着过量的 C 添加会消耗部分 Zr 原子形成 ZrC 相。图 5-15 为 $SmCo_{6.4}Si_{0.3}$ $Zr_{0.3}C_x(0.1 \leqslant x \leqslant 0.4)$ 快淬合金薄带自由面的 SEM 照片，晶粒全都是等轴晶。碳的添加导致了结构细化，晶粒大小从 $x=0.1$ 时的 850 nm 减小到了 $x=0.4$ 的 300 nm。ZrC 相析出后，处在 $Sm(Co,M)_7$ 相晶粒周围，起到了晶粒细化作用。

图 5-15　$SmCo_{6.4}Si_{0.3}Zr_{0.3}C_x(x=0.1 \sim 0.4)$ 合金薄带自由面的 SEM 照片[49]
(a)$x=0.1$；(b)$x=0.2$；(c)$x=0.3$；(d) $x=0.4$

不同 C 含量的 $SmCo_{6.4}Si_{0.3}Zr_{0.3}C_x$ 合金的室温磁性能如图 5-16 所示。在 $x=0 \sim 0.2$ 的范围内，H_c 及 $(BH)_{max}$ 均随着 C 含量的增加而增加。随后，

随着过量的 C 的添加则都呈下降趋势。$x = 0.2$ 时，$SmCo_{6.4}Si_{0.3}Zr_{0.3}C_{0.2}$ 合金获得最佳磁性能：$H_c = 1577$ kA/m，$(BH)_{max} = 52.1$ kJ/m³。这与图 5 – 15 中在 $x = 0.2$ 时具有临界单畴晶粒尺寸是吻合的，也是对单畴理论很好的证明。以上结果表明，由 C 含量决定的晶粒大小，对 TbCu₇ 型 Sm(Co，M)₇ 合金的磁性能影响很大。

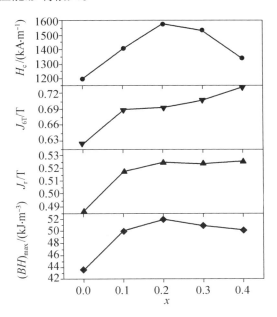

图 5 – 16 $SmCo_{6.4}Si_{0.3}Zr_{0.3}C_x(x = 0.1 \sim 0.4)$ 合金室温磁性能[49]

图 5 – 17 所示为 $SmCo_{6.4}Si_{0.3}Zr_{0.3}C_{0.2}$ 合金在 27 ℃、200 ℃和 400 ℃下的磁滞回线，合金的退磁曲线方形度很好，保证了大的磁能积。随着温度的升高，所有的性能指标呈下降趋势。但是在 400 ℃时，合金依然保持了高的永磁性能，H_c 高达 355 kA/m，J_r 达 0.32 T 和 $(BH)_{max}$ 为 12.3 kJ/m³。C 添加明显地提高了 $SmCo_{6.4}Si_{0.3}Zr_{0.3}$ 合金高温永磁性能。

C 的添加对 $SmCo_{6.4}Si_{0.3}Zr_{0.3}C_x$ 合金的热稳定性的影响如图 5 – 18 所示。α 与 β 的绝对值在 27 ～ 200 ℃及 27 ～ 400 ℃两种温度范围内均随着 C 含量的增加而减小，在 $x = 0.2$ 时热稳定性最佳。27 ～ 200 ℃及 27 ～ 400 ℃获得最佳剩磁温度系数 α，分别为 – 0.025 %/℃ 及 – 0.081 %/℃，矫顽力温度系数 β 的值分别为 – 0.268 %/℃ 及 – 0.215 %/℃。之后随着 C 含量的进一步增加又出现恶化的现象。$SmCo_{6.4}Si_{0.3}Zr_{0.3}C_{0.2}$ 合金温度系

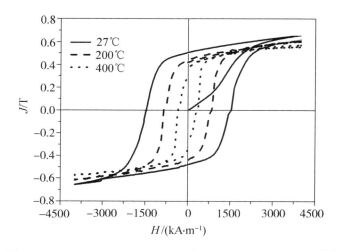

图 5 – 17 $SmCo_{6.4}Si_{0.3}Zr_{0.3}C_{0.2}$ 合金在不同温度下的磁滞回线[49]

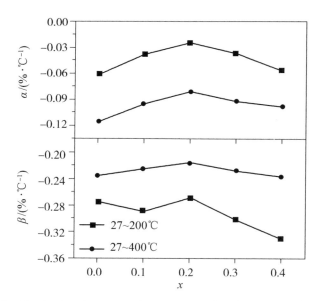

图 5 – 18 $SmCo_{6.4}Si_{0.3}Zr_{0.3}C_x(x=0\sim0.4)$ 合金在不同温度范围内
的剩磁温度系数及矫顽力温度系数[49]

数绝对值要小于 $SmCo_5$ 合金的温度系数的绝对值，并与传统的 2∶17 型
高温永磁体的温度系数十分接近。过低及过高的 C 含量都不利于合金热
稳定性的改善。低 C 含量($x \leqslant 0.1$)合金较粗糙的晶粒结构应该是低热

稳定性的原因。而 C 含量过高($x \geqslant 0.3$)，合金晶粒尺寸太小，不足以有效地抵挡高温下的热扰动，所以其热稳定性也不好。只有在临界单畴颗粒尺寸附近，即 $x = 0.2$ 时，合金取得最佳的热稳定性。

5.3.2.4 纳米晶 $Sm_{0.8}RE_{0.2}Co_{6.4}Si_{0.3}Zr_{0.3}C_{0.2}$ 合金的结构及性能

针对 C、Zr、Si 联合添加的快淬 $SmCo_{6.4}Si_{0.3}Zr_{0.3}C_{0.2}$ 合金，作者研究组[49]研究了稀土替代对 $Sm_{0.8}RE_{0.2}Co_{6.4}Si_{0.3}Zr_{0.3}C_{0.2}$(RE = Ce,Sm,Gd,Ho,Er)合金性能的影响。5 种合金均形成了 $TbCu_7$ 型纳米晶结构，这是因为有稀土取代的合金比没有稀土取代的合金中元素种类更多，其熵值更高，混乱程度更大，更容易形成非晶及纳米晶结构。

$Sm_{0.8}Er_{0.2}Co_{6.4}Si_{0.3}Zr_{0.3}C_{0.2}$ 合金 TEM 分析结果如图 5 – 19 所示。5 – 19a 表明，合金的晶粒十分细小，大约只有 20 nm，主要为 1∶7 相。图 5 – 19b 为几颗晶粒的高分辨图经傅里叶转变(FFT)为(Sm,Er)(Co,M)₇相，但在晶粒周围有非晶区域存在。在原始薄带中除了非晶相，还检测到了在 XRD 图谱中不容易区分的 Co 相，如图 5 – 19c 所示。

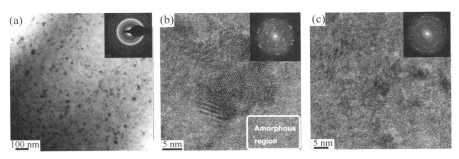

图 5 – 19 $Sm_{0.8}Er_{0.2}Co_{6.4}Si_{0.3}Zr_{0.3}C_{0.2}$ TEM 图[49]

(a)形貌；(b)与(c)为高分辨图，图中插图为快速傅里叶转换(FFT)

$Sm_{0.8}RE_{0.2}Co_{6.4}Si_{0.3}Zr_{0.3}C_{0.2}$ 合金的磁滞回线见图 5 – 20。在零场附近有稀土取代的退磁曲线上出现了明显的塌肩现象，这是合金中软硬磁相两相共存的明显特征，软磁相的存在直接导致了矫顽力的下降。TEM 分析表明，少量 R-Sm_2Co_{17}相、Co 相及非晶相的存在是导致塌肩出现的原因。但在 $SmCo_{6.4}Si_{0.3}Zr_{0.3}C_{0.2}$ 合金中没有出现塌肩，这与其元素种类相对较少(有 5 种元素，而有稀土取代的合金有 6 种元素)、熵值相对较低、$TbCu_7$ 相晶化较好有关。此外，起始磁化曲线的斜率很高，说明合金具有非常高的初始磁导率,特别是 Ho 及 Er 取代的合金,其磁化过程很有可能是由反磁化畴形核机制控制的。而 Co 相、R-Sm₂Co₁₇ 相及非晶相则可能是反磁化畴形核中心。

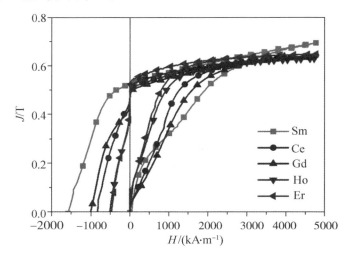

图 5 – 20 室温下的 $Sm_{0.8}RE_{0.2}Co_{6.4}Si_{0.3}Zr_{0.3}C_{0.2}$
合金起始磁化曲线及退磁曲线[49]

因为稀土取代后的 $Sm_{0.8}RE_{0.2}Co_{6.4}Si_{0.3}Zr_{0.3}C_{0.2}$ 合金磁性能及热稳定性不是很高,选取 $Sm_{0.8}Ho_{0.2}Co_{6.4}Si_{0.3}Zr_{0.3}C_{0.2}$ 合金薄带在 500 ~ 800 ℃ 的不同温度下进行了热处理。热处理后的起始磁化及退磁曲线见图 5 – 21。发现在 500 ℃ 热处理时塌肩现象依然存在,但是在 600 ℃ 及以上温度热处理时,退磁曲线中的塌肩现象消失了,方形度得以大幅提高,矫顽力及剩磁均得到明显增强。起始磁导率随着热处理温度的增加开始下降,受到了明显的抑制,特别是在 500 kA/m 处。矫顽力机制有从反磁化畴形核机制转向非均匀畴壁钉扎机制的趋势。

$Sm_{0.8}Ho_{0.2}Co_{6.4}Si_{0.3}Zr_{0.3}C_{0.2}$ 合金热处理后的矫顽力、剩磁随着热处理温度的升高而增加,在 700 ℃ 时获得最大值,矫顽力和剩磁分别为 1034 kA/m 和 0.56 T。$(BH)_{max}$ 也在 700 ℃ 时取得最大值 56.8 kJ/m³。随后在 800 ℃ 热处理后,矫顽力、剩磁及最大磁能积均出现下降的现象。在 800 ℃ 时 TbCu₇ 晶体结构的分解,可能是造成性能下降的原因。此外,剩磁比 J_r/J_s 均在 0.70 以上,说明合金中具有明显的晶间耦合作用,并在

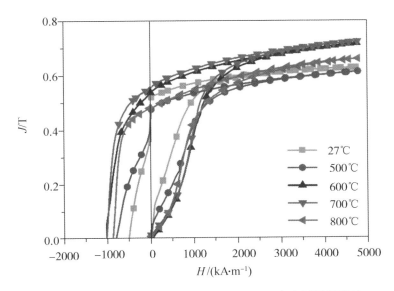

图 5-21　室温下 $Sm_{0.8}Ho_{0.2}Co_{6.4}Si_{0.3}Zr_{0.3}C_{0.2}$ 合金不同温度下
热处理 1 h 后的起始磁化曲线及退磁曲线[49]

700℃热处理后获得最高的剩磁比 0.77，其剩磁增强效应也是最强的。

图 5-22 为不同稀土取代的 $Sm_{0.8}RE_{0.2}Co_{6.4}Si_{0.3}Zr_{0.3}C_{0.2}$ 合金在 600℃热处理 1 h 后的起始磁化及退磁曲线。与 $Sm_{0.8}Ho_{0.2}Co_{6.4}Si_{0.3}Zr_{0.3}C_{0.2}$ 合金相似，塌肩现象消失，并且矫顽力及剩磁都明显增加，方形度得到明显改善。而且起始磁导率明显减小，具有非均匀畴壁钉扎机制的典型特征，Sm_2C_3、ZrC 相及晶界可能是钉扎中心。没有稀土取代的 $SmCo_{6.4}Si_{0.3}Zr_{0.3}C_{0.2}$ 合金的磁性能热处理前后变化不大，但其仍然保持着最大的矫顽力，热处理后为 1536 kA/m。Er 取代的 $Sm_{0.8}Er_{0.2}Co_{6.4}Si_{0.3}$-$Zr_{0.3}C_{0.2}$ 合金则取得最大剩磁（0.59 T），并因此而获得高达 58.8 kJ/m³ 的 $(BH)_{max}$。因此，通过稀土取代和热处理，可以获得磁性能最佳的纳米晶合金。

热处理后，$SmCo_{6.4}Si_{0.3}Zr_{0.3}C_{0.2}$ 的温度系数 α 和 β 变化不大，见表 5-6。稀土取代对 $Sm_{0.8}RE_{0.2}Co_{6.4}Si_{0.3}Zr_{0.3}C_{0.2}$ 合金的剩磁和矫顽力温度系数的影响不尽相同。重稀土 Gd、Ho 及 Er 取代的 $Sm_{0.8}RE_{0.2}Co_{6.4}Si_{0.3}$-$Zr_{0.3}C_{0.2}$ 合金的剩磁温度系数与 $SmCo_{6.4}Si_{0.3}Zr_{0.3}C_{0.2}$ 十分接近。而 $Sm_{0.8}Er_{0.2}Co_{6.4}Si_{0.3}Zr_{0.3}C_{0.2}$ 的 α 在 27～200℃及 27～400℃两个温度区间均获得了最佳值 -0.018 %/℃ 和 -0.078 %/℃。轻稀土 Ce 取代的

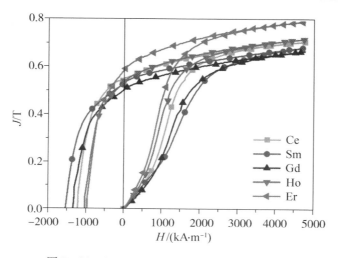

图 5 - 22　$Sm_{0.8}RE_{0.2}Co_{6.4}Si_{0.3}Zr_{0.3}C_{0.2}$ 合金在 600 ℃

热处理 1h 后的起始磁化曲线及退磁曲线[49]

$Sm_{0.8}RE_{0.2}Co_{6.4}Si_{0.3}Zr_{0.3}C_{0.2}$ 合金的剩磁温度系数依旧很差，但是其矫顽力温度系数 β 则很优异，并在 27 ～ 200℃ 时获得最佳值 -0.295 %/℃。$SmCo_{6.4}Si_{0.3}Zr_{0.3}C_{0.2}$ 合金矫顽力温度系数在 27 ～ 400℃ 时获得最佳值 -0.224 %/℃。

表 5 - 6　$Sm_{0.8}RE_{0.2}Co_{6.4}Si_{0.3}Zr_{0.3}C_{0.2}$ 合金热处理后与传统的 1：5 型

及 2：17 型磁体温度系数[49]

永磁材料	$\alpha/(\% \cdot ℃^{-1})$	$\beta/(\% \cdot ℃^{-1})$
$Sm_{0.8}Er_{0.2}Co_{6.4}Si_{0.3}Zr_{0.3}C_{0.2}$	$-0.018(27 \sim 200℃)$	$-0.326(27 \sim 200℃)$
	$-0.078(27 \sim 400℃)$	$-0.235(27 \sim 400℃)$
$Sm_{0.8}Ce_{0.2}Co_{6.4}Si_{0.3}Zr_{0.3}C_{0.2}$	$-0.050(27 \sim 200℃)$	$-0.295(27 \sim 200℃)$
	$-0.133(27 \sim 400℃)$	$-0.229(27 \sim 400℃)$
$Sm_{0.8}Ho_{0.2}Co_{6.4}Si_{0.3}Zr_{0.3}C_{0.2}$	$-0.025(27 \sim 200℃)$	$-0.318(27 \sim 200℃)$
	$-0.085(27 \sim 400℃)$	$-0.231(27 \sim 400℃)$
$Sm_{0.8}Gd_{0.2}Co_{6.4}Si_{0.3}Zr_{0.3}C_{0.2}$	$-0.019(27 \sim 200℃)$	$-0.302(27 \sim 200℃)$
	$-0.080(27 \sim 400℃)$	$-0.230(27 \sim 400℃)$

永磁材料	$\alpha/(\% \cdot ℃^{-1})$	$\beta/(\% \cdot ℃^{-1})$
SmCo$_{6.4}$Si$_{0.3}$Zr$_{0.3}$C$_{0.2}$	$-0.021(27 \sim 200℃)$	$-0.296(27 \sim 200℃)$
	$-0.085(27 \sim 400℃)$	$-0.224(27 \sim 400℃)$
1 : 5 型	$-0.045(25 \sim 350℃)$	$-0.40(25 \sim 250℃)$
2 : 17 型	$-0.030(25 \sim 350℃)$	$-0.20(25 \sim 300℃)$

总的来说，热处理后 Sm$_{0.8}$RE$_{0.2}$Co$_{6.4}$Si$_{0.3}$Zr$_{0.3}$C$_{0.2}$ 合金的热稳定性要优于传统的 SmCo$_5$ 永磁体，比较接近 Sm$_2$Co$_{17}$ 型永磁体的热稳定性。Ce作为一种轻稀土元素，对剩磁温度系数是不利的，但对矫顽力温度系数影响不大。

同样，以 Sm$_{0.8}$Er$_{0.2}$Co$_{6.4}$Si$_{0.3}$Zr$_{0.3}$C$_{0.2}$ 合金为例，用 TEM 研究热处理后的微观组织，结果如图 5 – 23 所示。热处理后晶粒长大到约 100 nm，衍射环证实为 1 : 7 相。在热处理后的带材中检测到了 R-Sm$_2$Co$_{17}$ 相，见图 5 – 23c，并未检测到非晶相及 Co 相。结果表明，Sm$_{0.8}$Er$_{0.2}$Co$_{6.4}$Si$_{0.3}$-Zr$_{0.3}$C$_{0.2}$ 合金热处理后晶粒长大，产生晶化很好的 (Sm, Er)(Co, M)$_7$ 相，提高了合金的矫顽力及剩磁。而少量的 R-Sm$_2$Co$_{17}$ 相的存在，可以与 (Sm, Er)(Co, M)$_7$ 相较好地耦合在一起，有利于剩磁的增加。

图 5 – 23　Sm$_{0.8}$Er$_{0.2}$Co$_{6.4}$Si$_{0.3}$Zr$_{0.3}$C$_{0.2}$ 热处理后 TEM 图[49]

（a）形貌图；（b）（c）高分辨图（图中插图为快速傅里叶转换（FFT）图）

5.3.3　快淬 SmCo$_7$ 永磁合金的工艺优化

5.3.3.1　快淬辊速对磁体组织和性能的影响

图 5 – 24 显示了作者研究组在不同辊速下制备的 SmCo$_{6.8}$Zr$_{0.2}$ 合金薄

带自由面(与铜辊不接触面)的 XRD 图谱[49]。在所有辊速下都形成了纯的 1 : 7 单相。在低辊速下制备的 $SmCo_{6.8}Zr_{0.2}$ 的 c 轴具有平行于薄带平面方向的取向。随着辊速的提高,择优取向减弱。类似的辊速引起的各向异性现象在快淬 $SmCo_5$ 合金薄带及 NdFeB 薄带中也有出现。但是,与 NdFeB 薄带中 c 轴垂直于薄带平面方向不同,$SmCo_7$ 合金的取向平行于带材面。择优取向的形成主要是因为薄带形成过程中存在从贴辊面到自由面温度逐渐升高的温度梯度,1 : 7 相晶体结构的密排面(200)沿温度梯度方向生长,导致晶体学 c 轴平行于薄带平面长轴方向。

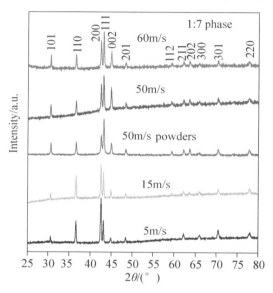

图 5 - 24   不同辊速下制备的 $SmCo_{6.8}Zr_{0.2}$
合金薄带 XRD 图谱[49]

图 5 - 25 为不同辊速制备的 $SmCo_{6.8}Zr_{0.2}$ 合金薄带自由面 SEM 图。在 5 m/s 及 15 m/s 的低辊速下(图 5 - 25a、b)晶粒呈长轴状,长度为 6 ~ 9 μm,而且长晶粒中有次结构存在。在辊速 30 m/s 及 40 m/s(图 5 - 25c、d),晶粒变为等轴晶,大小约为 3 μm,可以看到有针状物存在于等轴晶粒旁边,这应该是细小晶粒长大后的残留,具体机理还有待研究。在高辊速(50 m/s 及 60 m/s)下(图 5 - 25e、f),晶粒仍旧保持等轴状,晶粒变得更加细小均匀,平均直径约为 1 μm。随着辊速由低到高,晶粒逐渐由长轴状转变成等轴状,晶粒尺寸也明显减小。结果表明,辊速对晶粒

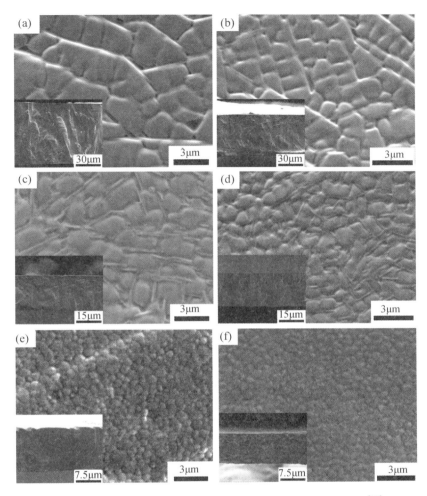

图 5 – 25 不同辊速下制备的 $SmCo_{6.8}Zr_{0.2}$ 薄带自由面 SEM 图[49]

（a）5 m/s；（b）15 m/s；（c）30 m/s；（d）40 m/s；（e）50 m/s；（f）60 m/s

的形状及尺寸有明显影响。

图 5 – 26a 为 $SmCo_{6.8}Zr_{0.2}$ 合金薄带面内和面外方向的矫顽力。可以看出面外方向的矫顽力高于面内方向的矫顽力，且两个方向的矫顽力均随辊速的提高而增加。面内方向的矫顽力从 5 m/s 时的 47 kA/m 增加到 60 m/s 的 982 kA/m。面外方向的矫顽力则从 5 m/s 时的 123 kA/m 增加到 60 m/s 时的 1076 kA/m。H_{c-out}/H_{c-in} 随着辊速的提高逐渐降低，见图 5 – 26b。当辊速增加到 60 m/s 时，H_{c-out}/H_{c-in} 为 1.1，已经非常接近 1。

说明面内及面外方向的矫顽力随着辊速的增加逐渐趋同，矫顽力各向异性现象趋于弱化。

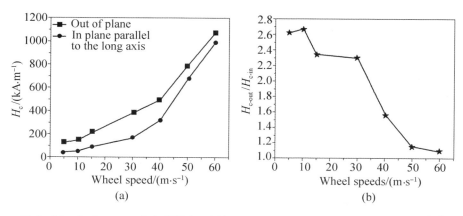

图 5-26　$SmCo_{6.8}Zr_{0.2}$ 合金薄带在不同辊速下的矫顽力（a）及 $H_{c\text{-out}}$／$H_{c\text{-in}}$ 值（b）[49]

Ramesh 等[61]提出烧结 NdFeB 合金的矫顽力与晶粒大小的平方的对数呈负相关的关系。我们发现快淬 $SmCo_{6.8}Zr_{0.2}$ 合金薄带的矫顽力与辊速之间也存在类似关系，如图 5-27 所示。垂直于薄带平面方向的矫顽力与对应晶粒大小（D）的平方的对数（即 $2lgD$）呈近乎线性的负相关关系。分析其原因，矫顽力与晶粒表面的缺陷呈负相关。晶粒变小后，增加的晶界可以作为钉扎中心，抑制反磁化畴的形成和畴壁的运动，进而提高矫顽力。另外，根据单畴理论，矫顽力在晶粒大小为单畴颗粒临界尺寸

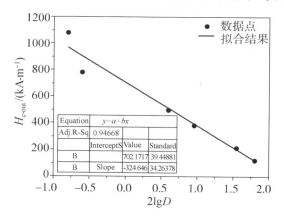

图 5-27　面外方向的矫顽力与晶粒尺寸
的对数的关系[49]

时会获得最大矫顽力，随着辊速的提高，晶粒逐渐接近 Sm-Co 合金的单畴颗粒临界尺寸 $0.5 \sim 1 \ \mu\mathrm{m}$，进而提高矫顽力。类似的结果在其他 Sm-Co 合金中也有发现。

5.3.3.2 球磨和热处理对快淬 $SmCo_{7-x}Zr_x$ 合金结构及磁性能的影响

低辊速下 SmCo₇ 合金的晶粒很大，同时矫顽力很低。即使是在 $60 \ \mathrm{m/s}$ 的辊速下晶粒大小仍然接近 $1 \ \mu\mathrm{m}$。为细化晶粒，作者研究组[49]对 $10 \ \mathrm{m/s}$ 辊速下制备的 $SmCo_{6.8}Zr_{0.2}$ 合金薄带进行了球磨处理，以期获得高性能的 Sm-Co 合金粉末。图 5 - 28 为 $SmCo_{6.8}Zr_{0.2}$ 薄带及经不同时间球磨后的粉末的磁性能。随着球磨时间的延长，合金矫顽力从薄带未经球磨的 $47 \ \mathrm{kA/m}$ 增加到球磨 8 h 后的 $300 \ \mathrm{kA/m}$，随后矫顽力开始下降。剩磁从未球磨时的 0.39 T 增加到球磨 8 h 后的 0.84 T。继续增加球磨时间，剩磁开始明显下降。XRD 分析表明，球磨明显地细化了晶粒。因此，矫顽力在球磨初期的增加是因为球磨细化了晶粒并在球磨 2 h 后得到纳米晶结构，获得最高的矫顽力。随着球磨时间的增加，$Sm(Co,M)_7$ 相的晶体结构发生破坏，开始析出 Co 相及非晶相，并因此在球磨 8 h 后获得最高的剩磁。继续增加球磨时间，非晶相增多，矫顽力及剩磁均呈明显下降趋势。

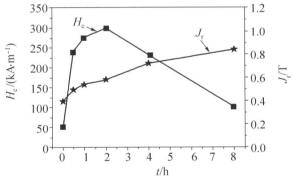

图 5 - 28 $SmCo_{6.8}Zr_{0.2}$ 合金薄带及其球磨
不同时间后的磁性能[49]

适当的球磨可以提高 $SmCo_{7-x}Zr_x$ 合金的磁性能。同样，热处理也可以进一步提高薄带的磁性能。实验选取辊速为 $50 \ \mathrm{m/s}$ 制备的 $SmCo_{6.7}Zr_{0.3}$ 合金薄带在 $300 \sim 900 \ ℃$ 下分别进行了 1 h 的热处理后水冷，图 5 - 29 为热处理后的 XRD 图谱。在较低温度下（$300 \sim 650 \ ℃$）热处理，合金晶体结构并未发生明显变化，保持 TbCu₇ 型晶体结构。在 $700 \ ℃$ 时，$Sm(Co,M)_7$

相的(200)与(111)峰的界限开始变弱。在750 ℃时，所有的衍射峰开始
出现宽化，(200)与(111)峰几乎合并到一起。这表明在700～750 ℃温
度范围，$SmCo_{6.7}Zr_{0.3}$处在明显相变前的准备阶段，可能已经有微小的相
变发生，即合金由$Sm(Co,M)_7$相开始分解成$SmCo_5$及Sm_2Co_{17}相。在
800 ℃时，$Sm(Co,M)_7$相的(111)峰转变成了Sm_2Co_{17}相的(200)。同时
(101)峰也转变成Sm_2Co_{17}相的峰。在850 ℃时，出现了明显的$SmCo_5$相
的(200)、(111)及(002)衍射峰。同时$Sm(Co,M)_7$相的(110)峰转变成
$SmCo_5$及Sm_2Co_{17}相的(110)峰。在900 ℃时，$Sm(Co,M)_7$相已经完全转
变成了$SmCo_5$及Sm_2Co_{17}相。此外，还有少量Co_2Zr及$Co_{23}Zr_6$相出现。

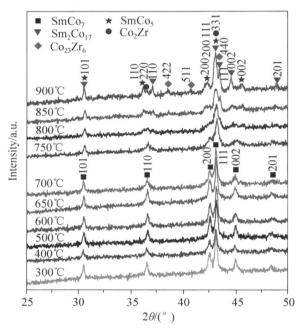

图 5-29 $SmCo_{6.7}Zr_{0.3}$合金不同温度下热处理 1h 后的 XRD 谱[49]

不同温度热处理后合金的磁性能如图 5-30 所示。矫顽力随着热处
理温度的升高而增加，并在650 ℃获得最大值1560 kA/m。这是因为热处
理后合金成分更加均匀，合金的微结构得到优化。温度继续升高，矫顽力
开始逐渐下降，900 ℃下热处理合金的矫顽力为 590 kA/m。剩磁及饱和磁
极化强度则分别在400 ℃及750 ℃(或800 ℃)出现两个峰值。最大剩磁为
400 ℃时的 0.60 T，最大饱和磁极化强度为400 ℃时的0.73 T。这两个峰

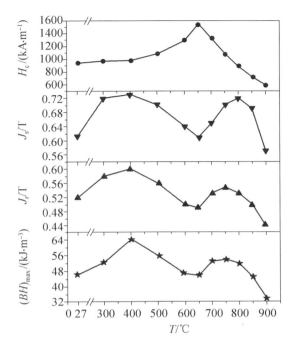

图 5 - 30   SmCo₆.₇Zr₀.₃ 合金不同温度热处理 1 h 后的磁性能[49]

值是由不同的物相结构引起的。400 ℃时的峰值为 Sm(Co,M)₇ 单相,而 750 ℃(或 800 ℃)的峰值则是由 Sm(Co,M)₇ 相发生分解后产生的 SmCo₅、Sm₂Co₁₇ 及剩余 Sm(Co,M)₇ 相共存的情况下出现的。(BH)ₘₐₓ 受剩磁影响明显,其随热处理温度变化规律与剩磁类似,在 400 ℃ 时获得最大值 64.5 kJ/m³。

根据上述实验结果,可以将热处理过程划分成 4 个阶段:在 27 ~ 400 ℃ 较低温度下合金保持初始的晶体结构,同时由于成分均匀化及微观组织的优化引起矫顽力及剩磁的增强。在 400 ~ 650 ℃,晶界变得光滑,并且在 50 m/s 辊速下未能完全消除的织构现象得到弱化,晶粒取向变得杂乱无章,导致矫顽力迅速上升至峰值,同时剩磁开始出现下降。在 650 ~ 750 ℃,少量的 Sm(Co,M)₇ 相开始分解成 SmCo₅ 及 Sm₂Co₁₇ 相。由于 Sm₂Co₁₇ 相的出现,剩磁开始增加,矫顽力开始下降。最终在 750 ~ 900 ℃,Sm(Co,M)₇ 相完全转变成 SmCo₅ 及 Sm₂Co₁₇ 相。在高温区磁性能又开始出现下降,是因为热处理温度较高导致 Co₂₃Zr₆ 及 Co₂Zr 相的出现,同时较高温度下热处理,致使晶粒过分长大,组织结构恶化,导致剩磁及矫顽力迅速下降。

5.4　纳米结构 SmCo 永磁材料及其制备技术

相比 NdFeB 合金，SmCo 永磁具有更好的高温性能和温度稳定性，特别是，SmCo 合金具有更好的抗氧化和耐腐蚀性能，这使得其在纳米材料领域具有更好的实用性。

5.4.1　SmCo 永磁薄膜

微电子机械系统(MEMS)的关键技术是机电系统的微型化和集成化，而永磁薄膜是实现 MEMS 电磁驱动效应的关键功能材料之一。它可以集成到微型器件中提供一个强的局域磁场等。SmCo 合金具有优异的内禀磁学特性和低的温度系数，可以满足永磁薄膜体积小、重量轻和性能稳定的要求，在这些领域具有较大的应用前景。此外，由于 $SmCo_5$ 薄膜本身具有的超高的磁晶各向异性(K_u 值可达 $11 \times 10^7 \sim 20 \times 10^7 erg/cm^3$)、最小的稳定颗粒尺寸(可小至 2.4 nm)，有望实现 $50 \sim 100$ Tbits/in 的存储密度，因此 SmCo 薄膜在磁记录介质方面前景非常乐观。

5.4.1.1　SmCo 单层薄膜的制备方法及其性能

1. 制备方法

由于 Sm 极易氧化，SmCo 薄膜制备手段受到了限制，需要较高的真空度，目前常用的制备方法有溅射沉积法和脉冲激光沉积法(PLD)。

在 $SmCo_5$ 永磁体出现后不久，就有人采用磁控溅射法制备 SmCo 薄膜。1983 年，Cadieu 等[62]报道了他们在添加 1.75 kOe 面内磁场的情况下，在 600 ℃的 Al_2O_3 基片上使用磁控溅射法成功制备了具有面内各向异性的 $SmCo_5$ 薄膜，平行于面内方向的矫顽力为 8.9 kOe。针对垂直各向异性薄膜，日本的 Takei 等[63]在 Cu 底层上成功制备了具有垂直各向异性的 $SmCo_5$ 晶化薄膜，薄膜垂直于面内方向的矫顽力达到了 9.6 kOe，磁滞回线具有较好的方形度。

1998 年，Cadieu 等[64]首先采用 PLD 法成功制备了 SmCo 基薄膜，通过加热基片到 375 ℃，采用挡板模式沉积获得了矫顽力为 9.7 kOe、具有较好面内各向异性的 $SmCo_5$ 薄膜。他们也尝试了在不同种类的基片上沉积 $SmCo_5$，发现薄膜的相结构和磁性能对基片材料的成分和结构不敏感，而对薄膜磁性能影响最大的因素为脉冲激光能量，在较大的激光能量下才有可能获得矫顽力较大的 1:5 相薄膜[65]。

Cadieu 等获得的薄膜具有面内各向异性，易磁化轴位于面内，而对于磁记录介质来说，获得垂直各向异性是非常重要的。2002 年，Neu 等[66]提出在沉积时通入一定量的氩气，使工作压力维持在 6 Pa 的情况下，可以用 PLD 法制备具有垂直各向异性的 $SmCo_5$ 薄膜。主要原理可以归结为，在高真空情况下进行溅射的时候，$SmCo_5$ 相本身较小的杂散场会促使其易磁化轴（c 轴）沿面内生长，而通入一定的气体之后，腔体中具有高动能的等离子体会打破这一过程，从而调整薄膜的生长方式。另外，Seifert 等[67]的研究表明，在具有（001）取向的 Al_2O_3 基体上沉积一层具有单一取向的 Ru 层，通过控制 $SmCo_5$ 薄膜的厚度，可以外延生长具有较好垂直各向异性的 $SmCo_5$ 薄膜，所得到的薄膜垂直面内方向的磁性能可以达到：$J_s = 0.99$ T，$\mu_0 H_c = 1.35$ T，$(BH)_{max} = 179$ kJ/m^3。

2. 溅射沉积法制备 SmCo 薄膜

溅射是目前最主要的 SmCo 薄膜制备工艺。为了得到磁性能更加优良的薄膜，研究人员不断地优化工艺，来获得性能更加优越的材料。

（1）溅射工艺参数对薄膜的影响。

溅射法制备 SmCo 薄膜的工艺参数对 SmCo 薄膜的性质均有不同的影响。其中主要参数有：本底真空度、溅射气压、靶基距、溅射功率、基片温度等。

本底真空度会影响薄膜的结构、纯度及附着度。要获得好的 SmCo 薄膜，采用的本底真空度一般应小于 3.6×10^{-5} Pa。

Speliotis 等[68]报道了在不同的氩气气压下溅射 SmCo 薄膜，在保持沉积功率和基片温度恒定的情况下，随着气压的变化（$2.4 \sim 4.0$ Pa），所得到的薄膜的相结构也有一定的变化，其中薄膜中 Sm 的质量分数为 11%～17% 时，薄膜中就可能形成 $SmCo_7$ 和 $SmCo_5$ 相。在气压为最小的 2.4 Pa 时，薄膜中主相为 1∶7 相；随着气压增大，薄膜中 Sm 含量上升，在气压为 4.0 Pa 时，主相为 1∶5 相。随着相结构变化，薄膜磁性能也相应变化。在低压低 Sm 含量的时候，薄膜剩磁较高，随着气压增加，薄膜矫顽力增加，剩磁降低。

彭龙等[69]研究表明，保持工作气压一定，当溅射功率较高时，薄膜主要为 Th_2Ni_{17} 相和 $TbCu_7$ 相共存的结构，还包括少量的 $CaCu_5$ 相。当溅射功率密度降低到一定程度，薄膜为 $TbCu_7$ 单相结构。随着溅射功率密度进一步降低，薄膜为 $CaCu_5$ 相和 $TbCu_7$ 相共存的结构。其他人的研究工作也表明溅射功率是影响溅射速率最主要的因素，随着溅射功率的增大，薄膜的沉积速率逐渐提高。

溅射时间是决定薄膜厚度的直接因素，而薄膜的厚度对相的组成和磁性能也有很大的影响。Li 等[70]发现，经 550℃退火的含 Sm 质量分数为 18% 的薄膜中，当薄膜厚度低于 30 nm 的时候，薄膜中仍保留一定量的软磁非晶相。而随着厚度的增加，薄膜的矫顽力降低、剩磁增加。主要原因是随着薄膜厚度增加，$SmCo_5$ 相的结晶度越来越好，晶粒与晶粒之间的交换耦合逐渐增加，导致矫顽力降低、剩磁增强。Takei 等[71]的工作也表明薄膜较厚时，成相的效果较好，晶粒之间的交换耦合作用较强。但薄膜厚度的控制也要基于不同的溅射工艺，以获得较好的磁性能。

基片温度是决定薄膜结构的重要因素。基片温度较高时，达到基片表面的原子或离子仍然具有很大的能量，移动和扩散速度很快，所以形成的薄膜比较致密、均匀。从某种意义来说，采用不同的基片温度就相当于薄膜在成膜之后经历了不同温度的退火处理，对薄膜的成相织构的形成有一定的作用。例如，在 Cu 的过渡层上镀 $SmCo_5$ 薄膜时，加热基片有利于 Cu 的扩散，促进 1∶5 相的形成和稳定[72]。

（2）过渡层对薄膜的影响。

相对于直接溅射在基片上，首先溅射一层底层对 SmCo 薄膜的磁性能和取向有很大的改善作用。由于 Cr 的晶体结构与密排六方 hcp 结构 Co 基薄膜的外延生长相匹配，容易促进 Co 基薄膜的面内取向，因此 Cr 是 Co 基薄膜中最常用的底层薄膜[73]。Cr 底层的厚度对薄膜的磁性能影响不大，但其本身的织构度对薄膜的各向异性有较大的影响。Romero 等[74]的研究表明，当基片温度为室温的时候，溅射的 Cr 层呈现出较好的 [110]织构；而加热基底到 325℃，对磁性能造成了较大影响。进一步的研究发现，Cr 底层仍然与 Co 基薄膜的晶格有一定的失配度，通过向 Cr 层添加其他元素，可以使 Cr 层和 SmCo 磁性层之间的晶格失配减小。研究表明，V、Ti、Mn 元素的加入可以减小晶格失配，Xu 等[75]在 Cr 层加入 Ti 元素得到了 CrTi 底层膜，发现 Ti 的加入能使 CrTi 膜保持较好的 [110]织构，相比直接在 Cr 膜上溅射的 SmCo 薄膜，CrTi/SmCo 薄膜的矫顽力、磁滞回线方形度都比较大。

因为 Cu(111)取向刚好和 $SmCo_5$ 薄膜的(001)取向相匹配，有利于薄膜形成垂直各向异性，因此在 Cu 底层上可以溅射制备具有垂直各向异性的 $SmCo_5$ 薄膜。为了进一步提高薄膜的垂直各向异性，很多研究者做了深入的研究。Sayama 等[76]发现 Cu 底层的粗糙度对薄膜的各向异性也有较大的影响，粗糙度较低的 Cu 层所得到的薄膜有较好的垂直各向异性，而且在 Cu 层和基片之间引入 Ti 层［SmCo（25nm）/Cu（100nm）/Ti（25nm）/glass］形成的多层薄膜，展现出良好的磁性能和垂直各向异性，其中薄膜垂直面内方向的各向异性常数 K_u 达到了 $4.0 \times 10^7 \mathrm{erg/cm}^3$，矫顽力达到了 12 kOe，剩磁比为 1。Ti 层的作用主要可以减小 Cu 层的粗糙度。如此大的矫顽力，在均匀的各向异性薄膜中是很少见的，因为均匀的组织和晶粒间较强的耦合作用使磁畴壁的位移没有钉扎中心[77]。关于如此大矫顽力的来源，Takahashi 等[78]指出，Cu 不仅作为 $SmCo_5$ 相外延生长的底层，一部分 Cu 元素还会扩散进入 SmCo 薄膜中形成 $Sm(CoCu)_5$ 相，而 $Sm(CoCu)_5$ 相的磁晶各向异性随着 Cu 含量的增加会减小，正是这种各向异性的不均匀分布成为畴壁位移的钉扎中心。

作为理想的垂直磁记录介质的材料，细小的晶粒是提高磁记录密度的前提。但是在 Cu 底层上溅射的 $SmCo_5$ 薄膜的晶粒往往过大，所以如何控制 $SmCo_5$ 相的晶粒大小也是目前研究的热点。Morisako 等[79]指出，单纯的 Cu 底层中的 Cu 的晶粒大小约为 1 μm，在此基础上外延生长 $SmCo_5$ 相也会导致晶粒粗大。所以控制 Cu 底层中的晶粒尺寸尤为重要。他们选择加入与 Cu 元素不互溶 Cr 元素。作为对比，采用磁控溅射法制备了 $SmCo(40 \text{ nm})/Cu(200 \text{ nm})/Cr(5 \text{ nm})$ 和 $SmCo(40 \text{ nm})/CuCr(200 \text{ nm})/Cr(5 \text{ nm})$ 的薄膜，图 5-31 是制备的 SmCo 薄膜的 AFM 图，直接在 Cu 层上溅射的 SmCo 薄膜的晶粒尺寸约为 300 nm，而在 CuCr 层上得到的晶粒尺寸为 40 nm，粗糙度也从 3.2 nm 下降到了 1 nm。Liu 等[80]也提出，采用具有 [002] 取向的 Ru 层作为底层能有效降低 $SmCo_5$ 薄膜的晶粒尺寸。为了得到更好的垂直各向异性，在 Ru 元素中添加少量的 Cr 元素可以减小 Ru[002] 晶面与外延生长 SmCo 薄膜晶面的失配度，在此基础上得到的 SmCo 薄膜垂直面内方向的矫顽力为 11 kOe，剩磁比接近 1，晶粒尺寸更是降低到了 17 nm。

图 5-31　在 Cu 层(a)和 CuCr(b)层上沉积 SmCo 薄膜的 AFM 图[79]

5.4.1.2　SmCo 多层纳米复合薄膜的制备及其性能

具有交换弹性结构的纳米复合永磁作为一种新型的永磁材料，受到越来越多的关注。传统工艺制备的纳米复合永磁体多为各向同性的，剩磁比 M_r/M_s 的提高大多依赖颗粒间耦合。而各向异性的薄膜可以有效地提高剩磁和最大磁能积。在以上讨论中提到，目前可以采取不同底层的方法得到不同取向的 SmCo 薄膜，其中采用 Cr 可以得到较好的面内各向异性薄膜，采用 Cu 层可以得到较好的垂直各向异性薄膜。此外，双相多层交换弹性永磁薄膜可以得到比单相薄膜更大的磁能积。

1998 年，Fullerton 等[81]首先报道了用磁控溅射法制备的各向异性的双相多层交换弹性 SmCo/Co 永磁薄膜，溅射过程为：首先在 MgO(100) 基片上镀 100 nm 的 Cr(100) 膜，然后促进 SmCo($11\overline{2}0$) 晶面匹配 Cr 的 (200) 晶面生长，形成 SmCo/Co 的超点阵结构，并具有强烈的交换耦合作用。薄膜的矫顽力随着 Co 层厚度的增加而减小，在 SmCo 层为 45 nm 的情况下，当 Co 层在 0 ~ 20 nm 之间的时候，薄膜的退磁曲线呈现出单相退磁曲线特征，说明耦合作用良好；当 Co 层大于 30 nm 后，薄膜的退磁曲线明显呈现出两相退磁特征。为进一步提高磁性能，研究者采用 M_s 更高的 Fe 作为软磁层形成了 SmCo/Fe 交换耦合膜，但发现在热处理的过程中，Fe 容易扩散进入 SmCo 层降低硬磁相的各向异性场[82]。为解决这一问题，Zhang 等[83]在 SmCo 层和 Fe 层之间加入了 0.5nm 厚度的 Cu 层，Cu 既可以扩散进入 SmCo 层促进 Sm(CoCu)$_5$ 相的形成，又可以阻止 Fe 扩散进入 SmCo 层，提高了薄膜的矫顽力。在热处理过程中，除了 Fe 有可能扩散进入 SmCo 相之外，Co 也可能扩散进入 Fe 层，并在界面处形成 FeCo 混杂相，而这一扩散被证明有利于增加薄膜的交换耦合作用，从而增强磁性能。

理论上，软硬磁层之间如果有一个完美共格的晶面，薄膜的交换作用和磁性能将会达到最优。但是目前制备的薄膜中，软磁相的反磁化场较低成为获得高磁能积的一大限制。软磁相的磁矩如果要与硬磁相保持一致，外加磁场有一个上限值就是交换场 H_{ex}，H_{ex} 也是软磁相反磁化形核场的 H_n 的上限值。而 H_{ex} 只与软磁相的交换常数和厚度有关[84]，这一理论上的限制也成为提高磁能积的最大限制之一。从这一点出发，对以上提到的 SmCo/Fe 双相薄膜进行热处理之后，H_n 上升，磁性能也上升，是否对 H_{ex} 有所提升呢？Jiang 等[85]率先研究了不同阶段的热处理对

SmCo/Fe 双相薄膜组织和性能的影响，SmCo(20 nm)/Fe(10 nm)薄膜在 300 ℃和 400 ℃热处理之后，矫顽力虽然有所下降，但软磁相的 H_n 逐渐升高，分别提升到 4 kOe 和 6 kOe，薄膜在 330 ℃热处理之后获得最大的磁能积[$(BH)_{max} = 27.7$ MGOe]。研究其微观结构，从图 5-32 中 EELS 元素的面扫描和线扫描图可以看出，在热处理之前 Fe 和 Co 之间的界面非常清晰，而 400 ℃热处理之后界面间有很大一部分区域出现 Fe 和 Co 的混杂区。其他研究者[86]也发现在 FeCo 互扩散的界面层中，Fe 和 Co 的分布不均匀，有富 Fe 的区域也有富 Co 的区域，部分的 FeCo 相呈现 bcc 结构。Saravanan 等[82]发现随着热处理温度的升高，薄膜中 bcc-FeCo 相的晶格参数逐渐减小，因为更多的 Co 元素进入 bcc-FeCo 相晶格，同时软磁层的厚度也随着热处理温度的上升而增加。

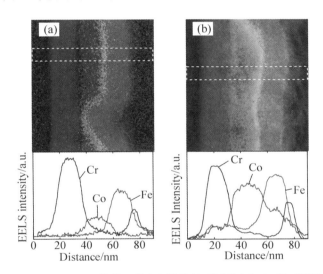

图 5-32　400 ℃热处理前(a)及热处理后(b)SmCo/Fe 薄膜的 EELS 元素面扫描和线扫描图[85]

为进一步提高薄膜的磁能积，Neu 等[87]提出采用多层膜的方法制备 $(SmCo_5/Fe)_n/SmCo_5(n = 1 \sim 5)$ 薄膜。试验中薄膜的总厚度保持不变，$SmCo_5$ 相的总厚度为 50 nm，Fe 相的总厚度为 25 nm，随着 n 的增大，其中每一单层的薄膜的尺寸都在减小。图 5-33 是不同层数薄膜的磁滞回线，可以看出，随着 n 的增大薄膜的矫顽力单调递减，当 $n=1$(Fe 层厚度约为 23 nm)时，可以明显观察到存在两步退磁过程，说明在达到薄膜

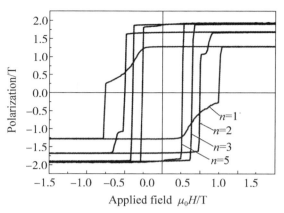

图 5 – 33 （SmCo$_5$/Fe）$_n$/SmCo$_5$（$n = 1 \sim 5$）薄膜的磁滞回线[87]

的矫顽力之前，软磁相已经达到了 H_n，首先发生偏转。当 $n \geqslant 2$ 的时候，这一不同步的现象就完全消失，退磁曲线呈现出完全耦合的单相各向异性。随着 n 的增大薄膜的剩磁也不断增加，主要是因为更多的 Co 进入了 Fe 层，形成了 M_s 更高的 FeCo 相，薄膜的 $(BH)_{max}$ 在 $n = 2$ 和 3 的时候都超过了 400 kJ/m³，是目前报道的 SmCo/Fe 薄膜中获得的最大值。

5.4.2 SmCo 永磁纳米颗粒

合成 SmCo 磁性纳米颗粒的方法也可大致分为物理合成法与化学合成法，这里主要介绍化学合成法和物理合成法的新型球磨技术。

5.4.2.1 化学合成

用化学法制备 SmCo 纳米颗粒相对于其他方法来说成本较低，而且容易实现量产，同时对于纳米颗粒的尺寸和成分的控制性更强。2002年，Ono 等[88]采用液相有机金属高温合成的方法制备了 SmCo 纳米团簇。实验采用一定比例的 Sm(acac)$_3$ 和 Co$_2$(CO)$_8$ 混合溶液加热到 250℃进行沸腾回流。所得到的 SmCo 纳米颗粒的尺寸约为 9 nm，但由于其中 Sm 含量不高，团簇呈现出 fcc 的晶体结构，性能为超顺磁性。2003年，Gu 等[89]采用类似的方法制备了 6 ~ 8 nm 大小的 SmCo$_5$ 颗粒，纳米颗粒在常温下仍呈现超顺磁性，截止温度 T_{block} 为 110 K，在 5 K 的时候呈现出较大的矫顽力（达 2.2 kOe）。这些方法虽然制备了 SmCo 纳米颗粒，却由于各向异性和超顺磁效应的限制，因此在常温下都呈现出超顺磁性。

2007 年，Hou 等[90]先采用化学法合成 Co/Sm_2O_3 核壳结构，再采用加热还原的方法成功得到 1∶5 型的 SmCo 纳米颗粒。图 5 – 34 为 Co/Sm_2O_3 核壳结构的 TEM 图，图 5 – 34a 为尺寸为 8 nm 的 Co 颗粒，图 5 – 34b 为在 Co 层外包覆 Sm_2O_3 层之后的核壳结构。在退火前，Co 纳米颗粒为面心立方结构，而 Sm_2O_3 层为非晶结构。在 900 ℃退火 1.5 h 之后，成功获得了 $SmCo_5$ 相的纳米结构磁体。磁体在常温下展现出较好的硬磁性能，常温矫顽力为 8 kOe，低温 100 K 的矫顽力达到了 24 kOe。但这种方法最终得到的磁体只是具有纳米结构的多晶磁体，不是纳米颗粒。

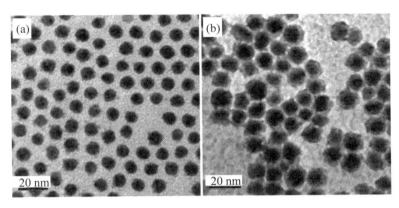

图 5 – 34　Co/Sm_2O_3 核壳结构的 TEM 图[90]

(a)Co 颗粒；(b)Co 层外包覆 Sm_2O_3 层之后的核壳结构

2008 年，Chinnasamy 等[91]直接采用在液态的多元醇介质中还原金属盐的方法得到了室温下具有稳定硬磁性能的 $SmCo_5$ 纳米颗粒，其中多元醇溶液既是反应的溶剂也是反应的还原剂，最终获得的纳米颗粒形状和尺寸都可以控制，常温的矫顽力达到了 6.5 kOe。在使用多元醇作为介质的化学还原反应中，Sm^{3+} 和 Co^{2+} 从乙醛(CH_3CHO)中得到电子，然后被还原成 Sm 和 Co。但是 Sm^{3+} 的标准电极电位为 $E_0 = -1.55$ V，比 Co^{2+} 的电极电位（$E_0 = -0.282$ V）要小得多，因此在还原过程中两种离子的还原速率不同，Co^{2+} 的还原速率大于 Sm^{3+} 的还原速率。所以不得不延长反应时间来等待 Sm^{3+} 的还原，但是在此过程中，Co 颗粒已经慢慢长大以至于不能和 Sm 反应生成 SmCo 颗粒。因此，如何调节两种离子还原的速率对最后形成 SmCo 相是非常重要的。Tian 等[92]提出在反应的多元醇介质中加入一定量的醋酸，可以控制反应的速度。加入醋酸后，溶液中的 H^+ 增多，降低了 Co^{2+}

的还原速率，而 CH_3COO^- 可以与 Sm^{3+} 结合，降低了 Sm^{3+} 的稳定性，从而增加其还原速率。通过这种方法 Sm^{3+} 和 Co^{2+} 的还原速率就能渐渐同步，有利于最后形成 SmCo 纳米颗粒。

获得稀土永磁纳米颗粒对于理解磁学及硬磁材料的基本行为以及开发磁性材料新的应用具有重要意义。但到目前为止，制备的 SmCo 纳米颗粒的硬磁性能还不理想，还有待进一步提高，也许在不久的将来，会出现新的工艺。

5.4.2.2 表面活性剂辅助球磨制备 $SmCo_5$ 纳米颗粒技术

与 NdFeB 纳米颗粒一样，最近盛行的表面活性剂辅助高能球磨（SABM）方法也被用于制备 SmCo 纳米材料。事实上，SABM 在 SmCo 纳米颗粒制备方面比 NdFeB 颗粒制备更成功。最初通过表面活性剂高能球磨的方法制备的 SmCo 颗粒呈棒状，但粒度分布较宽，室温矫顽力也不是很理想。经过进一步优化，2007 年，Wang 等[93]报道了一种可以控制 SmCo 纳米颗粒尺寸的方法。不同尺寸的颗粒在液体中的可悬浮时间是不同的，这样就可以通过先离心分离，再控制沉底的时间来获得不同尺寸的纳米颗粒。最后得到了平均尺寸为 6 nm、13 nm 和 23 nm 的 Sm_2Co_{17} 相纳米颗粒，对应的室温矫顽力分别是 170 kOe、2.4 kOe 和 3.1 kOe。

此后，很多研究组都采用 SABM 方法制备了 SmCo 的纳米颗粒，Akdogan 等[94]成功制备了平均尺寸为 8 nm、室温矫顽力达到 18.6 kOe 的 $SmCo_5$ 纳米颗粒。2010 年，该课题组又采用 SABM 方法得到厚度为 8 ~ 80 nm、长度 0.5 ~ 8 μm 的 $SmCo_5$ 多晶薄片，片内晶粒尺寸为 4 ~ 8 μm，最大的矫顽力达到 18 kOe[95]。其中纳米片呈现出较好的垂直面内的 [001] 各向异性。他们发现，在脆性的 $SmCo_5$ 颗粒形成具有各向异性的多晶纳米片的过程中，表面活性剂起着非常重要的作用。表面活性剂越多，薄片分散得越好，各向异性越强。他们详细探讨了从脆性的 $SmCo_5$ 起始原料，通过 SABM 过程，向 $SmCo_5$ 亚微米薄片与各向异性 $SmCo_5$ 纳米片的转变过程与机理。与图 4-67 相似，首先，由 $SmCo_5$ 铸锭破碎得到的几十微米到几微米的各向异性的不规则颗粒沿着（001）基面开裂解体为单晶颗粒和单晶微米片，在此过程中，晶体缺陷的密度并没有明显地增加；随着（001）晶面层层的裂解，将不断获得粒度更小的亚微米单晶片。与此同时，位错密度增加；亚微米片上以形成小角度晶界的方式调整局部的变形和位错，新形成的晶界保持着原小角度晶界，从而形成与定向前驱体单晶之间相差不大的定向晶粒排列；伴随进一步的球磨，这些亚微米片的厚度不断减小，形成厚度为纳米级的纳米片，同时伴随着纳米片上小角度和大角度晶界组成的多晶结构的形成和长大,从原来的单晶中制备出了结晶度好和具有[001]面织构的多晶片,最终形成$SmCo_5$多晶纳米片,但其内部晶粒的织构程度有所降低[96]。

表面活性剂在纳米片的形成过程中起着至关重要的作用,获得的SmCo 颗粒的表面仍然包覆着表面活性剂,如需进一步加工,需要先清除表面活性剂。一般使用的方法是真空退火,因为表面活性剂是有机物,在高温下会发生分解。但对于 SmCo 纳米颗粒来说,一定温度的热处理,会导致晶粒的长大或形貌的变化,所以通过选择不同的表面活性剂来控制真空退火的温度尤为重要。比如实验中常用的油酸的消解温度最低为500 ℃,对纳米颗粒来说是非常不利的。Crouse 等[97]研究了不同分子量的表面活性剂的作用,发现表面活性剂的分子量越低,消解所需的热处理温度也就越低,而在真空中消解时这一趋势更加明显。表面活性剂的分子量对片状颗粒中纳米晶的大小没有大的影响,但对颗粒的尺寸和厚度有较大的影响。图 5 – 35 为使用不同表面活性剂(油酸、硬脂酸、软脂酸、十一酸、辛酸和戊酸)球磨后得到的片状颗粒图。颗粒的尺寸和厚度随着表面活性剂分子量减小呈减小的趋势。主要原因可能是添加相同质量的表面活性剂,分子量越小的表面活性剂分子的数量越多,在球磨过程中,颗粒破碎后就有更多的活性剂分子与其表面结合,更利于颗粒的破碎和细化。不同的片厚对颗粒的磁性能也有一定的影响,片厚在100 ～

(a) 油酸   (b) 硬脂酸   (c) 软脂酸

(d) 十一酸   (e) 辛酸   (f) 戊酸

图 5 – 35 采用不同表面活性剂球磨后的颗粒的形貌[97]

300 nm 之间的，SmCo$_5$ 片状颗粒的矫顽力可以保持在 19 kOe 左右。片厚在 300 ～ 500 nm 之间的，矫顽力维持在 15 ～ 17 kOe。因此选择分子量较小的表面活性剂有利于得到颗粒细小均匀、矫顽力较高的 SmCo$_5$ 片状颗粒。最后从需要清除表面活性剂的角度看，球磨中表面活性剂的添加量越少越好，但太少的表面活性剂也会导致球磨中颗粒直接接触，对最后颗粒的均匀性有较大的影响。Pal 等[98] 的工作表明，在相同的球磨时间下，添加的表面活性剂越多，球磨后片状颗粒中的晶粒尺寸越大，因为表面活性剂的加入会降低球磨的效率；同时表面活性剂含量越高，颗粒的取向度越好，有利于各向异性纳米片的形成。所以在实际应用中应该充分考虑表面活性剂的添加量。

除了表面活性剂，球磨参数如球磨时间、球料比、球的大小、转速和球磨温度等对最后片状颗粒的形貌和性能都有较大的影响。

研究表明，在相同的球磨时间下，较高转速下得到的片状颗粒中的纳米晶颗粒更加细小。此外，球磨的转速对纳米片的各向异性也有较大的影响。转速决定了球磨的能量，球磨时间和球磨转速的协调控制是获得较好的纳米晶片状磁体的最佳方法。

在一定的转速下，球磨时间对纳米晶片状颗粒的晶粒大小和组织形态影响很大。Yu 等[99] 研究了颗粒的形状和尺寸随球磨时间的变化，从图 5 - 36 中可以看出，在球磨的前 2.5 h，颗粒尺寸迅速从平均尺寸 28 μm 减小到接近于 10 μm，在这之后继续延长球磨时间，颗粒的尺寸变化不是很大。而从颗粒的形状角度来看，前期 0.5 h 的球磨颗粒很快就变成了片状，在 0.5 ～ 3 h 球磨之后，颗粒片状的厚度从平均 500 nm 下降到了 50 nm，其中纳米片的纵横比从 10 ～ 10^2 增加到了 10^2 ～ 10^3。

此外，球的尺寸对球磨后 SmCo$_5$ 粉末的性能也有较大的影响。Nie 等[100] 在球磨时采用了 4 ～ 12.7 mm 的钢球，发现钢球的尺寸对球磨后粉末的形貌和尺寸影响不大，但对粉末的磁性能有较大的影响。在球磨过程中如果采用小尺寸的钢球，球磨后得到的片状颗粒矫顽力较大，但剩磁较低。剩磁较低的主要原因是片状颗粒中纳米晶的取向度很差，各向异性偏低。在球磨过程中，小球与颗粒之间的接触面积更小，容易形成更多的缺陷，缺陷密度增加使颗粒中的纳米晶逐渐分离并且取向也发生分化。最后导致剩磁和各向异性也降低。但是更多缺陷的存在，成为反磁化扩展的钉扎中心，从而有利于矫顽力提高。使用 4 mm 钢球得到的片状颗粒矫顽力达到了 19.5 kOe。而使用较大的钢球，所得片状颗粒矫

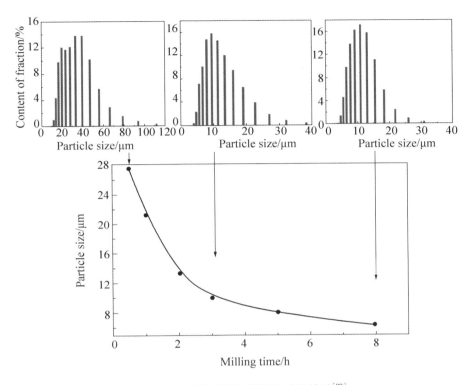

图 5-36　球磨时间和颗粒尺寸的关系[99]

顽力较低，但各向异性和剩磁都相对较高。通过综合使用两种不同尺寸的钢球，可以得到矫顽力和剩磁都很高的粉末。

　　在球磨的过程中片状颗粒中晶粒的取向不一致和粉末的氧化是两个不可避免的因素，且对最后粉末的磁性能有较大影响。在制备纳米材料的时候温度是非常重要的。材料在低温的时候会变得更脆，并且更容易破碎成细小的颗粒。Liu 等[101]采用了低温球磨的方法制备了片状的纳米晶颗粒，球磨的温度分别为 -153.7 ℃ 和 -34 ℃，球磨的溶剂和表面活性剂分别采用了熔点较低的2-甲基戊烷和三辛胺，在球磨之后经检测粉末中氧和氮的含量相对于常温中球磨的粉末都有所减小。因此，低温球磨在抑制 Sm 元素氧化和减少表面活性剂残留方面有较大的优势。球磨温度对粉末磁性能也有较大的影响。对低温和常温球磨的样品，矫顽力在前两个小时逐渐增加，但是随着球磨时间延长，常温球磨磁粉的矫顽力逐渐减小，而低温球磨的样品仍持续增加。而且在以上讨论球磨时间和磁粉性能的时候也提到，矫顽力随时间的延长有一个顶点。起始情况下矫顽力的增加主要是由于 $SmCo_5$ 纳米片中晶粒不断细化，而后续矫顽力降低的原因主要有：①较细小的纳米晶之间强烈的交换耦合作用；②随着球磨时间延长，部分的 $SmCo_5$ 晶粒的晶体结构退化或者分解；③样品部分氧化。而在低温下球磨的粉末，首先可以降低氧化的比例；其次在相同时间下，低温球磨所得到粉末中的纳米晶尺寸较大；最后，在球磨的过程中由于钢球与颗粒的碰撞，在粉末中会产生较多的位错，随着球磨时间的延长，位错的自我组装和排列会渐渐形成滑移带，滑移带运动形成了晶界。而低温球磨下，滑移带的运动比较困难，形成晶界后，晶粒转动范围小，晶界的厚度小，晶粒的尺寸大，这些对矫顽力和剩磁的增加都是有利的。

5.4.2.3 表面活性剂辅助球磨制备 $TbCu_7$ 型 SmCo 纳米粉末

表面活性剂辅助球磨工艺开始应用之前，高能球磨工艺已被用来制备具有 $TbCu_7$ 结构的 SmCo 硬磁粉末。Yao 等[102]于 2006 年将 $SmCo_{7-x}$-Cr_x 合金铸锭采用球磨工艺，成功制备出具有 $TbCu_7$ 结构的 SmCo 硬磁粉末，通过后续的退火处理发现 Cr 的添加有利于 Sm_2Co_{17} 相的形成。而 You 等[103]的研究表明，B 的添加不利于亚稳相 $SmCo_7$ 相的形成，特别是在退火过程中能加速其分解为 $SmCo_5$ 和 Sm_2Co_{17} 稳定相。

Li 等[104]于 2014 年使用油酸辅助球磨工艺制备了 $SmCo_{6.6}Nb_{0.4}$ 纳米薄片。薄片的厚度为 $50 \sim 100$ nm，长度约为 1 μm，厚宽比在 $100 \sim 200$ 之间，磁粉泥浆的矫顽力约为 1.1 kOe。Pan 等[105]也是采用油酸辅助球磨工艺制备了 $SmCo_{6.6}Nb_{0.4}$ 纳米薄片，磁粉泥浆的矫顽力约为 13 kOe。

作者研究组[49]在表面活性剂球磨 $TbCu_7$ 型 Sm-Co 硬磁粉末方面做了相关的工作。首先，以不同快淬辊速下得到的 $SmCo_{6.8}Zr_{0.2}$ 合金薄带为球磨原料，制备了各向异性的 $Sm(Co,Zr)_7$ 纳米薄片。实验采用了辊速分别为 5 m/s、15 m/s 和 30 m/s 快淬得到的不同晶粒组织的 $SmCo_{6.8}Zr_{0.2}$ 合金薄带，先在氩气保护下破碎至 80 μm 以下，与油酸、正庚烷和钢球一同装罐后进行球磨，测得磁粉泥浆的磁滞回线如图 5-37 所示。图中 5 m/s 辊速快淬获得的合金薄带球磨后的矫顽力最低，为 93 kA/m。30 m/s 辊速快淬获得的合金薄带球磨后的矫顽力最大，其值为 324 kA/m。观察球磨后磁粉泥浆的剩磁比可以发现，辊速在 30 m/s 和 15 m/s 的快淬薄带球磨后，磁粉的剩磁比基本相同，为 0.6，说明球磨后的磁粉具有一定的各向异性。球磨后磁粉泥浆的矫顽力大于快淬薄带面内方向的矫顽力，小于面外方向的矫顽力。快淬时的辊速越快，初始粉末的矫顽力越大，球磨后的磁粉泥浆的矫顽力也越大。结果表明，原始粉末的快淬辊速对球磨后粉末的组织和性能有一定影响。

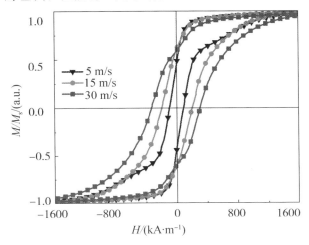

图 5 – 37　不同辊速快淬获得的 $SmCo_{6.8}Zr_{0.2}$ 磁粉油酸辅助球磨后的磁滞回线[52]

　　作者研究组[49]还直接把合金铸锭在氩气气氛中研磨至 80 μm 以下，进行了表面活性剂辅助球磨，图 5 – 38 为球磨时间在 3 ～ 12 h 的油酸辅助球磨 $SmCo_{6.5}Zr_{0.5}$ 合金铸锭的磁滞回线。从图中可以观察到，球磨时间

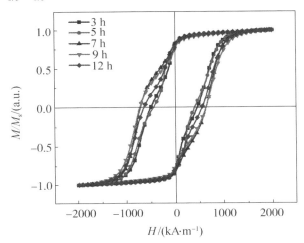

图 5 – 38　$SmCo_{6.5}Zr_{0.5}$ 合金铸锭油酸辅助球磨 3 ～ 12 h 的磁滞回线[52]

为 9 h 时，磁粉的矫顽力最大，为 724 kA/m；而球磨时间为 5 h 时，磁粉的矫顽力最小，为 438 kA/m。磁粉的剩磁比在球磨时间为 5 h 时最大，为 0.82，而在 9 h 时最小，为 0.75。球磨后所获磁粉的剩磁比均大于 0.5，说明 $SmCo_{6.5}Zr_{0.5}$ 合金铸锭油酸辅助球磨后的粉末具有较好的各向异性。

参考文献

［1］ Cataldo L, Lefevre A, Ducret F, et al. Binary system Sm-Co: revision of the phase diagram in the Co rich field[J]. Journal of Alloys and Compounds, 1996, 241: 216 – 223.

［2］ Johnson Q, Smith G S. Crystallography of binary intermetallic compounds occurring near the ten atomic percent rare earth composition[J]. Journal of International Education in Business, 1969, 7(243): 127 – 129.

［3］ Feng D Y, Zhao L Z, Liu Z W. Magnetic-field-induced irreversible antiferromagnetic-ferromagnetic phase transition around room temperature in as-cast Sm-Co based $SmGo_{7-x}Si_x$ alloys[J]. Physica B: Condensed Matter, 2016, 487: 25 – 30.

［4］ Buschow K H J, DerGoot A S V. Intermetallic compounds in the system samarium cobalt[J]. Journal of the Less Common Metals, 1968, 14(3): 323 – 328.

［5］ Hoffer G, Strnat K. Magnetocrystalline anisotropy of YCo_5 and Y_2Co_{17} [J]. IEEE Transactions on Magnetics, 1966, 2 (3): 487 – 489.

［6］ Strnat K J. Cobalt-rare earth alloys as promising new permanent magnet materials[J]. Cobalt, 1967, 36:133.

［7］ Ojima T, Tomizawa S, Yoneyama T. Magnetic properties of a new type of rare-earth cobalt magnets $Sm_2(Co, Cu, Fe, M)_{17}$ [J]. IEEE Transactions on Magnetics, 1977, 13 (5): 1317 – 1319.

［8］ 潘树明. 强磁体 – 稀土永磁材料原理、制造与应用 [M]. 北京: 化学工业出版社, 2011.

［9］ Livingston J D, Martin D L. Microstructure of aged $(Co, Cu, Fe)_7Sm$ magnets [J]. Journal of Applied Physics, 1977, 48 (3): 1350 – 1354.

［10］ Nagel H. Coercivity and microstructure of $Sm(Co_{0.87}Cu_{0.13})_{7.8}$ [J]. Journal of Applied Physics, 1979, 50 (2): 1026 – 1030.

［11］ Rong C B, Zhang H W, Chen R J, et al. Micromagnetic investigation on the coercivity mechanism of the $SmCo_5/Sm_2Co_{17}$ high-temperature magnets[J]. Journal of Applied Physics, 2006, 100 (12): 123913.

［12］ Panagiotopoulos I, Gjoka M, Niarchos D. Temperature dependence of the activation volume in high-temperature $Sm(Co, Fe, Cu, Zr)_z$ magnets [J]. Journal of Applied

Physics, 2002, 92 (12): 7693 – 7695.

[13] Kronmuller H, Goll D. Micromagnetic analysis of pinning hardened nanostructured, nanocrystalline Sm_2Co_{17} based alloys[J]. Scripta Materialia, 2002, 47(8): 545 – 550.

[14] 孙建春, 陈登明, 孟晓敏, 等. $SmCo_5$ 永磁材料组织结构及温度磁特性的研究 [J]. 功能材料, 2010, 41 (Z2): 336 – 338.

[15] Zhang W Y, Li X Z, Valloppilly S, et al. Effect of Sm content on energy product of rapidly quenched and oriented $SmCo_5$ ribbons[J]. Applied Physics: A, 2015, 118: 1093 – 1109.

[16] Li D, Xu E, Liu J, et al. The 2 : 17 type $Sm_{2-x}HRE_xCo_{10}Cu_{1.5}Fe_{3.2}Zr_{0.2}$ (HRE = Gd, Tb, Dy, Ho, Er) magnets with low temperature coefficient[J]. IEEE Transactions on Magnetics, 1980, 16(5): 988.

[17] Martis R J J, Gupta N, Sankan S G, et al. Temperature compensated magnetic materials of the type $Sm_xR_{1-x}Co_5$ (R = Tb, Dy, Er)[J]. Journal of Applied Physics, 1978, 49(3): 2070 – 2071.

[18] Liu W Q, Zuo J H, Yue M, et al. Preparation and magnetic properties of bulk nanostructured $PrCo_5$ permanent magnets with strong magnetic anisotropy[J]. Journal of Applied Physics, 2011, 109 (7): 07A731.

[19] Chen Z M, Meng-Burany X, Hadjipanayis G C. High coercivity in nanostructured $PrCo_5$-based powders produced by mechanical milling and subsequent annealing[J]. Applied Physics Letters, 1999, 75 (20): 3165 – 3167.

[20] Xu M L, Yue M, Li Y Q, et al. Structure and intrinsic magnetic properties of $Sm_{1-x}Pr_xCo_5$ ($x = 0 \sim 0.6$) compounds[J]. Rare Metal, 2016, 35: 627 – 631.

[21] Nesbitt E A, Willens R H, Sherwood R C, et al. New permanent magnet materials[J]. Applied Physics Letter, 1968, 12: 361 – 364.

[22] Senno H, and Tawara Y. Magnetic properties of Sm-Co-Fe-Cu alloys for permanent magnet materials[J]. Japanese Journal of Applied Physics, 1975, 14(10): 1619 – 1621.

[23] Ojima T, Tomizawa S, Yoneyama T, et al. New type rare earth cobalt magnets with an energy product of 30 MGOe[J]. Japanese Journal of Applied Physics, 1977, 16(4): 671 – 672.

[24] Liu J F, Zhang Y, Dimitrov D, et al. Microstructure and high temperature magnetic properties of $Sm(Co, Cu, Fe, Zr)_z$ ($z = 6.7 \sim 9.1$) permanent magnets[J]. Journal of Applied Physics, 1999, 85(5): 2800 – 2804.

[25] Ray A E. Metallurgical behavior of $Sm(Co, Fe, Cu, Zr)_z$ alloys[J]. Journal of Applied Physics, 1984, 55: 2094 – 2096.

[26] Liu J F, Zhang Y, Ding Y, et al. Rare earth permanent magnets for high temperature applications[C]// Rare-Earth Magnets and Their Applications: Proceedings of the Fifteenth International Workshop. Dresden, Germany, 1998, 1: 607 – 622.

［27］ Liu J F, Ding Y, Hadjipanayis G C. Effect of iron on the high temperature magnetic properties and microstructure of Sm(Co, Fe, Cu, Zr)$_z$ permanent magnets[J]. Journal of Applied Physics, 1999, 85: 1670 – 1674.

［28］ Lectard E, Allibert C H, Ballou R. Saturation magnetization and anisotropy fields in the Sm(Co$_{1-x}$Cu$_x$)$_5$ phases[J]. Journal of Applied Physics, 1994, 75: 6277 – 6279.

［29］ Tang W, Zhang Y, Hadjipanayis G C. Effect of Zr on the microstructure and magnetic properties of Sm(Co$_{bal}$Fe$_{0.1}$Cu$_{0.088}$Zr$_x$)$_{8.5}$ magnets[J]. Journal of Applied Physics, 2000, 87: 399 – 403.

［30］ Mukai T, Fujimoto T. Boron modified 2 : 17 type Sm(Co, Fe, Cu, Zr)$_z$ sintered magnets[J]. Journal of Applied Physics, 1988, 64: 5977 – 5979.

［31］ 何永枢, 季国坤, 石岩, 等. SmCo$_5$ 永磁合金回火效应的正电子湮没研究[J]. 核技术, 1985(8): 20.

［32］ 何永枢, 季国坤, 石岩, 等. 用正电子湮没技术研究 SmCo$_5$ 永磁合金在 710℃ 的回火效应[J]. 科学通报, 1987, 32(4): 260.

［33］ 潘树明. 烧结 SmCo$_5$ 合金 750℃ 回火效应与内禀矫顽力[J]. 中国有色金属学报, 1992, 1(1): 63 – 66.

［34］ Feng H, Chen H, Guo Z, et al. Investigation on microstructure and magnetic properties of Sm$_2$Co$_{17}$ magnets aged at high temperature[J]. Journal of Applied Physics, 2011, 109 (7): 07A763.

［35］ Liu Y, Sellmyer D J, Shindo D. Handbook of Advanced Magnetic Materials: Properties and Applications[M]. Beijing: Tsinghua University Press, 2005.

［36］ Liu J F, Zhang Y, Hadjipanayis G C. High temperature magnetic properties and microstructural analysis of Sm(Co, Fe, Cu, Zr)$_z$ permanent magnets[J]. Journal of Magnetism and Magnetic Materials, 1999, 202 (1): 69 – 76.

［37］ Zhou J, Al-Omari I, Liu J, et al. Structure and magnetic properties of SmCo$_{7-x}$Ti$_x$ with TbCu$_7$-type structure[J]. David Sellmyer Publications, 2000, 87 (9): 5299 – 5301.

［38］ 张昌文, 李华, 董建敏. 亚稳相化合物 SmCo$_7$ 的磁性及电子结构[J]. 中国科学, 2005, 35 (3): 260 – 270.

［39］ Luo J, Liang J K, Guo Y Q, et al. Effects of the doping element on crystal structure and magnetic properties of Sm(Co, M)$_7$ compounds (M = Si, Cu, Ti, Zr, and Hf) [J]. Intermetallics, 2005, 13 (7): 710 – 716.

［40］ Guo Y Q, Li W, Feng W C, et al. Structural stability and magnetic properties of SmCo$_{7-x}$Ga$_x$[J]. Applied Physics Letters, 2005, 86 (19): 192513.

［41］ Chang H W, Huang S T, Chang C W, et al. Effect of C addition on the magnetic properties, phase evolution, and microstructure of melt spun SmCo$_{7-x}$Hf$_x$ ($x = 0.1 \sim$ 0.3) ribbons[J]. Solid State Communications, 2008, 147 (1 – 2): 69 – 73.

［42］ Guo Z H, Chang H W, Chang C W, et al. Magnetic properties, phase evolution, and structure of melt spun $SmCo_{7-x}Nb_x$ ($x = 0 \sim 0.6$) ribbons[J]. Journal of Applied Physics, 2009, 105 (7): 07A731.

[43] Guo Z H, Hsieh C C, Chang H W, et al. Enhancement of coercivity for melt-spun $SmCo_{7-x}Ta_x$ ribbons with Ta addition[J]. Journal of Applied Physics, 2010, 107 (9): 09A705.

[44] Hsieh C C, Chang H W, Chang C W, et al. Crystal structure and magnetic properties of melt spun Sm(Co, V)$_7$ ribbons[J]. Journal of Applied Physics, 2009, 105 (7): 09A738.

[45] Huang M Q, Wallace W E, McHenry M, et al. Structure and magnetic properties of $SmCo_{7-x}Zr_x$ alloys ($x = 0 \sim 0.8$)[J]. Journal of Applied Physics, 1998, 83 (11): 6718 – 6720.

[46] Sun J B, Bu S J, Yang W, et al. Structure and magnetic properties of $SmCo_{7-x}Ga_x$ ($0 \leqslant x \leqslant 1.2$) alloys[J]. Journal of Alloys and Compounds, 2014, 583 (1): 554 – 559.

[47] Al-Omari I A, Yeshurun Y, Zhou J, et al. Magnetic and structural properties of $SmCo_{7-x}Cu_x$ alloys[J]. Journal of Applied Physics, 2000, 87 (9): 6710 – 6712.

[48] Liu T, Li W, Li X M, et al. Crystal structure and magnetic properties of $SmCo_{7-x}Ag_x$ [J]. Journal of Magnetism and Magnetic Materials, 2007, 310 (2): E632 – E634.

[49] 冯德元. TbCu$_7$ 型 Sm-Co 基高温永磁合金的成分设计、工艺优化及磁性研究 [D]. 广州: 华南理工大学, 2014.

[50] Reutzel S, Strohmenger J, Volkmann T, et al. Phase formation in undercooled Sm-Co alloy melts[J]. Material Science and Engineering: A, 2007, 449: 709 – 712.

[51] Huang M Q, Wallace W E, McHenry M, et al. Structure and magnetic properties of $SmCo_{7-x}Zr_x$ alloys ($x = 0 \sim 0.8$)[J]. Journal of Applied Physics, 1998, 83 (11): 6718 – 6720.

[52] Huang M Q, Drennan M, Wallace W E, et al. Structure and magnetic properties of $RCo_{7-x}Zr_x$ (R = Pr or Er, $x = 0 \sim 0.8$)[J]. Journal of Applied Physics, 1999, 85 (8): 5663 – 5665.

[53] Pan M X, Zhang P Y, Ge H L, et al. Magnetic properties and magnetization behavior of SmCo-based magnets with TbCu$_7$ type structure[J]. Journal of Rare Earths, 2013, 31 (3): 262 – 266.

[54] Chang H W, Huang S T, Chang C W, et al. Effect of C addition on the magnetic properties, phase evolution, and microstructure of melt spun $SmCo_{7-x}Hf_x$ ($x = 0.1 \sim 0.3$) ribbons[J]. Solid State Communication, 2008, 147(1 – 2): 69 – 73.

[55] Hsieh C C, Chang H W, Zhao X G, et al. Effect of Ge on the magnetic properties and crystal structure of melt spun $SmCo_{7-x}Ge_x$ ribbons[J]. Journal of Applied Physics, 2011, 109 (7): 07A730.

[56] Shield J E, Ravindran V K, Aich S, et al. Rapidly solidified nanocomposite SmCo$_7$/

333

fcc Co permanent magnets[J]. Scripta Materialia, 2005, 52: 75 – 78.

[57] Chang H W, Huang S T, Chang C W, et al. Magnetic properties, phase evolution, and microstructure of melt spun $SmCo_{7-x}Hf_xC_y$ ($x = 0 \sim 0.5$; $y = 0 \sim 0.14$) ribbons [J]. Journal of Applied Physics, 2007, 101 (9): 09K508.

[58] Sun J B, Han D, Cui C X, et al. Effects of quenching speeds on microstructure and magnetic properties of novel $SmCo_{6.9}Hf_{0.1}$ ($CNTs$)$_{0.05}$ melt-spun ribbons [J]. Acta Materialia, 2009, 57 (9): 2845 – 2850.

[59] Li L Y, Yan A, Yi J H, et al. Phase transformation, grain refinement and magnetic properties in melt-spun $SmCo_{7-x}$ (Cr_3C_2)$_x$ ($x = 0 \sim 0.25$) ribbons [J]. Journal of Alloys and Compounds, 2009, 479 (1 – 2): 78 – 81.

[60] Li L Y, Yi J H, Xie W, et al. Magnetic properties and grain-boundary structure transition of melt-spun ($Sm_{0.12}Co_{0.87}Cu_{0.01}$)$_{97}$($VC$)$_3$ under annealing[J]. Journal of Magnetism and Magnetic Materials, 2009, 321 (5): 361 – 364.

[61] Ramesh R, Thomas G, Ma B M. Magnetization reversal in nucleation controlled magnets II: Effect of grain size and size distribution on intrinsic coercivity of Fe-Nd-B magnets[J]. Journal of Applied Physics, 1988, 64 (11): 6416 – 6423.

[62] Cadieu F J, Cheung T, Aly S, et al. Square hysterisis loop $SmCo_5$ films synthesized by selectively thermalized sputtering[J]. IEEE Transactions on Magnetics, 1983, 19 (5): 2038 – 2040.

[63] Takei S, Uemizu T, Matsumoto M, et al. Structural and magnetic properties of Sm-Co/Cu film with perpendicular magnetic anisotropy [J]. Journal of the Magnetics Society of Japan, 2004, 28(3): 364 – 367.

[64] Cadieu F J, Rani R, Qian X R, et al. High coercivity SmCo based films made by pulsed laser deposition[J]. Journal of Applied Physics, 1998, 83: 6247 – 6249.

[65] Cadieu F J, Rani R, Theodoropoulos T, et al. Fully in plane aligned SmCo based films prepared by pulsed laser deposition[J]. Journal of Applied Physics, 1999, 85: 5895 – 5897.

[66] Neu V, Thomas J, Fishler S, et al. Hard magnetic SmCo thin films prepared by pulsed laser deposition[J]. Journal of Magnetism and Magnetic Materials, 2002, 242 (2): 1290 – 1293.

[67] Seifert M, Neu V, Schultz L, et al. Epitaxial $SmCo_5$ thin films with perpendicular anisotropy[J]. Applied Physics Letters, 2009, 94: 022501.

[68] Speliotis T, Niarchos D. Microstructure and magnetic properties of SmCo films[J]. Journal of Magnetism and Magnetic Materials, 2005, 290(2): 1195 – 1197.

[69] 彭龙, 李元勋, 李乐中, 等. 溅射 SmCo 基永磁薄膜的结构和磁性能研究[J]. 真空科学与技术学报, 2011, 31: 666 – 670.

[70] Li N, Li B H, Feng C, et al. Effect of film thickness on magnetic properties of Cr/

SmCo/Cr films[J]. Journal of Rare Earths, 2012, 5(5): 446 – 449.

[71] Takei S, Morisako A, Matsumoto M. Effect of Sm-Co layer thickness on magnetic properties of crystallized Sm-Co/Cr films[J]. Journal of Applied Physics, 2003, 93 (10): 7762 – 7764.

[72] Ohtake M, Nukaga Y, Kirino F, et al. Effects of substrate temperature and Cu underlayer thickness on the formation of $SmCo_5$ (0001) epitaxial thin films[J]. Journal of Applied Physics, 2010, 107 (9): 706 – 709.

[73] Singh A, Neu V, Tamm R, et al. Growth of epitaxial $SmCo_5$ films on Cr/MgO(100) [J]. Applied Physics Letters, 2005, 87 (7): 072505.

[74] Romero S A, Cornejo D R, Rhen F. M, et al. Magnetic properties and underlayer thickness in SmCo/Cr films[J]. Journal of Applied Physics, 2000, 87: 6965 – 6967.

[75] Xu X, Duan J, Wu H. Effect of Ti addition into Cr underlayers on magnetic properties of SmCo thin films[J]. Rare Metal Materials & Engineering, 2005, 34 (3): 363 – 366.

[76] Sayama J, Mizutani K, Asahi T, et al. Magnetic properties and microstructure of $SmCo_5$ thin film with perpendicular magnetic anisotropy[J]. Journal of Magnetism and Magnetic Materials, 2005, 287: 239 – 244.

[77] Sayama J, Mizutani K, Asahi T, et al. Thin films of $SmCo_5$ with very high perpendicular magnetic anisotropy[J]. Applied Physics Letters, 2004, 85(23): 5640 – 5642.

[78] Takahashi Y K, Ohkubo T, Hono K, et al. Microstructure and magnetic properties of $SmCo_5$ thin films deposited on Cu and Pt underlayers[J]. Journal of Applied Physics, 2006, 100: 053913.

[79] Morisako A, Kato I, Takei S, et al. Sm-Co films for high density magnetic recording media[J]. Journal of Magnetism and Magnetic Materials, 2006, 303(8): e274 – e276.

[80] Liu X, Zhao H B, Kutoba Y, et al. Polycrystalline Sm (Co, Cu)$_5$ films with perpendicular anisotropy grown on (0002) Ru (Cr) [J]. Journal of Physics D: Applied Physics, 2008, 41: 232002.

[81] Fullerton E E, Jiang J S, Sowers C H, et al. Structure and magnetic properties of exchange spring Sm-Co/Co superlattices[J]. Applied Physics Letters, 1998, 72: 380 – 382.

[82] Saravanan P, Hsu J H, Reddy G L N, et al. Annealing induced compositional changes in $SmCo_5$/Fe/$SmCo_5$ exchange spring trilayers and its impact on magnetic properties [J]. Journal of Alloys and Compounds, 2013, 574 (10): 191 – 195.

[83] Zhang J, Takahashi Y K, Gopalan R, et al. Sm (Co, Cu)$_5$/Fe exchange spring multilayer films with high energy product[J]. Applied Physics Letters, 2005, 86 (12): 122509.

[84] Goto E, Hayashi N, Miyashita T, et al. Magnetization and switching characteristics of composite thin magnetic films[J]. Journal of Applied Physics, 1956, 36: 2951 – 2958.

[85] Jiang J S, Pearson J E, Liu Z Y, et al. Improving exchange-spring nanocomposite permanent magnets[J]. Applied Physics Letters, 2004, 85: 5293 - 5295.

[86] Zhang Y, Kramer M J, Banerjee D, et al. Transmission electron microscopy study on Co/Fe interdiffusion in $SmCo_5$/Fe and Sm_2Co/Fe/Sm_2Co_7 thin films[J]. Journal of Applied Physics, 2011, 110: 053914.

[87] Neu V, Sawatzki S, Kopte M, et al. Fully epitaxial, exchange coupled SmCo/Fe multilayers with energy densities above 400 kJ/m [J]. IEEE Transactions on Magnetics, 2012, 48 (11): 3599 - 3602.

[88] Ono K, Kakefuda Y, Okuda R, et al. Organometallic synthesis and magnetic properties of ferromagnetic Sm-Co nanoclusters[J]. Journal of Applied Physics, 2002, 91 (10): 8480 - 8482.

[89] Gu H, Xu B, Rao J, et al. Chemical synthesis of narrowly dispersed $SmCo_5$ nanoparticles[J]. Journal of Applied Physics, 2003, 93 (10): 7589 - 7591.

[90] Hou Y, Xu Z, Peng S, et al. A facile synthesis of $SmCo_5$ magnets from core/shell Co/Sm_2O_3 nanoparticles[J]. Advanced Materials, 2007, 19 (20): 3349 - 3352.

[91] Chinnasamy C N, Huang J Y, Lewis L H, et al. Direct chemical synthesis of high coercivity air stable SmCo nanoblades [J]. Applied Physics Letters, 2008, 93 (3): 032505.

[92] Tian J, Zhang S, Qu X, et al. Co reduction synthesis of uniform ferromagnetic SmCo nanoparticles[J]. Materials Letters, 2012, 68: 212 - 214.

[93] Wang Y, Li Y, Rong C, et al. Sm-Co hard magnetic nanoparticles prepared by surfactant-assisted ball milling[J]. Nanotechnology, 2007, 18: 465701.

[94] Akdogan N G, Hadjipanayis G C, Sellmyer D J, et al. Anisotropic Sm(Co, Fe) nanoparticles by surfactant-assisted ball milling [J]. Journal of Applied Physics, 2009, 105: 07A710.

[95] Cui B Z, Gabay A M, Li W F, et al. Anisotropic $SmCo_5$ nanoflakes by surfactant-assisted high energy ball milling [J]. Journal of Applied Physics, 2010, 107: 09A721.

[96] Cui B Z, Li W F, Hadjipanayis G C. Formation of $SmCo_5$ single crystal submicron flakes and textured polycrystalline nanoflakes[J]. Acta Materialia, 2011, 59: 563 - 571.

[97] Crouse C A, Michel E, Shen Y, et al. Effect of surfactant molecular weight on particle morphology of $SmCo_5$ prepared by high energy ball milling[J]. Journal of Applied Physics, 2012, 111: 07A724.

[98] Pal S K, Schultz L, Gutfleisch O. Effect of milling parameters on $SmCo_5$ nanoflakes prepared by surfactant-assisted high energy ball milling [J]. Journal of Applied Physics, 2013, 113 (1): 013913.

[99] Yu N, Pan M, Zhang P, et al. Effect of milling time on the morphology and magnetic

properties of $SmCo_5$ nanoflakes fabricated by surfactant-assisted high energy ball milling[J]. Journal of Magnetism and Magnetic Materials, 2015, 378: 107 – 111.

[100] Nie J W, Han X H, Du J, et al. Structure and magnetism of $SmCo_5$ nanoflakes prepared by surfactant-assisted ball milling with different ball sizes[J]. Journal of Magnetism and Magnetic Materials, 2013, 347: 116 – 123.

[101] Liu L, Zhang S, Zhang J, et al. Highly anisotropic $SmCo_5$ nanoflakes by surfactant-assisted ball milling at low temperature[J]. Journal of Magnetism and Magnetic Materials, 2015, 374: 108 – 115.

[102] Yao Q, Liu W, Zhao X G, et al. Structure, phase transformation, and magnetic properties of $SmCo_{7-x}Cr_x$ magnets[J]. Journal of Applied Physics, 2006, 99 (5): 053905.

[103] You C, Zhang Z D, Sun X K, et al. Phase transformation and magnetic properties of $SmCo_{7-x}B_x$ alloys prepared by mechanical alloying[J]. Journal of Magnetism and Magnetic Materials, 2001, 234 (3): 395 – 400.

[104] Li Y Q, Yue M, Wu Q, et al. Magnetic hardening mechanism of $SmCo_{6.6}Nb_{0.4}$ nanoflakes prepared by surfactant-assisted ball milling method[J]. Journal of Applied Physics, 2014, 115(17): 17A713.

[105] Pan R, Yue M, Zhang D T, et al. Crystal structure and magnetic properties of $SmCo_{6.6}Nb_{0.4}$ nanoflakes prepared by surfactant-assisted ball milling[J]. Journal of Rare Earths, 2013, 31 (10): 975 – 978.

第6章　非稀土金属永磁材料及其最新进展

非稀土金属永磁材料主要有四类：①淬火硬化型磁钢，包括碳钢、钨钢、铬钢、钴钢和铝钢等。这类合金通过高温淬火，将奥氏体转变为马氏体，获得矫顽力。由于淬火硬化型磁钢性能比较低，目前已很少使用。②析出硬化型磁钢，主要有 Fe-Cu 系、Fe-Co 系和 Al-Ni-Co 系。其中 Fe-Cu 合金主要用于铁簧继电器，Fe-Co 合金主要用于存储介质。③时效硬化型合金。该类合金可通过淬火、塑性变形和时效硬化等工艺获得高的矫顽力。Co-Mo、Fe-W(Mo)-Co 等 α-Fe 基合金磁能积较低，主要用于电话机中；Fe-Mn-Ti 和 Fe-Co-V 合金的磁性能与低钴钢相当，用于指南针、仪表零件；Cu-Ni-Fe(Co)合金一般用于测速仪和转速计；Fe-Cr-Co 合金磁性能与中档 Al-Ni-Co 合金相当，但可进行变形加工，用于扬声器、仪器仪表、滤波器、磁显示器等。④有序硬化型合金，主要有 Ag-Mn-Al、Fe(Co)-Pt、Mn 基合金等。其特点是在高温下为无序相，经过适当的淬火和回火，无序相转变为有序相，合金的矫顽力增加，一般用于制造磁性弹簧、小型仪表元件和小型磁力马达等。本章主要介绍 Al-Ni-Co、Mn 基合金、Fe(Co)-Pt 和 Fe(Co) 基合金及其最新进展。

6.1　Al-Ni-Co 永磁材料及其最新进展

6.1.1　Al-Ni-Co 永磁合金基础

Al-Ni-Co 永磁，又称 Alnico，出现于 1931 年。在稀土永磁出现以前，Alnico 合金在永磁领域中独占鳌头。该类合金一般由质量分数为 8%～13% 的 Al、13%～28% 的 Ni 和 0～42% 的 Co 组成，剩余为 Fe。此外，Cu、Ti 和 Nb 等合金元素通常被添加到基体相中，促进针状相的生长，以提高矫顽力。根据 Co 和 Ti 含量的不同可获得不同类型的 Alnico 永磁。按照其 $(BH)_{max}$ 值（2～10 MGOe，即 40～80 kJ/m³）的等级，Alnico 合金可分为 Alnico 2、Alnico 3 到 Alnico 9[1]，其典型的退磁曲线如图 6−1 所示。各种类型的 Al-Ni-Co 不仅成分不同，热处理工艺也不完全相同，并有各向同性和各向异性、非取向和晶粒取向之分。

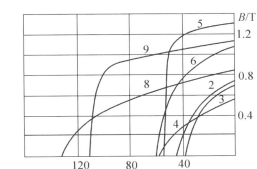

图 6 - 1   不同等级 Alnico 合金的退磁曲线[2]

Alnico 合金的硬磁性源于由高温均匀相（α 相）调幅分解（$\alpha \rightarrow \alpha_1 + \alpha_2$）形成的铁磁性富 FeCo 相（$\alpha_1$ 相）和非磁性的富 NiAl 相（α_2 相）组成的两相纳米复合结构。FeCo 相具有目前已知的最高的 M_s 和高的 T_C，但是，由于其为立方结构，磁晶各向异性非常低，K_1 比单轴的 $Nd_2Fe_{14}B$ 化合物的 K_1 小了超过一个数量级，不足以诱导强的矫顽力。然而，该合金在高温退火过程中，α_1 相可以形成具有明显各向异性的细长形状，显著增加矫顽力。但由于非磁性（弱磁性）基体 α_2 相的存在，合金的 M_s 降到了 FeCo 理论值的 60% 左右。图 6 - 2 为作者研究组[3]制备的铸造 Alnico 8 磁体 TEM 照片，反映了 Alnico 合金典型的显微组织。

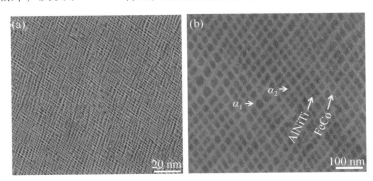

图 6 - 2   Alnico 8 的调幅分解结构 TEM 低倍（a）和高倍（b）图[3]

由于磁性能依赖于两相不同的 M_s 和铁磁相 α_1 的形状各向异性，为了获得高的矫顽力和剩磁，Alnico 合金必须具有合理取向的柱状晶和高的磁各向异性。早期的 Alnico 磁体主要含随机取向的 α_1 相。二十世纪五六十年代通过定向凝固和在退火过程中施加磁场的工艺实现了各向异性的微结构，获得的合金具有〈001〉织构，细长的 α_1 沉淀相沿着平行于所施加的磁场方向排列[4]。

Alnico 合金的 T_C 高达 890 ℃，具有很强的耐热性(高达600 ℃)、高温稳定性以及优异的防腐蚀性能等。虽然稀土永磁的出现大大地压缩了 Alnico 的应用市场，但 Alnico 在 500 ℃ 高温使用性能仍有不可取代的地位。其主要弱点在于矫顽力相对较低，目前商用 Alnico 合金的最大矫顽力能达到 2 000 Oe。但最近的研究表明[5]：目前矫顽力并没有充分利用其磁晶各向异性，通过进一步研究其相组成和性能的关系，获得最优微观结构，今后可以在不牺牲剩磁的情况下将矫顽力提高两倍，将 $(BH)_{max}$ 从目前最好的 10.5 MGOe 提高到 21 MGOe。

目前商用最优化的 Alnico 磁体是在 1970 年通过实验研究获得的，但近年来对 Alnico 的研究表明，为了获得高的剩磁和 M_s，提高 Alnico 的性能，特别是矫顽力，需要更好地理解调幅分解的纳米结构相，如化学组成和形貌，同时了解其磁畴结构和畴壁运动。磁畴分析表明[6]，Alnico 磁铁中的 α_1 相经过交换耦合后形成较大的、多晶粒相互作用的磁畴，提高这种材料矫顽力的主要方法是实现相互作用磁畴壁的钉扎。而减少 α_1 纳米相之间的静磁相互作用和交换耦合作用可以减少磁畴之间的相互作用，增加畴壁钉扎能，由此可以提高矫顽力。最近，研究人员精确测量了 Alnico 调幅分解过程中的过渡相原子尺度的成分以及外加磁场在亚稳相形成过程中所起的作用[7]，这些研究为改善矫顽力提供了新的渠道。

6.1.2　Al-Ni-Co 合金的成分和工艺优化

Alnico 的 M_s 主要依赖于 α_1 相的体积分数，但是影响矫顽力的因素很多。目前的研究瞄准获得具有取向排列的柱状相和高的磁各向异性的磁体。为了达到这个目标，一方面要调节 Alnico 合金的成分，通过添加微量元素和控制元素的含量来调控微观结构；另一方面要通过工艺优化，寻找获得最佳磁各向异性的处理方式，建立成分、工艺、结构和性能之间的关系。

6.1.2.1　Al-Ni-Co 合金的成分优化

对 Alnico 磁体成分的研究集中在几种主要的元素，如 Al、Ni、Co、Fe、Ti、Cu 等。Liu 等[8]研究了 Alnico 8 中不同的 Co 和 Ti 含量对磁性能、微观结构和磁通量的可逆温度系数的影响，采用常规铸造和磁场热处理工艺制备了质量分数分别为 34%、36%、38% 和 40% 的 Co 替代 Fe 的 Alnico 合金。随着 Co 和 Ti 含量的增加，Alnico 中两相的晶格参数的差异变大。为了降低应变能，在 Co 的质量分数为 40% 的 Alnico 8 的 α_1 相中出现了很多直径小于 10 nm 的颗粒。由于 Ti 是非磁性原子，随着 Ti 和 Co 含量的增加，合金的剩磁下降；同时由于颗粒的整齐度和完整度下降，热稳定性也变差。

Sun 等[9]通过调节化学成分和微观结构获得了高矫顽力和高磁能积的 Alnico 合金，H_c 为 2 020 Oe，$(BH)_{max}$ 为 9.5 MGOe。两种合金（Alnico 9 和 Alnico 9h）的成分和磁性能如表 6 – 1 所示。显微组织分析表明，磁性原子主要聚集在 α_1 相，非磁性原子倾向于聚集在 α_2 相。与 Alnico 9 相比，Alnico 9h 较低的剩磁是由于 α_1 相的体积分数较低，而较高的矫顽力则是因为 α_1 相和 α_2 相之间更加清晰的晶界以及 Fe 和 Co 原子在磁性 α_1 相中的均匀分布。此外，富 Cu 颗粒在 α_2 相中的不均匀分布也可能有利于提高矫顽力。

表 6 – 1　Alnico 9 和 Alnico 9h 的标称化学成分与磁性能[9]

样品	$w(Co)$ /%	$w(Cu)$ /%	$w(Al)$ /%	$w(Ti)$ /%	$w(Ni)$ /%	Fe	剩磁 B_r/T	内禀矫顽力 $_jH_c$/Oe
Alnico 9	36	3	7.2	6.05	13.5	Bal	1.07	1800
Alnico 9h	40	3	8.4	8.2	14	Bal	0.82	2020

6.1.2.2　Al-Ni-Co 合金的工艺优化

1. 磁场热处理工艺

Alnico 合金品种繁多，但其基本组成和相转变特点是相似的。例如，Alnico 8 在 1250 ℃ 以上是单相固溶体（α 相，体心立方，$a = 0.236$ nm），在 1250～850 ℃ 析出 γ 相（面心立方，$a = 0.365$ nm），900 ℃ 下发生 α 转变为 $\alpha_1 + \alpha_2$ 的相变（α_1 相为体心立方，富 Fe、Co，M_s 较高；α_2 为体心立方，弱磁性）。在 600 ℃ 以下长期加热会析出 γ′ 相（面心立方，$a = 0.359$ nm）。γ 相和 γ′ 相是有害相，对硬磁性能不利，因此要尽量避免。

Alnico 合金的制备工艺中最重要的是热处理，无论是铸造还是烧结 Alnico 都要进行磁场热处理和时效热处理。如果在 800～850 ℃ 进行磁场热处理或等温磁场热处理，α_1 相晶粒会在磁场方向析出并伸长，同时

"Co 原子对"会在磁场方向"有序定向"，得到形状各向异性晶体，材料的剩磁、矫顽力和磁能积明显提高。Stanek 等[10]研究了热处理条件对含 5.5%（质量分数）Ti 的 Alnico 8 合金矫顽力的影响。在 1 250 ℃下均匀化热处理 20 min，再在有磁场或无磁场条件下冷却到室温。均匀化之后进行三步等温退火，即将试样在 610 ℃保温 2 h，再在 590 ℃保温 4 h 和在 570 ℃保温 6 h。结果发现，在 810 ℃下磁场热处理样品的矫顽力最高，为 132 kA/m，说明此温度下的磁硬化过程是最有效的。在最佳磁场热处理温度下（810 ℃），均匀化过程中加不加磁场影响不大。

Zhou 等[7]分析了外加磁场对 Alnico 8 合金的微观组织演变的影响（图 6 - 3）。最初的相分离发生在固溶体从 1 250 ℃开始的淬火过程中，最后获得了一个包含 α_1 相和 α_2 相穿插的无规律但连续的网状结构。在 800 ℃的温度下，1 T 的外加磁场热处理 90 s 后导致了 α_1 相随着时间延长发生隔离和粗化，这一步骤可初步获得矫顽力。为了实现最佳的矫顽力，还需要进一步长时间地退火。另外，随着磁场热处理时间的增加，α_1 相的体积分数及 α_1 相中 Al、Ni、Ti 和 Cu 的含量降低，而 Fe 和 Co 的含量增加。由于 Cu 在两个相中都不稳定，在相分离和粗化过程中，富 Cu 相会在 α_2 相中的与两个 α_1 晶面相邻的角落形成。相分布和微磁畴结构与磁场和各个晶粒主轴之间的相对取向密切相关。各个晶粒中瘦长的 α_1 棒都沿着 ⟨100⟩ 方向，其延伸长度与磁场的数量级成正比。

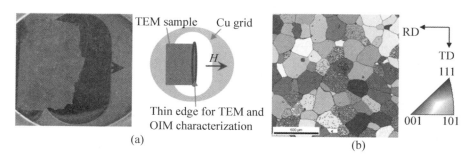

图 6 - 3　外加磁场对 Alnico 8 合金微观组织的影响[7]
（a）SEM 图片和相对应的显示磁场 H 和 TEM 样品边界的原理图；
（b）Alnico 8 样品的反 ⟨001⟩ 极图

Sun 等[11]分析了 10 T 的磁场等温热处理对 Alnico 5 和 Alnico 8 合金的组织和磁性能的影响，发现高的磁场显著改变了 Alnico 合金中调幅分解过程中的热力学和动力学。10 T 的磁场增强了 Alnico 5 调幅分解过程中的形核率，获得了更细小的分解颗粒，同时将其体积分数提高了70%。高磁场还增强了原子的扩散，并使得原子在平行于外磁场方向的扩散速度大于垂直方向。

因此，全方面理解退火过程中纳米结构的变化和外加磁场的方向对晶向的影响非常重要。改变施加于晶体的外加磁场，可以改变调幅相的均匀性，从而调控矫顽力。

6.1.2.3 粉末成形工艺

制造 Alnico 永磁的方法有铸造和粉末烧结两种。铸造法可以制备非定向、半定向和高度定向的 Al-Ni-Co 合金。粉末烧结 Alnico 磁体具有材料利用率高、成分偏析小、磁特性波动小的优点，但总体磁特性略低于铸造磁体，因此提高粉末烧结磁体的磁特性一直是生产上追求的目标。

Song 等[12]用气体雾化工艺制备了成分为37.1% Fe、8.2% Al、17.6% Ni、26.6% Co、3.3% Cu、7.2% Ti(质量分数)的 Alnico 粉末，研究了磁场热处理对性能的影响。获得的最优热处理参数为：以 4 ℃/s 的速率加热到870 ℃，在 870 ℃ 保温 1 min 后再在磁场下以 0.3 ℃/s 的速度冷却到700 ℃，最后再等温老化 4 h。他们认为热处理过程中的关键点是要在700 ℃下老化4h，并且从870 ℃冷却到700 ℃时的冷却速度要在0.3 ℃/s。最后获得的 Alnico 粉末的 $_jH_c$ 为 1.0 kOe，M_r 为 36.5 emu/g。研究表明，铸造 Alnico 磁体必须进行固溶处理才能获得均匀的铸造结构，但是对于气体雾化磁体来说，固溶处理不是必需的，因为其组织来源于快速凝固淬火过程。

Tang 等[13]通过气体雾化获得单一 α 相的均匀球形粉末，粒径 5 μm，再通过热压(HP)、热等静压(HIP)和模压烧结(CMS)等三种成形工艺获得不同显微结构和磁性能的 Alnico 8 合金。HP 样品随着温度从 770 ℃升高到 840 ℃，相对密度从 78% 上升到 96%，在真空中 1200 ℃固溶30 min 后，相对密度达到98.7%；HIP 样品在 1 250 ℃加热4 h 后，就直接达到了理论密度；CMS 样品随着烧结时间从 1 h 到 8 h，相对密度从 96.8% 上升到 99.6%。HP 样品的 $_jH_c$ 为 1.7 kOe，M_r 为 9.1 kGs；HIP 样品的 $_jH_c$ 也为 1.7 kOe，但 M_r 由于密度的增加提高到 9.4 kGs；CMS 样品在烧结8 h 获得了最大的 M_r 达10.1 kGs 和 $(BH)_{max}$ 达 6.5 MGOe。HP 和 HIP 后的样品的平均晶粒尺寸增加了 16 倍。在完全热处理后，样品显示出了均匀的粒度分布和不同的晶粒取向。研究结果表明：HP 和 HIP 制备的样品具有相似的微观结构和磁性能，但是热压是获得接近理想密度和最终形貌的最经济有效的工艺。CMS 工艺需要花更长的烧结时间来获得全致密的磁体，但是更易于获得形状复杂的磁体。长时间的烧结可能诱导晶粒的优先生长，获得高的剩磁和磁能积。

为了成功运用于牵引发动机和发电机中，Alnico 的磁能积需要至少翻一番。更重要的是，其内禀矫顽力需要进一步提高。因此，为了实现高矫顽力和更好地控制晶粒各向异性，还需要对 Alnico 磁体进行进一步的工艺调整和合金改性。

6.1.3　纳米结构 Al-Ni-Co 合金

迄今为止，对 Alnico 纳米材料的研究很少，可能是因为 Alnico 硬磁合金含有至少三种元素，如何精确控制其化学组成使得其块体的硬磁性能在纳米结构中重现一直是一个难题。近年来，随着制备技术的发展，研究者们成功制备了 Alnico 的薄膜和纳米颗粒，并获得了不同于块体的硬磁性能。

6.1.3.1　Alnico 薄膜

Patroi 等[14]通过脉冲激光沉积（PLD）和热处理的方法在陶瓷基底上成功获得了化学组成接近 Alnico 的薄膜，证明了用 PLD 制备新型硬磁薄膜的可行性。沉积态薄膜很光滑，没有颗粒相。随着热处理温度从 600 ℃升高到 900 ℃，表面逐渐出现明显的颗粒，最后出现了硬磁的 FeCo 相。当热处理温度低于 800 ℃时，矫顽力随着退火温度的上升而增加，并且在 800 ℃时获得最大值。

Butt 等[15]使用 PLD 在玻璃基底上室温沉积了单晶 Alnico 5 薄膜，研究了沉积过程中施加外部磁场对材料性能的影响。薄膜的厚度和 M_s 如表 6 - 2 所示。外磁场的加入使 Alnico 5 薄膜的面内 M_s 增加了 31.5%，从 $200\,emu/cm^3$ 增加到 $263\,emu/cm^3$，但 Alnico 5 薄膜的面外 M_s 几乎与外部磁场无关，都是 $200\,emu/cm^3$ 左右。因此，磁场作用下沉积的薄膜的平面内和平面外 M_s 存在差值。薄膜的易磁化轴平行于膜平面排列，然而难磁化轴是垂直于膜平面排列，这表明薄膜的面内各向异性平行于施加的外部磁场。

表 6 - 2　室温玻璃基片上沉积的 Alnico 5 薄膜的膜厚值和饱和磁化强度[15]

外磁场/Oe	薄膜厚度/nm	$M_s/(emu \cdot cm^{-3})$	
		平行膜面	垂直膜面
0	125	200	198
500	180	263	200

    Akdogan 等[16]采用磁控溅射技术在 Si(100)基底上制备了 Alnico 薄膜，并研究了不同热处理工艺下的调幅分解相和磁性能。溅射靶材所用的是厚度为 1 mm 的商业 Alnico 5 磁体。获得的薄膜厚度在 50～300 nm 之间。采用以下两种热处理方式：①在 600～1 000 ℃范围内进行简单的热处理；②类似于块体 Alnico 的复杂热处理工艺。热处理前和不同热处理的薄膜的磁滞回线如图 6-4 所示。简单热处理后，在 600 ℃和 800 ℃ 获得的矫顽力分别为 2.6 kOe 和 6.9 kOe，得到的最大矫顽力大约是块体 Alnico 的 10 倍。电子衍射表明，热处理后出现了一个晶格参数为 $a =$ 7.79Å 的新 fcc 相。采用传统 Alnico 热处理工艺，也获得了相似的矫顽力（完全热处理后 6.7 kOe）。薄膜的矫顽力还强烈地依赖于薄膜厚度。当薄膜的厚度大于 100 nm 时，矫顽力急剧下降，在薄膜厚度为 150 nm 时矫顽力仅有 500 Oe。这些研究结果表明，Alnico 薄膜的结构转变与块体 Alnico 中的调幅分解相截然不同。

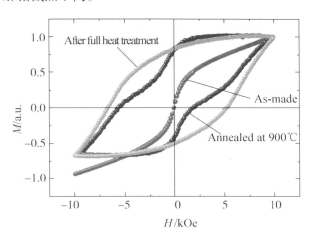

图 6-4　磁控溅射获得的薄膜、900 ℃退火 30 min
和完全热处理后样品的磁滞回线[16]

    为了进一步表征新相的结构和成分，Akdogan 等[16]利用薄膜界面的 TEM 和纳米束电子衍射（图 6-5），获得了 a =7.79Å 的 fcc 尖晶石相。在 fcc 相薄膜下面（80 nm），观察到了一个晶粒更小的与上层膜分开的 bct 结构相，其晶格参数为 a =2.65Å，c =3.19Å。进一步的分析表明这个相为 Fe-Co-Si 相。他们认为 Alnico 薄膜的高矫顽力是由于 Si 扩散进入 Alnico 薄膜后产生了居里温度为 305 ℃的新硬磁相。目前他们正在研究如何大量制备这个具有高矫顽力的新相来进一步探究它的结构和磁性。
具备这种高矫顽力的 Alnico 薄膜可作为下一代的超高密度磁记录介质。
另一方面，这个新的硬磁相的批量生产可为不含稀土的先进永磁体的发
展开辟新的方向。

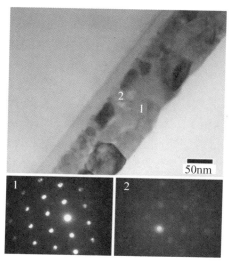

图 6-5　热氧化后薄膜的截面明场像以及薄膜上层(1)和下层(2)的
纳米束电子衍射图谱[17]

此外，Patroi 等[17]也通过直流溅射技术在陶瓷基底上获得了不同厚
度的硬磁性 Alnico 薄膜。制备态薄膜为非晶，通过控制退火工艺可以诱
导样品发生非晶到结晶转变。他们也研究了热处理对不同厚度和微结构
薄膜的磁滞特性的影响。研究表明，这种薄膜可以作为磁记录介质使用，
但薄膜的稳定性、抗腐蚀性和热稳定性还需要进一步的研究。此外，研
究者[18]最近利用射频溅射也在硅基底上成功地制备了 Alnico 薄膜，并研
究了界面扩散行为。

总之，Alnico 薄膜制备成本低、方法简单，在一些低尺度硬磁材料
微型器件上，可能是替代稀土永磁体的优秀候选者。

6.1.3.2　Alnico 纳米颗粒

制备金属的纳米颗粒要比制备氧化物困难很多，目前最流行的制备
方法主要有真空蒸镀和氢等离子体金属反应法(HPMR)。由于其高温和
化学促进效应，HPMR 已成为更有效的制备工艺。这种方法是利用电弧
放电使金属熔化成为烟尘状态，然后在惰性气体保护下与氢等离子体相

作用而形成合金或金属单质纳米颗粒，形成的颗粒可由循环气流吹到收集器上进行收集。

Li 等[19]通过 HPMR 成功制备了各向同性 Alnico 4（Fe-12% Al-28% Ni-5% Co）和各向异性的 Alnico 5（Fe-8% Al-14% Ni-24% Co-3% Cu）合金纳米颗粒，颗粒平均尺寸为 12 ～ 34 nm，通过调节氢气分压和等离子体电流可以调控纳米颗粒的尺寸。该纳米颗粒的晶体结构和晶格参数与母合金相同，没有发现新相或非平衡相。纳米颗粒在 473 K 以下是稳定的，当温度升高时，在空气中会被氧化。图 6－6 展示了 Alnico 5 纳米颗粒在不同温度时，M_s 和 H_c 与颗粒平均尺寸之间的关系。Alnico 纳米颗粒的磁性能和 Fe-Ni-Co 纳米颗粒的性能很接近。氧化温度、M_s 和 H_c 都和颗粒尺寸息息相关。随着颗粒尺寸的降低，氧化温度和饱和磁化强度都下降，但矫顽力提高。最好的磁性能在 25nm 左右获得。但总的来说，纳米颗粒的硬磁性能还有待进一步提高。

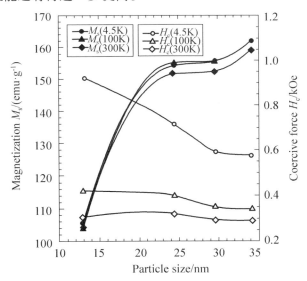

图 6 － 6 　Alnico 5 纳米颗粒的饱和磁化强度和矫顽力
与颗粒平均尺寸之间的关系[20]

6.2　Mn 基永磁材料及其最新进展

在寻找非稀土永磁材料过程中，许多研究者把目光转向原材料较为廉价的 Mn 基材料，具有 $L1_0$、$B8_1$ 或 DO_{22} 结构的 Mn-Al、Mn-Bi、Mn-Ga

合金重新获得了关注。

Mn 是比较特别的过渡元素：Mn 的晶体单胞很大，原子占据单胞中 4 种不同的位置，不同位置上的原子磁矩从 0.5 μ_B 到 2.8 μ_B 不等，在 90 K 以下这些磁矩呈非线性反铁磁排列。Mn 不仅具有 3d 元素中最大的原子磁矩，而且凭借其众多的氧化态获得了多种键合环境。在等原子比的化合物 MnBi 和 MnAl 中，Mn-Mn 相互作用产生了铁磁有序。虽然这些化合物的总磁化强度较低，但只要经过适当的设计，可以提供中等的 $(BH)_{max}$（$7 \sim 12$ MGOe），适用于无需极高的磁能密度的应用。

Mn 本身半满的 d 带之间的交换作用通常是反铁磁性的，如何在密排结构中使大的磁矩按铁磁性排列是需要研究的主要问题。此外，相邻两个 Mn 原子的杂化轨道会使能带宽化，磁矩急剧减小。为了得到大的磁矩，必须使 Mn 原子间距增加，但这会降低 M_s。通常来说，当相邻两个 Mn 原子的间距小于 240 pm 时，对外显示非磁性；当 Mn 原子间距在 $250 \sim 280$ pm 时，对外表现出一些较小的反铁磁性磁矩；当 Mn 原子间距大于 290 pm 时，对外表现出较大的铁磁性耦合磁矩。因此，将 Mn 与其他较为廉价的元素一起形成锰基合金或是引入间隙原子，以此来扩大相邻 Mn 原子间的距离，使其磁矩呈现铁磁性耦合，是研发 Mn 基磁体的基本思路。

6.2.1　Mn-Al 基永磁材料

6.2.1.1　Mn-Al 基永磁材料概述

Mn-Al 合金具有很好的机械强度和适中的磁性能。Mn-Al 系统中的铁磁性相被称为 τ 相，此相为亚稳相，晶体结构如图 6-7a 所示。τ 相的 $Mn_{50}Al_{50}$ 的磁矩和磁晶各向异性能的测量值分别为 $2.37\mu_B/f.u.$ 和 0.259 meV/f.u.（1.525×10^6 J/m^3），M_s 为 $Nd_2Fe_{14}B$ 的 40% 左右，室温磁晶各向异性常数 K_1 与 $Nd_2Fe_{14}B$ 在同一数量级上，磁晶各向异性场达到了 38 kOe[20]，因此其在 5.2 g/cm^3 的密度下的理论 $(BH)_{max}$ 达到了 12.64 MGOe。不同 Mn/Al 含量比的合金的磁性能不尽相同，但整体上，性能都较为可观。

图 6-7b 给出了 Mn-Al 合金的二元相图[21]。硬磁相 τ 相的单轴对称 $L1_0$ 结构来自高温密排六方（hcp）ε 相的固态相变[22]。在块体制备过程中，一般首先制得 ε 母相，然后通过扩散形核和生长过程转化获得 τ 相。ε 母相的 Mn 含量（原子分数）范围为 53% $\sim$ 60%，是一个高温相，要获

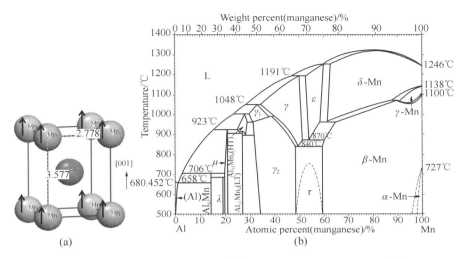

图 6 - 7　τ-MnAl 的晶体结构(a)[23]及 Mn-Al 二元合金相图(b)[21]

得此相就必须经过高温的不稳定的工艺过程，而难点就在于如何在室温下得到 ε 母相。因此，Mn-Al 基永磁材料的制备工艺比较复杂，一是由于母相 ε 相在 τ 相形成温度的亚稳性本质，二是铁磁 τ 相的形成还要与分解为两个平衡顺磁相的反应相竞争。由于这些独特的相关系，MnAl 的热处理必须进行优化，以实现 τ 相形成的最大化，同时最小化 τ 相的分解。在室温下得到非稳定的 ε 母相通常使用的方法是熔体快淬等快速凝固工艺，当然也可以通过机械研磨等其他的途径。快淬工艺不仅提供了足够的过冷度，使无序的 ε 相在室温下保持稳定，而且使 ε 相合金的晶粒尺寸保持在很小的级别，同时也为在微观结构中引入缺陷提供了可能。然而，这些技术产生的是各向同性晶粒结构，难以获得高的剩磁。

　　τ 相在两相区中形成（图 6 - 7b 中虚线区域），两相区组成为 γ_2（Al_8Mn_5）和 β-Mn。一般掺入小剂量的 C 可以提高 τ 相的稳定性，同时也能提高材料的 M_s 以及与 Mn 原子相关的磁矩，这是因为在一个晶胞中，C 原子占据了 $\left(\dfrac{1}{2}, \dfrac{1}{2}, \dfrac{1}{2}\right)$ 位置，使得 Mn 原子更偏向于占据（0,0,0）位置。如果不掺 C，τ 亚稳相会分解为平衡相 β-Mn 和 γ_2。但是，C 的掺入也会导致不利影响。例如，添加质量分数为 0.5% 的 C 会显著降低 H_a（从 55 kOe 降到 39 kOe）和 T_C（从 380 ℃ 降至 285 ℃）[23]。T_C 的降低限制了材料的使用温度，而 H_a 降低也意味着材料矫顽力的降低，这对永磁

349

材料来说是不利的。不过在 Mn-Al 基永磁材料中，最重要同时也是最困难的问题在于形成并保持 τ 相稳定，因此 C 的掺入对材料其他方面性能的不良影响掩盖不了它对 τ 相稳定性提高的巨大贡献。

要得到 τ 相，一般有两种方法：一是形成 ε 母相后短时间的低温退火（约 500 ℃），提供足够的能量使 $L1_0$ 结构生长；二是从高温（高于 700 ℃）缓慢冷却。两种方法都能得到铁磁性的面心四方（fct）$L1_0$ 结构的 τ 相。不过，如果合金从高温缓慢冷却，其晶粒尺寸会远远大于退火处理的合金。因而实际中通常采用第一种方法，这是由于材料的磁性能与材料的晶粒尺寸密切相关。

6.2.1.2　快淬 Mn-Al(-C) 永磁

通过快淬和热处理制备的 Mn-Al 和 Mn-Al（-C）合金的内禀矫顽力一般在 1500 ~ 2 000 Oe 之间，实验获得的 $(BH)_{max}$ 为 4 ~ 7 MGOe（37 ~ 56 kJ/m³）[24-26]。可通过改进和控制微观结构来提高材料的磁性能。

作者研究组[27] 采用熔体快淬法制备了 Mn-Al-C（B）合金薄带，除 Mn-Al-B 合金外，制备态材料由单相 ε 组成。合金加热时，在 500 ℃ 附近发生 $\varepsilon \rightarrow \tau$ 转变，在 800 ℃ 附近发生 $\tau \rightarrow \varepsilon$ 转变。研究发现，添加适量 C 确实有利于 τ 相的形成，而利用 B 元素来代替 C 并不能稳定硬磁相，会使不稳定的 ε 相在退火过程中转变为多种中间相。

作者等[28,29] 还系统研究了 C 和稀土元素的添加对快淬 $Mn_{55}Al_{45}$ 合金相变和磁性能的影响。通过氩弧熔炼和熔炼快淬制备了不同 C 添加量和/或微量的稀土掺杂的 Mn-Al 合金带材，即 $Mn_{55-x}Al_{45}C_x$ 和 $Mn_{52.3}Al_{45}C_{1.7}$-RE_1（RE = Pr 或 Dy）。选择 Pr 和 Dy 是因为其代表了典型的轻稀土和重稀土元素，并可能产生不同的磁性能。随后在 500 ~ 650 ℃ 温度范围内退火 10 min。在不同温度下退火的 Mn-Al-C 合金的磁性能如图 6 - 8 所示。二元的 $Mn_{55}Al_{45}$ 合金中含有 τ、β 和 γ 三个混合相，其综合磁性能相对较低。C 的添加促进了 τ 相的析出，同时稳定了 τ 相，提高了其硬磁性能。随着热处理温度的升高，剩磁 J_r 和 $(BH)_{max}$ 稍有增加，这可能是因为改善的硬磁相转变。含原子分数为 1.7% 的 C 的 Mn-Al-C 合金具有最佳的综合磁性能，这可能是由于 τ 相中出现了少量能钉扎畴壁的 Mn_3AlC 析出相。快淬 $Mn_{53.3}Al_{45}C_{1.7}$ 合金在 650 ℃/10 min 退火得到的磁性能为：$J_s = 0.83$ T，$J_r = 0.30$ T，$_jH_c = 123$ kA/m，$(BH)_{max} = 12.24$ kJ/m³。Pareti[30] 等提出，当 C 原子分数超过 2% 后，合金的磁性能开始下降，这表明太多的 C 并不利于 τ 相的形核和生长。

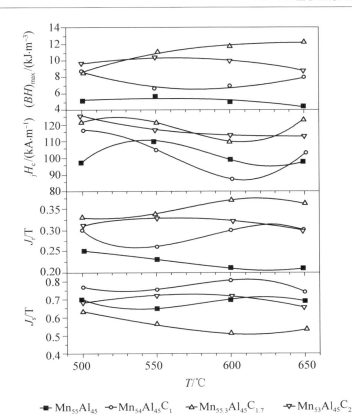

图 6 – 8　不同 C 含量的 Mn-Al(-C)合金在不同温度热处理后的磁性能[28]

表 6 – 3 结果表明，Mn-Al 合金居里温度（T_C）对 C 含量非常敏感，随着 C 含量的增加，T_C 呈现线性下降的趋势。引入原子分数为 1%，1.7% 和 2% 的 C 至 $Mn_{55}Al_{45}$ 合金中，T_C 从 346 ℃ 分别下降到 292 ℃、268 ℃ 和 258 ℃。作者认为，由 C 的掺杂引起的 T_C 的大幅度降低可以解释 Zeng[26] 和 Fazakas 等[24] 以前获得的居里温度结果之间的巨大差异。事实上，Zeng 的样品可能出现了 C 损失。此外，添加原子分数为 1% 的 Pr 和 Dy 后，Mn-Al-C 合金的 T_C 分别为 264 ℃ 和 267 ℃，与 268 ℃ 相比稍有降低。不同合金在最佳热处理后在 5 K 的退磁曲线（图6 – 9）可以看出，C 的添加通过促进硬磁相的形成提高了二元合金的硬磁性能，Pr 的添加对合金的 J_r 和 $(BH)_{max}$ 略有提高，但 Dy 对磁化强度的影响是不利的，只是略微提高矫顽力。稀土元素对 Mn-Al-C 合金的影响可能与稀土的原子磁矩及 Mn 与稀土原子的交换作用有关。Pr 和 Dy 的掺杂可以提高各向异性

以及增加 Mn 原子间的距离。研究中得到的磁性能最好的样品是 C 和 Pr
共掺的 Mn-Al 基合金。

表6-3　不同成分 Mn-Al 基合金的居里温度

合金	$Mn_{55}Al_{45}$	$Mn_{54}Al_{45}C_1$	$Mn_{53.3}Al_{45}C_{1.7}$
T_C/ ℃	346	292	268
合金	$Mn_{53}Al_{45}C_2$	$Mn_{52.3}Al_{45}C_{1.7}Pr_1$	$Mn_{52.3}Al_{45}C_{1.7}Dy_1$
T_C/ ℃	258	264	267

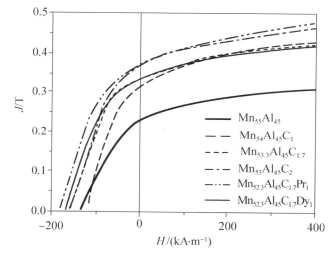

图6-9　最佳热处理 Mn-Al 基合金在 5 K 时的退磁曲线[28]

Wei 等[31]也运用传统的电弧熔炼、熔体快淬和热处理工艺获得了高
纯度的 τ-$Mn_{54}Al_{46}$ 和 $Mn_{54-x}Al_{46}C_x$ 合金，并用粉末中子衍射来研究制备
的材料的结构。没有添加 C 的纯 $Mn_{54}Al_{46}$ 粉末获得的室温 M_s 为
650.5 kA/m，矫顽力为 0.5 T，$(BH)_{max}$ 为 24.7 kJ/m³。而 C 取代的
$Mn_{54-x}Al_{46}C_x$ 呈现出更低的 T_C，但是 M_s 和未添加 C 的相似。Mn-Al 的电
子结构表明 Mn 原子的磁矩为 2.454 μ_B，这起因于 Mn-Al 和 Mn-Mn 之间的
强烈的杂化。此外，他们还研究了体积和 c/a 比值与 Mn 和 Al 的磁矩之
间的关系，体积膨胀引起的原子内的交换分裂会导致一个大的 Mn 原子

磁矩，最高达到 $2.9\mu_B$。除了上述介绍的工作以外，其他一些研究团队在近几年也通过结合熔炼、快淬和快速凝固等非平衡技术成功获得了 τ 型 MnAl 合金。

6.2.1.3 球磨 Mn-Al(-C) 永磁

机械球磨通过减小晶粒尺寸，将单相 $L1_0$ 型 Mn-Al(-C) 的矫顽力从 1 700 Oe 急剧提高到 4 000 Oe，这是目前 Mn-Al 基材料所报道的最高矫顽力[32]。

作者研究组[29,33]以氩弧熔炼合金铸锭为前驱体，通过表面活性剂辅助球磨（SABM）制备了各向异性 Mn-Al-C 薄片，并讨论了球磨和后退火工艺对相结构和磁特性的影响。$Mn_{51}Al_{46}C_3$ 合金铸锭在 1 150 ℃ 热处理 16h 后水淬获得了 ε 相，随后以油胺和庚烷（99.8%）作为球磨介质，油酸（OA）（90%）作为表面活性剂，球料质量比约为20∶1，进行球磨；球磨后的粉末在 400 ~ 650 ℃ 下退火 30 min，以产生 $L1_0$ 结构的 τ 相。同时对铸锭施以同样的热处理工艺来做对比。球磨和退火后 $Mn_{51}Al_{46}C_3$ 薄片的 SEM 照片如图 6 - 10 所示。球磨 1 h 后，粉末主要由厚度为 10 μm、长度为 20 ~ 150 μm 的微米级薄片组成；球磨 4 h 后，获得厚度为 280 ~ 840 nm 和长度为 1 ~ 110 μm 的亚微米级薄片；球磨时间从 4 h 延长到 8 h，纳米片的厚度和长度显著降低，分别为 132 nm 和 54 μm。此外，退火前后的长度和厚度没有明显变化。

图 6 - 10　球磨不同时间的退火 $Mn_{51}Al_{46}C_3$ 薄片的 SEM 照片[29]

（a）1h；（b）4h；（c）8h（插图是退火前的薄片图片）

表面辅助球磨不同时间后的 Mn-Al-C 粉末在 500 ℃ 热处理后的退磁曲线如图6 - 11a所示。相对于块体铸锭，球磨后的矫顽力和 J_r/J_s 都提高了。当球磨时间较短时（1 ~ 4 h），矫顽力并没有太大变化，但当时间进

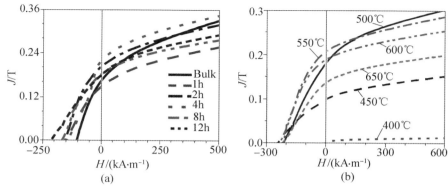

图 6-11　块体和表面辅助球磨的 $Mn_{51}Al_{46}C_3$ 粉末在 500 ℃退火 30 min 后的磁滞回线（a）和不同温度退火的 $Mn_{51}Al_{46}C_3$ 粉末的退磁曲线（b）[33]

一步从 8 h 增加到 12 h 时，矫顽力从 168 kA/m 提高到 214 kA/m。矫顽力的变化来源于 τ 相微观组织的变化和颗粒尺寸的减小。对于球磨时间在 1～12 h 之间的样品，更高的矫顽力值来源于 $L1_0$ 结构。J_r/J_s 的提高可能源于纳米硬粒之间的交换耦合作用。球磨 12 h，$Mn_{51}Al_{46}C_3$ 粉末不同温度退火后的退磁曲线如图 6-11b 所示。当退火温度从 400 ℃升至 500 ℃时，J_s 增加，但当温度高于 500 ℃时 J_s 降低。这是因为温度超过 500 ℃后，磁性 τ 相分解成非磁性相。最高的 J_s 为 0.49 T 是在 500 ℃退火得到的。当退火温度从 450 ℃升到 650 ℃，矫顽力都没有明显的变化。磁性能最佳的样品是在 550 ℃退火获得的，其 H_c 为 225 kA/m，J_r 为 0.21 T。最高的 H_c 为 243 kA/m，是在 450 ℃退火获得的。这些数值都比快淬获得的薄带材高得多。

　　近年来，许多研究者主要通过优化颗粒/晶粒尺寸、成分和相变来提高 Mn-Al 基合金的磁性能。有研究者[34]发现，颗粒/晶粒的残余应力在这些合金的矫顽力变化中扮演着很重要的角色。作者研究组[35]通过电弧熔炼获得 $Mn_{51}Al_{46}C_3$ 铸锭，然后用两种不同的 SABM 工艺（A 和 B）制备了 τ 相结构的 $Mn_{51}Al_{46}C_3$ 薄片，研究了矫顽力和内应力之间的关系。SABM 过程中，磨球之间的连续高速碰撞会产生内应力，从而改变晶格参数。由于缺陷和应变区的畴壁钉扎效应，随着相对大的残余应力，可以获得高达 266.2 kA/m 的矫顽力。图 6-12a、b 为球磨时间对应变和矫顽力的影响，可以看出，应变和矫顽力的变化有很好的对应关系。结果表明，基于内应力的影响，可以通过控制球磨时间调控 Mn-Al-C 粉末的磁性能，这为实现 Mn-Al 基磁性材料矫顽力的调控提供了一种新的方案。

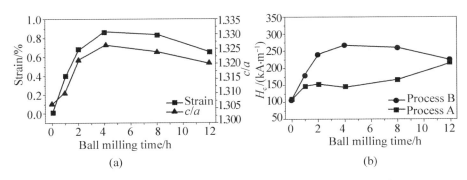

图 6–12　工艺 B 不同球磨时间获得的 $Mn_{51}Al_{46}C_3$ 粉末的内应变和晶格参数 c/a (a) 及
两种工艺制备的 $Mn_{51}Al_{46}C_3$ 粉末矫顽力随球磨时间的变化(b)[35]

6.2.1.4　Mn-Al(-C) 永磁薄膜

Mn-Al(-C)永磁薄膜在需要高垂直各向异性的自旋发光二极管、自旋场效应晶体管和侧向自旋阀等自旋电子学器件中有潜在的应用，常用的制备方法有溅射和分子束外延。溅射法制备的 Mn-Al 薄膜不仅存在铁磁性的 τ 相，还同时形成多种非磁性相，如 ε-MnAl 等，但这种薄膜材料的矫顽力不是很大。只有探索影响 τ-MnAl 形成的因素，提高 Mn-Al 薄膜中 τ-MnAl 的纯度，才能满足超高密度磁记录介质的要求。

Duan 等[36]采用多层膜工艺制备 Mn-Al 薄膜样品，并对样品进行退火处理，从薄膜的织构、磁性和衬底三方面系统地研究了影响 τ-MnAl 形成的因素。当退火温度为 350 ℃ 时，薄膜中开始形成 τ-MnAl；当退火温度为 500 ℃ 时，τ-MnAl 开始分解为 β-Mn 和 γ_2-MnAl；当退火温度在 400 ℃ 和 450 ℃ 之间，薄膜具备较好的磁性。研究还发现，τ-MnAl 在 Mn-Al 的界面处形成。铁磁性的 τ-MnAl 相在 Mn-Al 界面处形成与 Mn(或 Al)原子层的厚度有关。当 Mn(或 Al)原子层的厚度为 1.6 nm 时，薄膜中开始形成磁性相。而且，薄膜的磁性随着 Mn(或 Al)原子层厚度的增加先增大，在 2.5 nm 时达到了最大值。随着 Mn(或 Al)原子层厚度的进一步增加，薄膜中开始出现非磁性的 Mn 和 Al 的晶粒。研究表明，在 $Mn_{60}Al_{40}$ 薄膜中，τ-MnAl 的厚度大约是 5 nm。而对 GaAs 基底先加热 (200 ℃)并沉积一层 Mn/Al 缓冲层，冷却后再沉积 $[Al/Mn]_{15}$ 薄膜可以使得 τ-MnAl 薄膜 c 轴倾向垂直膜面方向，有助于提高薄膜的磁性和织构。

Huang 等[37]首次通过溅射方法在 Si 基底上的 MgO 籽晶层获得了磁

性能优异的垂直取向 $L1_0$ 有序 τ-MnAl 薄膜(图6-13a),开创了 Mn-Al 基薄膜在垂直磁性隧道结中的应用。MgO 和 τ-MnAl 之间的外延生长关系如图6-13b插图所示,即 MgO [100](001)∥MnAl [100](001),这对于自旋电子器件是很关键的。他们系统分析了制备条件,如膜厚、溅射功率、基片温度和热处理温度对结构与磁性能的影响。最后获得的膜层的结构为 Si 基底/MgO(20 nm)/MnAl(10 ~ 50 nm)/Ta(5 nm),其中 MgO 是通过射频磁控溅射方法制备,其余都是运用直流磁控溅射方法获得的。他们获得的 30 nm 的 MnAl 显示出高的有序度($S = 0.94$)和高的垂直磁各向异性,矫顽力为 8 kOe,K_u 超过了 6.5×10^6 erg/cm³,M_s 为 300 emu/cm³(图6-13a)。薄膜的 TEM 截面图如图6-13b所示,MgO 作为过渡层,可通过降低晶格错配度和提高表面结合能来提高沉积表面的润湿性。TEM 图也表明在 MnAl 和 Ta 之间有 5 nm 的扩散区域。

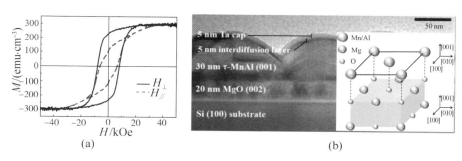

图6-13　Si 基底/MgO/MnAl/Ta 薄膜的面外/面内磁滞回线(a)和截面 TEM 图(b)[37]
b 中插图所示为 MgO/τ-MnAl 外延生长关系

Nie 等[38]利用分子束外延在 GaAs(001)衬底上外延生长 $MnAl_x$ 薄膜,在较大组分范围内($0.4 \leqslant x \leqslant 1.2$)获得了高矫顽力垂直取向 $MnAl_x$ 薄膜。分析发现,当 $x \leqslant 0.6$ 时薄膜中出现较多的软磁相,当 $x > 0.9$ 时,薄膜晶体质量和化学有序度逐渐降低,组分为 $MnAl_{0.9}$ 时制备的薄膜有最好的[001]取向。随着生长温度的升高,$MnAl_{0.9}$ 薄膜的有序度、垂直磁各向异性常数、矫顽力和剩磁比均提高。350 ℃时制备的 $MnAl_{0.9}$ 薄膜化学有序度高达0.9,其磁化强度、剩磁比、矫顽力和垂直磁各向异性常数分别为 265 emu/cm³、93.3%、8.3 kOe 和 7.74 Merg/cm³。Nie 等[39]还发现 τ-MnAl 在 GaAs 基底上外延生长时其外延关系满足 MnAl(001)∥GaAs(001)和 MnAl[110]∥GaAs[110]。在 GaAs(001)基底上的 MnAl 薄膜矫顽力达 10.7 kOe,M_s 为 361.4 emu/cm³,垂直磁各向异性常数为

13.65 Merg/cm^3，$(BH)_{max}$ 为 4.44 MGOe。

不含贵金属及稀土元素、良好的垂直取向、与半导体材料结构良好的兼容性以及磁性能的可调控性使得 MnAl 薄膜有应用于多种自旋电子学器件的潜力。但是，τ-MnAl 相的温度稳定性是一个问题。虽然 C 添加可以稳定铁磁 τ 相，但会导致磁性能的下降，使其不能满足很多永磁的应用要求。因此，发现可提高 τ 相稳定性且不会降低其磁性能的合金元素是决定 Mn-Al 基永磁是否能成为实用永磁的关键。

6.2.2 Mn-Bi 永磁材料

6.2.2.1 Mn-Bi 永磁材料概述

由于二元合金 Mn-Bi 低温相具有很高的单轴磁各向异性，高温相具有很好的磁光性能，因而引起了广泛的关注。Mn-Bi 合金的低温相为六方晶 NiAs 型结构（图 6-14a），其特点是 Mn 和 Bi 原子的填充密排六方结构中一半的双锥间隙位置。这种原子排列产生的层状结构，与 Bi 的 5d 电子的大自旋－轨道耦合相结合，给这种化合物提供了高的各向异性场。在 Mn-Bi 结构中，相邻两个 Mn 原子的间距为 305 pm，中子衍射测量的每个 Mn 原子的磁矩在室温时达到 3.5 μ_B，在 10 K 时则达到 4.0 μ_B，但其饱和磁化强度只有 0.58 A/m，这是由于非磁性的 Bi 占据了 Mn 原子之间的空间，并且 Bi 原子还会产生反向的感应磁矩。在 10 K 时，MnBi 低温相的磁化源于六边形基底面，反映了其易磁化面的磁化方向，但在约 90 K 时转至 c 轴。MnBi 合金的 M_s 随着温度的升高而减小，150 K 对其是一个特殊的温度界限。在 150～300 K 之间，随着温度的升高，剩磁 M_r 以及 M_r/M_s 均有所升高，矫顽力也会随之增大；而在 150 K 以下的范围，M_r 和 M_r/M_s 都为一个接近于 0 的稳定值，矫顽力则会随温度上升而减小。在室温附近，MnBi 的矫顽力随着温度的升高而增大的现象对于实际应用具有重要意义。

图 6-14b 是 Mn-Bi 二元相图。对于 Mn-Bi 系统，为了得到铁磁性的六方结构 α-BiMn 相的合金，首先要获得顺磁性的 β-BiMn 相（无序 Ni$_2$In 型六方结构），然后在 628 K 时，β-BiMn 相与富 Bi 的液相发生包晶反应而生成铁磁性的 α-BiMn 相。β-BiMn 相通常用一种线性复合模型来描述，其中 Mn 和 Bi 的原子比为 1：1，但最近的研究表明，这个比例应该为 1：1.08。要制备纯的 β-BiMn 相合金是非常困难的，也就是说，大块样品的精确化学成分的决定因素存在着一些不确定性。α-BiMn 相通常也是用线性复合模型来描述的，其中 Mn 和 Bi 的原子比为 1：1。α-BiMn 相中

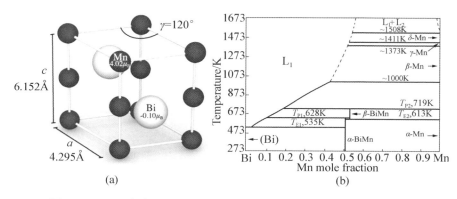

图 6-14 $L1_0$ 有序 MnBi 的晶体结构(a)及 Mn-Bi 二元合金相图(b)

每个 Mn 原子的磁矩多种多样,出现这种情况有可能是因为实际操作中很难形成纯相。α-BiMn 相的居里温度为 720 K。在 β-BiMn 相中,10%~15% 的 Mn 原子离开了 α-BiMn 相中 $L1_0$ 晶胞格点的位置,占据了 NiAs 型结构中的三方双锥体间隙位置,使得晶胞的体积减小了约 0.1%。

无论是 α-BiMn 相还是 β-BiMn 相,其对成分的精确控制要求都非常高,如果合金的化学成分稍有波动,都无法得到理想的相,或者合金中理想的相所占比例很小。在熔炼 Mn_xBi_{100-x}($50 \leqslant x \leqslant 70$)合金时,当 $x = 55$ 的时候,可以得到高纯度的 Mn-Bi 样品。当 Mn 的含量减小至 $x \leqslant 53$ 时,出现了大量的 Bi 相;而当 Mn 的含量 $x \geqslant 57$ 时,又会出现 Mn 相以及少量的 MnO_2 相。

Bi 的低熔点、Mn 与 Bi 的高蒸气压给 MnBi 化合物的合成和加工以及商业化带来了挑战。使用快速凝固技术可获得晶粒取向各向同性分布的 MnBi,但是降低了其潜在的最大磁能积。MnBi 的预期室温最大磁能积为 6~7 MGOe,其居里温度受限于磁性相在 355 ℃ 时通过包晶反应的分解[40]。最近的研究中,将取向的粉末进行热压成形,获得的 Mn-Bi 磁体表现出不错的性能,其矫顽力达到 0.94 MA/m,最大磁能积有 46 kJ/m³。

为了获得优异的永磁性能,研究者采用多种方法制备 Mn-Bi 低温相合金。但结果发现,Mn-Bi 合金的低温相是经包晶反应形成的,总与高温相或其他相并存。高于包晶反应温度,Mn 极易从 Mn-Bi 液相中偏析;低于此温度,则包晶反应十分缓慢。直到目前,制备纯单相 Mn-Bi 合金低温相仍具有很大难度,这种状况在很大程度上限制了 Mn-Bi 合金的实用化。采用球磨、熔体快淬、粉末烧结法等获得的 Mn-Bi 合金的低温相含量最高仅为 95%。

6.2.2.2 球磨制备工艺

近年来，研究者通过将球磨和熔炼、熔体快淬和快速淬火等工艺相结合获得了性能较好的不同成分的 MnBi 粉末，并通过放电等离子体烧结和热压等工艺制成致密块体。通过电弧熔炼然后低温球磨和热压方式获得的各向异性且完全致密的 MnBi 磁体的室温 J_r 约为 0.64 T，$_jH_c$ 为 11 ～ 12 kOe[41]。但是，其磁性能对制备条件十分敏感。

Chinnasamy 等[42]采用低能球磨法，将熔炼并热处理的合金铸锭破碎后，获得了纯度在 90% ～ 95% 的低温 MnBi 相。球磨 8 h 后得到的 $Mn_{55}Bi_{45}$ +7% Mn（原子分数）样品的最优磁性能为 B_r = 7.1 kGOe，$_jH_c$ = 12.2 kOe，$(BH)_{max}$ = 11 MGOe，其平均晶粒尺寸为 20 ～ 30 nm。

Nguyen 等[43]先通过熔炼和退火获得了 MnBi 低温相（质量分数为 97%），随后通过低温（– 120 ℃）低能球磨将 MnBi 粉末粒度从原始的 35 ～ 75 μm 降到 1 ～ 5 μm。低温低能球磨可以明显抑制 MnBi 低温相的分解，获得高纯度和高性能的 MnBi 粉末。球磨后，MnBi 低温相的质量分数仍然保持在 95%，矫顽力从 1 kOe 提高到 12 kOe。他们将球磨后的粉末在 18 kOe 磁场 300 ℃ 温压获得致密块体。室温 $(BH)_{max}$ 为 7.8 MGOe，$_jH_c$ 为 6.5 kOe。当温度升高到 475 K 时，$_jH_c$ 增加到 23 kOe。

Rama 等[41]采用电弧熔炼和类似的湿法球磨获得了强磁各向异性 MnBi 粉末，M_r/M_s 达到 0.97，$_jH_c$ 和 $(BH)_{max}$ 分别为 11.7 kOe 和 9 MGOe。将所得粉末在 593 K、300 MPa 下热压获得各向异性全致密磁体，室温下的 $(BH)_{max}$ 为 5.8 MGOe。当温度从 300 K 上升到 530 K 时，$_jH_c$ 从 6.5 kOe 上升到 28.3 kOe，且最大磁能积仍能够保持在 3.6 MGOe。根据矫顽力和温度的关系，认为其反磁化机制主要为反向磁畴的形核。他们进一步通过结合低温球磨和热压成形法获得了纳米结构块状 MnBi 磁体。球磨获得的 $Mn_{50}Bi_{50}$ 和 $Mn_{55}Bi_{45}$ 粉末粒度在 400 ～ 500 nm 之间，室温矫顽力高达 18.5 kOe 和 20.7 kOe。而热压获得的 $Mn_{50}Bi_{50}$ 块体的室温矫顽力为 12.9 kOe，剩磁为 26 emu/g。热压磁体由平均尺寸为 40 nm 的均匀晶粒组成。磁性能测量证实了矫顽力的温度系数为正，在 450 K 时的矫顽力超过 30 kOe。

Zhang 等[40]通过感应熔炼制备了 $Mn_{100-x}Bi_x$（x = 40,45,52）合金铸锭，将铸锭在 573 K 退火 10 h 后高能球磨 4 h，最后通过放电等离子体烧结（SPS）获得了块状磁体。他们发现，提高 Bi 的含量可以促进低温相的形成，最后提高 J_s 和 J_r，但是降低了 $_jH_c$。同样，Chen 等[44]通过氩弧熔炼、退火、低能球磨以及 SPS 的工艺获得了高温性能优越的各向同性 Mn_xBi_{100-x}（$x=45$，55）烧结磁体，该磁体具有高致密、晶粒细小等特点。烧结磁体在高温下具有高的饱和磁化强度，且在超过相变温度后仍然具有硬磁性能。他们认为异常的高温稳定性是由于获得了细晶粒的微观结构。此外，由于在加热后磁性能并没有明显下降，他们认为通过放电等离子体烧结技术制备高温应用的 MnBi 磁体是非常有前景的方法，不用添加第三种元素。由于传统烧结工艺制备的永磁体通常会在加热温度超过相变温度后失去硬磁性能，因此，这是非常有意义的一个发现。

6.2.2.3　其他工艺

除了球磨工艺，不同的研究组近几年还通过快淬、粉末冶金、定向凝固、机械化学、金属还原、电子束蒸发、磁控溅射、分子束外延等工艺获得了不同形貌的 MnBi 合金，并研究了成分、结构和工艺对磁性能的影响。

Kharel 等[45]通过电子束蒸发工艺制备了 c 轴取向的 Pt 取代的 MnBi 薄膜，发现随着 Pt 含量的增加，薄膜的矫顽力和各向异性场都增加，且矫顽力增加更快，但是 M_s 下降。这是由于 Pt 占用了常规 Mn 原子的位置，导致了间隙失配增大，从而增强了畴壁的钉扎效应。所有的样品都显示出了大的反常霍尔效应，且反常霍尔效应系数比常见霍尔效应大一个数量级。Zhang 等[46]也采用电子束蒸发工艺制备了 Bi/Mn/Bi 三层膜和 $[Bi/Mn/Bi]_n$ 多层膜，通过原位氧化加磁场热处理的工艺获得了高矫顽力的 MnBi 薄膜。实验发现：Mn_xBi_{100-x} 薄膜的相组分、晶体各向异性和磁性能强烈依赖于 Mn 含量，通过仔细调控 Mn/Bi 的比值可以获得完美 c 轴取向的高纯度薄膜。厚度为 100 nm 的 $Mn_{50}Bi_{50}$ 薄膜的 $(BH)_{max}$ 为 16.3 MGOe，是目前为止文献报道中最高的。当 MnBi 膜的厚度达到 2 μm 时，其在磁场热处理后由各向同性变成各向异性。平面内或者平面外的各向异性取决于磁场热处理过程中施加磁场的方向。因此，各向异性的可控有利于 MnBi 膜在永磁、自旋电子器件或者磁微机电系统中的应用。

在众多的制备方法中，基于溶液合成的方法是这几年才开始发展的，这是因为 Mn 和 Bi 元素的还原电势差别很大，因此使用溶液法制备 MnBi 相具有很大的挑战。Shen 等[47]最近通过结合金属共还原然后热氧化的方法成功制备了 MnBi 纳米晶体。为了进一步获得 MnBi-Co 的核－壳结构，利用硬磁 MnBi 相和软磁 Co 相涂层之间的交换耦合作用来提高磁性能

（图 6 – 15a）。提高 Co 壳的厚度或者质量比可以提高 Co 包覆 MnBi 的饱和磁化强度，但是其矫顽力将大幅度下降（图 6 – 15b）。为了进一步研究 Co 纳米线的形状各向异性的影响，他们将 MnBi 相包覆进 Co 纳米线中（图 6 – 15c）。由于 Co 纳米线的磁形状各向异性，由 Co 纳米线包覆的 MnBi 的矫顽力并没有明显下降。

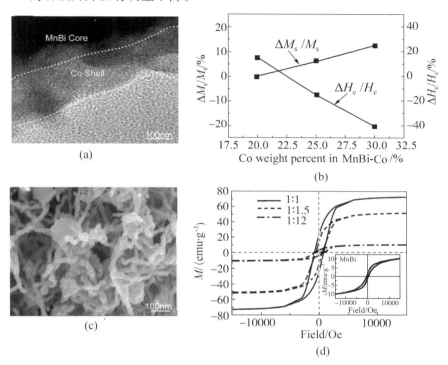

图 6 – 15　（a）Co 包覆的 MnBi 核的 TEM 图；（b）磁性能和 Co 与 MnBi 的质量分数的关系；
　　　　　（c）Co 纳米线包覆的 MnBi 的 SEM 图；（d）Co 纳米线包覆的 MnBi
　　　　　（依赖于质量分数）和 MnBi 纳米晶体（插图）的磁滞回线[47]

　　Kirkeminde 等[48]采用了新的金属 – 氧化还原方法制备了 MnBi 纳米颗粒，平均尺寸为 288 nm ± 54 nm，接近 MnBi 的单磁畴尺寸（500 nm），Mn 和 Bi 均匀分布在整个纳米颗粒中。获得的纳米颗粒主要为 MnBi 相，但也有少部分纯 Bi 杂质存在。纳米颗粒的 M_s 达到了 49 emu/g，$_jH_c$ 为 15 kOe。同时其磁性能在空气中异常稳定，在空气中放置超过一周后，M_s 只有少量的下降，且矫顽力保持不变。这是第一次报道可以通过稳定溶液过程获得磁性能可与块状磁体相对比的 MnBi 纳米粒子。通过改变前驱体的化学计量比、升降温速率和反应温度，可以调控 MnBi 纳米合金的磁性能。

6.2.3 Mn-Ga 永磁材料

Mn-Ga 二元相图比较复杂，Mn_xGa_{1-x} 合金有两个主要的磁有序相：一个是 $L1_0$ 相，在 $0.5 < x < 0.65$ 时呈铁磁有序；另一个是 $D0_{22}$ 反铁磁有序相，成分范围为 $0.65 < x < 0.75$。图 6-16 为其晶体结构。

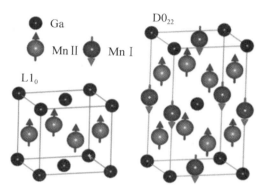

图 6-16 两种主要的 MnGa 强磁性相

制备 MnGa 合金块材和粉末的研究一直较少，但是垂直磁晶各向异性 Mn_xGa 合金薄膜在超高密度垂直磁记录、永磁体以及自旋电子学器件等方面的应用潜力近年来引起了人们越来越多的关注。理论预言均匀的 $L1_0$-$Mn_{50}Ga_{50}$ 薄膜拥有大的垂直磁各向异性场，为 26 Merg/cm³，矫顽力高达 64 kOe，磁矩为 845 emu/cm³，$(BH)_{max}$ 为 28.2 MGOe。

6.2.3.1 快淬 Mn-Ga 合金

Huh 等[49]用熔体快淬和热处理得到 MnGa 合金并研究了不同成分的 Mn_yGa 合金纳米结构。结果表明，其中 $y = 1.2$、1.4 和 1.6 的合金倾向于四方 $L1_0$ 结构；而当 $y = 1.9$ 时，合金更倾向于 $D0_{22}$ 结构。$Mn_{1.2}Ga$ 合金的 M_s 为 621 emu/cm³。无论是 $L1_0$ 还是 $D0_{22}$ 结构的 Mn_yGa 样品，其 T_c 均高于室温。观察到的 Mn_yGa 带的磁性能与常规 $L1_0$-MnGa 晶格点上的 Mn 原子产生的磁矩和过量的 Mn 占据 Ga 的位置点产生的反铁磁耦合之间的竞争铁磁耦合一致。

作者研究组[29]用熔体快淬的方法制备了 Mn-Ga 合金，主要研究含

Mn_3Ga 相的 $Mn_{70}Ga_{30}$ 合金。由于金属 Mn 的低汽化点（1900℃）和 Ga 的低熔点，获得按预先设计的名义组分的 Mn-Ga 合金是一个挑战。通过精确地控制氩弧熔化过程，成功获得了成分非常接近目标成分的合金。图 6-17a 所示为 50 m/s 快淬 $Mn_{70}Ga_{30}$ 带的表面 SEM 图像，合金的粒径均匀（约 1μm）。这表明 Mn-Ga 合金具有相对低的玻璃成形性，难以得到纳米晶体结构和无序结构，这与 NdFeB 基的硬磁合金不同。图 6-17b 为熔体快淬 Mn-Ga 合金在不同温度下热处理后的 X 射线衍射图，在所有的合金中均含 Mn_3Ga 相。随着退火温度从 673 K 增加至 973 K，X 射线衍射峰强度增大。温度增加到 1073 K 时，峰值强度降低，可能是由于合金开始出现一种相转变。所得到的 Mn_3Ga 的相结构是 DO_{19}，没有发现 DO_{22} 结构的相。据报道，DO_{19}-Mn_3Ga 相的磁特性比 DO_{22}-Mn_3Ga 相的磁特性低得多。

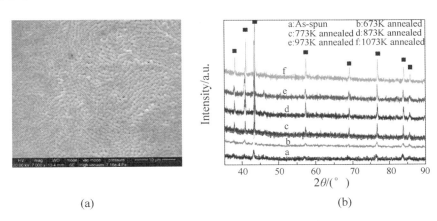

(a) (b)

图 6-17 熔体快淬 $Mn_{70}Ga_{30}$ 带的表面 SEM 图像（a）及快淬和热处理后的 Mn-Ga 合金 X 射线衍射图（b）[29]

图 6-18a 为快淬 $Mn_{70}Ga_{30}$ 合金在不同温度下退火后的磁滞回线。直接快淬合金具有非常低的磁化强度和矫顽力，得到的 J_s 和 J_r 相对较低，这是由于 DO_{19} 相的弱磁性所致。通过热处理可以大大提高 J_s 和 H_c。在 873 K 进行热处理 1 h 后，H_c 为 6.72 kOe，J_r 为 6.15 emu/g。为了解释 H_c 与退火温度之间的关系，对快淬 $Mn_{70}Ga_{30}$ 合金进行 DSC 热分析。图 6-18b 为合金的 DSC 曲线，在温度低于 1000 K 时没有 DSC 峰，这表明在该温度范围内没有一级相变。在刚超过 1000 K 时由于相转变导致磁性能降低。

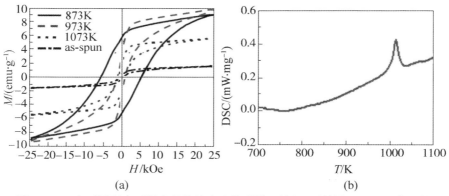

图 6 - 18　在不同温度下退火的快淬合金的磁滞回线(a)及快淬 $Mn_{70}Ga_{30}$ 合金的
DSC 曲线(b)[29]

6.2.3.2　MnGa 薄膜

Arins 等[50]使用超高真空分子束外延(MBE)技术在半导体 GaAs 衬底上制备了超薄膜 MnGa,其中 Mn 的原子分数为 52.5%。在 GaAs(111)外延层上制备出的 MnGa 薄膜具有四方闪锌矿结构,其中晶胞参数 $c/a = 1.1$。四方闪锌矿晶胞是亚稳态,总能量和磁矩严格取决于晶格参数。在 GaAs 衬底上生长四方闪锌矿 MnGa 使得研究者可以对其磁学性能,包括磁矩、MAE 和自旋极化,进行有效调控。MnGa/GaAs 异质结构还为将纳米磁自旋电子器件集成到半导体技术提供了一个实现的途径。

Hasegawa 等[51]利用磁控溅射在 MgO(001)单晶衬底上沉积了 $L1_0$-MnGa、DO_{22}-Mn_2Ga 薄膜,薄膜的厚度为 30 nm。沉积温度为 350 ℃,最后在 500 ℃下退火处理。得到的 MnGa 薄膜的成分分别为 $L1_0$-$Mn_{57}Ga_{43}$、DO_{22}-$Mn_{67}Ga_{33}$。磁性测量表明,$L1_0$-MnGa 薄膜的 $M_s = 480$ emu/cm³,$K_u = 13.2$ Merg/cm³;DO_{22}-Mn_2Ga 薄膜的 $M_s = 170$ emu/cm³,$K_u = 2.7$ Merg/cm³。

最近,Zhu 等[52]在 $L1_0$-MnGa 薄膜的研究方面取得重要进展。通过分子束外延生长在半导体 GaAs(001)基底上,首次制备出均匀的高品质单晶外延 $L1_0$-$Mn_{1.5}Ga$ 薄膜(图 6 - 19),垂直薄膜方向的矫顽力从8.1 kOe 到 42.8 kOe(可调),垂直方向磁晶各向异性高达 21.7 Merg/cm³(图 6 - 19a),最大磁能积达 2.60 MGOe,磁化强度从 27.3 emu/cm³ 到 270.5 emu/cm³(可调)。这些室温下的磁性特征使得 $L1_0$-$Mn_{1.5}Ga$ 薄膜功能多样化,垂直磁记录介质密度超过 27 Tb/inch²,热稳定性超过 60 年,支持 5 nm 以下小尺寸的磁存储器,而且可用于大量的新的抗干扰高稳定性磁性器件，比如自旋矩 MRAM 和能够测量高磁场（>42kOe）的巨磁阻传感器。为解释该材料超高矫顽力的来源，利用同步辐射 X 射线衍射曲线（图 6-19d），计算了 MnGa 多功能薄膜的化学有序度、应力水平和缺陷水平。研究表明 MnGa 薄膜材料的超高矫顽力来源于垂直磁各向异性、化学无序、晶格缺陷和应力的共同贡献，这对理解合金材料宏观物理特性的内在机制具有重要意义。

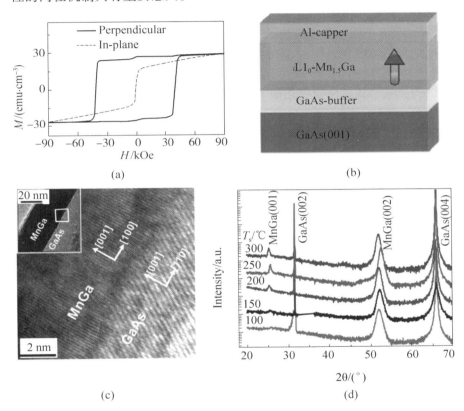

图 6-19 采用分子束外延生长在半导体 GaAs(001) 基底上制备的
单晶外延 L1$_0$-Mn$_{1.5}$Ga 薄膜[52]

(a) 100 ℃生长的 L1$_0$-Mn$_{1.5}$Ga 薄膜垂直和面内磁滞回线；

(b) 制备的薄膜结构；

(c) 截面 TEM 图，外延关系 Mn$_{1.5}$Ga[100](001)/GaAs[110](001)（插图：低倍图片，白框为高分辨图像区域）；

(d) L1$_0$-Mn$_{1.5}$Ga 薄膜分别在 100、150、200、250 和 300℃的生长温度下的同步辐射 X 射线衍射曲线

6.3　FePt 永磁及其纳米材料

FePt 和 CoPt 合金很早就被证实是一类很好的永磁材料。但由于价格昂贵，作为块材，一直没得到很好的应用。与此同时，随着磁记录介质和纳米技术的发展，其在这些领域内体现出越来越重要的应用潜力。FePt 和 CoPt 合金具有相似的特性，本节主要介绍 FePt 永磁及其制备。

6.3.1　FePt 合金的结构和内禀磁性能

图 6 – 20a 是 Fe-Pt 二元合金相图[53]。随着成分的变化，Fe-Pt 二元合金的相结构和磁性能变化很大。除了纯 Fe、纯 Pt 和无序 $\gamma(Fe, Pt)$ 相

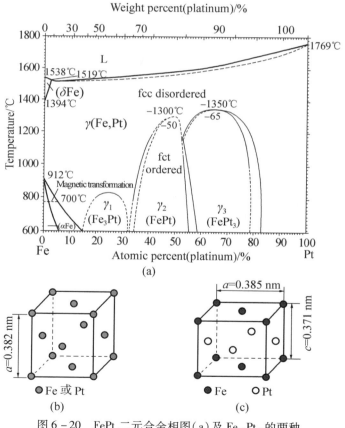

图 6 – 20　FePt 二元合金相图（a）及 $Fe_{50}Pt_{50}$ 的两种典型晶格结构：（b）fcc 相；（c）fct 相[53]

外，还有 $L1_2$ 型 Fe_3Pt、$L1_0$ 型 FePt 和 $L1_2$ 型 $FePt_3$ 三个有序相。其中 $L1_0$-FePt 相是一种具有硬磁性能的相，为面心四方结构（fct）；$L1_2$ 型有序结构 Fe_3Pt 和 $FePt_3$ 是具有软磁性能的相，均为面心立方结构（fcc），如图 6-20b 所示。从永磁性能来说，人们最感兴趣的是原子比为 1:1 的 FePt 合金，它的结构有两种：一种是 fcc 结构，Fe 原子和 Pt 原子在立方点阵中无序占位（图 6-20b），晶格常数约为 0.382nm。这种结构具有各向同性，因此一般具有很小的磁晶各向异性，合金表现为软磁特点。另一种为有序的 fct 结构，Fe 原子占据四方结构的顶角和上下底心位置，而 Pt 原子占据四方结构的侧面面心位置，形成 Fe 原子层和 Pt 原子层交替排列的有序结构，其晶格常数 $a = 0.385$ nm，$c = 0.371$ nm（图 6-20c），这种超晶格结构称为 $L1_0$ 有序结构。

$L1_0$-FePt 有序合金具有以下的特征：①具有较大的 K_u 值（可达 7×10^6 erg/cm^3），可以在颗粒尺寸为 $3 \sim 5$ nm 时，仍保持良好的热稳定性；②具有狭窄的磁畴壁，因此晶界的小缺陷都能起到对畴壁的钉扎作用，具有小的磁畴结构；③具有较大的饱和磁化强度（可达 1140 emu/cm^3），有利于降低单畴颗粒的尺寸；④具有较大的 $(BH)_{max}$，可达到 1460 kJ/m^3，是一种很好的永磁材料；⑤具有良好的抗腐蚀性和抗氧化性。

6.3.2 FePt 薄膜磁体

FePt 和 CoPt 最有前景的应用领域是磁记录。传统的硬盘广泛使用的磁记录介质材料是 CoCr 基合金薄膜，它的 K_u 值数量级为 10^6 erg/cm^3，利用它制成的硬盘所能达到的面密度受到很大限制，一般认为其记录面密度的极限为 158.7 $Gbit/cm^2$[54]。而具有 $L1_0$ 有序结构的合金 FePt、CoPt 等磁性材料的 K_u 值比 CoCr 基合金薄膜高一个数量级，而且 $L1_0$ 有序结构合金具有较高的矫顽力和饱和磁化强度。理论分析证明，利用 FePt、CoPt 磁性材料制成的硬盘的面密度比 CoCr 基硬盘高 $10 \sim 20$ 倍[55]。因此，FePt 合金常以薄膜的形式应用。薄膜的磁性能以及磁晶各向异性很大程度上取决于薄膜中 $L1_0$-FePt 相所占比例，即与薄膜的有序化程度有关。[56]

6.3.2.1 薄膜制备与结构优化

溅射是常用的 FePt 薄膜制备方法。虽然在低温下结构为稳定相，但是用溅射方法在室温下制备的 FePt 或 CoPt 薄膜为无序结构。这是由于有序无序转变既是热力学问题，更是动力学问题，在室温下无法为 Fe(Co)、Pt 原子扩散提供足够的能量，使其在短时间能发生相变。经过后续的退火或者把薄膜溅射到加热的基板上能形成 $L1_0$-FePt 或 CoPt，但是需要的温度很高，对 FePt 一般需加热到 500 ℃ 以上，而对 CoPt 一般需要加热到 600 ℃。如此高的加热温度会导致晶粒的快速长大，从而无法满足高密度磁记录对记录单元小体积的要求，也不利于工业生产。另外，由于 $L1_0$ 结构 FePt 和 CoPt 的磁晶各向异性易磁化轴为[001]晶轴，只有制备 FePt 和 CoPt 使其具有良好的沿垂直膜面方向的[001]晶体取向，才能将其应用于垂直磁记录。而为了提高信噪比，需要降低记录单元之间的交换相互作用，因此将 FePt 和 CoPt 晶粒或颗粒有效分离开来也是一大要求。为了满足高密度磁记录需要，要控制颗粒尺寸在 5 nm 以下且具备窄的尺寸分布。从以上要求出发，对于磁记录 FePt 介质的研究主要集中在三个方面：①减小颗粒尺寸，获得均匀分布的磁性颗粒并降低颗粒之间的交换相互作用；②降低有序化转变温度；③获得良好的[001]垂直膜面取向性(织构)。虽然通过化学合成(自组装)方法能得到尺寸均匀的、粒径为几个纳米的 FePt 颗粒，但是得到的 FePt 无晶体取向性。另外虽然还有人工掩膜、图案化模板等方法来实现磁记录介质的图案化设计，但是无法达到 5 nm 尺寸级别；而且从商业化生产的角度考虑，磁控溅射几乎是唯一经济高效的制备方法。

围绕以上问题，研究者进行了大量的研究。例如，采用 FePt 多层膜结构增加界面能，利用适当的底层与 FePt 晶格的错配产生应力能，在薄膜中掺杂表面能低的金属以促进 Fe、Pt 原子的有序化运动。这些措施均能有效地降低薄膜的有序化温度、提高其 H_c。掺杂某些元素、利用与 FePt 晶格匹配的底层或缓冲层也可以引导 FePt 的垂直取向，但薄膜通常仍具有较强的颗粒间磁耦合作用。另外，利用化学自组装方法或磁控溅射法将 FePt 颗粒埋入非磁性母体中，可以有效地减小 FePt 晶粒尺寸和颗粒间磁耦合作用，但通常也导致薄膜有序化温度升高以及取向分布不一致。

Huang 等[57]研究了纳米 CoPt 颗粒置于由 C 和 BN 组成的非磁性基体中的薄膜磁性能，发现矫顽力主要取决于颗粒大小，退火使晶粒尺寸增大，矫顽力提高。Zhou 等[58]用磁控溅射法制备了 FePt-Fe 多层薄膜，研究了利用交换耦合作用来改善磁性能的方法，制得的 Fe/Pt 薄膜 $(BH)_{max}$ 高达 120 kJ/m^3，在制备的 FePt-Fe 多层薄膜中产生交换耦合和快速热退火相结合能使此多层薄膜的 $(BH)_{max}$ 提高到 152 kJ/m^3。此外，在 FePt 多层膜中溅射沉积 Ag，退火时，Ag 扩散分布在 FePt 薄膜的晶界处形成钉扎点，这些钉扎点可阻止磁畴壁移动，增大垂直矫顽力。Zhao 等[59]也发现钉扎点的尺寸与畴壁宽度接近时，才有提高矫顽力的作用。

采用溅射沉积法制备 FePt 时，若用 BN、SiO$_2$、Al$_2$O$_3$、B$_2$O$_3$、B$_4$C、Si$_3$N$_4$ 等作底层，在退火过程中，FePt 颗粒分散在这些非磁性的物质中，形成纳米合金薄膜，可以有效降低颗粒间的相互作用，使 FePt 颗粒尺寸降到 10 nm 以下。

作者研究组[60]利用磁控溅射工艺在 Si 基片上制备了一系列 FePt 连续薄膜，研究结果表明，薄膜的有序化与薄膜厚度有着密切的关系，薄膜越厚，其有序化程度越高，磁性能越好。退火温度的升高和退火时间的延长均可以提高原子的扩散系数，使薄膜的矫顽力增加。富 Fe 的薄膜具有相对较高的有序化程度。Fe 和 Pt 的原子比为 55∶45 时，有序化程度最高，有序化过程最快，矫顽力最高，平行方向的矫顽力为 14.2 kOe。Fe 和 Pt 的原子比为 50∶50 的薄膜，在膜厚为 20 nm 时获得 (001) 垂直取向。此外，还在 Si 基片上利用反应磁控溅射方法制备了 FePt-Si-N 薄膜，发现 Fe$_{55}$Pt$_{45}$Si$_{10}$-N 薄膜的有序化转变温度在 600 ℃左右，比 FePt 连续薄膜高约 100 ℃。当 Fe 和 Pt 的原子比为 55∶45 时，薄膜矫顽力最大。添加 Si、N 可以抑制 FePt 晶粒的长大，当 Si/N 比例合适时，会形成非晶态的 SiN 相，SiN 相的存在减小了 FePt 颗粒之间的交换作用，提高了薄膜的矫顽力。通过高分辨电镜 (HRTEM) 证实了 Si、N 的添加可成功获得纳米复合颗粒膜结构，并观察到 L1$_0$ 有序结构的 FePt 晶体和非晶态的 SiN 相。

冯春等[61]利用磁控溅射工艺在 [100] 的 MgO 单晶基片上制备了 [FePtPAu]$_{10}$ 多层膜，结果发现，FePtPAu 多层膜在退火后具有较高的 H_c、良好的垂直磁各向异性、较小的晶粒尺寸且无磁交换耦合作用；Au 可以缓解 MgO 和 FePt 之间较大的晶格错配，促进薄膜的垂直磁各向异性；多层膜结构增加了 FePtPAu 界面能、应力能以及 Au 原子在薄膜中的扩散作用，促进了薄膜的有序化，并且大幅度提高其 H_c。此外，Au 原子部分扩散到 FePt 相的边界处，起到抑制 FePt 晶粒生长、隔离 FePt 颗粒的作用，显著降低 FePt 晶粒的尺寸和颗粒间磁交换耦合作用。

作者研究组[60]还初步研究了利用 Cr 底层获得 FePt 薄膜垂直各向异性。在获得取向 Cr 底层的基础上进行工艺优化，获得了取向 FePt 薄膜。最近还提出综合考虑磁性退耦合与垂直各向异性，在 MgO 基底上沉积

FePt-MgO 复合颗粒薄膜，利用 MgO 诱导 FePt 各向异性，又作为非磁性绝缘基体提供去耦合作用，从而改善 FePt 薄膜垂直各向异性并增加矫顽力[62]。研究中，首先沉积一层 MgO 作为衬底层，然后再共溅射 MgO 和 FePt。这样的膜层设计目的是同时利用 MgO 的不润湿性和晶格错配度，形成 FePt-MgO 颗粒膜结构，得到 MgO/[FePt-MgO] 薄膜，研究获得了初步的成功。

6.3.2.2　降低有序化温度的途径

降低 FePt 薄膜的有序化转变温度是目前国际上研究的热点，而利用各种方法降低有序化转变温度的幅度也各不相同。按照降低有序化转变温度的机理，可以将目前可行的方法归纳为以下几类。

1. 分子束外延(MBE)法

Farrow 等[63]曾经利用 MBE 方法，在基片温度为 300 ℃ 时制备了以 Pt 为底层的有序 $L1_0$-FePt 薄膜，薄膜显示出良好的硬磁性能(K_u 达到 1.5×10^6 erg/cm³，H_c 达到 2.5 kOe)。其原因是 MBE 法是逐层沉积原子，如果控制好沉积条件，可以在较低的温度下直接沉积出单原子 Fe 层/单原子 Pt 层交替排列的 $L1_0$-FePt 结构。

2. 采用多层膜结构

Endo 等[64]在玻璃基片上，采用 [Fe/Pt]$_n$ 多层膜结构，在 300 ℃ 退火后就实现了 FePt 薄膜的有序化。Shimada 等[65]采用 [Pt/Fe-Ag]$_3$ 多层结构，在 400 ℃ 退火后获得了矫顽力适中的有序薄膜。这些方法降低有序化温度的原因是，Fe/Pt 多层膜为体系增加了界面能，为 Fe、Pt 原子的有序化运动提供了驱动力；同时在界面处存在缺陷，有利于 Fe、Pt 原子的扩散和有序化运动，这两方面导致有序化需要克服的势垒降低。

3. 掺杂第三元素

掺杂合适的第三元素，如 Zr、N、B、Cu、Sb 等，可以不同程度地降低 FePt 薄膜的有序化温度，并提高低温退火时的磁性能。其促进有序化的原因主要有两类：一类是利用掺杂原子和 FePt 原子合金化的过程降低薄膜的有序化温度。比如，Takahashi 等[66]在 FePt 中添加少量的 Cu 元素，部分 Cu 原子会替换 FePt 晶格中的 Fe 原子，与 Pt 原子形成合金，使得 Fe-Cu、Fe-Pt 的熔化温度降低，体系的扩散系数增加，使 FePt 薄膜在 400 ℃ 时实现有序化。而 Maeda 等[67]研究发现：Cu 与 Pt、Fe 形成合金，其自由能变化：$W_{PtCu} < 0$，$W_{FeCu} > 0$，使得掺杂 Cu 元素的 FePt 薄膜在有序化转变过程中的自由能变化比不掺杂 Cu 的 FePt 薄膜的自由能变化小，导致了薄膜在 300 ℃ 时实现低温有序。另一类是利用掺杂原子的低表面能、易扩散的特性，或是利用掺杂元素与 FePt 的晶格错配为薄膜中引入缺陷来降低有序化温度。例如，Kitakami 等[68]通过在薄膜中掺杂少量的表面活性剂原子，将 CoPt 合金的有序化温度从 650 ℃ 降低到 400 ~ 500 ℃。其原因是某些低表面能的元素在 FePt 中的固溶度低，易在薄膜中扩散，在扩散过程中会形成大量的缺陷，如空位等，促进 Fe、Pt 原子的有序化运动，从而降低有序化温度。Yan 等[69]采用在薄膜中掺杂少量的 Sb 元素，利用自组装方法在 275 ℃ 退火时获得了矫顽力适中、晶粒尺寸仅有 4 nm 且尺寸分布较窄的 $L1_0$-FePt 薄膜。

实际上，掺杂第三元素不仅对 FePt 薄膜的有序化温度有影响，同时也会对薄膜的微结构尤其是晶粒尺寸和表面形貌有影响。比如，在 FePt 薄膜中掺杂少量的 Ta、Nb、W、Ti、Zr 和 Cr 元素，这些元素可以扩散到 FePt 晶粒的晶界处，抑制 FePt 晶粒的长大，起到细化晶粒的作用，但是这些元素的添加也导致了薄膜有序化温度升高。因此，选择合适的掺杂原子对 FePt 薄膜的有序化、晶粒生长都有很重要的影响。

4. 采用不同的底层或顶层

合适的底层或顶层也能促进 FePt 薄膜有序化，降低其有序化温度。按照机理也可以分为三类：一类是选择在较低温度下就能形成 $L1_0$ 相结构且与 $L1_0$-FePt 晶格匹配的底层，利用底层在低温时的 $L1_0$ 相变（晶格变化）来引导 FePt 晶格的有序化转变。比如，$L1_0$-CuAu 和 $L1_0$-FePt 具有相似的晶格参数；并且 $L1_0$-CuAu 的有序化温度一般为 200 ~ 300 ℃，比 $L1_0$-FePt 的有序化温度低很多。Zhu 等[70]利用 CuAu 做底层引导 FePt 晶格变化，在 350 ℃ 时实现了 FePt 薄膜的低温有序，薄膜的矫顽力达到 6 kOe。另一类是利用底层和 FePt 的晶格错配产生的晶格应变，促进 FePt 晶胞的收缩和有序化进程，降低其有序化温度。比如，Xu 等[71]发现，面心立方结构的 Ag 的晶格常数（$a = 0.408$ nm）比 $L1_0$-FePt 的晶格常数（$a = 0.384$ nm，$c = 0.371$ nm）大，在 Ag 晶格上沿晶生长的 FePt 晶格的 a 轴拉伸，c 轴相应减小，有利于形成 $L1_0$-FePt 的晶格，降低有序化温度。另外，Lai 等[72]在 Si 基片上以 Cu 作底层时，利用 Cu_3Si 与 FePt 晶格之间形成的动态应力，促进 FePt 晶胞收缩，其有序化温度可降到 275 ℃，矫顽力达 6.2 kOe。Chen[73]和 Xu 等[74]以 CrX（X = Ru,Mo,W,Ti）作底层，利用与 FePt 晶格错配产生的晶格应变，促进 FePt 晶格的收缩，使薄膜在基片温度为 250 ~ 300 ℃ 时就开始有序化。在此基础上，Zhao 等[75]又利用 Ag 作顶层，在基

371

片温度为 400 ℃ 时也实现了 FePt 薄膜的低温有序化。最后一类是利用表面活化剂作为 FePt 薄膜的底层,利用表面活化原子的扩散作用增加薄膜内的缺陷浓度,促进 Fe、Pt 原子的有序化运动,降低有序化温度。比如,Feng 等[76]利用 Bi 作为 FePt 薄膜的底层,在 350 ℃ 实现了薄膜的有序化,低温退火后薄膜具有良好的磁性能。

5. 其他方法

Wang 等[77]提出在强磁场下退火增加 FePt 磁畴壁钉扎位的密度,从而促进薄膜的有序化,改善薄膜的磁性能。Ravelosona 等[78]利用离子束短时间辐照的方法使 FePt 薄膜在 350 ℃ 时实现有序化,FePt 晶粒尺寸较小。这些方法虽然也能够降低有序化温度,但由于设备昂贵、成本过高,目前还停留在研究阶段。

6.3.3 FePt 纳米颗粒

2000 年 Sun 等[79]利用湿化学法成功制备出尺寸及结构可控、具有单分散的 FePt 纳米颗粒。此后,人们对 FePt 纳米材料的兴趣也越来越大。Sun 等采用的湿化学法反应步骤主要为:热分解有机化合物 $Fe(CO)_5$,以多元醇还原 $Pt(acac)_2$,以油酸油胺作为表面活性剂,制备出粒径分布均匀、单分散良好的 FePt 纳米颗粒。但是该方法的缺点为:$Fe(CO)_5$ 是挥发性、剧毒有机化合物,对人体伤害极大;辛醚价格昂贵、沸点高,导致反应所需温度很高,反应能耗较大。为了解决这些问题,研究人员进行了各种尝试,多次改变实验试剂中的铁源、铂源以及还原剂。例如:用 $[(CO)_3Fe(\mu\text{-}dppm)(\mu\text{-}CO)PtCl_2]$ 或 $Fe(acac)_3$ 或 $Fe(acac)_2$ 代替 $Fe(CO)_5$ 作为铁源[80-82],同时也尝试了用乙二醇(EG)或四乙二醇(TEG)作为还原剂,低温下还原 $Fe(acac)_3$ 和 $Pt(acac)_2$ 来制备 FePt 纳米粒子[83,84]。此外,Song 等[85]在甲苯液相环境下,以 $LiBEt_3H$ 作为还原剂,在室温下制得了无序相的 FePt 纳米颗粒。该方法合成的 FePt 颗粒分布均匀、尺寸很小(约 3 nm),室温下实验,耗能少。但在合成 FePt 合金纳米颗粒的过程中,因为需要加入稳定剂,使得纳米颗粒表面覆盖一层氧化层或有机物,这不仅不利于对磁性纳米颗粒内禀特性的研究,而且也影响磁性纳米颗粒的应用。特别是,为了获得有序的 L1₀ 相,FePt 纳米颗粒必须进行退火,而有机包覆层在高温热处理过程中的分解将引起晶粒的长大和聚合。大晶粒以及晶粒间的磁交换耦合作用都会导致读出信号噪声增加,不利于提高记录密度。

Stappert 等[86]利用蒸发沉淀法制备 L1$_0$ 结构的 FePt 纳米颗粒，尺寸为 3 ~ 20 nm。Sato 等[87]研究了电子束蒸发沉淀制备 FePt 纳米颗粒。结果发现：100 K 制备的 FePt 的矫顽力高达室温下的两倍，而 Ag 的添加可以有效降低相变的起始温度。

电化学沉积制备 FePt 因设备简单、成本较低也引起了广泛关注。Leistner 等[88]采用单水槽体系，以 Pt 片作相对电极，饱和甘汞作为参比电极，镀了导电层的 Si 片作为工作电极，沉积制备了 Fe$_{50}$Pt$_{50}$。根据需要可用 Ag 或 Au、Cu 等作为导电层来制备 FePt。一般电沉积制备的多为 FePt 薄膜，近年来以模板辅助电沉积法则能制备 FePt 纳米线。Chu 等[89]以多孔氧化铝为模板成功制得 FePt 纳米线。由于电沉积过程中 Fe 容易被氧化，影响 FePt 矫顽力，因此制备的样品往往需要在还原性气氛(如 H$_2$ + N$_2$)中退火以提高其矫顽力。

Carpenter 等[90]通过微乳液法，利用由正辛烷(油相)、丁醇(助表面活性剂)和 CTAB(表面活性剂)组成的微乳液，向其中加入不同的 $V(H_2O)$/$V(CTAB)$值的含有金属离子的水溶液，再注入 NaBH$_4$ 还原剂，最后用等量的三氯甲烷和甲醇混合液清洗，制备出了不同 FePt 组成的纳米颗粒(尺寸在 10 nm 左右)。

Elkins 等[91]利用多元醇法制备 FePt 纳米颗粒，通过二元醇或多元醇(也可以用肼(N$_2$H$_4$)等代替醇)作为还原剂，在加热条件下，还原铁盐(如 Fe(acac)$_3$ 或 FeCl$_2$)和铂盐(如 Pt(acac)$_2$)得到 Fe、Pt 原子，并结合形成 FePt 颗粒。FePt 纳米颗粒的组成也是由前驱体 Fe(acac)$_3$/Pt(acac)$_2$ 的摩尔比来控制的，得到的 FePt 矫顽力可高达 1.8 T。

由于在硬磁、纳米复合、磁记录方面的性能及应用潜力，最近关于 FePt 纳米颗粒的研究非常多，也取得了很大的进展，目前已基本实现了颗粒形貌、尺寸可控。相关的结果可参考有关文献。

6.4 其他 Fe(Co)基永磁合金

Fe 基磁性化合物通常具有高的居里温度和大的磁化强度。然而，这些化合物往往具有低的磁各向异性。想要提高其综合硬磁性能，可以通过合金化得到具有较低对称性的晶体结构，比如六方或四方结构，从而获得高的矫顽力。

6.4.1　Fe-Ni 合金

低对称结构的一个例子是四方 $L1_0$ 结构，$L1_0$ 结构由两种不同的原子沿四方 c 轴交替排列构成的化学有序原子层组成。前面提到的 FePt 和 FePd 等都可以获得 $L1_0$ 结构，得到高的磁化强度和大的磁晶各向异性。然而，由于铂和钯的成本很高，这些化合物目前只能应用于磁记录等薄膜型器件。

Néel 等[92] 和 Paulevé 等[93] 最早在经磁场时效处理的 $Fe_{50}Ni_{50}$ 样品中发现了具有 $L1_0$ 结构的 FeNi 相，结构如图 6 – 21 所示。通过系统研究，他们获得了样品的各向异性常数 $K_u = 1.3 \times 10^7\ erg/cm^3$，长程有序参数 $S = 0.4$。他们也估计了有序 – 无序转变温度为 320 ℃[94]。但是，这一转变温度与其他 $L1_0$ 有序合金相比更低。由于 Fe 和 Ni 原子在低于 320 ℃时扩散很慢，这就意味着很难通过简单的退火处理获得 $L1_0$-FeNi 相。

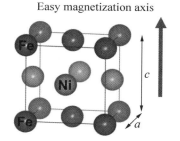

Easy magnetization axis

$a = 3.5761 \sim 3.582 \text{Å}$
$c = 3.5890 \sim 3.607 \text{Å}$
$c/a = 1.0036 \sim 1.007$

图 6 – 21　$L1_0$ 有序 FeNi 的四方晶体结构及晶格常数[95]

但从性能上来说，$L1_0$ 有序结构的 FeNi 合金不仅具有大的单轴各向异性能，其 M_s 也与 $Nd_2Fe_{14}B$ 相近，同时具有高的居里温度和高的耐腐蚀性，而且不含稀土和贵金属元素。$L1_0$-FeNi 和 $Nd_2Fe_{14}B$ 化合物的内禀磁性能对比见表 6 – 4，可以看到，$L1_0$-FeNi 的磁性能几乎可以与稀土永磁媲美。

表 6 – 4　$L1_0$-FeNi 和 $Nd_2Fe_{14}B$ 的内禀磁性能

	$M_s/(\text{emu} \cdot \text{cm}^{-3})$	单轴各向异性能 $K_u \times 10^7/(\text{erg} \cdot \text{cm}^{-3})$	$T_C/℃$
$L1_0$-FeNi	1270[93]	1.3（有序参数：0.4）[92]	>550[96]
$Nd_2Fe_{14}B$	1280	4.9	315

　　然而，目前对 $L1_0$-FeNi 的磁晶各向异性的研究还很不充分，因为要研究磁性各向异性，最好将样品制备成单晶，但目前只能通过电子辐照[97]、离子辐照[98]、机械合金化[99]和化学还原法[100]在多晶样品中获得很少量的 $L1_0$-FeNi 相。

　　人们早前在很多陨石、铁石陨石和铁镍陨石中发现 $L1_0$ 结构的过渡金属 FeNi 相[101]。Lewis 等[102]研究了 NWA6259 陨石中存在的 Fe-Ni 的结构与磁性能关系，并计算了反位占位对 $L1_0$-FeNi 磁矩和磁晶各向异性的影响。即使没有优化的 FeNi 相，室温矫顽力也达到 95.5 kA/m（1200 Oe），居里温度 >830 K，磁晶各向异性对温度的弱的依赖性导致了理论 $(BH)_{max}$ 超过 335 kJ/m³，接近目前最好的稀土永磁。结果表明，在合适的温度和时间条件下，有可能实现批量 $L1_0$-FeNi 永磁的制备。

　　但是，在 Fe-Ni 二元系中，化学有序的 $L1_0$ 结构只是比无序结构（A1型面心立方）稍微稳定一些，在有序-无序平衡温度以上扩散较快。当温度在有序-无序转变温度以下时，Fe-Ni 互扩散速率很慢，即使局部有限扩散迁移也比较困难。因此，$L1_0$ 结构在通常的实验条件下不能形成，而需要非常慢的冷却速率。因此，需要克服的最大的挑战是在工业上发展一个快捷的方法，形成 $L1_0$ 结构的硬磁 FeNi。

　　最近，Kojima 等[103]通过多层沉积 Fe/Ni 的方式制备了 $L1_0$ 有序的 FeNi 合金薄膜，研究了其磁性各向异性。利用与 $L1_0$-FeNi 晶格匹配很好的非磁性 Au-Cu-Ni 中间层诱导 $L1_0$-FeNi 薄膜，发现在 $Au_6Cu_{51}Ni_{43}$ 层上生长的 $L1_0$-FeNi 具有大的单轴磁晶各向异性（$K_u = 7.0 \times 10^6$ erg/cm³），并且 K_u 随 $L1_0$ 相长程有序度(S)的增加而增加。在 $Fe_{60}Ni_{40}$ 中获得了最大的 M_s 和 K_u（$M_s = 1470$ emu/cm³，$K_u = 9.3 \times 10^6$ erg/cm³）。同时发现，Fe 富余可以有效地强化 $L1_0$-FeNi 的磁晶各向异性和磁性能。基于 Stoner-Wohlfarth 模型，假设单畴颗粒的磁化主要由磁矩旋转导致，$Fe_{60}Ni_{40}$ 合金的$(BH)_{max}$ 极限值估计可达 85 MGOe。这一数值大于 NdFeB 磁体的理论值。因此，作者认为，通过强化有序度 S 在 $Fe_{60}Ni_{40}$ 合金中获得更大的 K_u，有可能发现新的无稀土永磁材料。

　　$L1_0$-FeNi 相的存在表明，所有可能获得低对称性结构的铁基系统还没有被完全开发出来，将来应进一步利用热力学计算、第一性原理以及更多综合的筛选工具来研究相变。同时，利用先进的非平衡过程来探索化合物中的新相，通过原子替位和非传统方法实现材料在合理的磁化强度下具有高的磁晶各向异性，并诱导其化学稳定性，得到新的无稀土硬磁材料。

6.4.2　α''-Fe$_{16}$N$_2$ 型 Fe-N 合金

通过向晶格间隙插入氮原子形成过渡金属氮化物也可能强化含过渡金属的铁磁化合物的磁性能。这是因为间隙氮原子改变了过渡金属原子间距离，从而改变了磁化强度、磁晶各向异性以及前驱体化合物的居里温度。目前唯一的商业化氮化物永磁材料是以稀土铁磁体化合物 Sm$_2$Fe$_{17}$ 为基体的 Sm-Fe-N 磁体，说明这种类型的材料受到很大的限制。在 Sm-Fe-N 中，晶格中的氮原子改变了铁原子的间距，提高了居里温度并提高了单轴各向异性。这些影响的结合产生了用来制造黏结磁体的高磁能积磁粉。然而，因为在烧结过程中间隙氮原子的含量是不稳定的，在低于烧结温度下 Sm$_2$Fe$_{17}$N$_3$ 分解成 SmN 和 Fe 相，这类磁粉无法获得更高性能的烧结磁体。

此外，另有两种铁基间隙改良的亚稳定化合物有相当大的潜力：含原子分数为 10% 的 N 的四方 α''-FeN 相和化学有序的 α''-Fe$_{16}$N$_2$ 化合物。作为永磁体应用，研究的重点集中在 α''-Fe$_{16}$N$_2$。这种化合物以 α-Fe(bcc) 结构为基础，形成具有体心四方对称性的亚稳定相。在 4.2 K 下的 M_s 为 2.3 T，在相同温度下比纯铁高 6%，比 Pr$_2$Fe$_{14}$B 高 25%。特别重要的是，在 4.2 K 下，α''-Fe$_{16}$N$_2$ 的各向异性常数 K_1 估算值是 1×10^7 erg/cm^3，是相同温度下的 Pr$_2$Fe$_{14}$B 的一半。

Jack[104] 首先发现了 α''-Fe$_{16}$N$_2$ 相，但直到 1972 年 Kim 和 Takahashi[105] 在 Fe-N 薄膜中获得了大的磁化强度，其磁性能才开始引起人们的关注。目前国际上许多研究组都在采用不同的制备技术开发这种材料。考虑到氮化比较容易，Fe$_{16}$N$_2$ 磁体合成方法多采用铁粉或薄膜作为前驱体，然后经烧结或冲击成形。利用氢还原 Fe$_2$O$_3$ 纳米颗粒并用氨进行氮化处理可以得到 α''-Fe$_{16}$N$_2$。但是在 200℃ 惰性气氛下，90% 的 α''-Fe$_{16}$N$_2$ 相在 20 h 之内分解成 α'-Fe 和 γ'-Fe$_4$N，破坏了这种材料的磁性能[106]。实际上，这也是过渡金属氮化物典型的行为，要么是亚稳定的，要么是低的分解温度限制了其加工工艺。Takashi 等[107] 用气相方法合成了 Al$_2$O$_3$ 包覆的 α''-Fe$_{16}$N$_2$ 球形纳米颗粒，饱和磁化强度为 162 emu/g，矫顽力最高为 3 070 Oe。Jiang 等[108]用球磨方法制备了 α''-Fe$_{16}$N$_2$ 颗粒，然后用冲击成形方法将粉末致密化。最近，他们又利用离子植入制备了 FeN 箔材(厚度 500 nm)，$(BH)_{max}$ 最高达 20 MGOe[109]。

总体来说，虽然 α''-Fe$_{16}$N$_2$ 具有巨大的 M_s 和大的磁晶各向异性，被认为是高磁能积非稀土永磁的主要候选材料。但是，由于控制 Fe 的氮化、体心立方相、晶粒结构和磁畴排列的困难，所有的块体制备方法都难以实际应用，因为获得的 Fe$_{16}$N$_2$ 块体材料矫顽力相对较低。目前还没有关于 FeN 块体永磁实现规模制备的报道，制备这种磁体必须开发新的工艺路线。

此外，为了改善矫顽力，必须优化显微组织，获得合适的晶粒尺寸和明显的晶界。但是，α''-Fe$_{16}$N$_2$ 的晶粒尺寸和晶界很难用传统方法调控，主要原因是 α''-Fe$_{16}$N$_2$ 是马氏体相，仅仅在 214 ℃ 温度以下才稳定，而调控 α''-Fe$_{16}$N$_2$ 显微组织需要的最低温度是 350 ℃[110]。因此，不能采用普通的时效处理。为了防止马氏体分解，必须开发一种低温组织调控方法。为了使马氏体在低温时效处理过程中实现从体心立方(bcc)到体心四方(bct)的转变，需要提供额外的能量来补偿热能的不足。理论上可以采用外加应力或外加磁场。Jiang 等[111]的研究发现，磁场可以促进 α''-Fe$_{16}$N$_2$ 马氏体转变，在磁场作用下，从 α' 到 α'' 的相变增加 78%。外力和磁场辅助相变的原理如图 6-22 所示，图中也给出了 bcc 和 bct 结构。在氮化过程中，氮原子随机进入不同方向的八面体间隙。在沿 c 轴的应力作用下，(001)轴成为 N 原子择优占有的位置，因为拉长的轴相应于最低的能量状态。这样，适当的沿 c 轴方向的应力有助于 bct 相变。

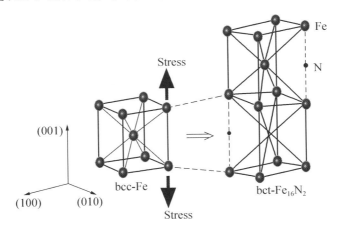

图 6-22　沿 c 轴方向施加的应力(外力或磁场)对从 bcc 结构到 bct 结构相变的影响[111]

Jiang 等[112]因此采用应力辅助制备 α''-$Fe_{16}N_2$，他们称之为 "strained-wire method" 方法。他们的实验证明这一方法可以在低温（<180 ℃）时效处理过程中合成 α''-$Fe_{16}N_2$ 各向异性磁体，调控磁性能。材料的剩磁和矫顽力都得到提高，且表现出磁各向异性；同时，直接观察到拉伸应力与马氏体相变的相互作用，这有助于产生另一马氏体相。该方法中，利用纯铁作为原材料，尿素作为氮源，线形的试样在退火过程中施加一个单轴拉伸应力，最后获得了具有硬磁性能的不含稀土的永磁体。实验室合成的样品矫顽力达 1 220 Oe，$(BH)_{max}$ 最高达 9 MGOe。

Jiang 等[108]还采用一种新的路线制备了 α''-$Fe_{16}N_2$ 磁体。首先，采用球磨方法制备 α''-$Fe_{16}N_2$ 粉末，球磨时，利用 NH_4NO_3 作为氮源，经过 60 h 球磨，α''-$Fe_{16}N_2$ 的体积分数达到 70%。粉末中获得了 $M_s = 210$ emu/g 和 $H_c = 854$ Oe 的室温磁性能。球磨后，利用冲击工艺将粉末致密化，获得块体磁体，但成形后矫顽力下降至 545 Oe。他们认为，球磨工艺有潜力作为 α''-$Fe_{16}N_2$ 的工业化生产技术。Kartikowati 等[113]通过磁场取向改善 α''-$Fe_{16}N_2$ 的磁性能。他们利用垂直磁场将单分散性单畴尺寸核 – 壳结构 α''-$Fe_{16}N_2/Al_2O_3$ 纳米颗粒排列在 Si 基片上，用树脂固定，获得了垂直基片和平行基片排列的纳米颗粒。增加磁场导致取向增加，磁滞回线方形度得以改善，从而改善了剩磁、矫顽力和磁能积。将 α''-$Fe_{16}N_2$ 纳米颗粒进行磁场取向以获得高性能的块材，应该是今后的主要工艺。

6.4.3　Co-Zr 和 Co-Hf 合金

目前，AlNiCo 是最好的商业化的无稀土且不含 Pt 的金属永磁材料，可获得 5 ~ 10 MGOe 的 $(BH)_{max}$。但是，由于其磁性各向异性主要来源于形状各向异性，AlNiCo 的矫顽力通常低于 2 kOe。最近，具有高的磁晶各向异性的富 Co 的过渡族金属合金引起了人们的关注。正交晶系的 Co_7Hf（7:1）相和菱方晶系 $Co_{11}Zr_2$ 相具有优异的内禀磁性能，包括高的居里温度（$T_C = 750 \sim 770$ K）、高的 M_s（7:1 相：10.8 kGOe；$Co_{11}Zr_2$ 相：10 kGOe），同时具有较高的磁晶各向异性（$K_1 = 10^7$ erg/cm^3）。

通过颗粒沉积和磁场取向制备的沿易磁化轴排列的 $Co_{11}Zr_2$ 和 Co_7Hf 纳米颗粒展现出高的 $(BH)_{max}$，分别为 16.6 MGOe 和 12.6 ~ 13.2 MGOe[114]。但是，这一工艺难以用于批量制备块体材料。通过简单的熔体快淬技术可制备各向同性 $Co_{11}Zr_2$ 和 Co_7Hf 带材，但 $(BH)_{max}$ 相对较低，Balamurugan 等[115]的报道分别为 5.2 MGOe 和 4.3 MGOe。Saito 等[116]和 Chen 等[117]获得的快淬 $Co_{80}Zr_{18}B_2$ 合金带材磁性能达到：$B_r = 0.5$ T$(47.5 \sim 49$ emu/g$)$，$_jH_c = 328 \sim 352$ kA/m，$(BH)_{max} = 37.6 \sim 40.8$ kJ/m^3。而辊速为 16 m/s 制备的快淬 $Co_{11}Hf_2B$ 带材可得到两种不同的磁性：一种是软磁性；另一种是硬磁性，$B_r = 0.62$ T $(46$ emu/g$)$，$_jH_c = 360$ kA/m，$(BH)_{max} = 53.6$ kJ/m^3。磁性的不同可能来源于显微组织的差异。这些研究已经表明，不含稀土的 Co-Zr-B 和 Co-Hf-B 系列合金具有比烧结铁氧体永磁更优异的硬磁性能。当然，其快淬带材磁性的均匀性还有待进一步改善。

最近，Chang 等[118]通过添加 B 强化了快淬 $Co_{88}Hf_{12}$ 带材的硬磁性能。B 掺杂不仅可以将 $Co_{88}Hf_{12}$ 合金的 $(BH)_{max}$ 和 $_jH_c$ 从2.6 MGOe和1.5 kOe分别强化到 $Co_{85}Hf_{12}B_3$ 的 7.7 MGOe 和 3.1 kOe，而且也可以强化7：1 相的居里温度。他们获得的 $Co_{85}Hf_{12}B_3$ 合金的 $(BH)_{max}$ 值是目前报道的最高值。结构分析表明，在快淬态，B 作为间隙原子进入 Co_7Hf 相的晶体结构，形成了 Co_7HfB_x 相。B 掺杂形成的均匀细小的显微组织也导致了高的剩磁，改善了退磁曲线的方形度。但是，在后续退火中，B 可能会扩散出来，导致居里温度和磁性能降低。

Chang 等[119]研究了 Co-Hf-B 合金系中 Zr 替代 Hf 对辊速 40 m/s 制备的快淬 $Co_{86.5}Hf_{11.5-x}Zr_xB_2$($x = 0 \sim 5$)带材结构和磁性能的影响。发现部分的 Zr 替代 Hf 可以改善合金的矫顽力、剩磁和磁能积。对于 40 m/s 辊速获得的快淬带材，在 $x = 0 \sim 2$ 成分范围获得了高的 $(BH)_{max}$($34.4 \sim 52.8$ kJ/m^3)和 $_jH_c$($176 \sim 216$ kA/m)。对于 $x = 3 \sim 5$ 的合金，由于非晶相的出现，快淬带材表现出软磁性能，通过晶化退火，硬磁性能达到明显改善。图 6-23d 为不同 Zr 含量合金的磁性能变化。组织分析发现，适当的 Zr 替代 Hf 有助于细化晶粒。优化的硬磁性能来源于细小的硬磁相 $Co_{11}(Hf,Zr)_2$、硬磁相之间以及硬磁和 fcc 结构软磁 Co 相之间的交换耦合作用。

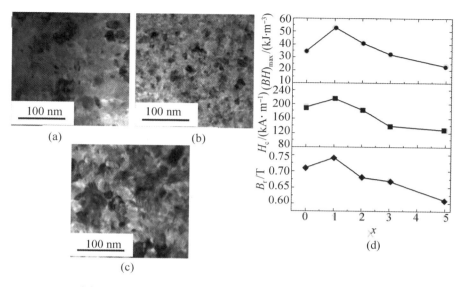

图 6 – 23　Co-Hf-B 合金系中不同含量 Zr 带材的显微组织
及快淬 $Co_{86.5}Hf_{11.5-x}Zr_xB_2$ 的磁性能[119]

（a）（b）（c）分别为 $Co_{86.5}Hf_{11.5}B_2$、$Co_{86.5}Hf_{10.5}Zr_1B_2$ 和 $Co_{86.5}Hf_{8.5}Zr_3B_2$
带材显微组织；（d）快淬 $Co_{86.5}Hf_{11.5-x}Zr_xB_2$ 合金的磁性能

Michael 和 Guire 等[120]通过熔体快淬得到非晶 $Hf_2Co_{11}B$ 合金，然后在 500 ~800 ℃ 退火处理，发现硬磁相 $HfCo_7$ 在 500 ℃ 开始析出。温度升高到600 ℃或700 ℃后，材料获得了含有 $HfCo_7$ 相的多相组织，具有最高的剩磁和矫顽力。800 ℃ 处理得到了平衡组织，由 $HfCo_3B_2$、Hf_6Co_{23} 和 Co 相组成，材料表现为软磁性。获得硬磁性能的合金具有明显的细小针状、片状显微组织结构，这对于矫顽力非常重要。获得的最大的 J_r、$_jH_c$ 和 $(BH)_{max}$ 分别为 5.2 kGe、2.0 kOe 和 3.1 MGOe。结果表明，快淬 $Hf_2Co_{11}B$ 带材高的磁性能来源于快淬过程中的非平衡凝固组织，而在退火过程中施加一个高磁场对显微组织有非常显著的影响，可能提高 Zr/Hf-Co 磁体的磁性能。

Al-Omari 等[121]研究了 Hf 替代 Zr 对纳米晶快淬 $Zr_{18-x}Hf_xCo_{82}$（$x=0 \sim 6$）带材结构和磁性能的影响。结果表明，快速凝固过程中出现了四个磁性相：正交结构 Zr_2Co_{11} 相、菱方结构 Zr_2Co_{11} 相、hcp 结构 Co 相和立方结

构 Zr_6Co_{23} 相。随着 Hf 含量增加，软磁相（Co）减少，矫顽力和饱和磁化强度先线性增加（$x\leqslant2$），然后增加减缓，最后降低。室温$(BH)_{max}$在一个优化的 Hf 成分下达到最大值 3.7 MGOe。

尽管目前非稀土合金永磁的性能难以与 NdFeB 和 SmCo 磁体媲美，但是，有理由相信，在不断寻找新型永磁材料的今天，基于过渡族元素的永磁合金磁性能会不断提升，也可能会有新的发现。

参考文献

［1］ Palasyuk A, Blomberg E, Prozorov R, et al. Advances in characterization of non-rare-earth permanent magnets: exploring commercial Alnico grades 5 − 7 and 9 ［J］. Academic Journal, 2013, 65(7): 862 − 869.

［2］ Arnold Magnetic Technologies［EB/OL］.［2016 − 12 − 05］. http://www. arnoldmagnetics. com/en-us/Products/Alnico-Magnets.

［3］ Ahmad Z, Liu Z W, Haq A U. Synthesis, magnetic and microstructural properties of Alnico magnets with additives［J］. Journal of Magnetism and Magnetic Materials, 2016, 428: 125.

［4］ Cahn J W. Magnetic aging of spinodal alloys［J］. Journal of Applied Physics, 1963, 34 (12): 3581 − 3586.

［5］ McCallum R W, Lewis L, Skomski R, et al. Practical aspects of modern and future permanent magnets［J］. Annual Review of Materials Research, 2014, 44 (1): 451 − 477.

［6］ Zhou L, Miller M K, Lu P, et al. Architecture and magnetism of Alnico［J］. Acta Materialia, 2014, 74: 224 − 233.

［7］ Zhou L, Miller M K, Dillon H, et al. Role of the applied magnetic field on the microstructural evolution in Alnico 8 alloys ［J］. Metallurgical and Materials Transactions E, 2014, 1(1): 27 − 35.

［8］ Liu T, Li W, Zhu M, et al. Effect of Co on the thermal stability and magnetic properties of Alnico 8 alloys ［J］. Journal of Applied Physics, 2014, 115 (17): 17A751.

［9］ Sun Y L, Zhao J T, Liu Z, et al. The phase and microstructure analysis of Alnico magnets with high coercivity［J］. Journal of Magnetism and Magnetic Materials, 2015, 379: 58 − 62.

［10］ Stanek M, Wierzbicki L, Leonowicz M. Investigations of thermo-magnetic treatment of Alnico 8 alloy［J］. Archives of Metallurgy and Materials, 2010, 55(2): 571 − 577.

［11］ Sun X Y, Chen C L, Yang L, et al. Experimental study on modulated structure in

Alnico alloys under high magnetic field and comparison with phase-field simulation [J]. Journal of Magnetism and Magnetic Materials, 2013, 348: 27 – 32.

[12] Song C B, Han B S, Li Y. A study on Alnico permanent magnet powders prepared by atomization[J]. Journal of Materials Science & Technology, 2004, 20(3): 347 – 349.

[13] Tang W, Zhou L, Kassen A, et al. New Alnico magnets fabricated from pre-alloyed gas atomization powder through diverse consolidation techniques [C]// Magnetics Conference IEEE, 2015: 1 – 1.

[14] Patroi D, Bojin D, Patroi E. A Magnetic and structural behaviour of Alnico thin films [J]. University Politehnica of Bucharest, Science Bulletin Series B: Chemistry and Materials Science, 2012, 74 (2): 211 – 220.

[15] Butt M Z, Ali D, Ahmad F. Pulsed laser deposition and characterization of Alnico 5 magnetic films [J]. Applied Surface Science, 2013, 280: 975 – 980.

[16] Akdogan O, Hadjipanayis G C. Alnico thin films with high coercivities up to 6.9 kOe [J]. Journal of Physics: Conference Series, 2010, 200 (7): 072001.

[17] Patroi D, Codescu M M, Patroi E A, et al. Structural and magnetic behaviour of DC sputtered Alnico type thin films[J]. Optoelectronics and Advanced Materials Rapid Communications, 2011, 5(10): 1130 – 1133.

[18] Mohseni F, Baghizadeh A, Lourenco A A C S, et al. Interdiffusion processes in high-coercivity RF-sputtered Alnico thin films on Si substrates [J]. Journal of Metals, 2017, 69(8): 1427 – 1431.

[19] Li X, Chiba A, Sato M, et al. Synthesis and characterization of nanoparticles of Alnico alloys [J]. Acta Materialia, 2003, 51(18): 5593 – 5600.

[20] Park J H, Hong Y K, Bae S, et al. Saturation magnetization and crystalline anisotropy calculations for MnAl permanent magnet[J]. Journal of Applied Physics, 2010, 107 (9): 09A731.

[21] Massalski T B, Murray J L, Bennett L H, et al. Binary Alloy Phase Diagrams [M]. American Society for Metals, 1990.

[22] Kim Y J, Perepezko J H. The thermodynamics and competitive kinetics of metastable tau phase development in MnAl-base alloys [J]. Materials Science & Engineering A, 1993, A163 (1): 127 – 134.

[23] Pareti L, Bolzoni F, Leccabue F, et al. Magnetic anisotropy of MnAl and MnAlC permanent magnet materials [J]. Journal of Applied Physics, 1986, 59 (11): 3824.

[24] Fazakas E, Varga L K, Mazaleyrat F. Preparation of nanocrystalline Mn-Al-C magnets by melt spinning and subsequent heat treatments [J]. Journal of Alloys and Compounds, 2007, 434: 611 – 613.

[25] Park J H, Hong Y K, Bae S, et al. Saturation magnetization and crystalline anisotropy calculations for MnAl permanent magnet [J]. Journal of Applied Physics, 2010, 107

(9)：09A731.

［26］ Zeng Q, Baker I, Cui J B, et al. Structural and magnetic properties of nanostructured Mn-Al-C magnetic materials ［J］. Journal of Magnetism and Magnetic Materials, 2007, 308(2)：214 – 226.

［27］ 陈川, 刘仲武, 曾德长, 等. 碳、硼和稀土添加 MnAl 基合金的结构和硬磁性能 ［C］//第七届中国功能材料及其应用学术会议论文集. 长沙：功能材料增刊, 2010：124 – 126.

［28］ Liu Z W, Chen C, Zheng Z G, et al. Phase transitions and hard magnetic properties for rapidly solidified MnAl alloys doped with C, B, and rare earth elements ［J］. Journal of Materials Science, 2011, 47 (5)：2333 – 2338.

［29］ Liu Z W, Su K P, Cheng Y T, et al. Structure and properties evolutions for hard magnetic MnAl and MnGa based alloys prepared by melt spinning or mechanical milling ［J］. Material Science and Engineering with Advanced Research, 2015, 1 (1)：12 – 19.

［30］ Pareti L, Bolzoni F, Leccabue F, et al. Magnetic anisotropy of MnAl and MnAlC permanent magnet materials ［J］. Journal of Applied Physics, 1986, 59 (11)：3824.

［31］ Wei J Z, Song Z G, Yang Y B, et al. τ-MnAl with high coercivity and saturation magnetization ［J］. AIP Advances, 2014, 4 (12)：127113.

［32］ Zeng Q, Baker I, Yan Z. Nanostructured Mn-Al permanent magnets produced by mechanical milling ［J］. Journal of Applied Physics, 2006, 99 (8)：99E902.

［33］ Su K P, Tao D L, Wang J, et al. Preparation of MnAlC flakes by surfactant-assisted ball milling and the effects of annealing ［J］. International Journal of Materials Research, 2015, 106 (1)：75 – 79.

［34］ Lee J G, Wang X L, Zhang Z D, et al. Effect of mechanical milling and heat treatment on the structure and magnetic properties of gas atomized Mn-Al alloy powders ［J］. Thin Solid Films, 2011, 519 (23)：8312 – 8316.

［35］ Su K P, Wang J, Wang H O, et al. Strain-induced coercivity enhancement in Mn_{51}-$Al_{46}C_3$ flakes prepared by surfactant-assisted ball milling ［J］. Journal of Alloys and Compounds, 2015, 640：114 – 117.

［36］ Duan C Y, Qiu X P, Ma B, et al. The structural and magnetic properties of τ-MnAl films prepared by Mn/Al multilayers deposition plus annealing ［J］. Materials Science and Engineering B, 2009, 162(3)：185 – 188.

［37］ Huang E Y, Kryder M H. Fabrication of MnAl thin films with perpendicular anisotropy on Si substrates ［J］. Journal of Applied Physics, 2015, 117(17)：17E314.

［38］ Nie S H, Zhu L J, Pan D, et al. Structural characterization and magnetic properties of perpendicularly magnetized MnAl films grown by molecular beam epitaxy ［J］. Acta Physica Sinica, 2013, 62 (17)：178103.

［39］ Nie S H, Zhu L J, Lu J, et al. Perpendicularly magnetized τ-MnAl (001) thin films epitaxied on GaAs[J]. Applied Physics Letters, 2013, 102(15): 152405.

［40］ Zhang D T, Cao S, Yue M, et al. Structural and magnetic properties of bulk MnBi permanent magnets [J]. Journal of Applied Physics, 2011, 109(7): 07A722.

［41］ Rama N V R, Gabay A M, Hadjipanayis G C. Anisotropic fully dense MnBi permanent magnet with high energy product and high coercivity at elevated temperatures [J]. Journal of Physics D: Applied Physics, 2013, 46(6): 062001.

［42］ Chinnasamy C, Jasinski M M, Ulmer A, et al. Mn-Bi magnetic powders with high coercivity and magnetization at room temperature [J]. IEEE Transactions on Magnetics, 2012, 48 (11): 3641 – 3643.

［43］ Nguyen V V, Poudyal N, Liu X B, et al. Novel processing of high-performance MnBi magnets[J]. Materials Research Express, 2014, 1(3): 036108.

［44］ Chen Y C, Gregori G, Leineweber A, et al. Unique high-temperature performance of highly condensed MnBi permanent magnets[J]. Scripta Materialia, 2015, 107: 131 – 135.

［45］ Kharel P, Skomski R, Kirby R D, et al. Structural, magnetic and magneto-transport properties of Pt-alloyed MnBi thin films [J]. Journal of Applied Physics, 2010, 107 (9): 09E303.

［46］ Zhang W, Kharel P, Valloppilly S, et al. High energy product MnBi films with controllable anisotropy [J]. Physica Status Solidi B, 2015, 252(9): 1934 – 1939.

［47］ Shen J, Cui H, Huang X, et al. Synthesis and characterization of rare-earth-free magnetic manganese bismuth nanocrystals[J]. RSC Advances, 2015, 5 (8): 5567 – 5570.

［48］ Kirkeminde A, Shen J, Gong M, et al. Metal redox synthesis of MnBi hard magnetic nanoparticles[J]. Chemistry of Materials, 2015, 27 (13): 4677 – 4681.

［49］ Huh Y, Kharel P, Shah V R, et al. Magnetism and electron transport of $Mn_y Ga$ (1 < y < 2) nanostructures[J]. Journal of Applied Physics, 2013, 114: 013906.

［50］ Arins A W, Jurca H F, Zarpellon J, et al. Correlation between tetragonal zinc-blende structure and magnetocrystalline anisotropy of MnGa epilayers on GaAs(111)[J]. Journal of Magnetism and Magnetic Materials, 2015, 381: 83 – 88.

［51］ Hasegawa K, Mizuguchi M, Sakuraba Y, et al. Material dependence of anomalous Nernst effect in perpendicularly magnetized ordered-alloy thin films [J]. Applied Physics Letters, 2015, 106 (25): 760.

［52］ Zhu L J, Nie S H, Meng K K, et al. Multifunctional $L1_0$-$Mn_{1.5}$Ga films with ultrahigh coercivity, giant perpendicular magnetocrystalline anisotropy and large magnetic energy product[J]. Advanced Materials, 2012, 24: 4547 – 4551.

［53］ Whang S H, Feng Q, Gao Y Q. Ordering, deformation and microstructure in $L1_0$ type

FePt[J]. Acta Materialia, 1998, 46 (18): 6485 – 6495.

[54] Judy J H. Past, present, and future of perpendicular magnetic recording [J]. Journal of Magnetism and Magnetic Materials, 2001, 235 (1): 235 – 240.

[55] Iwasaki S I. Perpendicular magnetic recording focused on the origin and its significance [J]. IEEE Transactions on Magnetics, 2002, 38 (4): 1609 – 1614.

[56] Okamoto S, Kikuchi N, Kitakami O, et al. Chemical-order-dependent magnetic anisotropy and exchange stiffness constant of FePt (001) epitaxal films[J]. Physical Review B, 2002, 66 (2): 024413.

[57] Huang Y, Zhang Y, Hadjipanayis G C, et al. Hysteresis behavior of CoPt nanoparticles [J]. IEEE Transactions on Magnetics, 2002, 38(5): 2604 – 2606.

[58] Zhou J, Skomski R, Li X, et al. Permanent magnet properties of thermally processed FePt and FePt-Fe multilayer films[J]. IEEE Transactions on Magnetics, 2002, 38 (5): 2802 – 2804.

[59] Zhao Z L, Wang J P, Chen J S, et al. Control of magnetization reversal process with pinning layer in FePt thin films[J]. Applied Physics Letters, 2002, 81 (19): 3612.

[60] 刘静. FePt 和 FePt-Si-N 磁记录薄膜的制备、结构与性能[D]. 广州: 华南理工大学, 2013.

[61] 冯春, 詹倩, 李宝河, 等. 利用 FePt/Au 多层膜结构制备垂直磁记录 $L1_0$-FePt 薄膜[J]. 物理学报, 2009, 5: 3503 – 3508.

[62] 曾燕萍. 纳米结构铁磁－非磁复合薄膜的制备、磁性和磁电输运特性研究[D]. 广州: 华南理工大学, 2016.

[63] Farrow R F C, Weller D, Marks R F, et al. Magnetic anisotropy and microstructure in molecular beam epitaxial FePt (110)/MgO (110)[J]. Journal of Applied Physics, 1998, 84(2): 934 – 939.

[64] Endo Y, Kikuchi N, Kitakami O, et al. Lowering of ordering temperature for fct Fe-Pt in Fe/Pt multilayers[J]. Journal of Applied Physics, 2001, 89(11): 7065 – 7067.

[65] Shimada Y, Sakurai T, Miyazaki T, et al. Fabrication of two dimensional assembly of $L1_0$-FePt particles[J]. Journal of Magnetism and Magnetic Materials, 2003, 262(2): 329 – 338.

[66] Takahashi Y K, Ohnuma M, Hono K. Effect of Cu on the structure and magnetic properties of FePt sputtered film[J]. Journal of Magnetism and Magnetic Materials, 2002, 246 (1): 259 – 265.

[67] Maeda T, Kai T, Kikitsu A, et al. Reduction of ordering temperature of an FePt-ordered alloy by addition of Cu[J]. Applied Physics Letters, 2002, 80 (12): 2147 – 2149.

[68] Kitakami O, Shimada Y, Oikawa K, et al. Low temperature ordering of $L1_0$-CoPt thin films promoted by Sn, Pb, Sb, and Bi additives[J]. Applied Physics Letters, 2001,

78 (8): 1104 – 1106.

[69] Yan Q, Kim T, Purkayastha A, et al. Enhanced chemical ordering and coercivity in FePt alloy nanoparticles by Sb-doping [J]. Advanced Materials, 2005, 17(18): 2233 – 2237.

[70] Zhu Y, Cai J. Low temperature ordering of FePt thin films by a thin AuCu underlayer [J]. Applied Physics Letters, 2005, 87(3): 032504.

[71] Xu X H, Wu H S, Wang F, et al. The effect of Ag and Cu underlayer on the $L1_0$ ordering FePt thin films [J]. Applied Surface Science, 2004, 233(1): 1 – 4.

[72] Lai C H, Yang C H, Chiang C C, et al. Dynamic stress-induced low-temperature ordering of FePt[J]. Applied Physics Letters, 2004, 85(19): 4430 – 4432.

[73] Chen J S, Lim B C, Ding Y F, et al. Low-temperature deposition of $L1_0$-FePt films for ultra-high density magnetic recording [J]. Journal of Magnetism and Magnetic Materials, 2006, 303(2): 309 – 317.

[74] Xu Y F, Chen J S, Wang J P. In situ ordering of FePt thin films with face-centered-tetragonal (001) texture on $Cr_{100-x}Ru_x$ underlayer at low substrate temperature [J]. Applied Physics Letters, 2002, 80(18): 3325 – 3327.

[75] Zhao Z L, Ding J, Inaba K, et al. Promotion of $L1_0$ ordered phase transformation by the Ag top layer on FePt thin films[J]. Applied Physics Letters, 2003, 83 (11): 2196 – 2198.

[76] Feng C, Li B H, Han G, et al. Low temperature ordering and enhanced coercivity of $L1_0$-FePt thin film promoted by a Bi underlayer[J]. Applied Physics Letters, 2006, 88 (23): 232109.

[77] Wang H Y, Mao W H, Sun W B, et al. High coercivity and small grains of FePt films annealed in high magnetic fields[J]. Journal of Physics D : Applied Physics, 2006, 39 (9): 1749 – 1753.

[78] Ravelosona D, Chappert C, Mathet V, et al. Chemical order induced by ion irradiation in FePt (001) films [J]. Applied Physics Letters, 2000, 76 (2): 236 – 238.

[79] Sun S, Moser A. Monodisperse FePt nanoparticles and ferromagnetic FePt nanocrystal superlattices[J]. Science, 2000, 287(27): 1989 – 1992.

[80] Lu L Y, Wang D, Xu X G, et al. Low temperature magnetic hardening in self-assembled FePt/Ag core-shell nanoparticles [J]. Materials Chemistry & Physics, 2011, 129 (3): 995 – 999.

[81] Peng D L, Hihara T, Sumiyama K. Formation and magnetic properties of Fe-Pt alloy clusters by plasma-gas condensation[J]. Applied Physics Letters, 2003, 83 (2): 350 – 352.

[82] Sato K, Jeyadevan B, Tohji K. Preparation and properties of ferromagnetic FePt dispersion[J]. Journal of Magnetism and Magnetic Materials, 2005, 289: 1 – 4.

[83] Gibot P, Tronc E, Chanéac C, et al. (Co, Fe) Pt nanoparticles by aqueous route: self-assembling, thermal and magnetic properties [J]. Journal of Magnetism and Magnetic Materials, 2005, 290: 555 – 558.

[84] Sun S, Anders S, Thomson T, et al. Controlled synthesis and assembly of FePt nanoparticles[J]. Journal of Physical Chemistry B, 2003, 107 (23): 5419-5425.

[85] Song H M, Hong J H, Yong B L, et al. Growth of FePt nanocrystals by a single bimetallic precursor [(CO)$_3$ Fe (μ-dppm) (μ-CO) PtCl$_2$] [J]. Chemical Communications, 2006, 12 (12): 1292.

[86] Stappert S, Rellinghaus B, Acet M, et al. Gas phase preparation of L1$_0$ ordered FePt nanoparticles[J]. Journal of Crystal Growth, 2003, 252 (1 – 3): 440 – 450.

[87] Sato K, Fujiyoshi M, Ishimaru M, et al. Effects of additive element and particle size on the atomic ordering temperature of L1$_0$-FePt nanoparticles[J]. Scripta Materialia, 2003, 48 (7): 921 – 927.

[88] Leistner K, Backen E, Schupp B, et al. Phase formation, microstructure, and hard magnetic properties of electrodeposited FePt films[J]. Journal of Applied Physics, 2004, 95 (11): 7267 – 7269.

[89] Chu S Z, Inoue S, Wada K, et al. Fabrication of integrated arrays of ultrahigh density magnetic nanowires on glass by anodization and electrodeposition[J]. Electrochimica Acta, 2005, 51(5): 820 – 826.

[90] Carpenter E E, Sims J A, Wienmann J A, et al. Magnetic properties of iron and iron platinum alloys synthesized via microemulsion techniques [J]. Journal of Applied Physics, 2000, 87 (9): 5615 – 5617.

[91] Elkins K E, Chaubey G S, Nandwana V, et al. A novel approach to synthesis of FePt magnetic nanoparticles[J]. Journal of Nano Research, 2008, 1 (2): 23 – 29.

[92] Néel L, Pauleve J, Pauthenet R, et al. Magnetic properties of an iron-nickel single crystal ordered by neutron bombardment[J]. Journal of Applied Physics, 1964, 35 (3): 873 – 876.

[93] Paulevé J, Chamberod A, Krebs K, et al. Magnetization curves of Fe-Ni (50 – 50) single crystals ordered by neutron irradiation with an applied magnetic field[J]. Journal of Applied Physics, 1968, 39(2): 989 – 990.

[94] Paulevé J, Dautreppe D, Laugier J, et al. Une nouvelle transition ordre d'esordre dans Fe-Ni (50 – 50)[J]. Journal of Physics Radium, 1962, 23: 841.

[95] Albertsen J F. Tetragonal lattice of tetrataenite/ordered Fe-Ni, 50 – 50/ from 4 meteorites[J]. Physica Scripta, 1981, 23 (3): 301.

[96] Wasilewski P. Magnetic characterization of the new magnetic mineral tetrataenite and its contrast with isochemical taenite[J]. Physics of the Earth & Planetary Interiors, 1988, 52(1): 150 – 158.

［97］ Reuter K B, Williams D B, Goldstein J I. Ordering in the Fe-Ni system under electron irradiation［J］. Metallurgical and Materials Transactions A, 1989, 20 (4): 711 – 718.

［98］ Amaral L, Scorzelli R B, Paesano A, et al. Mossbauer study on phase separation in FeNi multilayers under ion bombardment［J］. Surface Science, 1997, 389 (1 – 3): 103 – 108.

［99］ Scorzelli R B. A study of phase stability in invar Fe-Ni alloys obtained by non-conventional methods［J］. Hyperfine Interactions, 1997, 110 (1): 143 – 150.

［100］ Lima E, Drago V, Fichtner P F P, et al. Tetrataenite and other Fe-Ni equilibrium phases produced by reduction of nanocrystalline $NiFe_2O_4$ ［J］. Solid State Communications, 2003, 128 (9 – 10): 345 – 350.

［101］ Scott E R D, Clark R S. Ordering of FeNi in clear taenite from meteorites［J］. Nature, 1980, 287: 255.

［102］ Lewis L H, Mubarok A, Poirier E, et al. Inspired by nature: investigating tetrataenite for permanent magnet applications［J］. Journal of Physics: Condensed Matter, 2014, 26: 064213.

［103］ Kojima T, Ogiwara M, Mizuguchi M, et al. Fe-Ni composition dependence of magnetic anisotropy in artificially fabricated $L1_0$-ordered FeNi films［J］. Journal of Physics: Condensed Matter, 2014, 26: 064207.

［104］ Jack K H. The occurrence and the crystal structure of α''-iron nitride: a new type of interstitial alloy formed during the tempering of nitrogen-martensite［C］//Proceedings of the Royal Society of London. London, 1951, 208(1093): 216 – 224.

［105］ Kim T K, Takahashi M. New magnetic material having ultrahigh magnetic moment［J］. Applied Physics Letters, 1972, 20: 492.

［106］ Yamamoto S, Gallage R, Ogata Y, et al. Quantitative understanding of thermal stability of α-$Fe_{16}N_2$［J］. Chemistry Communications, 2013, 49: 7708 – 7710.

［107］ Takashi O, Asep B D N, Yutaka K, et al. Facile synthesis of single phase spherical α''-$Fe_{16}N_2$/Al_2O_3 core-shell nanoparticles via a gas-phase method［J］. Journal of Applied Physics, 2013, 113: 164301.

［108］ Jiang Y, Liu J, Suri P K, et al. Preparation of an α''-$Fe_{16}N_2$ magnet via a ball milling and shock compaction approach［J］. Advanced Engineering Material, 2016, 18 (6): 1009.

［109］ Jiang Y, Mehedi M, Fu E, et al. Synthesis of $Fe_{16}N_2$ compound free standing foils with 20MGOe magnetic energy product by nitrogen ion-implantation［J］. Science Report, 2016, 6: 25436.

［110］ Krill C E, Helfen L, Michels D, et al. Size dependent grain growth kinetics observed in nanocrystalline Fe［J］. Physical Review Letters, 2001, 86: 842.

[111] Jiang Y, Dabade V, Brady M P, et al. 9 T high magnetic field annealing effects on FeN bulk sample[J]. Journal of Applied Physics, 2014, 115: 17A758.

[112] Jiang Y F, Dabade V, Allard L F, et al. Synthesis of α''-Fe$_{16}$N$_2$ compound anisotropic magnet by the strained wire method[J]. Physical Review Applied, 2016, 6: 024013.

[113] Kartikowati C W, Suhendi A, Zulhijah R, et al. Effect of magnetic field strength on the alignment of α''-Fe$_{16}$N$_2$ nanoparticle films[J]. Nanoscale, 2016, 8 (5): 2648–2655.

[114] Balasubramanian B, Skomski R, Zhang W Y, et al. Novel nanostructured rare-earth-free magnetic materials with high energy products[J]. Advanced Materials, 2013, 25 (42): 6090.

[115] Balamurugan B, Das B, Zhang W Y, et al. Hf-Co and Zr-Co alloys for rare-earth-free permanent magnets [J]. Journal of Physics: Condensed Matter, 2014, 26 (11): 064204.

[116] Saito T. High performance Co-Zr-B melt-spun ribbons[J]. Applied Physics Letters, 2003, 82.

[117] Chen L Y, Chang H W, Chiu C H, et al. Magnetic properties, phase evolution, and coercivity mechanism of Co$_x$Zr$_{98-x}$B$_2$ ($x = 74 \sim 86$) nanocomposites[J]. Journal of Applied Physics, 2005, 97 (10): 360.

[118] Chang H W, Liao M C, Shih C W, et al. Hard magnetic property enhancement of Co$_7$Hf-based ribbons by boron doping [J]. Applied Physics Letters, 2014, 105: 192404.

[119] Chang H W, Lin Y H, Shih C W, et al. A study on the magnetic properties of melt spun Co-Hf-Zr-B nanocomposite ribbons [J]. Journal of Applied Physics, 2014, 115: 17A724.

[120] Michael A, Guire M C, Orlando R. Evolution of magnetic properties and microstructure of Hf$_2$Co$_{11}$B alloys[J]. Journal of Applied Physics, 2015, 117: 053912.

[121] Al-Omari I A, Zhang W Y, Yue L P, et al. Hf doping effect on hard magnetism of nanocrystalline Zr-HfCo ribbons [J]. IEEE Transactions on Magnetics, 2013, 49 (7): 3394–3397.